蔬菜生长发育与品质调控
理论与实践

喻景权 著

科 学 出 版 社

北 京

内 容 简 介

本书围绕蔬菜生长发育与品质调控这一主题，以现象—规律—机制—应用为主线，在系统介绍该领域基础研究进展的同时，提出蔬菜产业相关问题的解决途径，理论实践并举。全书共分 8 章，在系统论述蔬菜生长发育和果实形成、品质成分代谢、光合作用、抗逆机制、器官间互作、连作障碍、污染物迁移和代谢等领域研究进展的基础上，提出蔬菜高产、高效、优质、安全和可持续生产中相关问题的解决方案和调控技术，并提供了许多案例。

本书主要面向蔬菜和农业领域的教学、科研、农业技术推广人员以及高校园艺和农学类的研究生和高年级本科生。

图书在版编目(CIP)数据

蔬菜生长发育与品质调控：理论与实践 / 喻景权著. —北京：科学出版社，2014.10

ISBN 978-7-03-042044-2

Ⅰ. ①蔬… Ⅱ. ①喻… Ⅲ. ①蔬菜园艺–研究 Ⅳ. ①S63

中国版本图书馆CIP数据核字(2014)第225370号

责任编辑：李秀伟 王 静 / 责任校对：彭 涛
责任印制：赵 博 / 封面设计：北京铭轩堂广告设计有限公司

科学出版社出版
北京东黄城根北街 16 号
邮政编码：100717
http://www.sciencep.com
北京科印技术咨询服务有限公司数码印刷分部印刷
科学出版社发行 各地新华书店经销
*
2014 年 10 月第 一 版 开本：720 × 1000 1/16
2025 年 1 月第四次印刷 印张：17 1/4
字数：348 000

定价：98.00 元

（如有印装质量问题，我社负责调换）

序

自 20 世纪 80 年代以来，我国蔬菜产业得到了快速发展，成为我国种植业中产值最大的产业，其栽培面积也跃居世界首位，并在保障我国国民健康、提高农民收入和出口换汇等方面发挥着越来越重要的作用。然而，随着社会经济的发展，我国蔬菜产业面临着新的挑战和机遇，如何实现蔬菜优质、高效、安全和可持续生产是我国蔬菜科技界面临的重要课题。

蔬菜生长发育是蔬菜生理的核心内容，也涉及蔬菜遗传育种、栽培和病虫害防治以及采后处理与加工等学科分支，同时也是蔬菜优质高产的基础。近年来，有关蔬菜生长发育的研究已经逐步从传统的器官水平深入到分子水平，与蔬菜品质形成相关的代谢途径也在遗传与分子机制水平得到了初步探明。特别是黄瓜、番茄和白菜等重要蔬菜作物基因组测序工作的完成，为进一步把生理学、遗传学、生物化学和分子生物学等不同领域进行有机结合开展研究，从而在群体、个体、器官、组织、细胞和分子等不同水平揭示蔬菜的生长发育规律以及蔬菜同生物与非生物环境的相互关系提供了新的机遇，也为我们通过遗传、化学和环境调控等手段提高蔬菜产量、品质和产品安全性提供了突破口。

喻景权教授多年来一直从事蔬菜栽培生理及其调控的研究，特别是近 20 年来，他通过组织承担国家 973 计划项目、国家科技支撑计划项目和国家自然科学基金项目，围绕蔬菜的生长发育规律、光合作用效率与抗逆、果实形成机制、连作障碍和蔬菜产品安全等问题开展了较为系统和深入的研究，并在诸多研究领域取得了突破。他带领的研究团队在国际上最早发现了黄瓜和番茄中的自毒物质及其同连作障碍的关系，解析了逆境下蔬菜作物活性氧（ROS）的产生、清除及其信号作用机制，提出了植物新型激素油菜素内酯通过氧化还原机制提高抗性、光合作用效率和农药降解效率的机制。期间在 *Trends in Plant Science*，*Plant Physiology* 和 *New Phytologist* 等国内外学术刊物发表了一系列具有较高学术价值的论文，SCI 被引达 3000 余次。此外，他还致力于将相关理论与调控技术应用于蔬菜生产实际，并取得了显著成效，获得了包括国家自然科学二等奖和省部级科学技术一等奖在内的多项奖励。《蔬菜生长发育与品质调控——理论与实践》一书以蔬菜产业所面临的优质、高效、安全和可持续生产等问题为背景，在扼要介绍国内外相关领域研究进展的基础上，以著者的相关研究为主线，重点论述了蔬菜生产中一些重要问题的形成概况、内在机制、调控技术手段及其在生产中的应用成效。该书大篇幅地引用了著者业已发表论文中的相关图表，同时编入了大量尚未发表的研究数据和照片，系统地反映了著者对我国蔬菜产业问题的理解和解决思路，理论与实践并举，图文并茂，是对传统蔬菜栽培生理学的创新与发展。

在蔬菜产业快速发展的今天，科技作用日益彰显，相信该书的出版发行将对蔬菜学的学科发展、科学研究、人才培养和相关产业问题的解决产生深远的影响和积极的推动作用。

方智远

中国工程院院士

2014 年 8 月于北京

前　言

蔬菜是人们生活不可缺少的副食品，实现蔬菜的优质高产在保证全民健康、提高人民生活质量、促进农村经济发展与农民增收、增加城乡居民就业和出口创汇等方面具有重要的意义。30 多年来，我国蔬菜产业得到了快速发展，播种面积从 1980 年的 300 万公顷发展到现在的近 2000 万公顷，产量达到了 7 亿余吨，接近世界蔬菜产量的近一半。然而，我国的蔬菜生产水平同发达国家相比还存在一定的距离，如主要蔬菜单位面积产量不高，蔬菜新品种选育技术和水平滞后；过量施用化肥和农药带来的环境污染与蔬菜产品安全性问题日益突出；连作障碍和病虫害逐年严重，蔬菜产品采后处理技术落后等。

蔬菜生长发育是产量和品质形成的基础，认识蔬菜的生长发育规律，揭示其内在调控机制，对于实现蔬菜的高产和优质具有十分重要的意义，也有助于蔬菜新品种的选育、科学合理的病虫防治技术研发和采后技术的制订。近年来，有关蔬菜生长发育与品质的研究取得了较大的进展，从以往的器官水平研究逐步深入到生理和细胞分子调控水平的研究，这可以从该领域研究论文的迅速增加中得以印证。

作者自 1983 年大学毕业以来，一直从事蔬菜生长发育与品质调控相关领域的研究，围绕蔬菜的生长发育规律、光合作用效率、果实形成机制、连作障碍和蔬菜产品安全等主题，沿着现象—规律—机制—应用的思路，在国家 973 计划、国家 863 计划、国家科技支撑计划、国家杰出青年科学基金、国家自然科学基金重点项目和面上项目等一系列项目的支持下，开展了 30 多年的研究。期间积累了一批有益的数据，在国内外学术刊物发表论文 150 余篇。本书的编写和出版旨在介绍国内外相关领域进展的基础上，系统地反映作者的学术思想和对相关产业问题的解决思路，并重点通过作者的研究结果来剖析上述问题，提出解决方案，从而推动蔬菜科学的发展，提升我国蔬菜现代化生产发展水平。

本书共分八章，第一章，蔬菜生长发育与蔬菜生产；第二章，蔬菜环境适应性与光合作用效率调控；第三章，蔬菜的抗逆机制与抗逆调控；第四章，果实形成与发育调控；第五章，蔬菜品质成分代谢与调控；第六章，蔬菜器官间互作机制与嫁接；第七章，蔬菜连作障碍形成与防控；第八章，蔬菜污染物迁移、代谢与调控。主要章节均以作者的研究为重点，反映该领域的理论研究进展，后半部分则主要体现应用研究及其在蔬菜生产中的应用。全书收集了 199 幅图表，其中 146 幅图表来自作者团队多年来已经发表或未正式发表的图表和照片，30 幅图表则是作者根据相关研究总结归纳而成，23 幅图表则直接引自他人研究论文，或取之数据或经过适当修改而来，并逐一进行了相应标注。

全书的写作由作者一人完成。在本书的准备和写作过程中，部分在读研究生和毕业生给予了大力支持和帮助，特别是易昌禹、王峰、廖杨文科、陈碧微、张兰、俞清香和孙增辉等同学在图表制作和参考文献整理方面给予了帮助。除了不同章节所标注的参考论文外，书中所用素材主要来自本实验室在相关领域所发表的论文、研究积累和田间实践等，许多研究生为这些数据的获取付出了辛勤的劳动。

作者近 20 年的研究也分别得到了国家自然科学基金委员会、科技部、农业部、教育部和浙江省相关项目的支持，中国工程院方智远院士还在百忙中欣然提笔为本书作序，科学出版社李秀伟等编辑为本书的出版付出了辛勤的劳动，Springer 和 Kluwer 等多家国外出版公司给予了相关图表引用许可，在此一并表示由衷的感谢。

我国蔬菜种类繁多，蔬菜生长发育与品质研究内容广泛，且发展迅速，本书仅就自己阅读的相关文献和产业调查，以自己的科研工作为重点编写而成，难免挂一漏万，一些观点也只是一家之言，供大家讨论。同时，由于作者水平有限，书中缺点、不足之处在所难免，谨请读者批评指正。

作　者

2014 年 8 月

目　录

第一章　蔬菜生长发育与蔬菜生产

我国栽培蔬菜种类繁多，这些蔬菜经过一系列的生长发育过程，最终形成我们需要的根、叶、茎、花和果实等产品器官。生长发育是蔬菜产品器官形成的基础。蔬菜的生长发育特性与其原产地有关，是一个受内在调控的有序过程，但在很大程度上也受其生长的生态环境影响。不同蔬菜种类及品种对温度、光照、水分和养分等环境因子的要求有明显的差异，同一蔬菜在不同生长发育阶段对上述环境因子的需求也有所不同，从而形成了适合各地生态环境的种类和品种。因此，了解蔬菜作物的生长发育特性及其对环境条件的要求，对于蔬菜生产显得十分重要。

第一节　蔬菜种类及其生长发育过程

一、蔬菜的种类

我国是世界蔬菜起源中心之一，目前食用蔬菜有 300 余种，普遍栽培的蔬菜有 100 种以上。我国目前主要栽培的蔬菜中，有 30 种以上蔬菜原产于我国，如白菜、芥菜、大豆、赤豆、长豇豆、竹笋、山药、萝卜、草石蚕、大头菜、芋、魔芋、荸荠、莲藕、慈姑、茭白、蕹菜、葱、荞头、茄子、葫芦、丝瓜、茼蒿、紫苏、落葵等；另外一些蔬菜则分别在不同时期从国外引进(中国农业科学院蔬菜花卉研究所，2010；方智远，2004；李曙轩，1990；浙江农业大学，1988；吴耕民，1957)。这些蔬菜不仅在形态结构上存在许多差异，同时在生长习性和环境需求方面也存在许多不同。针对众多蔬菜，目前形成 3 种主要分类方法，即植物学分类方法、食用器官分类方法和农业生物学分类方法。

(一)植物学分类

该方法是按照植物间亲缘关系的远近、进化过程和形态进行分类。近年来，分子生物学方法也逐步渗透到植物学分类中。目前我国蔬菜植物约有 50 个科，其中绝大多数属于种子植物，既有双子叶植物，也有单子叶植物。在双子叶植物中，以十字花科、豆科、茄科、葫芦科、伞形科、菊科、睡莲科、姜科为主。单子叶植物中，以百合科、禾本科和天南星科为主。各科的主要蔬菜有以下几种。

十字花科：大白菜、小白菜、芥菜、结球甘蓝、花椰菜、菜薹和青花菜等；

豆科：菜豆、豇豆、蚕豆、毛豆和豌豆等；

茄科：番茄、茄子、辣椒和马铃薯等；
葫芦科：黄瓜、甜瓜、冬瓜、瓠瓜、南瓜、丝瓜、苦瓜和西瓜等；
伞形科：胡萝卜、芹菜和芫荽等；
菊科：莴苣、牛蒡、茼蒿和菊芋等；
睡莲科：莲藕、芡实和莼菜等；
百合科：韭菜、葱、洋葱、大蒜、百合和芦笋等；
姜科：姜和蘘荷等；
禾本科：竹笋、菜用玉米和茭白等；
天南星科：芋艿和魔芋等。

(二)食用器官分类

该分类方法是按照食用部分的器官形态，从植物器官构成的角度进行分类，这也是目前国际蔬菜生产中较为普遍的一种分类方法(藤目幸広等，2006)。具体如下所述。

(1)根菜类(root vegetables)：这类蔬菜的食用器官为肉质直根(如萝卜、胡萝卜、芜菁、芜菁甘蓝、根用甜菜、牛蒡和大头菜等)或块根(豆薯、山芋和葛等)。

(2)茎菜类(stem vegetables)：其食用器官为茎或变态茎，如地下茎类蔬菜中的马铃薯、莲藕、生姜、荸荠和芋头等，地上茎类蔬菜的茭白、芦笋、竹笋、莴笋和球茎甘蓝等。

(3)叶菜类(leaf vegetables)：这类蔬菜是以叶片、叶球、叶丛或变态叶为食用器官的蔬菜，如小白菜、芥菜、菠菜和芹菜等普通叶菜类，结球甘蓝、大白菜、结球莴苣等结球叶菜类，葱和韭菜等香辛叶菜类，以及洋葱和大蒜等鳞茎菜类(由叶鞘基部膨大而来)等。

(4)花菜类(flower vegetables)：是以花、肥大的花茎或花球为食用器官的一类蔬菜。主要蔬菜有花椰菜、青花菜、金针菜和芥蓝等。

(5)果菜类(fruit vegetables)：以幼嫩果实或成熟果实为食用器官，如番茄、茄子、辣椒等浆果类蔬菜；菜豆、豇豆、毛豆、豌豆、蚕豆和扁豆等荚果类蔬菜；黄瓜、南瓜、冬瓜、丝瓜、瓠瓜、蛇瓜、西瓜和甜瓜等瓠果类蔬菜。

(6)种子类(seed vegetables)：以种子作为食用器官的一类蔬菜，如莲籽、芡实等。

(三)农业生物学分类

在蔬菜生产中，我们更多地采用农业生物学分类方法对蔬菜进行分类，农业生物学分类方法将蔬菜植物的生物学特性与栽培技术特点相结合，是我国近代园艺学家建立的一种比较实用的分类方法，一般分为13类(方智远，2004；李曙轩，

1990；浙江农业大学，1988），具体见表 1-1。近年来，一些学者在传统的 13 类基础上增加了一些蔬菜类别。

表 1-1　蔬菜农业生物学分类及其主要生物学特性

种类	主要蔬菜	生长发育特性与环境需求
根菜类（taproot vegetables）	以肥大的肉质直根为食用产品的一类蔬菜，如萝卜、胡萝卜、芜菁甘蓝、芜菁、根用芥菜、根用甜菜、根用芹菜、牛蒡等	多为二年生蔬菜，起源于温带地区，喜温和（或）较冷凉的气候和充足的光照。第一年形成肉质根，贮藏大量的水分和碳水化合物，第二年抽薹开花
白菜类（Chinese cabbage vegetables）	以柔嫩的叶片、叶球、花薹等为食用器官，主要为十字花科芸薹属蔬菜，如大白菜、小白菜、菜心等	它们大多数起源于温带地带，生长期间需要湿润季节及冷凉的气候，多数为二年生植物，植株生长迅速，对氮肥要求较高。大多耐寒而不耐热
甘蓝类（cabbage vegetables）	以柔嫩的叶球、花球、肉质茎等为食用器官，如甘蓝、花椰菜、青花菜、芥蓝、球茎甘蓝等	生长特性和对环境条件的要求与白菜类相近，其中花椰菜和青花菜的花芽形成对春化和光周期要求不严格
芥菜类（mustard vegetables）	十字花科芸薹属（*Brassica*）芥菜种（*juncea* Coss.）的蔬菜，有根芥、茎芥、叶芥、薹芥四大类多个变种	需要湿润季节及冷凉的气候，多数为二年生植物
茄果类（solanaceous fruit vegetables）	茄科中以果实为食用器官的一类蔬菜，主要有番茄、茄子、辣椒等	这类蔬菜起源于热带地区，喜温暖不耐寒。露地只能在无霜期生长，根群发达，要求有较深厚的土层，对日照长短要求不严格
瓜类（cucurbitaceous vegetables）	葫芦科中以果实为食用器官的一类蔬菜，如黄瓜、南瓜、西瓜、甜瓜、冬瓜、丝瓜、苦瓜、蛇瓜、瓠瓜、菜瓜等	多数为起源于热带的一年生植物，多为雌雄同株异花。要求温暖气候而不耐寒，生育期要求较高的温度和充足的阳光，茎蔓生
豆类（legume vegetables）	豆科植物中以幼嫩豆荚或种子为食用器官的一类蔬菜，如菜豆、豇豆、毛豆、刀豆、扁豆、豌豆、蚕豆等	除豌豆和蚕豆外大多为一年生植物，其中蚕豆、豌豆较耐寒，其他均要求较温暖的气候条件，豇豆和扁豆较耐高温。根系发达，有固氮能力
葱蒜类（bulb vegetables）	百合科葱属中以鳞茎或叶片为食用器官、具有香辛味的一类蔬菜，如洋葱、大蒜、大葱、韭菜、细香葱等	一般为二年生作物。根系不发达，要求土壤肥沃、湿润，气候温和，但耐寒和抗热性都很强，鳞茎形成需要长日照条件，其中洋葱、大蒜在盛夏时进入休眠
绿叶菜类（green leaf vegetables）	以幼嫩的绿叶、叶柄或嫩茎为食用器官的一类蔬菜，如莴苣、芹菜、菠菜、茼蒿、苋菜、蕹菜、落葵等	生长期较短，多数植株矮小、生长迅速，对氮肥和水分要求高；其中苋菜、蕹菜、落葵等较耐热，其他则较耐寒或喜温
薯芋类（tuber vegetables）	以肥大的地下块茎或地下块根为食用产品的一类蔬菜，如马铃薯、芋、姜、山药、豆薯等	除马铃薯不耐炎热外，其余都喜温、耐热。要求湿润、疏松、肥沃的土壤环境
水生蔬菜（aquatic vegetables）	多在沼泽地区及河、湖、塘的浅水中生长的蔬菜，如莲藕、菱、茭白、荸荠、慈姑、水芹、芡实、蒲菜、莼菜、豆瓣菜等	根系欠发达，但体内具有发达的通气系统能适应水下空气稀少的环境。在温暖或炎热的季节生长，到气候寒冷时，地上部分枯萎
多年生蔬菜（perennial vegetables）	竹笋、金针菜、芦笋、百合、香椿、枸杞等	为多年生植物。在温暖季节生长，冬季休眠。对土壤条件要求不太严格
食用菌类（edible fungi）	蘑菇、草菇、香菇、平菇、金针菇、猴头菇、黑木耳、银耳等	富含蛋白质和多糖，大多以菌丝进行繁殖，以生物质为主要营养来源

除上述 3 种分类方法以外，还可按照其生长发育过程分为一年生蔬菜、二年生蔬菜、多年生蔬菜和营养繁殖蔬菜，也可按照对环境的要求分为喜冷凉蔬菜和喜温蔬菜等。

二、蔬菜生长发育过程

无论哪种蔬菜，其产品器官的形成均是一系列生长发育的结果。所谓生长是指植物通过细胞分裂和膨大形成新的细胞和组织，直接产生与其相似器官的现象，也即通过细胞数目的增多和体积的增大，引起体积或质量增加的一个量变过程。发育则是植物细胞通过分化产生形态和功能的变化，形成新的特殊组织、器官和结构的现象，发育的结果是产生新的器官如花、种子、果实和变态营养器官等。根据其生长发育过程，我们可将蔬菜分为下列 4 种类型(浙江农业大学，1988；杉山直仪，1982；斋藤隆，1982)。

(一)一年生蔬菜

在播种的当年开花结实，可以采收果实或种子(如茄果类、瓜类及喜温的豆类)。这些种类在幼苗成长后不久就进行花芽分化，大多营养生长和生殖生长同时进行(图 1-1)，开花结果期较长，如番茄、茄子、辣椒、黄瓜、西瓜、南瓜、甜瓜、毛豆、豇豆和菜豆等。

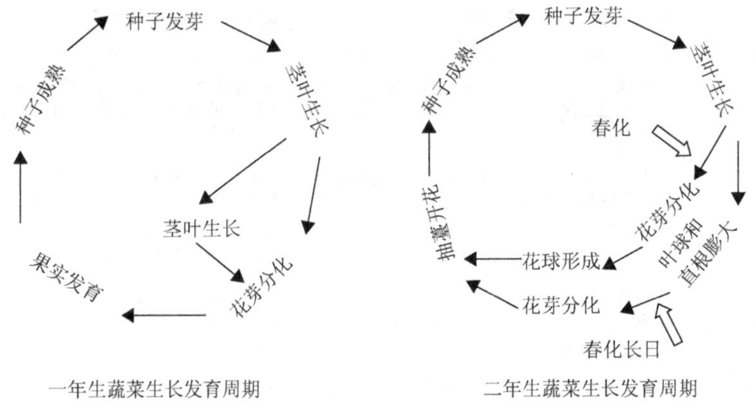

图 1-1 一年生和二年生蔬菜的生长发育周期

(二)二年生蔬菜

这类蔬菜在播种的当年为营养生长，经过一个冬季，到第二年才抽薹开花、结实。在营养生长期中形成叶球、鳞茎、块根、肉质根等，如白菜、甘蓝、芥菜、萝卜、胡萝卜、芜菁、大头菜、榨菜及一些耐寒的绿叶菜类(图 1-1)。这类蔬菜大都具有短缩茎的特点，其花芽分化和抽薹大多需要一个春化和长日照的诱导。但不同蔬菜对春化和日照的要求具有一定的差异，如青花菜对春化要求程度较低，在较高的温度下便可通过春化，在秋季和冬季形成花蕾和花球即产品器官，而白菜和萝卜等则一般在冬季形成产品器官并感受低温通过春化，在春季开花结实。

（三）多年生蔬菜

多年生蔬菜一次播种或栽植以后，可采收多年，无须每年繁殖，如韭菜、竹笋、金针菜、食用大黄、芦笋等。这类蔬菜利用较为发达的根状茎在生长较为旺盛的秋季储存大量的光合作用产物，提供给春暖后的生长和产品形成。

（四）无性繁殖蔬菜

这类蔬菜的生长过程，是从块茎、块根和鳞茎等变态器官的发芽生长到变态器官产品的形成，基本上都是营养生长，有时也可能开花结实(如马铃薯、大蒜、韭菜等)。这类蔬菜的块茎或块根发芽，一般要经过一段时间的休眠期，其变态器官的形成受光周期等影响。这类蔬菜具有繁殖系数低和易发生营养器官病毒积累而导致种性退化等问题。

第二节　蔬菜生长及其影响因子

蔬菜的生长是一个不可逆的量变过程，这个过程不仅受遗传因子如基因的影响，也受到生长环境的影响。植物中存在数以万计的基因，其中一些基因参与调节植物激素合成、细胞分裂和膨大、侧根和侧枝的发生等过程，最终决定植株的构型和大小。在这个过程中，植物激素和环境因子发挥了重要的作用。

一、蔬菜生长与调控

（一）植物生长中细胞分裂和伸长

植物生长以细胞分裂、分化和伸长为基础，表现为体积增大和质量增加。蔬菜的生长以及新的器官如根、茎、叶和花的形成都是在细胞分裂及随后的细胞伸长和分化过程中形成的。植物通过根尖、茎尖和形成层细胞的分裂增加细胞的数目，通过细胞伸长增加细胞的体积，通过细胞分化形成各种组织和器官，如植物根系中的细胞分裂、伸长与分化(图 1-2)。细胞分裂在植物生长发育过程中具有至关重要的作用，并受到多种因素的调控。

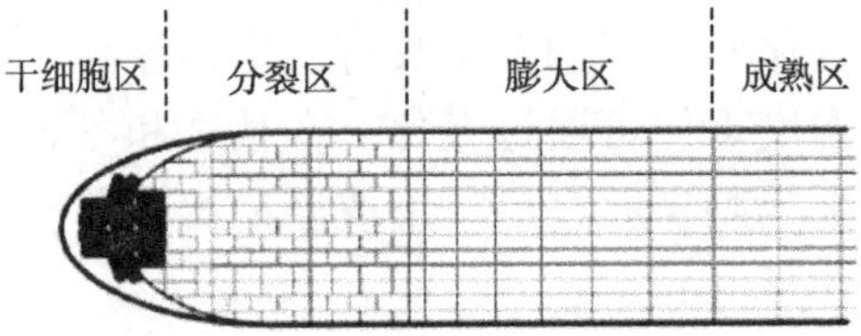

图 1-2 植物根系中细胞分裂、膨大与成熟部位

1. 细胞分裂

细胞有丝分裂周期由 4 个相继出现的时期组成，分别为细胞分裂间期 1 (G_1)，DNA 合成期(S)，细胞分裂间期 2 (G_2)和有丝分裂期(M)。细胞周期的调控主要是在 G_1/S 和 G_2/M 时期的分界点上进行，这一过程很大程度上容易受到外界环境影响。其中，植物细胞周期依赖激酶(cyclin dependent protein kinases，CDKs)和细胞周期蛋白(cyclin)组成的复合体对植物细胞周期 G_1/M 和 G_2/M 两个“关卡”进行调控，不同的蛋白复合体分别控制 DNA 复制和有丝分裂的进行(Inzé and De Veylder，2006；Granier et al.，2000)。许多研究表明，CDKs 和细胞周期蛋白在一定程度上决定了植物的生长快慢(Beemster et al.，2002)。CDKs 可归为 6 类(CDKA~F)，其中 CDKA 在 G_1/S 和 G_2/M 的转换节点都起到非常关键的作用，其他 CDKs 在细胞周期中的调控功能则大多不太明确(Inzé and De Veylder，2006)。植物细胞周期蛋白(cyclin)主要归为 A、B、D、H 四大类，A 族细胞周期蛋白调控 S 到 M 期的转换，B 族细胞周期蛋白在 G_2/M 期的转换及在 M 期内起作用，D 族细胞周期蛋白主要负责调控 G_1/S 期的转变。其中 D 族细胞周期蛋白是一个多成员的家族，被认为是细胞分裂的限速因子，过量表达 *CycD2;1* 基因后的转基因烟草植株生长速率显著提高(Cockcroft et al.，2000)，而且其表达受到植物生长调节因子的调控，如细胞分裂素、生长素、油菜素内酯、蔗糖和赤霉素等(Inzé and De Veylder，2006)。在缺少细胞分裂素的愈伤组织培养过程中，*CycD3;1* 基因的过量表达可在一定程度上弥补细胞分裂素的亏缺(Riou-Khamlichi et al.，1999)，而 H 族细胞周期蛋白的作用则不清楚。

除有丝分裂以外，许多植物细胞还会进行另外一种细胞周期形式，即不断重复 DNA 复制，而不进行随后的细胞分裂过程，这一现象被称为核内复制现象(endoreduplication)。核内复制的水平与植物组织器官部位有关，同一植株中，老化组织的核内复制水平一般高于幼嫩组织的核内复制水平(Galbraith et al.，1991)。核内复制在黄瓜和番茄自种子萌发到开花的生长发育过程中连续不断地进行(Gilissen et al.，1993)，在小的幼嫩器官中多倍性水平较低，在衰老叶片中多倍性水平较高(Smulders et al.，1994)。在进行核内复制的细胞中，*CycA1*、*CycA2*、*CycBs* 和 *CDKB* 的表达量大幅下调，这是由于这些基因参与 M 期的调控。*CycD* 也参与核内复制的调控，在成熟的番茄组织中进行核内复制，*CycD3* 的表达量显著上调，

促进 G_1/S 期的转换。

2. 细胞伸长

细胞的伸长生长是细胞壁松弛、细胞内液泡形成、细胞体积增加和伸长速率提高的共同结果。细胞壁的生长和结构变化是植物细胞伸长生长的物质基础。为了生长，植物细胞必须尽可能地促进细胞壁扩展，而同时细胞壁要有足够的承受力来应对植物细胞内膨压所造成的胁迫。在细胞壁扩展过程中纤维素–半纤维素网络结构起了很重要的作用，同时许多酶也参与这个过程，调节细胞生长。在细胞伸长中，扩张蛋白(expansin)、木葡聚糖内糖基转移/水解酶(XTH)，内切-1,4-β-葡聚糖酶(EGases)和驱动蛋白(kinesin)被认为起了非常重要的作用，调节细胞酸性生长，促进细胞壁松弛、加速细胞伸长生长(Cosgrove，2000)。其中，扩张蛋白是唯一一类具备直接恢复细胞壁延伸能力的蛋白(McQueen-Mason et al.，1992)，它们通过绑定在微纤维素的表面，打破木葡聚糖之间的氢键，从而使细胞壁延伸。而 XTH 使细胞壁生长是通过内源切断木葡聚糖链，将木葡聚糖基转移到其他自由移动的木葡聚糖基上或者转化成 H_2O 而实现的(Rose et al.，2002)。Expansin 和 XTH 蛋白都由庞大的基因家族编码而成(Choi et al.，2006； Li et al.，2002；Campbell and Braam，1998；Nishitani and Tominaga，1992)。迄今为止，已从多种植物中克隆到这两个家族的基因，并有研究表明其中一些 *Expansin* 和 *XTH* 基因分别涉及叶、根、花、芽和果实等多个器官的生长过程(Okawara et al.，2005；Lee et al.，2003；Yokoyama and Nishitani，2001；Brummell et al.，1999)。转基因研究结果表明，大部分情况下，敲除 Expansin 编码基因导致生长受限制，而过量表达 *Expansin* 基因可以让植物正常或者加快生长(Sampedro et al.，2006；Fleming et al.，1997)。近年来，有关扩张蛋白和驱动蛋白在黄瓜果实生长中的作用研究取得了显著进展。

(二)蔬菜生长与激素

在植物的生长发育中，植物体内合成的激素发挥着重要的作用(Depuydt and Hardtke，2011)。大量的研究表明，植物生长发育是由内在的植物生长调节因子如激素和外部环境共同调控。目前我们已知的植物激素有生长素(auxin)、赤霉素(GA)、细胞分裂素(CTK)、脱落酸(ABA)、乙烯(ET)、油菜素内酯(BRs)、茉莉酸甲酯(JA)、独脚金内酯(SL)(Santner et al.，2009；Gomez-Roldan et al.，2008)等(图 1-3)。近年来一些小分子化合物如水杨酸(SA)、H_2O_2 和 NO 等活性氧(ROS)和活性氮类化合物由于它们在生长发育中发挥了一定的作用，有时也被列入植物激素类化合物。然而，通过其合成或信号途径突变体的研究表明，上述植物激素中，只有生长素、赤霉素、细胞分裂素和油菜素内酯是植物生长所必需的(彩图 1)。其中，细胞分裂素调控植物细胞的分裂，赤霉素促进细胞的膨大，而生长素则参与细胞分裂和膨大伸长两个过程(Santner et al.，2009)。同生长素一样，油菜素内酯诱导了同生长素相似的基因表达谱，参与细胞分裂和膨大两个过程。这些植物激素可以单独也可协同调控植物细胞的分裂与膨大，并在细胞膨大中尤为明显。迄今为止，有关生长素、赤霉素、细胞分裂素和油菜素内酯的信号作用途径均已初步建立，这些激素通过互作调控植物生长，其中 DELLA 蛋白被认为在其中发挥了重要作用。DELLA 蛋白是一类位于细胞核的生长抑制蛋白，GA 通过 26S 蛋白酶体调控 DELLA 蛋白结构变化从而促进植物生长，同样，生长素、油菜素内酯和乙烯也可通过 DELLA 蛋白影响植物生长(Doerner，2008)。

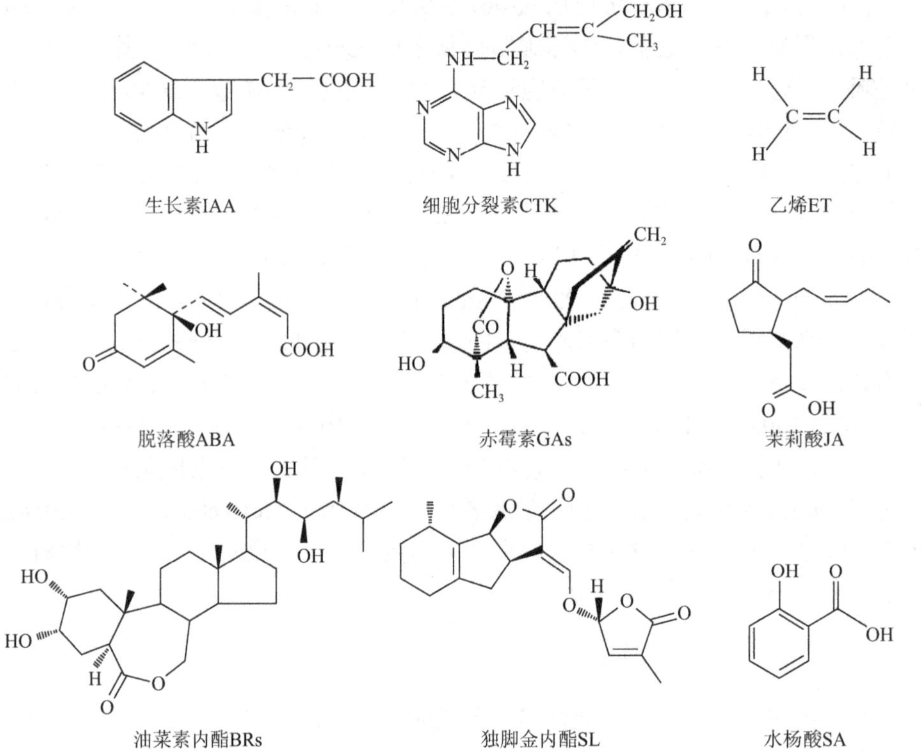

图 1-3　主要植物激素及其化学结构

在植物生命周期中，生长素是胚胎发育所必需的，也决定了随后植株的构型，生长素还通过极性运输来改变根系侧根和侧枝的发生。赤霉素影响植物种子萌发和通过影响细胞膨大而促进生长。细胞分裂素参与植物的衰老和光合产物源-库根系的调节，赤霉素也通过与生长素互作促进根系生长和细胞分裂等。油菜素内酯在植物的所有器官中存在，并以花粉和幼嫩组织中含量较高，通过影响胚形成后的细胞分裂与伸长、维管束发育等影响植物的生长，还影响植株构型。缺乏赤霉素和油菜素内酯都会导致植株矮化，如 Microtom 番茄表现出的矮小就是因为这两个激素合成基因部分缺失导致的结果，然而，并非这些激素越多对植物的生长促进效果就越好，如过量表达油菜素内酯合成基因导致番茄植株叶片发生卷曲，叶片变小(彩图 2)。因此，植物在长期进化中形成一个相对有序的调控机制，从而使植物健康生长，所有这些都为我们调控植物生长提供了理论基础。近年来，人们还发现，一些与氧化还原相关的分子如 NO 和 H_2O_2 也直接或作为上述激素的第二信使物质参与植物生长发育的调控(Kocsy et al.，2013)。

二、蔬菜生长和环境因子的关系

影响蔬菜生长的主要环境因子包括以下几个。

(1)温度：空气温度及土壤温度。

(2)光照：光的组成、强度及光周期。

(3)水分：空气湿度及土壤湿度。

(4)土壤：土壤肥力、化学组成、物理性质及土壤溶液的反应。

(5)空气：大气及土壤中空气的氧及二氧化碳的含量，有毒气体的含量，风速及大气压。

(6)生物条件：土壤微生物、杂草及病虫害，以及作物群体结构、间套作或前后作植物间的相生相克等。

环境温度同植物的生长密切相关，不仅影响其速度，还影响植株构型如叶片形状和根系构型(Walter et al.，2009；Tsukaya，2005)。温度表现为日间温度、夜间温度和土温等。温度同细胞分裂密切相关，不适宜的温度条件能通过影响蔬菜植物的细胞分裂和膨大而影响蔬菜生长。作者在黄瓜上的研究表明，在亚适宜温度下，许多参与细胞分裂和膨大的基因表达被显著抑制(图 1-4)。夜低温是蔬菜生长中经常遇见的问题，发生夜低温后，植株生长受到抑制。夜低温一般不影响成熟细胞，但对分裂中的细胞产生显著的影响，表现为细胞体积的下降和细胞分裂周期的延长。

光质和光强均在不同层面影响植物生长，红光/远红光通过光受体引起植物的向光性反应，调节细胞膨大、生长和节间伸长。弱光一般抑制细胞分裂，但促进 GA 的合成从而加速细胞膨大(Potter et al.，1999)，由此表现出叶片相对较大的特征。非胁迫的强光一般可通过光合作用的提高而促进植物的生长，然而，尽管植物的光合作用发生在白天，但大多蔬菜植物一天中的最大生长速率一般发生在黄昏前后或清晨前后，表现出一定的节律性(图 1-5)。光对植物生长的抑制作用同光敏色素等有关，在白天，光照通过钝化生长促进转录因子与光敏色素的互作因子 4 和 5(PIF4 和 PIF5)从而抑制生长(Nozue et al.，2007)，且 PIF4 和 PIF5 还能同 DELLA 作用影响植物生长，因此，DELLA 蛋白以及 PIF4 和 PIF5 可能是光环境和激素作用的交叉点之一(Feng et al.，2008)。

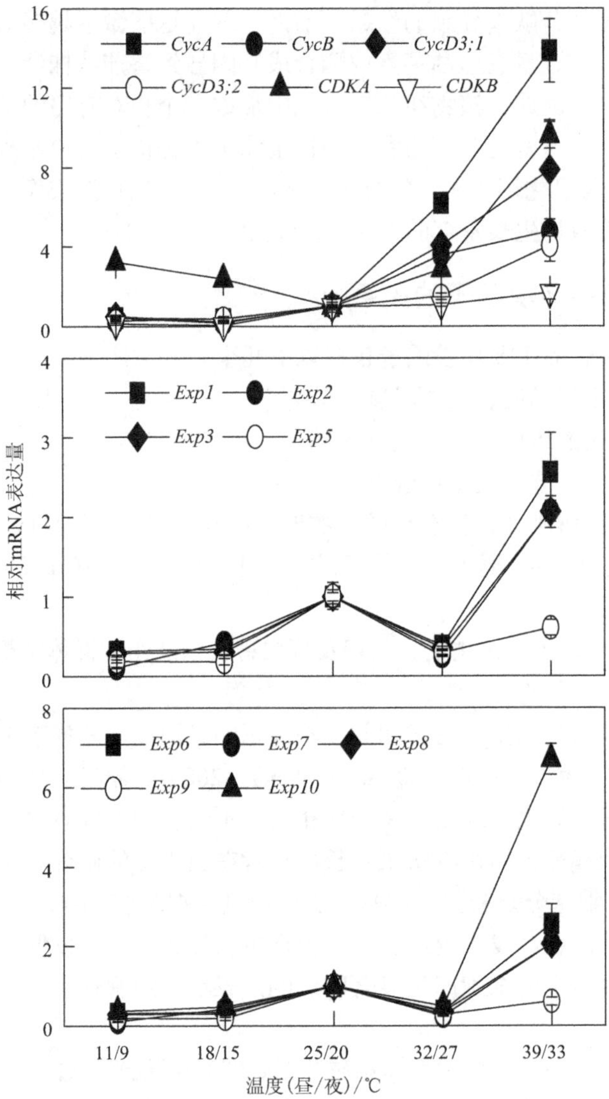

图 1-4　温度对黄瓜细胞周期及膨大相关基因表达的影响(喻景权团队，未发表)

水分胁迫下植物会合成更多的 ABA，ABA 能抑制细胞分裂的有序进行(Lambers et al.，2008)。Wang 等(1998)研究表明脱落酸通过诱导 CDK 抑制因子 KRP1/ICK1 的表达，抑制 CDKA/CycD3 的活性，阻碍细胞周期的有序进行。

大多植物的生长都受 CO_2 所促进，CO_2 浓度升高除促进碳循环及能量代谢外(Li et al.，2013)，还导致叶片中细胞分裂素、赤霉素和生长素浓度的提高(Teng et al.，2006)，而细胞分裂素可以上调细胞分裂周期关键基因 *CycD* 的表达，因此，CO_2 可能通过细胞分裂素途径促进细胞分裂，通过赤霉素和生长素促进细胞伸长，从而促进植物的生长。

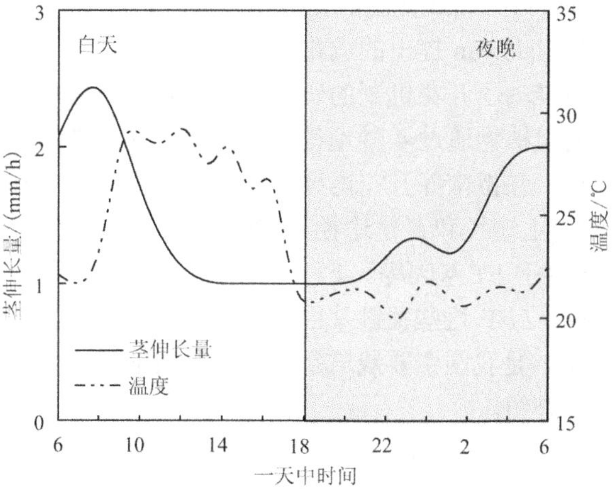

图 1-5　番茄植株生长的节律性变化(喻景权团队，未发表)

此外，重金属、化感物质和养分都可通过上述相似机制来影响生长。其中，一些糖信号和活性氧代谢相关信号如抗坏血酸/谷胱甘肽也参与细胞分裂、膨大和随后的生长调控。

值得一提的是，上述环境因子是相互联系的，其对蔬菜生长的影响往往是综合作用的结果。例如，强光一般伴随着高温，而冬季的弱光一般带来温室中的低温。蔬菜栽培一个重要的目标就是通过优化温度、光、水、肥和 CO_2 等植物生长环境因子来促进植株生长和改善品质，因此，需要将生长环境作为一个整体来对待，如在调控温室中的 CO_2 浓度或温度时，必须同时考虑其能接受到的光照等其他因子才能起到合理地促进植物生长的效果。

第三节　蔬菜发育与开花机制

植物发育是植物细胞通过形状、功能变化形成新的特殊组织、器官和结构的现象，其结果是产生新的器官如花、种子、果实和变态营养器官。蔬菜学范畴的发育一般是指开花、性别分化和器官的形成。蔬菜食用器官多种多样，形成产品器官是栽培的目的，以营养器官作为产品器官的蔬菜如果过早地开花结果，不仅影响其产量，也影响其品质；而以生殖器官作为产品器官的蔬菜，如果不能适期开花，或者营养器官与生殖器官以及雌雄比例不当，同样也影响产量与品质。

植物体内存在一种内在开花调控机制(图 1-6)，如番茄和黄瓜只要在 20~30℃的温度下，一年四季都可开花，而萝卜和白菜一般只在春季开花。有关开花的研究可追溯到1865年Sach提出的“开花素”学说、Kraus和Kraybill推出的C/N值学说、1920年 Garner和Allard提出的光周期学说、1935年李森科提出的阶段发育学说和1937年Chailakhyan提出的成花素(florigen)概念等。近年来，分子遗传学手段的发展极大地推动了开花机制的研究，特别是利用模式植物十字花科的拟南芥为材料，人们发现植物通过4种途径控制开花：光周期途径、自主途径、春化途径和赤霉素途径。在拟南芥开花诱导过程中，各条途径的基因效应最终都汇集于几个关键基因:自主途径和春化途径最终作用于 *FLC*；光周期途径通过调控 *CO* 的表达而间接作用于 *FT* 基因等。4种途径将各自产生的抑制或促进开花的效应作用于 *SOC1*、*FT*、*LFY* 这些关键基因，其效应之和最终决定高等植物是否开花，何时开花。表1-2是我国主要栽培蔬菜花芽形成的环境诱导因子。有关具体内容将在后续章节中介绍。

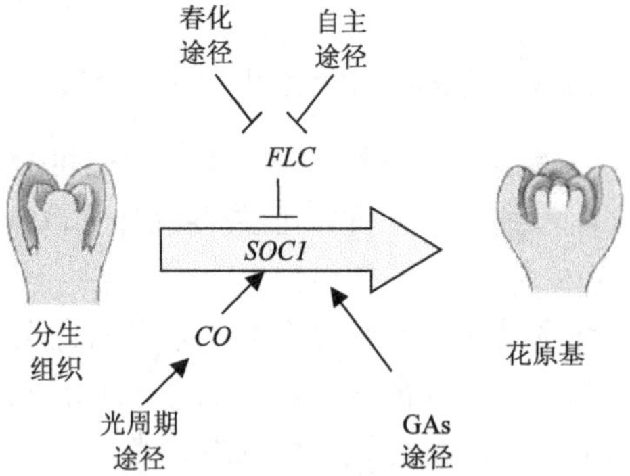

图1-6 植株开花的诱导途径

FLC，关键开花基因；*SOC1*，*CONSTANS* 过表达抑制基因；*CO*，*CONSTANS* 基因

表1-2 主要蔬菜花芽形成的环境诱导因子

花芽形成主要因子		蔬菜种类	
温度	低温	种子春化	白菜、芥菜、萝卜、芜菁
		绿体春化	甘蓝、花椰菜、青花菜、芹菜、大葱、洋葱、大蒜、胡萝卜、牛蒡
	高温		结球莴苣
日照长度	短日		草莓、紫苏
	长日		菠菜、茼蒿、韭菜、豌豆、蚕豆
营养			茄果类、瓜类、菜豆、豇豆等

注：根据(藤目幸広等，2006)补充修改。

一、光周期与蔬菜开花

植物的光周期现象(photoperiodism)是指植物生长发育对昼夜相对长度的反

应，是植物发育的一个重要因素。许多蔬菜的开花结实、分枝习性，甚至一些地下贮藏器官如块茎、块根、球茎、鳞茎等都受光周期的影响(杉山直仪，1982，1970；斋藤隆，1982)。

蔬菜作物开花对光周期的反应分为3类。

(一)长光性植物

长光性植物也称为长日植物(long-day plant)，是指在较长的光照条件下(一般为12~14 h，甚至以上)促进开花；而在较短的日照下，不开花或延迟开花。在蔬菜中包括白菜(包括大白菜及小白菜)、甘蓝(包括球茎甘蓝、花椰菜等)、芥菜(包括芥菜的各个变种)、萝卜、胡萝卜、芜菁、芹菜、菠菜、莴苣、蚕豆、豌豆以及大葱、大蒜等，在春季长日照下抽薹开花，属于长光性植物。

(二)短光性植物

短光性植物也称为短日植物，是指在较短的光照条件下(一般为12~14 h，甚至以下)促进开花结实；而在较长的光照下，不开花或延迟开花。在蔬菜中包括豇豆、茼蒿、扁豆、刀豆、苋菜、蕹菜等。这些蔬菜除特殊品种外一般在秋季短日照下开花结实。

(三)中光性植物

这些蔬菜只要温度合适，一年四季都能开花，如番茄、黄瓜、辣椒等。

在光周期反应中，长日植物在短光照环境下，或短日植物在长光照环境下都不会开花或延迟开花。这个短到足以引起花原基发生的日照长度(对于短光性植物)，或长到引起花原基发生的日照长度被称为“临界日长”或“临界光周期”(critical photoperiod)，这个“临界日长”并不是12 h，一般为12~14 h，但可以短于12 h或长于14 h。然而，研究表明光周期对植物开花的诱导作用更为重要的是暗期长短，短日性植物要求较长的黑暗即某一光周期中黑暗的时间，而长日照植物则需要在短于一定时长的暗期才能诱导开花。

蔬菜的光周期反应部位为叶片，且受植株年龄、温度、光强和光质等影响。植株的年龄越大，对光周期的反应越敏感。光照主要通过红光光敏色素而起作用，因此，在光周期反应中红光处理效果最为显著。

光周期反应机制一直是科学家们致力追求的科学问题。早在20世纪30年代，研究者们通过嫁接等实验明确了感受光的位置为叶片，并将开花刺激物传输到茎端以引起开花，并把这一未知的开花刺激物称为“成花素”。近年来，一些参与开花有关的基因相继被克隆，其中有2个基因在植物开花诱导反应中起关键作用。人们研究发现，植物体内存在一种被称为*FT*的基因，在叶片组织中存在*FT* mRNA，在筛管中不能检测到*FT* mRNA；其翻译产生的FT蛋白在叶片的韧皮部中形成，并经过筛管运输到茎尖，与茎尖分生组织中的FD蛋白结合；FT-FD蛋白复合体促进SOC1蛋白产生，此过程受光周期、春化作用等的调节，最后活化茎尖分生组织的*LFY*与*AP1*基因，引发植物的开花过程。因此，有人认为FT蛋白也许就是人们一直苦苦寻求的成花素(Abe et al.，2005)。

二、温度与蔬菜开花

许多蔬菜的开花均需经过一个低温的诱导，这种低温对植物开花的诱导作用通常被称为春化作用(vernalization)。许多喜冷凉气候的二年生蔬菜，包括许多白菜类、根菜类、鳞茎类及一些绿叶蔬菜，都要经过一段低温春化，才能开花结实。

根据通过春化的时期或方式，春化作用可分为种子春化和绿体春化两大类(杉山直仪，1982，1970；斋藤隆，1982；李曙轩，1979；李曙轩和寿诚学，1957)。

(一)种子春化

种子春化是指从萌动种子阶段便可感受低温，从而对植物花芽分化起诱导促进作用。主要蔬菜有白菜、芥菜、萝卜等。春化所需温度随植物种类不同而异，白菜类及芥菜类的春化温度在0~8℃都有效果(李曙轩和寿诚学，1957)，而萝卜则在5℃左右时效果最佳(荻屋薰，1955)，春化作用所需时间则为0~30天不等。

(二)绿体春化

绿体春化是指植物要长到一定大小植株后才能感受低温诱导通过春化的现象。代表性蔬菜有甘蓝、洋葱、大蒜、大葱和芹菜等。绿体春化所要求的低温一般要比种子春化类型略高，一般为5~10℃，对于花椰菜和青花菜在20℃以下便可产生春化的效果。

绿体春化的作用部位主要在生长点，春化一般要求一定的时间才能完成这种诱导作用。在春化作用未充分完成前遇到高温时，前面的春化效果可以被后面的高温所抵消即脱春化现象(de-vernalization)。脱春化后如果再遇到低温，则可发生再春化现象(re-vernalization)。因此，春化和脱春化是一个可逆的过程。春季生产白菜、萝卜、胡萝卜和洋葱极易在产品器官充分形成前通过春化阶段而发生抽薹开花即先期抽薹现象，最终失去商品价值。因此，我们可以利用脱春化机制，通过中小棚简易覆盖等措施来提高温度，从而使其不发生春化或脱春化，避免发生先期抽薹。同样一种蔬菜，有对春化要求严格的品种即冬性品种，也有要求不严格的品种即春性品种。在秋冬和夏季栽培时，可选用春性品种和冬性品种，而在春季栽培时，则需选用冬性品种，以防蔬菜通过春化而发生先期抽薹和开花。

春化作用自 1918 年 Gassner 提出以来已经接近一百年，但其机制一直不清楚，1934 年 Melcherer 提出了春化素的概念，但其化学性质一直未能探明。赤霉素(GA)能促进需春化植物的开花，但这种作用大多只是能促进已经产生的花芽进一步发育而已。近年来，人们在拟南芥和冬小麦等植物中分离鉴定了多个与春化作用相关的突变体，克隆了相应的基因并对这些基因进行了功能分析。在拟南芥中存在一种 MAD-Box 转录抑制因子基因 *FLOWERING LOCUS C*(*FLC*)，大多基因最终通过关键基因 *FLC* 来实现促进开花作用。首先，由 *VIN3* 感受低温处理而表达并激活对开花关键基因 *FLC* 转录的抑制，同时 FLC 和 PAF1 复合物对转录的促进作用受到抑制，进而 FLC 的抑制状态被 VRN1 和 VRN2 识别，在随后的生长发育过程中二者共同维持了稳定的表达抑制状态，期间包括甲基化等一系列过程参与其中的调控(Kim and Sung，2013)。这些发现使我们对春化作用的机制有了分子水平的认识，但其确切的作用途径在蔬菜作物中还有待于进一步研究。

三、营养条件与花芽分化

许多中光性植物的开花有时也受日照长短的影响，但只影响开花时间的早晚，而不影响是否开花，如许多果菜类在冬春季节一般在 6~7 个节位便开花，而在夏季则要在 8~10 个节位才开花。这些中光性蔬菜的开花与否不受光周期和低温影响，其花芽分化主要受营养水平的影响(Eguchi et al.，1958)。氮、磷、钾施用量大时，植株生长加快，其花芽分化也显著提早。这类蔬菜可称为发育上的“营养型”，当植物体中碳水化合物与氮化合物比值(C/N 值)小时，趋向于营养生长；而当 C/N 值大时，则趋向于生殖生长，这在一定程度上与拟南芥中发现的自主途径相似。

四、植物激素与蔬菜开花

赤霉素对植物的开花影响仅限于长日性植物，对短日照植物几乎没有作用。在长日照植物中，赤霉素能促进具有春化需求的植物开花，这种作用有时对已经花芽分化植株的伸长促进作用尤为明显，并且在一些冬性长日照植物如紫菜薹和胡萝卜以及芹菜中，赤霉素亦可部分代替低温春化作用诱导花芽形成(图 1-7，藤目幸広等，2006)。

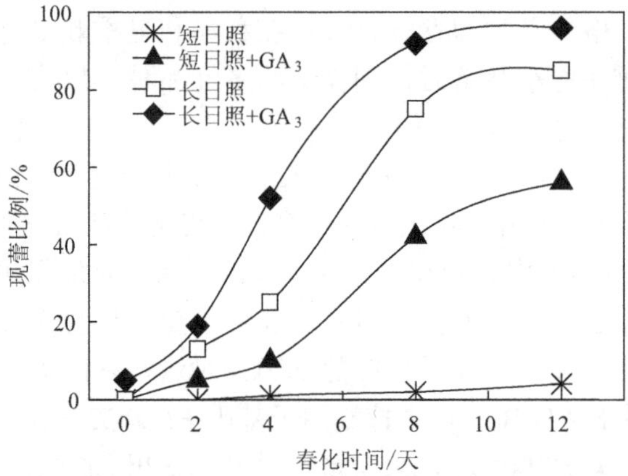

图 1-7　春化、光周期和 GA_3 对红菜薹开花的影响(喻景权团队，未发表)

五、蔬菜植物的性别分化

蔬菜作物的性别表现出多种多样，包括雌雄同花、雌雄异花同株、两性花雄花同株、雌雄异株等多种类型(表 1-3)。其中蔬菜作物大多为雌雄同花植物，如茄果类蔬菜、十字花科蔬菜、葱蒜类和根菜类蔬菜，一些蔬菜如菠菜和芦笋则是雌雄异株。葫芦科瓜类蔬菜作物的性别表现具有很大的变异，除雌雄异花同株外，部分品种分化出两性花，一些品种还表现出仅开雌花不开雄花，而且雌雄花的比例随种类、节位和环境条件的变化而变化。

表 1-3　蔬菜植物的性别表现

性别类型	代表性蔬菜
雌雄同花	白菜、甘蓝、芥菜、番茄、辣椒
雌雄异花同株	黄瓜、西瓜
两性花雄花同株	甜瓜
雌雄异株	芦笋、菠菜、甜玉米

大多瓜类作物的主枝首先分化出雄花，随后逐步分化成雌花和雄花，相对主枝而言，侧枝一般会产生较多的雌花，因此通过打顶可以促进早出雌花(斋藤隆，1982；杉山直仪，1982)。然而，这种习性在很大程度上受温度和光周期的影响，低温和短日照促进雌花的形成，高温和长日照则促进雄花的形成。因此，以往露地育苗中最初出现的往往是雄花，而现在设施育苗中，冬春低温短日条件下则往往先出现雌花而不见雄花。植物激素是植物性别分化的重要调控因子，一般赤霉素能促进雄花的形成，而乙烯则能促进雌花的形成。因此，生产中利用赤霉素和乙烯调控瓜类植物的性别比例，可有效地提高产量和熟性。最近研究发现，低温

诱导雌花与糖信号介导的乙烯信号有关(Miao et al.，2011)。

在黄瓜上的研究表明，茎尖乙烯的释放与雌花的发生存在密切的相关性，乙烯受体 ETR 通过 DNA 损伤的诱导阻止雄蕊的发育。在甜瓜中，性别形成受位于雄花和两性花同株(*a*)和纯雌(*g*)位点上的等位基因的调控。基因 *a* 编码一种乙烯合成酶(CmACS-7)，该酶能抑制雌花中雄蕊的发育。最近的研究发现，转录因子 *CmWIP1* 启动子表观遗传的改变导致雄花在纯雌株系中全都转变成雌花。这种自然的和可遗传的表观遗传的改变是一个转录子的插入引起的，而这种插入是引起和维持启动子 *CmWIP1* DNA 甲基化延伸所必需的。*CmWIP1* 的表达导致心皮败育，促进了单性雄性化的发育。*CmWIP1* 间接抑制雄全同株基因 *CmACS-7* 的表达，促进雄蕊发育。因此，*CmACS-7* 和 *CmWIP1* 通过相互作用来调控雄花、雌花和雌雄同株两性花的发育(Martin et al.，2009)。这是植物性别分化研究的一大进展。

第四节　蔬菜产品器官的形成

蔬菜种类繁多，其食用器官也表现出多样化。按照食用器官分，可分为根菜类、茎菜类、叶菜类、花菜类和果菜类。尽管我国在蔬菜分类中大多采用农业生物学分类方法，但在其他国家食用器官分类法仍是一个主要的分类方法。蔬菜中，一些蔬菜是以正常的器官作为食用部分，如番茄、小白菜；而另外一些蔬菜如萝卜、榨菜、大白菜、莲藕、芋艿等则是以变态的器官作为食用器官。因此，解析这些器官的形成机制是蔬菜科学的重要组成部分，也是实现蔬菜高产和优质的基础。

一、根菜类

根菜类蔬菜既有萝卜等以肉质根为食用器官的蔬菜，也有豆薯等以块根为食用器官的蔬菜，其中前者是我国主要栽培的根菜。以肉质根为食用器官的根菜类蔬菜按其直根的结构可分为木质部膨大型(如萝卜)、韧皮部膨大型(胡萝卜)和环状膨大型(如甜菜)3 种类型。这类蔬菜的开花对光周期和春化都有一定的要求，但其肉质根的形成则对光周期没有要求(表 1-4)，因此，一年四季只要温度和光照条件适宜均可生产。它们大多喜欢冷凉型气候，生长前期要求相对较高的温度和充足的光照以满足叶片营养生长的要求，而在后期即肉质根膨大期则要求相对较低的温度(大多为 15~20℃)。秋冬季节是直根类蔬菜的主要生长季节，产量也高，而在夏季和春季栽培则产量相对较低。在春季栽培时，由于容易通过春化而发生先期抽薹，因此，选择冬性强耐抽薹品种以及利用简易设施防止通过春化和发生先期抽薹是春季栽培高产的关键。与肉质根形成不同，块根的形成一般需要光周期的诱导，因此，这类蔬菜的生产季节受到限制，仅局限于秋季和春季收获产品器官。

表 1-4　主要蔬菜产品器官形成条件(喻景权整理)

蔬菜名称	产品器官	诱导条件	备注
结球莴苣、结球白菜、结球甘蓝	叶球	无(未知)	
萝卜、胡萝卜	直根	无(未知)	
洋葱、大蒜	鳞茎	长日照和低温	
菊芋、马铃薯、芋艿、莲藕、荸荠及慈姑	地下茎	短日照	
茭白	嫩茎	黑粉菌和光周期	长日照处理可抑制孕茭
茄果类、瓜类、部分豆类	果实	授粉受精部分品种具有自然单性结实能力，同时也可用生长素、赤霉素、油菜素内酯和细胞分裂素人工诱导单性结实	部分黄瓜和番茄等品种具有天然单性结实功能
豌豆、蚕豆	果实	长日照诱导开花，授粉受精形成果实	

二、茎菜类

茎菜类蔬菜包括马铃薯等块茎类、藕等根状茎类、芋艿等球茎类、莴苣等嫩茎类和榨菜等肉质茎类等十余种蔬菜。其中前 3 种是以地下部膨大茎为食用器官，后两种是以地上部膨大茎为食用器官。

同根菜类一样，不同茎菜类变态肉质茎形成前一般都要求有旺盛的营养生长，即这些变态器官的形成是在营养组织即叶片生长到一定大小后才开始分化形成各种变态器官，但各种变态茎形成所需条件不同(喻景权和王秀峰，2014；山本昭平，2007)，具体为以下几种。

营养型：如芦笋、竹笋和榨菜等，这类茎菜一般在生长适宜季节积累碳水化合物于根或叶片中，随后供给新的营养器官的产生和生长，只要光、温、水分和养分供应充足，营养生长旺盛，一般便能形成其产品器官。

光周期型：如马铃薯、菊芋、芋以及许多水生蔬菜，包括荸荠、莲藕和慈姑等，这类茎菜的食用器官形成大都要求短日照环境(Masuda，2006；李曙轩，1979)，其变态茎的形成需要光周期的诱导。

寄生型：其变态茎的形成需要微生物寄生并产生相应的激素如生长素 IAA 才能诱导茎的膨大和发育，如茭白嫩茎的膨大需要黑粉菌寄生并产生生长素 IAA 才能膨大。

近年来，有关块茎形成机制的研究取得了较大的进展。马铃薯块茎的形成一般需要短日照，研究表明，马铃薯叶片感受光周期后能合成一种系统信号传递到地下部葡萄茎，从而诱导块茎的形成。将开花的烟草植株嫁接到马铃薯上可诱导其块茎的形成，参与开花调节的 *CO* 和 *FT* 基因是调控块茎形成的重要基因。因此，在一定程度上，光周期诱导的开花和块茎形成具有相似的调节机制。

三、叶菜类

叶菜类包括普通叶菜(如小白菜、芥菜、菠菜、芹菜等)、结球叶菜(如结球甘蓝、大白菜、结球莴苣等)、香辛叶菜(如葱、韭菜、茴香等)和鳞茎类(如洋葱、大蒜、胡葱和百合，这类蔬菜形态上是由叶鞘基部膨大而来)。其中结球叶菜和鳞茎类蔬菜是由变态器官发育而来。如同茎菜类蔬菜和根菜类蔬菜一样，结球叶菜和鳞茎类蔬菜生长前期要求旺盛的营养生长，后期则形成由整个叶片或叶鞘发育而来的叶球或鳞茎球(杉山直仪，1982；斋藤隆，1982)。

大白菜、甘蓝和结球莴苣在长期进化中产生了平头卵圆型、圆筒型、平头直筒型、花心卵圆型和花心直筒型等多种类型叶球。其茎在抽薹开花前一般为短缩茎，叶片不断从生长点产生。这些植物的叶片为了避免相互遮光，后发的叶片采取直立方式来提高光能利用率，从而导致叶片正反面对光响应的差异和叶片生长素等的差异而发生弯曲现象。这种假设也被生长素处理不同叶位、不同叶面和不同部位等实验得以证实。因此，光引起的生长素差异可能是结球的一个重要机制，但目前还缺少遗传学证据来支持生长素理论。

鳞茎类蔬菜的结构可分为洋葱类型和大蒜类型，前者由叶鞘基部膨大而来，后者由侧芽叶鞘膨大而来的蒜瓣组成，外侧叶片的叶鞘则干缩成白色或紫色的革质层，形成蒜瓣的保护组织。这类蔬菜鳞茎的形成均需要一定的温光条件。鳞茎的形成必须要有某一限度以上的日照时数和较高的温度(图 1-8)，一般而言，西部和东北区域的品种一般适合较长日照的品种，而东部和南部则适合临界日长较短的品种，大蒜鳞茎的形成还要求经过一段时间的低温(20℃以下)。如果种蒜播种后不遇见低温一般不会形成鳞茎，经过低温处理的种蒜即使在短日照下也能形成鳞茎，但相对长日照下形成要慢。

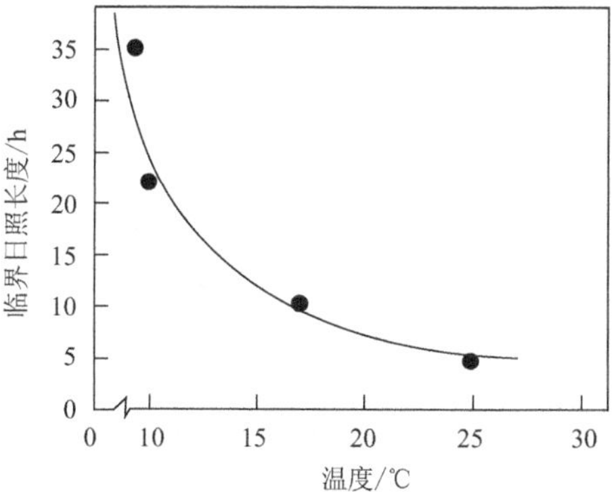

图 1-8　各温度条件下洋葱 30 天形成鳞茎时所需日照时数(加藤徹，1967)

四、花菜类

花椰菜和青花菜是我国栽培的主要花菜。从植物学结构看，花椰菜的产品器官即花球是由无数花芽原基和膨大的花茎组成，而青花菜的花球则是由花芽原基和小花蕾组成。二者花芽分化一般需要一个春化过程，而且只能在植株达到一定大小后才能感受低温即绿体春化类型(藤目幸広，1983)。与大白菜、萝卜和洋葱等蔬菜对春化的要求相比，花椰菜和青花菜对春化的要求无论是低温、时间长度还是光周期上都较低。花菜类对低温春化的要求具有明显的品种差异，正是这种差异，形成花菜的较长供应期。花椰菜极早熟品种和早熟品种分别只需在25℃和20℃以下1个月以内便可花芽分化形成花球，因此，即使在我国东南沿海温暖地带，在10月前后便有花菜供应；而中熟品种则需要在15℃以下1~2个月形成花球。因此，极早熟品种几乎没有春化要求，早熟和中熟品种则需要一个春化过程才能形成花球。

在光周期方面，花椰菜花球形成与日照时数关系不大，青花菜的花球形成则与日照时数具有一定的关系(图1-9)。长日照不仅可促进青花菜开花，还可替代低温要求，因此，在青花菜的生产中，低温和长日照之间存在一定的相加效果和交互作用，即使在夏季也可形成花蕾。

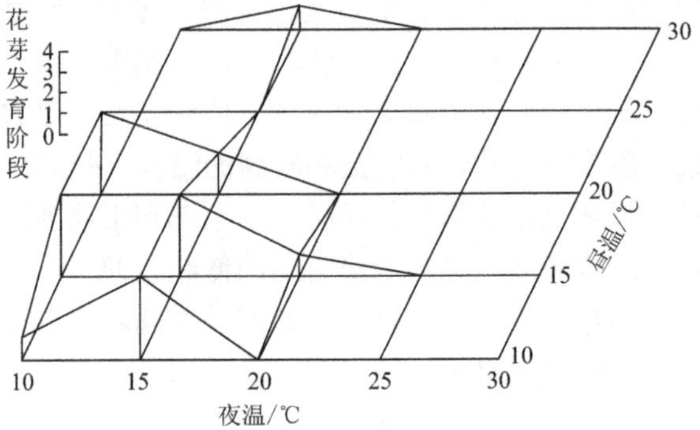

图1-9　花椰菜昼夜温度与花芽分化的关系(藤目幸広，1983)

五、果菜类

果菜类主要包括瓠果类的瓜类、浆果类的茄果类和荚果类的豆类。其中瓜类大多是雌雄异花植物，茄果类和豆类则是自花授粉植物。果菜类中，除番茄、红辣椒、西瓜、甜瓜和冬瓜等蔬菜的食用果实为成熟果外，其余大多蔬菜的食用部分为嫩果。

果实的生长实际上是一个细胞分裂和膨大的过程，细胞分裂和膨大相关基因如*CycD*和*exp*等基因参与了这个过程(Brummell et al.，1999)。除部分具有单性结实的品种外，大多果实的形成需要授粉受精来刺激。授粉受精后种子产生的激素主要有生长素、赤霉素、细胞分裂素、乙烯、脱落酸以及油菜素内酯等(图 1-10)，它们在不同果实种类和不同发育时期中发挥不同的作用。在番茄中，授粉受精后早期产生的主要是赤霉素和细胞分裂素，中期主要是生长素、赤霉素和脱落酸，而在后期则主要是生长素和乙烯。近年来的研究发现，油菜素内酯也参与到番茄果实发育的调控。果实发育早期的细胞分裂过程主要依赖于由细胞周期依赖激酶(CDK)和细胞分裂周期蛋白(cyclin)组成的复合体对细胞分裂周期中的 G_1/S 的调控，细胞分裂素和油菜素内酯均能提高这些基因的表达。细胞膨大实际上也是细胞壁结构变化引起的细胞伸长，XTHs、Exps 和 EGases 等多个基因家族参与其调控。生长素、乙烯等均能提高这些基因的表达。而在转色期，乙烯参与调节的 *ACC* 等基因在着色等过程中发挥重要的作用。

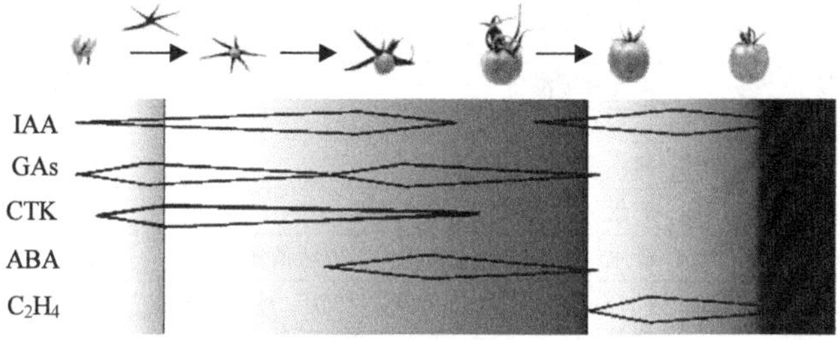

图 1-10　番茄果实发育中不同激素的作用(Srivastava and Handa，2005)

第五节　蔬菜生长发育调控与蔬菜生产

蔬菜生长发育受内在的遗传因子调控，也受环境影响，其中内源植物激素介导了这些遗传与环境信号过程，因而在植物生长发育中发挥重要作用。同其他植物一样，蔬菜体内存在数以万计的基因和相应的编码蛋白，有序地控制着其生长发育。不同蔬菜品种在生长、抗性和品质上的差异一定程度上受基因调控，如 Microtom 番茄所表现的矮化就是因为缺失了赤霉素和油菜素内酯合成的部分基因(彩图 2)，一些蔬菜品种的抗病性也与其含有相应的抗病基因有关。但这些基因的功能有时也受环境的影响，如含抗线虫基因 *Mi-1* 番茄品种在低于 28℃的温度下表现为抗性，而在高于 28℃的环境下则丧失其抗病功能。近年来，番茄、黄瓜、白菜、芥菜、西瓜等主要蔬菜基因组测序工作的完成为我们通过分子育种等手段实现蔬菜生长发育的有序调控奠定了基础。

一、蔬菜生长发育的环境调控

蔬菜生长发育调控包括适宜蔬菜生长环境条件的创造和植株内在生理生化的调控，前者主要包括温度、光照、养分、水分、生物因子和CO_2等环境因子的调控(表 1-5)，而后者主要是植物的化学调控即生长物质调控。

表 1-5　影响蔬菜生长的主要环境因子及其调控与应用

因子	调控方法	作用	适用范围
温度	增温	温室大棚设施栽培促进生长 中小棚覆盖促进生长防止春化引起先期抽薹 创造适宜温度促进生长	主要喜温果菜 根菜和白菜类冬春生产 大多蔬菜
	降温	创造适宜温度促进生长	大多蔬菜
光照	补光	冬春育苗补光增加光照 R(红光)/FR(远红光)补光调控节间长度和抗性 R/FR 补光增强抗性	喜温蔬菜冬春育苗 同上 主要果菜
	遮阳	光周期调节 遮阳栽培和育苗减轻光抑制	调控茭白孕茭 主要蔬菜夏秋栽培和育苗
水分和湿度	增湿	滴灌和喷灌等	设施蔬菜
	降湿	地膜和秸秆覆盖减少温室湿度 避雨栽培	设施果菜 南方多雨地区果菜栽培
养分	增加养分	肥水一体化滴灌和根外追肥	设施和露地栽培
	减少盐渍化	肥水一体化、洗盐、轮作禾本科植物	设施栽培
CO_2	增加CO_2浓度	NH_4HCO_3化学法、压缩气体法、秸秆发酵法 增加CO_2浓度提高光合作用和抗性	温室保温栽培
微生物	生防菌	防治病害	设施与露地栽培
	菌根	提高抗性、增加磷等吸收、减轻逆境危害	育苗
昆虫	益虫和天敌	生物防治和授粉	设施蔬菜
	害虫	粘虫板、防虫网、 性激素、诱虫灯	设施蔬菜 露地蔬菜
植物	化感植物	轮作或间套作减少病虫害	设施与露地栽培
	除盐植物	夏季短期轮作减少盐渍化	设施栽培
	诱虫植物	间套作减少虫害	设施与露地栽培

(一) 温度

不同蔬菜具有各自适宜的生长温度，然而，四季气候的变化导致多数时候的温度难以满足蔬菜生长发育对温度的要求。因此，如何调控环境温度以满足蔬菜生长所需是我们面临的问题。我们可通过温室大棚的温室效应来提高环境温度，而降低温度则可通过遮阳和水帘、通风和喷雾等措施来实现。根部降温或加温也是调控植株生长的一种有效途径，如在浙江一些水库周围，人们通过利用水库水进行灌溉，利用春季水库水温度较高而夏季水库水温度较低的特点以创造一些水生蔬菜如茭白的适宜生长环境，调节采收期。根部加温和降温具有较强的操作性，在果菜类生产中，我们可通过土壤或栽培基质的加温或降温，促进蔬菜生长，这也是一条低能耗的生产技术。在发育调控方面，我们也可通过中小棚的温室效应来增加温度，防止春白菜、春萝卜和春胡萝卜等蔬菜发生春化和抽薹。

(二)光照

光照的调控包括利用人工光源补光和遮阳网等降低光强措施。补光既可用于冬春季节弱光下提高光合作用，也可用于光周期处理。前者在我国许多地方冬春季育苗中逐步得以应用，在荷兰果菜生产中应用也极其广泛。而光周期处理在蔬菜中应用相对不多，在花卉花期调控中则较为普遍，但有研究表明，茭白的孕茭与光周期有关，在冬春季节较为温暖的我国台湾地区茭白生产中有所应用，以防过早孕茭而减产。调节光质组成如 R/FR 值还可调节幼苗的节间长度，采用去紫外线薄膜可以延迟葡萄等果实的着色，从而调节成熟和供应期。

(三)养分和水分

土壤养分和水分与蔬菜生长密切相关，近年来，针对蔬菜需水和需肥量大等特点，世界各国正朝精准肥水管理的方向发展，其中肥水一体化是主要发展方向。针对南方多雨高湿问题，通过采用避雨覆盖、降低湿度是提高产量、减少病虫害发生的一项主要措施，这种措施在南方芦笋和葡萄等作物生产中产生了较好的效果。

(四)生物因子

通过合理安排种植制度如轮作和间套作是一条提高产量、减少病虫害发生和肥料投入的重要途径。近年来，一些菌剂如菌根、生防菌以及菌肥在我国的应用也日益普遍，它通过改善土壤微生物结构，在提高肥料吸收和转化效率以及抑制病原生物等方面发挥作用。此外，一些有益昆虫如熊蜂和寄生蜂在增加果菜类坐果和防治害虫方面也有较大的应用价值。

(五)CO_2 浓度

CO_2 在促进光合作用和抗性方面具有十分重要的作用。设施生产中由于处于一个密闭环境，加上一些地方如西北非耕地缺乏土壤呼吸，低 CO_2 浓度是生产中经常遭遇的问题。采用 CO_2 加富(CO_2 enrichment)措施可以显著促进蔬菜生长，提高产量，改善品质。增加 CO_2 浓度可通过有机物酿热发酵、$NaHCO_3$ 化学反应和压缩钢瓶等方法来实现。发达国家普遍采用燃烧方式或压缩 CO_2 技术，在我国一般采用廉价的稀酸和 $NaHCO_3$ 化学反应法来提高 CO_2 浓度。近年来，我国许多地方正在尝试通过农作物秸秆好气发酵来提高 CO_2 浓度，并取得了较大的进展，初步形成了适合我国的 CO_2 加富农业技术。

二、蔬菜生长发育的化学调控

我们一般将对植物生长发育所不可缺少的、植物自身合成的内在微量生理活性物质称为植物激素(plant hormone)或植物生长物质(plant growth substance)，而将人工合成的具有与植物激素相似结构和功能的物质以及植物激素合成的抑制剂称为植物生长调节剂(plant growth regulator)。与其他植物一样，蔬菜一生中，从种子发芽、幼苗生长、叶片和根系的发育以及随后的开花和结果，都在不同程度上受其内在的激素调控，表 1-6 是目前所知的植物生长调节剂的主要功能及其应用情况。

表 1-6　植物生长调节剂在蔬菜生产中的应用

使用目的	使用药剂	施用蔬菜	使用方法
发根调控	萘乙酸（NAA, naphthylacetic acid）	大白菜和甘蓝等	茎组织底部
	吲哚丁酸(IBA, 3-indolebutyric acid)	大白菜和甘蓝等	茎组织底部
发芽与休眠调控	萘乙酸甲酯(MENA, methyl naphthacetate)	马铃薯	切块或整薯浸泡可解除休眠
	青鲜素(MH, maleic hydrazide)	洋葱和大蒜等	采收前处理防治贮藏中发芽
	赤霉素(GAs, gibberellins)	山药	休眠前处理解除休眠
	6-苄氨基嘌呤(6-BA, 6-benzylaminopurine)	芦笋	最终采收前 10~30 天处理促进发枝
生长调控	多效唑(PP333, paclobutrazol)等	大多数蔬菜	苗期处理防治徒长
	烯效唑(uniconazole)	大多数蔬菜	苗期处理防治徒长
	赤霉素(GA, gibberellin)	绿叶蔬菜	叶面喷洒加快伸长
	油菜素内酯(BRs, brassinosteroids)	大多数蔬菜	叶面喷洒促进生长
光合作用调控	油菜素内酯(BRs, brassinosteroids)	大多数蔬菜	叶面喷洒
抗性调控	油菜素内酯(BRs, brassinosteroids)	大多数蔬菜	叶面喷洒提高对低温、高温、药害和病害等抗性
	脱落酸(ABA, abscisic acid)	大多蔬菜	叶面喷洒提高对低温和干旱等抗性
控制性别分化调控	乙烯利(ethephon, ethrel)	瓜类	幼苗期喷洒
	赤霉素(GA, gibberellin)	瓜类	幼苗期喷洒
抽薹和开花调控	赤霉素(GA, gibberellin)	十字花科蔬菜	生长期喷施促进开花
	多效唑(PP333, paclobutrazol)等	十字花科蔬菜	抽薹前喷施抑制抽薹
	烯效唑(uniconazole)	十字花科蔬菜	抽薹前喷施抑制抽薹

续表

使用目的	使用药剂	施用蔬菜	使用方法
落果与果实生长调控	对氯苯氧乙酸（4-CPA, 4-chlorophenoxyacetic acid）	茄果类	开花前后 3 天内喷花促进坐果
	氯吡苯脲 [CPPU, *N*-(2-chloro-4-pyridyl)-*N*′-phenylurea]	瓜类坐果	开花前后 1 天内喷果或浸果促进坐果
	6-苄氨基嘌呤(6-BA, 6-benzylaminopurine)	瓜类坐果	开花前后 1 天内喷果或浸果促进坐果
	赤霉素(GA, gibberellin)	瓜类、茄果类和草莓果实生长	同上
	油菜素内酯(BRs, brassinosteroids)	瓜类、茄果类	同上
果实成熟调控	乙烯利(ET, ethephon, ethrel)	番茄着色	转色前涂果加速着色
		西瓜催熟	成熟前果实处理
	脱落酸(ABA, abscisic acid)	番茄等	尚未建立
采后保鲜处理	氯吡苯脲[(CPPU, *N*-(2-chloro-4-pyridyl)-*N*′-phenylurea)]	绿色叶菜和花菜等	喷或浸，不推荐
	6-苄氨基嘌呤(6-BA, 6-benzylaminopurine)	绿色叶菜和花菜等	喷或浸，不推荐

注：除上述调节物质外，还有多胺、NO 和茉莉酸甲酯等物质对蔬菜生长发育也具有调节作用；各种蔬菜因环境和品种差异，其使用浓度等存在较大的差异。

许多情况下，由于植物内在节奏如休眠或环境原因，蔬菜生长不能朝着我们期望的方向生长，这时，可利用外源植物生长调节剂来调控植物朝着我们所需要的方向生长。例如，正常番茄果实形成需要一个由授粉受精形成的种子所分泌的植物激素所诱导，但环境温度低于 15℃或高于 35℃时，植物就不能正常授粉受精，也就不能正常形成果实，此时，可利用植物生长调节剂来替代内源激素诱导果实的产生。目前，植物生长调节剂在蔬菜生产中的主要用途有以下几个方面。

1.调节生根

生长素参与侧根的发育，因此，可以利用生长素来促进一些蔬菜的生根，提高繁殖系数。目前，该项技术在木本植物中得到了广泛应用，在蔬菜中，主要用于提高一些珍贵种质材料的繁殖系数，如大白菜和甘蓝的叶芽扦插时可用 2000 mg/L 的萘乙酸或 2000 mg/L 的吲哚丁酸(IBA)等生长素进行蘸叶柄处理促进生根。

2. 调节休眠与发芽

许多蔬菜种子或营养繁殖器官收获后需要度过一段时间的休眠才能萌芽，期间体内存在一个 ABA 的积累过程。为不误农事，及时播种，在二季作区域，春马铃薯收后秋茬播种前将种薯切块后浸入赤霉素(GA)溶液中约 10 min，捞出后晾干，放在潮湿沙床上进行催芽，能有效促使其苗齐苗壮。莴苣的一些品种种子需要光的刺激作用才能发芽，用赤霉素处理，可以提高其发芽率。乙烯利具有打破休眠、促进发芽的作用，如用 50~200 mg/L 乙烯利浸种马铃薯，可使芽数增加；利用乙烯利处理生姜也可促进其萌芽和增加分枝。与此相反，利用生长调节剂也可有效控制蔬菜作物贮藏器官如块茎、鳞茎等在贮藏期间发芽。例如，在马铃薯收获前3~4周用100 mg/L萘乙酸甲酯(MENA)和马来酰肼(MH)进行叶面喷洒处理，能有效地抑制其在采后贮藏期间的发芽。

3. 调节植株各器官的伸长

赤霉素具有促进细胞伸长的效果，喷施GA可促进茎和叶片的伸长，增加植株高度。在一些绿叶蔬菜如芹菜、莴苣、茼蒿、苋菜、蕹菜等收获前10~20天全株喷20~25 mg/L赤霉素1~3次，可增产10%~30%。在草莓开花时，用赤霉素处理可以促进花(果)柄的伸长，有利于果实的生长与采收。同样，利用GA的合成抑制剂如烯效唑和多效唑则能抑制植株的徒长，并广泛应用于蔬菜生产中。一些果菜如番茄和黄瓜等蔬菜品种在多肥水和高温弱光条件下容易徒长，应用GA抑制剂可延缓植株生长，使植株长得健壮，并提高植株抗寒和抗旱能力，可用于蔬菜育苗中防止高温下的徒长。

4. 调节开花和性别

二年生蔬菜作物一般要求经过一段低温和一定光周期诱导后才能抽薹开花，而GA可代替或部分代替春化和光周期的作用而诱导抽薹开花。一些试验结果表明，在越冬前喷洒50~500 mg/L赤霉素，可促使白菜、芹菜、甘蓝、菠菜、萝卜、莴苣抽薹开花，促进花椰菜花球花梗伸长而开花。此外，用一些GA合成抑制剂或生长延缓剂可抑制或延缓抽薹开花。例如，用烯效唑、多效唑和邻氯苯氧丙酸(CIPP)处理芹菜、甘蓝、春大白菜可不同程度地抑制开花，促进结球，但相关技术受环境和品种影响较大，有待进一步研究建立。

植物的性别分化主要受GAs和乙烯调控。瓜类蔬菜作物是雌雄同株异花，在雌雄两性花分化过程中除受品种内部因素控制外，还受温度和光照等外部因素的影响。瓜类蔬菜可在花芽未分化时即苗期采用乙烯利处理，能明显地增加雌花数，一般在黄瓜2~5叶、瓠瓜3~5叶、南瓜2~4叶、甜瓜2叶时用150 ppm[①]乙烯利在叶面上喷1~3次处理，从而提早成熟期。与乙烯利相反，赤霉素处理黄瓜等瓜类作物幼苗能促进雄花形成，而对雌花的形成有抑制作用。一般瓜类用50~100 mg/L赤霉素喷洒幼苗，雌性系采用100~200 mg/L赤霉素喷洒幼苗即可，该措施可以诱导黄瓜全雌系形成雄花以达到制种和保种的目的。

5. 促进坐果，防止化瓜

大多果菜类品种果实的形成需要一个授粉受精形成种子的过程，种子可产生生长素、赤霉素、细胞分裂素和油菜素内酯等植物激素。但在其生长中，往往因温度和光照等环境条件不适宜花粉形成或花粉管萌发而不能进行正常的授粉受

---

① $1ppm=10^{-6}$。

精，从而发生落花落果现象。为此，在茄果类蔬菜开花时可用 2, 4-D 或防落素(PCPA)等生长素，在瓜类作物中可用细胞分裂素如氯吡苯脲(CPPU)等诱导单性结实，从而避免落花落果或化瓜。

6. 提高光合作用和产量

目前油菜素内酯是唯一已知参与植物光合作用调控的激素。在蔬菜生长过程中喷施 0.1 mg/L 的 24-表油菜素内酯或 28-高表油菜素内酯等均可提高植物的光合作用，增产 15%~30%。

7. 增强蔬菜抗性

目前已知参与植物抗性调控并具实用价值的调节物质有 ABA、BRs、茉莉酸(JA)和水杨酸类化合物。ABA 参与植物对许多非生物逆境抗性和气孔运动的调控，可以提高植物对低温、高温和干旱等逆境的抗性。水杨酸类化合物可提高作物抗病性，有时也具有增强对非生物逆境抗性的作用。JA 则可提高对害虫的抗性。BRs 既可提高对非生物逆境的抗性，也可提高对一些病害和线虫的抗性，具有一定的应用前景。

8. 促进各种果实成熟和着色

植物激素中，乙烯参与番茄红素的合成调控，而 ABA 则参与花青素的调控。在番茄果实转色期或对已经膨大但未完熟的西瓜果实进行乙烯利果实处理，可以提早成熟 5~6 天。

9. 保持产品新鲜状态，延长贮藏期

植物激素中的细胞分裂素参与植物衰老和叶绿素代谢的调控。利用细胞分裂素可以抑制绿色组织中蛋白质及叶绿素的降解，从而防止绿色组织的变色与衰老，保持新鲜状态，延长运输贮藏时期。

值得一提的是，使用生长调节剂是一种植物生长发育调控的辅助手段，不仅是我国现阶段蔬菜生产中的常用措施，在日本和美国也广泛应用(池田英男和川城英夫，2005)，但使用时需要结合气候条件和品种特性，合理控制使用浓度、次数和处理部位才能达到预想效果。植物生长调节剂在蔬菜中得到广泛应用的同时，其对人体安全性的影响也受到社会广泛关注，生产中需要避免盲目使用一些未经国家有关部门登记和未经安全性评价的产品。同时，也需要对植物激素对人体的可能影响有一个科学的认识，植物激素是植物生长发育所必需的生长物质，没有植物激素也就没有植物生长发育，而植物激素无论是其结构还是其功能都同动物和人体激素有很大区别，对人体健康的影响还缺乏科学依据。

三、蔬菜生长发育调控与蔬菜生产方式发展

世界各国结合本国社会发展和自然环境形成了不同形式的栽培方式(池田英

男和川城英夫，2005；伊东正，1987；清水茂，1972）。自 20 世纪 80 年代中期以来，我国蔬菜生产快速发展，产量大幅增长(喻景权，2011；张真和等，2010；中国农业科学院蔬菜花卉研究所，2010)，播种面积由 1990 年的近 1 亿亩①增加到 2010 年的 2.3 亿亩左右，生产基地逐步向优势区域集中，形成华南与西南热区冬春蔬菜、长江流域冬春蔬菜、黄土高原夏秋蔬菜、云贵高原夏秋蔬菜、北部高纬度夏秋蔬菜、黄淮海与环渤海设施蔬菜六大优势区域，并形成了不同方式的栽培类型(图 1-11)，为保障全国蔬菜均衡供应发挥了重要作用。

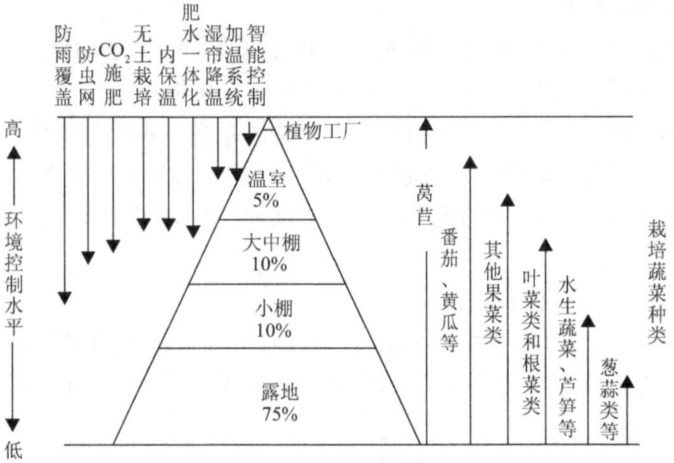

图 1-11　主要栽培方式、环境控制水平及其栽培蔬菜种类

数据为我国不同栽培方式的比率

(一)露地栽培

蔬菜按照其生长对温度的要求可分为喜温蔬菜和喜冷凉蔬菜，根据我国南北方一年四季的温度变化，形成了喜温蔬菜在我国南方的春夏和秋冬二茬露地栽培模式和北方春夏一茬露地栽培模式，而喜冷凉蔬菜则主要采用秋冬季节进行生产。由此造成了春夏蔬菜采收后的 8~10 月和秋冬蔬菜采收后的 2~4 月的蔬菜供应淡季。我国幅员辽阔，南北冬季和夏季气候存在很大差异的同时，也存在因海拔差异引起的较大温度差异。例如，1 月，北方最低温度达到－10~－30℃，而在海南岛和云南部分区域最低温度则在 15℃以上，适合许多喜温蔬菜的生长，成为我国冬季重要蔬菜供应基地；夏季 7~8 月，南方许多省份平原地带的最高温度达到近 40℃，而在西北高原和南方高山地区，最高温度则为 25~30℃，适合许多喜温蔬菜乃至喜冷凉蔬菜的生长，形成了冬季南菜北运基地、夏季高山蔬菜基地和高原蔬菜生产基地，即俗称的反季节蔬菜基地。

---

① 1 亩≈666.7m²。

(二)设施栽培

传统的露地蔬菜生产受季节影响，导致蔬菜供应产生了两个明显的淡季，而设施栽培则可较好地缓解蔬菜淡季供应问题。设施栽培是指通过玻璃、薄膜、遮阳网和防虫网等覆盖来创造适宜蔬菜生长环境的一种栽培方式。设施栽培主要通过改变空气温度、湿度、光照、土壤水分和养分等来创造适宜蔬菜生长的环境，从而延长蔬菜的生长期和供应期，提高水、肥等资源利用率，减少病虫害的发生，以提高产量和产品品质。经过多年发展，我国目前已经形成了中小棚覆盖、薄膜大棚栽培、连栋薄膜温室、日光温室、玻璃温室、遮阳网栽培、防虫网栽培、避雨栽培等不同形式的设施栽培方式。其中，中小棚覆盖、薄膜大棚栽培、连栋薄膜温室、日光温室和玻璃温室主要利用温室效应提高温度，满足喜温蔬菜的生长。此外，利用中小棚覆盖还可防止春白菜、春甘蓝、春萝卜和春胡萝卜等喜冷凉蔬菜在冬春通过春化而发生先期抽薹，遮阳网栽培主要克服夏季强光对蔬菜的不良影响，防虫网栽培则主要克服夏季露地蔬菜害虫多发的缺陷，避雨栽培主要通过顶部覆盖薄膜减少南方雨季高湿对蔬菜生长的不良影响，减轻病虫害的发生。近年来，我国设施蔬菜生产得到快速发展，栽培面积已经接近 400 万 hm^2，成为世界上生产面积最大的国家，也显著改善了我国蔬菜供应的局面。其中，北方主要发展了以日光温室为代表的设施栽培，而在南方，则主要形成了以塑料大棚为代表的设施生产模式(彩图 3 和彩图 4)。

(三)无土栽培

无土栽培是设施栽培的进一步发展，它是一种摆脱土壤条件的限制，通过利用营养液或人工基质代替土壤进行农作物栽培的方式，自 20 世纪 80 年代以来，岩棉培技术在荷兰发展迅速(彩图 5)，番茄和黄瓜等蔬菜的产量达到 100 kg/m^2，是我国目前水平的 3~5 倍。与设施栽培最大的区别在于土壤使用与否。无土栽培的主要类型见图 1-12。目前，水培主要应用于叶菜类和草莓等生产(彩图 6)，而基质培则主要用于果菜类的生产。

无土栽培的主要优点有：

(1) 可以不受土壤的限制；

(2) 提高养分和水分的利用率；

(3) 避免连作障碍的发生；

(4) 更易实现根系环境的控制。

与此同时，无土栽培也存在以下不足：

(1) 需要较高的初期投入和维护成本；

(2) 需要一定的管理技术，管理难度相对较大；

(3) 容易因培养液循环而导致大面积的根系病害发生等。

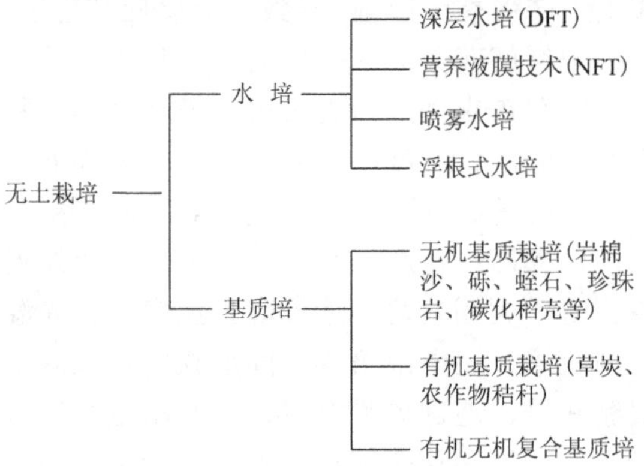

图 1-12　无土栽培类型

(四)植物工厂

植物工厂是利用计算机等智能手段，通过对植物生长所需的温度、光照、湿度、CO_2 浓度和营养液等环境因子进行自动控制和优化，使植物生长不受自然条件限制的一种省力型生产方式(彩图 7)。按照光源种类，可分为完全人工光利用型、太阳光利用型和人工光太阳光并用型 3 种方式。与设施栽培和无土栽培相比，它具有以下特点：

(1) 不受外界自然条件限制，能按计划进行生产并实现周年供应；

(2) 克服土地资源限制并可实现立体栽培；

(3) 植物生长较为迅速，可避免病虫害的发生，产品安全性得到保障；

(4) 可实现机械化和智能化生产，减轻劳动强度并减少劳力投入。

然而，植物工厂不仅需要高昂的初期投入，而且生产中控温和控光需要投入大量的能源，生产效益低是目前所面临的问题。同时，植物工厂主要适合一些生长较快的叶菜类作物，不适合果菜类作物的生产。尽管日本和北欧国家建立了一批商业化植物工厂，但离真正意义上的商业化高效生产尚有一定距离。

综上所述，材料和工程技术的进步为我们创造蔬菜生产的适宜环境从而实现优质高产提供了可能，同时，我们也需正确处理和权衡生产效益、生态与环境效益、资源合理利用、产品安全效应之间的关系，近 30 年的实践表明，并不是设施现代化程度越高，生产效益也越高。因此，我们要避免盲目发展脱离当地社会经济发展水平和实际的“高、新、特”蔬菜生产模式，根据区域发展水平确立适合各地的蔬菜生产方式才是我国蔬菜生产的发展方向。

主要参考文献

方智远. 2004. 蔬菜学. 南京: 江苏科学技术出版社.

李曙轩. 1979. 蔬菜栽培生理. 上海：上海科学技术出版社.

李曙轩. 1990. 中国农业百科全书(蔬菜卷). 北京: 中国农业出版社.

李曙轩, 寿诚学. 1957. 春化及光照对于白菜及芥菜发育的影响. 植物学报, 6(1): 7-28.

吴耕民. 1957. 中国蔬菜栽培学. 北京: 科学出版社.

喻景权. 2011. “十一五”我国设施蔬菜生产和科技进展及其展望. 中国蔬菜, 2: 11-23.

喻景权, 王秀峰. 2014. 蔬菜栽培学总论. 第三版. 北京: 中国农业出版社.

张真和, 陈青云, 高丽红, 王娟娟, 沈军, 李中民, 张雪艳. 2010. 我国设施蔬菜产业发展对策研究. 蔬菜, (5): 1-3, 6.

浙江农业大学. 1988. 蔬菜栽培学总论. 第三版. 北京: 农业出版社.

中国农业科学院蔬菜花卉研究所. 2010. 中国蔬菜栽培学. 第二版. 北京: 中国农业出版社.

杉山直仪. 1970. 野菜の発育生理と栽培技術. 東京: 诚文堂新光社.

杉山直仪. 1982. 野菜総論. 東京: 養贤堂.

池田英男, 川城英夫. 2005. 野菜の栽培基础. 東京: 農文协.

萩屋薫. 1955. ダイコン春化に関する研究. 第四報. 農業及び園芸, 30(4): 597-598.

加藤徹. 1967. 野菜発育生理と栽培技術. 東京: 诚文堂新光社.

清水茂. 1972. 蔬菜の生態と作型. 東京: 诚文堂新光社.

山本昭平. 2007. 園芸生理学. 東京: 文永堂新光社.

藤井健雄. 1976. 蔬菜の栽培技術. 東京: 诚文堂新光社.

藤目幸広. 1983. ブロッコリ(基础篇). 農業技術大系:野菜篇(6). 東京: 農文协.

藤目幸広, 西尾敏彦, 奥田延幸. 2006. 野菜生育と栽培. 東京: 農文协.

伊東正. 1987. 野菜の栽培技術. 東京: 诚文堂新光社.

斋藤隆. 1982. 野菜園芸学. 東京: 農文协.

Abe M, Kobayashi Y, Yamamoto S, Daimon Y, Yamaguchi A, Ikeda Y, Ichinoki H, Notaguchi M, Goto K, Araki T. 2005. FD, a bZIP protein mediating signals from the floral pathway integrator FT at the shoot apex. *Science*, **309**: 1052-1056.

Beemster G T, De Vusser K, De Tavernier E, De Bock K, Inzé D. 2002. Variation in growth rate between *Arabidopsis* ecotypes is correlated with cell division and A-type cyclin-dependent kinase activity. *Plant Physiology*, **129**:854-864.

Brummell D A, Harpster M H, Dunsmuir P. 1999. Differential expression of expansin gene family members during growth and ripening of tomato fruit. *Plant Molecular Biology*, **39**: 161-169.

Campbell P, Braam J. 1998. Co- and/or post-translational modifications are critical for TCH4 XET activity. *The Plant Journal*, **15**:553-561.

Choi D, Cho H T, Lee Y. 2006. Expansins: expanding importance in plant growth and development. *Physiologia Plantarum*, **126**:511-518.

Cockcroft C E, den Boer B G, Healy J S, Murray J A. 2000. Cyclin D control of growth rate in plants. *Nature*, **405**:575-579.

Cosgrove D J. 2000. Expansive growth of plant cell walls. *Plant Physiology and Biochemistry*, **38**:109-124.

Depuydt S, Hardtke C S. 2011. Hormone signalling crosstalk in plant growth regulation. *Current Biology*, **21**: 365-373.

Doerner P. 2008. Signals and Mechanisms in the Control of Plant Growth. *In*: Bögre L, Beemster G. *Plant Growth Signaling*. Vol. 10. Berlin:Springer: 1-23.

Domagalska M A, Leyser O. 2011. Signal integration in the control of shoot branching. *Nature Reviews Molecular Cell Biology*, **12**: 211-221.

Eguchi T, Matsumura T, Ashizawa M. 1958. The effect of nutrition on flower formation in vegetable crops. *Proceedings of the American Society for Horticultural Science*, **72**:343-352.

Feng S, Martinez C, Gusmaroli G, Wang Y, Zhou J, Wang F, Chen L, Yu L, Iglesias-Pedraz J M, Kircher S. 2008. Coordinated regulation of *Arabidopsis thaliana* development by light and gibberellins. *Nature*, **451**:475-479.

Fleming A J, McQueen-Mason S, Mandel T, Kuhlemeier C. 1997. Induction of leaf primordia by the cell wall protein expansin. *Science*, **276**:1415-1418.

Galbraith D W, Harkins K R, Knapp S. 1991. Systemic endopolyploidy in *Arabidopsis thaliana*. *Plant Physiology*, **96**:985-989.

Gilissen L, Van Staveren M, Creemers-Molenaar J, Verhoeven H. 1993. Development of polysomaty in seedlings and plants of *Cucumis sativus* L. *Plant Science*, **91**: 171-179.

Gomez-Roldan V, Fermas S, Brewer P B, Puech-Pagès V, Dun E A, Pillot J-P, Letisse F, Matusova R, Danoun S, Portais J-C. 2008. Strigolactone inhibition ofshoot branching. *Nature*, **455**: 189-194.

Granier C, Inzé D, Tardieu F. 2000. Spatial distribution of cell division rate can be deduced from that of $p34^{cdc2}$ kinase activity in maize leaves grown at contrasting temperatures and soil water conditions. *Plant Physiology*, **124**: 1393-1402.

Inzé D, De Veylder L. 2006. Cell cycle regulation in plant development. *Annual Review of Genetics*, **40**: 77-105.

Kim D H, Sung S. 2013. Coordination of the vernalization response through a *VIN3* and *FLC* gene family regulatory network in *Arabidopsis*. *Plant Cell*, **25**: 454-469.

Kocsy G, Tari I, Vanková R, Zechmann B, Gulyás Z, Poór P, Galiba G. 2013. Redox control of plant growth and development. *Plant Science*, **211**: 77-91.

Lambers H, Chapin III F S, Pons T. 2008. Plant Water Relations. *Plant Physiological Ecology*. New York: Springer: 163-223.

Lee J, Das A, Yamaguchi M, Hashimoto J, Tsutsumi N, Uchimiya H, Umeda M. 2003. Cell cycle function of a rice B2-type cyclin interacting with a B-type cyclin-dependent kinase. *The Plant Journal*, **34**: 417-425.

Li X, Zhang G Q, Sun B, Zhang S, Zhang Y Q, Liao Y W K, Zhou Y H, Xia X J, Shi K, Yu J Q. 2013. Stimulated leaf dark respiration in tomato in an elevated carbon dioxide atmosphere. *Scientific Reports*, **3**: 3433.

Li Y, Darley C P, Ongaro V, Fleming A, Schipper O, Baldauf S L, McQueen-Mason S J. 2002. Plant expansins are a complex multigene family with an ancient evolutionary origin. *Plant Physiology*, **128**: 854-864.

Martin A, Troadec C, Boualem A, Rajab M, Fernandez R, Morin H, Pitrat M, Dogimont C, Bendahmane A. 2009. A transposon-induced epigenetic change leads to sex determination in melon. *Nature*, **461**: 1135-1138.

Masuda J I, Urakawa T, Ozaki Y, Okubo H. 2006. Short photoperiod induces dormancy in Lotus（*Nelumbo nucifera*）. *Annals of Botany*, **97**: 39-45.

McQueen-Mason S, Durachko D M, Cosgrove D J. 1992. Two endogenous proteins that induce cell wall extension in plants. *Plant Cell*, **4**: 1425-1433.

Miao M M, Yang X G, Han X S, Wang K S. 2011. Sugar signalling is involved in the sex expression response of monoecious cucumber to low temperature. *Journal of Experimental Botany*, **62**: 797-804.

Nishitani K, Tominaga R. 1992. Endo-xyloglucan transferase, a novel class of glycosyltransferase that catalyzes transfer of a segment of xyloglucan molecule to another xyloglucan molecule. *Journal of Biological Chemistry*, **267**: 21 058-21 064.

Nozue K, Covington M F, Duek P D, Lorrain S, Fankhauser C, Harmer S L, Maloof J N. 2007. Rhythmic growth explained by coincidence between internal and external cues. *Nature*, **448**: 358-361.

Okawara R, Satoh S, Yoshioka T, Ishizawa K. 2005. Expression of α-expansin and xyloglucan endotransglucosylase/hydrolase genes associated with shoot elongation enhanced by anoxia, ethylene and carbon dioxide in arrowhead (*Sagittaria pygmaea* Miq.) tubers. *Annals of Botany*, **96**: 693-702.

Potter T I, Rood S B, Zanewich K P. 1999. Light intensity, gibberellin content and the resolution of shoot growth in Brassica. *Planta*, **207**: 505-511.

Prohens-Tomás J, Nuez F. 2007. Vegetables I: Asteraceae, Brassicaceae, Chenopodicaceae, and Cucurbitaceae. Berlin: Springer.

Riou-Khamlichi C, Huntley R, Jacqmard A, Murray J A. 1999. Cytokinin activation of *Arabidopsis* cell division through a D-type cyclin. *Science*, **283**: 1541-1544.

Rose J K C, Braam J, Fry S C, Nishitani K. 2002. The XTH family of enzymes involved in xyloglucan endotransglucosylation and endohydrolysis: Current perspectives and a new unifying nomenclature. *Plant and Cell Physiology*, 43: 1421-1435.

Sampedro J, Carey R E, Cosgrove D J. 2006. Genome histories clarify evolution of the expansin superfamily: new insights from the poplar genome and pine ESTs. *Journal of Plant Research*, **119**: 11-21.

Santner A, Calderon-Villalobos L I A, Estelle M. 2009. Plant hormones are versatile chemical regulators of plant growth. *Nature Chemical Biology*, **5**: 301-307.

Smulders M, Rus-Kortekaas W, Gilissen L. 1994. Development of polysomaty during differentiation in diploid and tetraploid tomato (*Lycopersicon esculentum*) plants. *Plant Science*, **97**: 53-60.

Srivastava A, Handa A K. 2005. Hormonal regulation of tomato fruit development: a molecular perspective. *Journal of Plant Growth Regulation*, **24**:67-82.

Teng N, Wang J, Chen T, Wu X, Wang Y, Lin J. 2006. Elevated CO_2 induces physiological, biochemical and structural changes in leaves of *Arabidopsis thaliana*. *New Phytologist*, **172**:92-103.

Tsukaya H. 2005. Leaf shape: genetic controls and environmental factors. *International Journal of Developmental Biology*, **49**: 547.

Walter A, Silk W K, Schurr U. 2009. Environmental effects on spatial and temporal patterns of leaf and root growth. *Annual Review of Plant Biology*, **60**:279-304.

Wang H, Qi Q, Schorr P, Cutler A J, Crosby W L, Fowke L C. 1998. ICK1, a cyclin-dependent protein kinase inhibitor from *Arabidopsis thaliana*interacts with both Cdc2a and CycD3, and its expression is induced by abscisic acid. *The Plant Journal*, **15**, 501-510.

Yokoyama R, Nishitani K. 2001. A comprehensive expression analysis of all members of a gene family encoding cell-wall enzymes allowed us to predict *cis*-regulatory regions involved in cell-wall construction in specific organs of *Arabidopsis*. *Plant and Cell Physiology*, **42**:1025-1033.

第二章　蔬菜环境适应性与光合作用效率调控

影响蔬菜作物生长的主要环境因子包括空气温度和湿度，光组成、光强度及光周期，土壤温度、湿度、肥力、理化性质及土壤溶液的反应，大气及土壤中空气的氧气、二氧化碳及有毒气体的含量，土壤微生物、杂草及病虫害以及作物群体结构和前后作等生物因子。植物生长在一个复合环境中，这些环境因子并非孤立存在，而是相互联系。因此这些因子对蔬菜生长发育的影响，往往是综合作用的结果。例如，夏季强光一般伴随着高温，而冬季弱光一般带来温室中的低温。在调控温室中 CO_2 浓度或温度时，必须考虑到其接受的光照等其他因子才能起到促进植物生长的效果。

第一节　不同蔬菜作物对环境因子的适应性

一、不同蔬菜作物对温度环境的适应性

温度是影响蔬菜生长最为显著的因素。在温度范围为 0~40℃，大多数蔬菜生长速率随着温度的上升而逐步提高，随后逐步下降。这种在低温和高温下植物停止生长时的温度分别称为最低温度和最高温度，生长速率达到最大时的温度称为最适温度。不同蔬菜由于其起源地不同，形成了各自适宜的生长温度(池田英男和川城英夫，2005)，起源于热带和亚热带的蔬菜其生长适宜温度为 25~30℃，而起源于温带和寒带的蔬菜其生长适温为 15~20℃。根据蔬菜对温度的不同要求，可将蔬菜分为 5 类，即耐寒多年生宿根蔬菜、耐寒蔬菜、半耐寒蔬菜、喜温蔬菜和耐热蔬菜。其中耐寒多年生宿根蔬菜如金针菜、芦笋和茭白等蔬菜的宿根能耐较低的温度，但其植株生长仍需要较高的温度(15~35℃)，在生长过程中将大量碳水化合物储存于地下宿根中，帮助其越冬，因此，这类蔬菜在一定程度上也可归属为喜温蔬菜和耐热蔬菜。耐寒蔬菜、半耐寒蔬菜、喜温蔬菜和耐热蔬菜的温度需求见图 2-1。

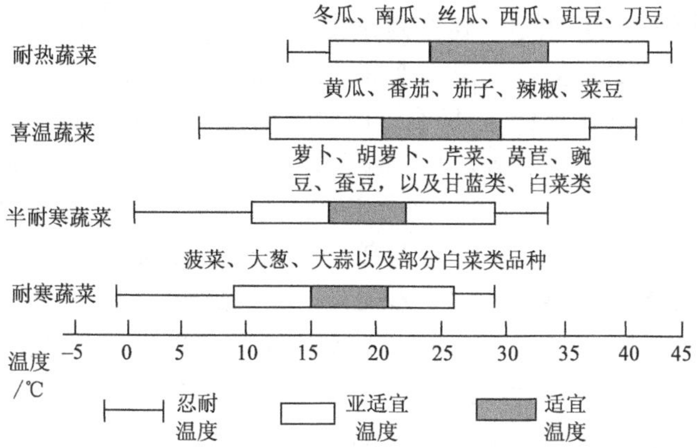

图 2-1　蔬菜生长发育的温度适宜范围

作者比较了黄瓜在不同温度下的植株生长情况，从图 2-2 可以看出，黄瓜在 25/20℃(昼/夜)和 32/27℃下干物质积累相差不大，但后者明显具有节间伸长的特点(彩图 8)。低温和高温都不同程度导致了细胞膜脂过氧化和生长受阻，温度逆境还显著降低了一些氧化还原敏感性光合作用相关酶如 Rubisco 的含量与活化状态(活性)，导致光合作用效率的下降。不适宜的生长温度导致蔬菜光抑制(photoinhibition)、光合作用效率下降、失水和养分吸收能力下降等一系列不良效应。

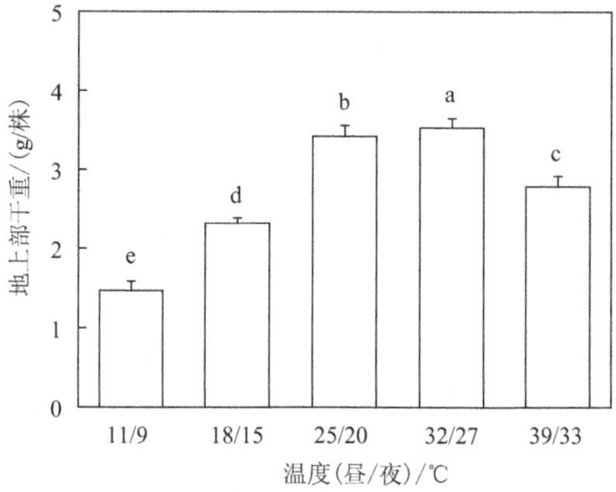

图 2-2　黄瓜不同温度下地上部干物质积累(Li et al., 2013)

不同字母表示数据显著性差异($P < 0.05$)

同一种蔬菜的不同发育时期对温度也有不同的要求，一般一年生蔬菜种子发芽时要求较高的温度，幼苗时期则略低些，进入营养生长期和生殖生长期则需要更高的温度。而二年生蔬菜，如大白菜、甘蓝等，则在营养生长后期，即贮藏器官开始形成的时期，温度要求低些，而生殖生长时期(抽薹和开花结果时期)则要求较高的温度。

上述的适宜温度是指适宜这些蔬菜生长的白天温度，事实上，蔬菜对昼夜温度要求存在一定的差异，即温周期(thermoperiod)现象。大多蔬菜适宜的夜温要比白天适宜生长的温度低 5~10℃。而对于蔬菜生产的低温逆境而言，除了普遍关注的白天低温弱光问题外，还存在低夜温问题(王丽娟等，2006；Zhou et al.，2004a)，在我国设施蔬菜栽培中，夜间温度往往只有 10℃或更低(何雨，2012)。研究发现，低夜温后翌日白天温度尽管一样，但低夜温往往导致随后白天期间植株光合作用效率的下降(图 2-3；Zhou et al.，2004a)。早期的研究表明，低夜温抑制了光合作用产物向上部叶片和果实的输送，常温弱光和低温弱光胁迫分别导致黄瓜植株生长减缓和停滞，根系活力下降(周艳虹等，2003；胡文海和喻景权，2003，2001)。在荷兰，一般夜间温度都保持在 15℃以上，这种夜间温度差异在一定程度上也是我国与荷兰在番茄和黄瓜产量上存在较大差异的一个重要原因。

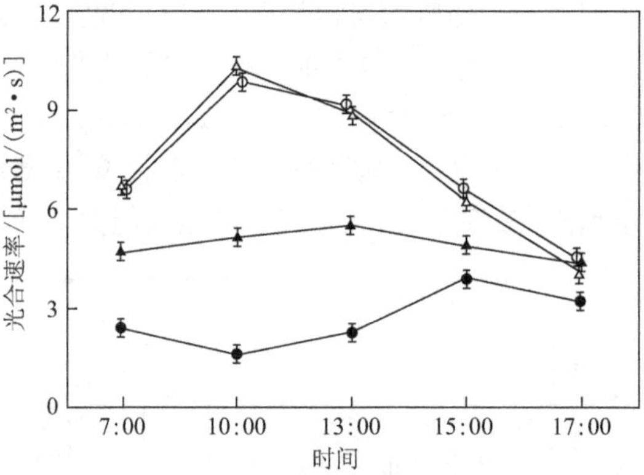

图 2-3　夜低温对黄瓜日间光合速率的影响(Zhou et al.，2004a)

○ ‘津研 4 号’对照；△ ‘津优 3 号’对照；● ‘津研 4 号’夜低温处理；▲ ‘津优 3 号’夜低温处理

根(土)温也对蔬菜生长具有一定的影响。植物的根系一方面起到吸收水分和养分的功能，同时还产生细胞分裂素(CTK)、独脚金内酯(SL)和脱落酸(ABA)等植物生长物质，调控地上部的生长和行为。因此，土壤或培养液温度可通过直接或间接地影响根系呼吸作用、生理活性物质的产生等生理代谢过程影响其生长。一般而言，蔬菜适宜的根温比适宜的气温要低 5℃左右。不同种类蔬菜根系具有不同的适宜根温，作者比较了 6 种代表性瓜类蔬菜在 14℃、24℃和 34℃根温下根系的生长，结果表明，黑籽南瓜和西葫芦根系的适宜生长根温为 14℃左右，黄瓜和甜瓜根系的适宜生长温度为 24℃左右，而西瓜、苦瓜和丝瓜等根系的适宜生长根温则较为广泛，为 24~34℃，偏离上述适宜温度会导致根系细胞氧化还原平衡的破坏，引起细胞膜质过氧化的发生(图 2-4)。研究还发现，黑籽南瓜在 14℃根温下产生更多的细胞分裂素(Zhou et al.，2007)，而丝瓜等能在高根温下产生更多的 ABA 或通过激发叶片中 ABA 的合成，从而提高耐低温和高温能力(Li et al.，2014a)。12℃培养液温度下，黄瓜自根嫁接苗木质液中 NO_3^- 和 $H_2PO_4^-$ 离子含量降低，而以黑籽南瓜为砧木的黄瓜嫁接苗不受影响，且表现出较高的 K^+-Mg^{2+}-ATPase 活性(Choi et al.，1995)。因此，在冬春季节和夏季进行瓜类生产时，人们可采用黑籽南瓜或耐高温的瓜类作为嫁接砧木来提高其耐寒性和耐热性。

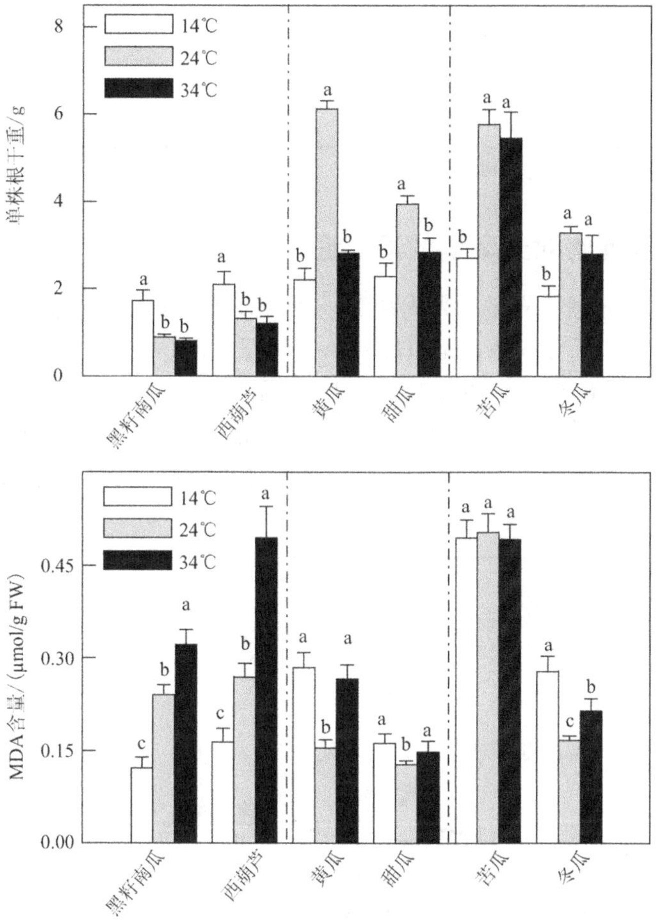

图 2-4 不同瓜类蔬菜在不同根温下根系生长及膜脂过氧化程度(Zhang et al.，2007)

不同字母表示数据显著性差异($P < 0.05$)

综上所述，不同蔬菜生长对温度的要求表现为多样性，认识这种差异是我们合理安排蔬菜生产季节和管理的基础，表 2-1 是我国主要栽培蔬菜的温度要求特性。

表 2-1　主要蔬菜生长适宜温度　　（单位：℃）

蔬菜	适宜温度(昼/夜)	最低/最高温度	蔬菜	适宜温度	最低/最高温度
甜椒	30~25/20~15	12/35	青花菜	20~18	5/25
茄子	28~23/18~13	10/35	菠菜	20~15	8/25
番茄	25~20/13~8	5/35	萝卜	20~15	8/25
西瓜	28~23/18~13	10/35	大白菜	20~13	5/23
黄瓜	28~23/15~10	8/35	芹菜	18~13	5/23
网纹甜瓜	30~25/23~18	8/35	结球莴苣	20~15	8/25
			洋葱	20~18	5/25
			花椰菜	20~18	5/25

参考资料：喻景权和王秀峰，2014。

二、不同蔬菜作物对光环境的适应性

光环境包括光强、光质和光周期等。植物的光合作用与光强密切相关，大部分蔬菜的光补偿点为 30~50 μmol/(m^2• s)，差异不大，但光饱和点差异很大(图 2-5；池田英男和川城英夫，2005)。一般喜温蔬菜的光合作用光饱和点为 1100~1600 μmol/(m^2•s)，喜冷凉蔬菜的光饱和点则为 700~1200 μmol/(m^2•s)，但也有例外，如喜温蔬菜生姜的光饱和点则较低(图 2-5)。据此，根据蔬菜对光强的不同需求可分为以下几种类型。

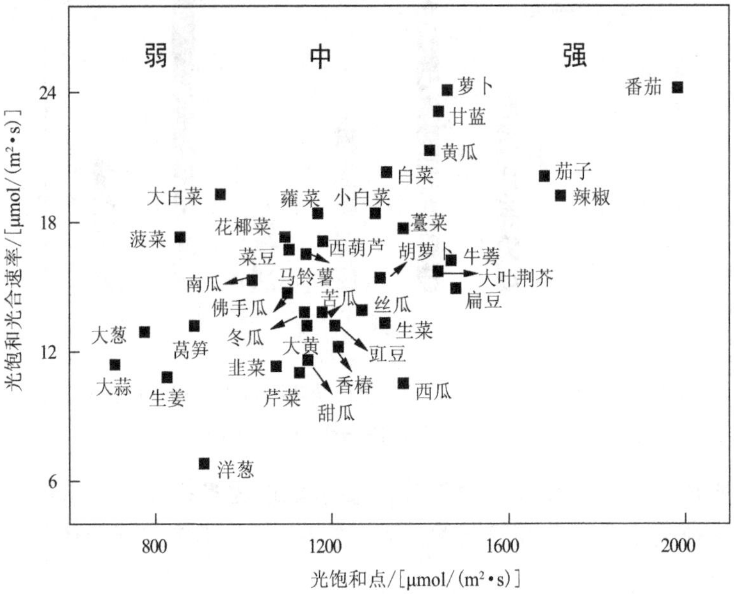

图 2-5　不同蔬菜光饱和点及其光合效率(Zhang et al.，2007；艾希珍等，2000；张振贤等，1997)

强光类型蔬菜：大多瓜类和茄果类，如西瓜、甜瓜、南瓜、黄瓜、番茄、茄子等；部分耐热的薯芋类如芋、豆薯等。

中光类型蔬菜：一些白菜类及根菜类，如白菜、甘蓝、萝卜、胡萝卜、芜菁、大多葱蒜类等。

弱光类型蔬菜：莴苣、菠菜、茼蒿等绿叶蔬菜，以及生姜和芹菜等。

大部分强光类型蔬菜和中光类型蔬菜的光合作用都随光照强度的增加而提高(图 2-6；Jiang et al.，2012a)。西瓜和甜瓜属强光类型蔬菜，在光照不足时，果实的产量及含糖量都会降低。我国西北地区光照强、昼夜温差大，生产的西瓜和甜瓜比南方地区生产的西瓜和甜瓜更甜。对于弱光类型蔬菜，强光会导致光合作用效率下降和光抑制现象的产生(Zhou et al.，2009b)，因此，夏季生姜栽培时需要进行遮阳处理来避免强光伤害。蔬菜的适宜光照强度还与其他环境因子有关(图 2-6)，如低温会导致蔬菜作物在较弱的光照强度下发生光抑制现象。

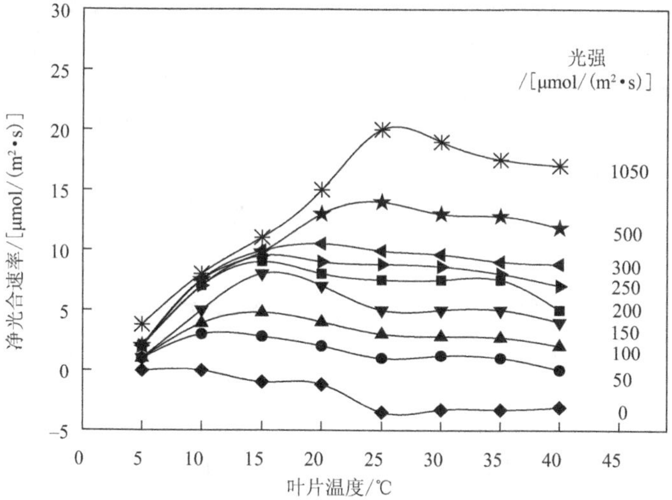

图 2-6 不同温度和光强对黄瓜叶片净光合速率的影响(喻景权等，未发表)

除光强外，光质对蔬菜生长的影响也很大。太阳光可见光中的红光和蓝光是植物叶绿体吸收用于光合作用可用的光线，当植物光照不足需要补光时，补充红光和蓝光效果较为理想(Wang et al.，2009)，且一定比例的红蓝光[(3~5)：1]效果要优于单一红光或蓝光。此外，环境中的远红光和红光比例(FR/R)不仅影响蔬菜的节间伸长和节间长度，还可通过光敏色素诱导一些耐冷性相关的转录因子如 CBF 而影响作物的耐冷性。除可见光外，太阳辐射光中还含有紫外线(UV)，UV-B 和 UV-C，这类光线对大多蔬菜生长会产生不良效果，但 UV-B 和 UV-C 也是茄子和草莓等果实花青素和其他一些蔬菜维生素 C(Vc)合成的重要诱因。由于玻璃和一些薄膜等覆盖材料对 UV 具有一定的阻隔作用，这在一定程度上导致设施生产中的一些蔬菜花青素和维生素 C 含量的下降。

三、蔬菜作物的养分需求特性

植物生长发育需要包括 C、O、H、N、P、K、Ca、Mg、S、Fe、Mn、B、Cu、Zn 和 Mo 等在内的十余种元素。这些元素的吸收是植物生长的基础。它们不仅是一些重要成分如蛋白质、核酸和激素的构成成分，其本身也参与调节许多生理代谢过程，过多或缺少均会导致蔬菜作物生长不良、品质和抗性的下降。

虽然蔬菜同其他农作物生长所需的养分种类一样，但由于其生长特性和栽培环境的特殊性，蔬菜作物在养分需求特性上具有其自身的特点(喻景权和王秀峰，2014)，主要表现在以下几个方面。

(一)需肥量较大且具有喜硝性和嗜钙性

蔬菜生长快，各种营养元素绝对含量高，具有明显的喜肥性。以番茄为例，年亩产达到 2 万 kg 时，每亩番茄 N、P 和 K 吸收量是水稻的 3~5 倍，各种元素含量明显高于禾谷类粮食作物(表 2-2)。萝卜和甘蓝的钙吸收量是小麦的 10 倍以上，钾含量是水稻的 10 倍以上，硼含量也是大田作物的 5 倍以上，并且 K/N 值一般在 1 以上。研究发现，不同供磷水平对番茄生长和光合作用产生不同的影响(朱隆静和喻景权，2005)，提高磷供应水平有利于促进低温下番茄的光合作用(Zhou et al.，2009a)。

表 2-2 茄果类蔬菜与禾本科作物养分含量及其比率的比较

作物		籽粒或果实养分含量及其比率				茎叶养分含量及其比率			
		氮/%	磷/%	钾/%	N∶P∶K	氮/%	磷/%	钾/%	N∶P∶K
禾谷类	水稻	1.20	0.600	0.402	1.00∶0.50∶0.34	0.521	0.085	1.91	1.00∶0.16∶3.67
	小麦	1.77	0.825	0.415	1.00∶0.47∶0.23	0.363	0.058	1.94	1.00∶0.16∶5.34
	玉米	1.34	0.610	0.480	1.00∶0.46∶0.36	0.880	0.173	1.58	1.00∶0.20∶1.80
	平均	1.44	0.678	0.432	1.00∶0.47∶0.30	0.588	0.105	1.81	1.00∶0.18∶3.08
茄果类	番茄	3.35	1.14	5.12	1.00∶0.34∶1.53	2.59	0.695	1.93	1.00∶0.27∶0.75
	辣椒	3.46	1.27	4.08	1.00∶0.37∶1.18	3.10	0.699	2.40	1.00∶0.23∶0.77
	茄子	2.58	1.06	3.14	1.00∶0.41∶1.22	2.16	0.506	0.91	1.00∶0.23∶0.42
	平均	3.13	1.16	4.11	1.00∶0.37∶1.31	2.62	0.633	1.75	1.00∶0.24∶0.67

资料来源：孙秀廷等，1997。

（二）根系分布相对较浅，养分转移能力差

大多蔬菜的根长和密度明显低于禾谷类作物的根长和密度，且由于许多果菜类具有多次采收的特点，生长中需要多次施肥。果菜类作物的茎叶组织中养分含量与果实等可食器官中差异不明显，但水稻等大田作物在生长后期叶片具有较高的养分转移率，茎叶组织主要营养元素可发生转运，与籽粒内的含量差异减小。

（三）蔬菜作物对养分要求敏感，易受环境因子影响

我国许多蔬菜采用设施栽培的方式生产，期间低温弱光等逆境导致根系吸收养分的能力减弱，需要比适宜环境下追加更多的肥料才能满足其生长需求（Zhou et al.，2009a）。然而，高肥力土壤也易发生离子之间的拮抗作用，高盐下番茄果实缺钙引起的脐腐病便是典型的例子。

（四）蔬菜产品的品质和商品性易受施肥水平的影响

白菜中的 NO_3^-和 NO_2^-含量、番茄果实的糖度和维生素 C 含量均受氮肥种类和数量、磷肥和钾肥水平等的影响。

此外，不同蔬菜的养分需求存在较大的差异，这与其生物量的多少以及是否具有生物固氮能力有关。叶菜类一生中需要氮素较多，而果菜类在营养生长过程中需氮较多，在产品器官形成期则需较多的磷肥和钾肥（表 2-3，喻景权和张德威，1988）。豆科作物如大豆、豌豆等能固定空气中的氮素，可减少氮肥施用量。同一种作物因栽培目的和生育期不同，施肥量和种类也需作适当调整，其中施用肥料营养效果最好的时期被称为养分最大效率期，如果菜类作物的最大效率期是其生殖生长旺盛时期。

表 2-3　番茄植株摘心前后五大元素的吸收比例变化

时期	N	P	K	Ca	Mg	P/N	K/N	K/阳离子	Ca/阳离子	Mg/阳离子
摘心前	1.00	0.06	0.43	0.18	0.08	0.14	1.20	0.64	0.28	0.08
摘心后	0.93	0.10	0.52	0.18	0.07	0.32	1.60	0.70	0.24	0.06

注：前 5 项数据是以摘心前吸收的 N 物质的量为 1 时各元素的比值，后 5 项则是量比。

阳离子吸收量以 $K^++Ca^{2+}+Mg^{2+}$计。

资料来源：喻景权和张德威，1988。

四、蔬菜作物的水分需求特性

蔬菜从种子萌发到叶片和果实的生长，均需在足够的水分条件下才能完成。只有细胞含有大量水分，保持细胞的膨胀状态，才能保持植物枝叶挺立以及维持植株体温的相对稳定。另外，与粮食作物不同，蔬菜产品大多数是柔嫩多汁的器

官，含水量在 90%以上，因此水分供应尤为重要。各种蔬菜作物的水分需求特性主要体现在水分吸收能力和水分消耗量两方面。作物吸水能力的强弱与根系发育程度有关，不同生态环境下起源的蔬菜形成不同的根系结构和吸水能力，在湿润地区起源的白菜、甘蓝和黄瓜等有发达的叶片和较浅的根系，而起源于干旱地区的西瓜和甜瓜则形成强大根系以适应干旱环境。水生蔬菜多是热带沼泽地区起源的，长期生长在水中，保护组织不发达，根系逐渐退化。

水分消耗量则主要与叶面积大小和叶片结构有关。叶面表皮蜡质(葱蒜类)、茸毛和裂缺(如部分瓜类蔬菜)都不同程度地减少了水分蒸腾，从而减少作物耗水量。据此，可根据蔬菜对水分需求程度的不同将蔬菜分为 5 类，即水生蔬菜、半湿润性蔬菜、湿润性蔬菜、半耐旱性蔬菜和耐旱性蔬菜(图 2-7)。对于吸水能力差的蔬菜，我们需要经常灌溉以避免出现水分胁迫。除土壤水分要求差异外，不同蔬菜对空气湿度也有不同要求，吸水能力强的蔬菜作物一般适宜在干燥环境下生长，而吸水能力差的作物则要求高湿环境。

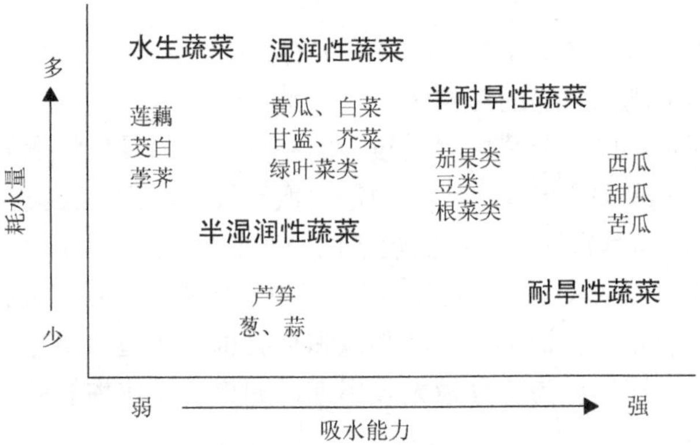

图 2-7　不同蔬菜水分吸收能力与耗水量比较

空气湿度不仅影响蒸腾作用和光合作用，也影响一些病虫害的发生。湿润环境不仅有利于病菌自身的生长和繁殖，也会引起植物叶片气孔开放而有助于病原菌的入侵。近年来，环境污染对农业生产的影响也受到社会的普遍关注。事实上，我国许多地区普遍存在不同程度的酸雨问题，且逐年加重。在杭州，经常检测到 pH 为 4.3 左右的酸雨。作者研究了人工模拟不同 pH 酸雨对黄瓜光合作用的影响，结果发现，随着 pH 的下降，光合作用效率逐步下降(图 2-8)。我国南方一些地区通过采用避雨栽培，不仅促进了蔬菜的生长，也减轻了一些酸性土壤环境下易发的病害，如番茄青枯病和十字花科根肿病。在芦笋生产中采用避雨栽培也明显降低了茎枯病的发生，解决了南方芦笋生产中多年来的难题。

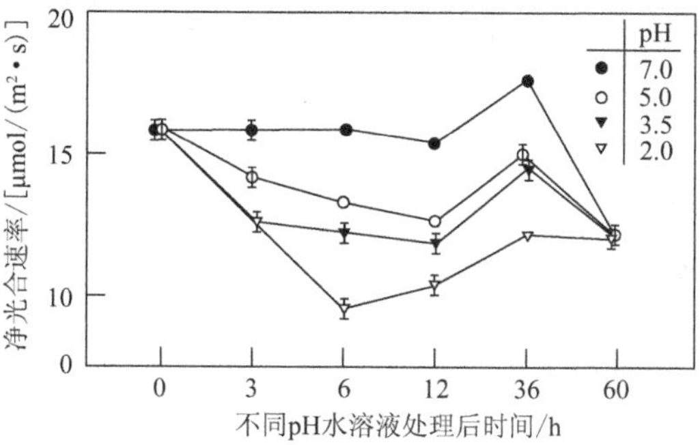

图 2-8　模拟酸雨对黄瓜净光合速率的影响(Yu et al.，2002a)

五、CO_2浓度对蔬菜生长的影响

大气中氧气和氮气含量多，但对植物生长影响不大，二氧化碳尽管只占大气组成的 0.03%~0.04%，但与植物的光合作用密切相关。设施生产中，温室大棚内的 CO_2浓度由于受土壤呼吸、有机肥投入和设施密闭程度的影响而变化很大，因此对蔬菜作物的影响尤为明显。

(一)光合作用

CO_2是光合作用的基本原料，在 0~2000 μL/L，增加 CO_2浓度能增加光合作用 Calvin 循环中 RuBP 羧化的底物，减少氧气对 RuBP 的竞争，从而促进光合作用的进行，最终增加产量(Jiang et al.，2012a，2012c)，但长期进行 CO_2加富则会导致光合作用适应现象(photosynthetic acclimation)或光合作用下调现象(down-regulation of photosynthesis)，以及叶片早衰现象(Cheng et al.，1998)。对于这种光合作用下调的机制不同的学者归结为不同的原因：一是糖和淀粉积累对光合作用的反馈抑制；二是光合酶系统活力下降，有研究发现在高 CO_2浓度下，Rubisco 羧化活性以及磷酸烯醇式丙酮酸羧化酶(PEPCase)、Ru5P 激酶、3-PGA 激酶、NADP-3GAP 脱氢酶和 CA(碳酸酐酶)活性都有所下降；三是气孔导度降低；四是暗呼吸增强。因此，大棚蔬菜增施 CO_2最好只在光照较强而设施内 CO_2浓度相对较低的清晨进行，要防止长期高 CO_2浓度对光合作用的下调作用(图 2-9)。

(二)提高对非生物逆境的抗性和养分利用率

研究表明，提高 CO_2浓度能提高作物对盐分、低温、弱光、高温等不同逆境的抗性，但具体机制还有待研究。此外，最近的研究还发现，提高 CO_2浓度能提高番茄等对 Fe 元素等的利用率，这种利用率的提高主要通过活性氧(ROS)和 NO 以及生长素信号来实现(Jin et al.，2009)。

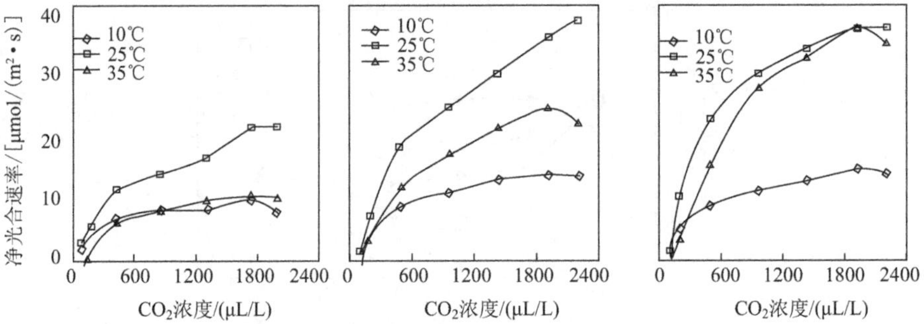

图 2-9 黄瓜叶片光合作用中的温-光-CO_2浓度的相互作用(喻景权团队，未发表)

左、中和右图分别是在 200 μmol/(m^2·s)、500 μmol/(m^2·s)和 1000 μmol/(m^2·s)的光强下测定

(三)提高植株对病虫害的抗性

许多研究发现，CO_2加富能提高作物对病毒病、细菌性病害以及线虫等的抗性，但也助长了一些真菌性病害的发生，作者在甘肃等地的研究表明，CO_2浓度升高能减少番茄细菌性叶斑病和辣椒白粉病的发生(彩图 9)，进一步的研究发现，CO_2加富能通过增强水杨酸信号途径和抑制茉莉酸甲酯信号途径来发挥作用。

六、生物因子对蔬菜生长的影响

蔬菜生长在一个复杂的生态系统中，其生长还受到周围的微生物、动物杂草、前茬以及栽培密度的影响。栽培蔬菜与这些因子之间的相互作用，最终影响蔬菜的生长发育，这种作用既有有益作用，也有有害作用(表 2-4)。

表 2-4 蔬菜生长中的生物因子及其作用

	有益作用	有害作用
微生物	参与土壤有机质和化学肥料的转化 共生固氮 促进养分吸收和抑制病害发生 参与蔬菜器官形成(茭白黑粉菌)	镰刀菌、病毒、青枯病菌等病原菌为害蔬菜 产生生长有害物质
动物	参与授粉，如蜜蜂和熊蜂 害虫天敌，如寄生蜂	螨类、蚜虫、烟粉虱和线虫等害虫 传播病毒
植物	分泌一些能活化土壤养分的物质 释放一些能抑制病虫害的物质(如玉米和大蒜)或具有趋避害虫的物质	释放化感物质抑制异种植物生长 分泌自毒物质抑制同种植物生长

第二节　环境对蔬菜光合作用的影响

一、蔬菜的光合作用及光保护机制

光合作用是蔬菜生长发育中最基本的代谢过程，也是产量和品质形成的基础。在植物光合作用中，位于叶绿体类囊体膜上的聚光色素蛋白复合体上的叶绿素和胡萝卜素分子吸收光能后激发形成激发态，然后激发能传递到光系统(PS) Ⅱ和Ⅰ反应中心进行电子传递将 $NADP^+$还原成 NADPH，同时形成跨膜的质子梯度用于合成 ATP，供 Benson-Calvin 循环碳同化利用。在这个复杂的过程中，有数千个基因参与调控，分别影响植物的光能吸收、电子传递、NADPH 和 ATP 的产生、CO_2同化和气孔开闭等。同时，光合作用还受环境因子如光照、温度、CO_2、水分和养分等的影响，环境因子通过影响光能吸收与分配、电子的产生与传递、NADPH 和 ATP 的产生及其利用、Benson-Calvin 循环酶的活性等影响光合作用效率(彩图10)，了解这些过程是我们认识环境对光合作用效率调控的基础。

无论是生长在适宜环境中还是在逆境中，植物吸收的光能往往大于植物碳同化所需要的光能，这些过剩的光能以及随后的电子传递中所产生的过剩电子如果不能有效地耗散将会直接传递给分子氧形成活性氧自由基，对植物细胞造成伤害。与此同时，植物在漫长的进化过程中，形成一套绿色植物所特有且能够快速反应的防御机制，以减轻或避免过剩光能的危害，这种光保护机制主要由三道防线构成。

第一道防线：在过剩光能尚未引起反应中心电荷分离之前，就在天线色素中将其耗散，其主要形式是依赖叶黄素循环的光能热耗散，这是一种安全可靠而又快速的激发能耗散方式。

第二道防线：反应中心耗散，主要是通过 PSⅡ反应中心的可逆(或不可逆)失活，以某种尚未完全探明的方式，使一部分 PSⅡ反应中心由原来的光能转化中心变为过剩光能耗散中心。但是，这种耗散方式实际上已经使一部分 PSⅡ复合体受到暂时或永久性的损伤，如光抑制。

第三道防线：通过以上两道防线仍未被耗散的激发能，可能在 PSⅡ中转移给 O_2而形成 $^1O_2$，或以激发态电子的形式在 PSⅠ受体端交给 O_2而形成氧自由基 O_2^-。通过酶促或非酶促的途径将活性氧加以清除，或通过环式电子流的形式进行清除。

植物可以通过以上三道防线对过剩激发能进行层层阻截，以减轻其危害。但是，当强光与多种逆境同时存在且这 3 条途径未能完全奏效的情况下，植物将不可避免地产生大量活性氧，造成光破坏。最常见的结果是 PSⅡ复合体中 D1 蛋白的破坏和分解，更加严重的是叶绿素和类胡萝卜素的降解，使叶片发生“光漂白”。

（一）叶黄素循环

光能主要由植物的叶绿素和胡萝卜素吸收，但当吸收的能量超过光合 CO_2 固定的能力时，引发产生过剩的激发能（excess excitation energy，EEE；Niyogi，2000），这部分能量首先通过热耗散（NPQ）和少量荧光耗散等消耗。热耗散主要由叶黄素循环和黄体素（L）完成（Demmig-Adams and Adams，2006，2003，1996；Niyogi et al.，2000，1999；Niyogi，1998，1997）。当植物光合作用产生过剩光能时，叶黄素循环中双环氧的紫黄质（V）在紫黄质脱环氧化酶（VDE）催化下转变成单环氧玉米黄质（A）和玉米黄质（Z）；反之，随着过剩光能的减少，Z 又在玉米黄质环氧化酶（ZEP）的催化下逐步转变成 A 和 V，从而完成热能的有效传递与耗散循环，而这个循环对于精细地调控叶绿体吸收光能的利用与耗散光能起着重要的作用，避免了叶绿体内过剩光能的积累。番茄叶黄素合成缺失突变体（*Xa*）主要通过降低光能吸收和提高抗氧化能力来避免过剩光能导致光氧化胁迫的产生（王彦杰等，2007）。大量的研究表明，强光、干旱、低温或高温等逆境在导致植物光合作用能量需求下降的同时，都不同程度地诱导了叶黄素循环活性（V+A/V+A+Z）及其库大小的变化（V+A＋Z），以及黄体素含量的增强（Demmig-Adams and Adams，2006；Venema et al.，2000）。但是，极端逆境以及逆境持续时间的延长则可能导致植株叶片依赖于叶黄素循环的热耗散能力降低（Zhou et al.，2006a；Demmig-Adams et al.，2003）。

（二）碳同化即光合碳还原电子流

碳同化是植物光合作用的基本代谢过程。在碳同化过程中，植物通过气孔吸收 CO_2，CO_2 进入细胞后立即被 1,5-二磷酸核酮糖（RuBP）羧化酶/加氧酶（Rubisco）催化成两分子的 3-磷酸甘油酸，同时 Rubisco 酶也催化了光呼吸过程的第一步反应，即催化 O_2 和 RuBP 产生一分子磷酸甘油酸和一分子磷酸乙醇酸。因此该酶是调节光合碳同化和光呼吸，并决定净光合速率的一个限速酶。然而，植物体内虽含有大量的 Rubisco 酶，但其活性在很大程度上取决于 Rubisco 活化酶（RCA），Rubisco 酶只有经过 RCA 活化后才具有催化能力。因此，RCA 是光合作用 Rubisco 羧化反应中一个极其重要的光合作用相关酶（Portis et al.，1986）。Calvin 循环中，RuBP 再生也对光合碳同化起了非常重要的作用。磷酸丙糖异构酶（TPI）和果糖 -1,6-二磷酸醛缩酶（FBPA）催化两分子磷酸丙糖形成 FBP，果糖-1,6-二磷酸酶（FBPase）和景天庚酮糖-1,7-二磷酸酶（SBPase）分别催化 FBP 和 SBP 水解形成 Fru6P 和 Sed7P，核酮糖-5-磷酸表构酶（RuPE）和核酮糖-5-磷酸激酶（PRK）催化 RuBP 合成的最后两个关键步骤。在正常环境下，约 70％的总电子流用于 Rubisco 的碳还原（图 2-10；Zhou et al.，2004b）。

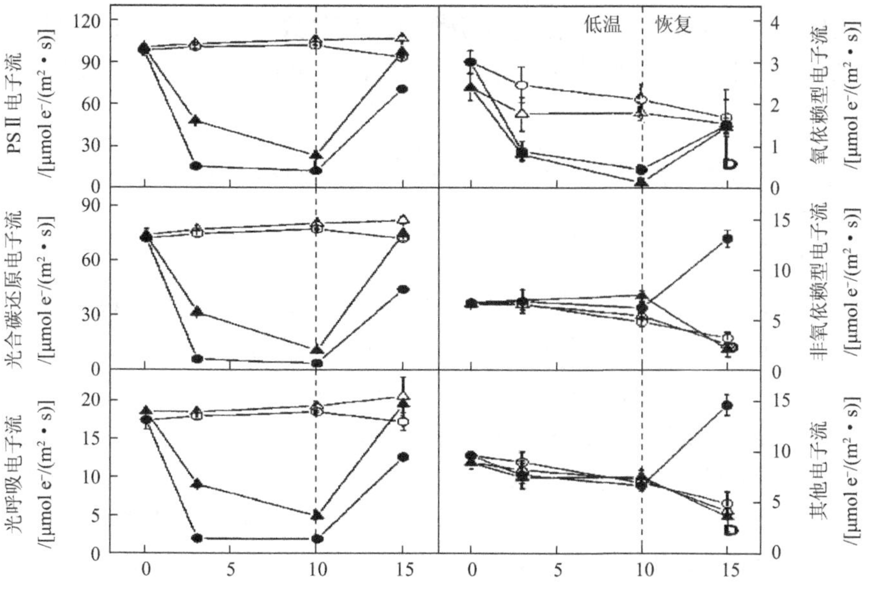

图 2-10　低温弱光对不同黄瓜品种 PSⅡ电子传递和分配的影响（Zhou et al., 2004a）

○ '津研 4 号' 7℃对照；● '津研 4 号' 7℃处理；△ '津春 3 号' 对照；▲ '津春 3 号' 7℃处理。虚线左侧为低温处理期间，右侧为恢复期间

植物中许多光合作用相关酶受氧化还原状态（redox）调控，redox 信号通过硫氧还蛋白（TRX）来活化或钝化 Calvin 循环和戊糖磷酸循环代谢中的酶从而改变代谢过程（Schürmann and Jacquot，2000；Buchanan and Balmer，2005）。ROS 作为一个重要的调节分子，可通过影响细胞内谷胱甘肽的氧化还原状态，并通过修饰光合作用一些酶的硫醇基团调节一系列相关蛋白活性。作者在葫芦科蔬菜中的研究表明，热敏感但耐冷的品种在 14℃条件下表现出较高的 GSH（还原态谷胱甘肽）/GSSG（氧化态谷胱甘肽）值，同时耐热但冷敏感的品种则在 34℃条件下表现出较高的 GSH/GSSG 值（Zhang et al.，2007），GSH/GSSG 值越高，RCA 的稳定性越好，其活性和 CO_2 同化速率也越高（Jiang et al.，2012a）。

（三）光呼吸即光合光呼吸电子流

在 C_3 蔬菜植物叶片中，Rubisco 加氧酶催化的光呼吸氧化作用是光合电子流中用于非碳还原的主要其他电子途径之一（Wingler et al.，2000；Osmond and Grace，1995）。Rubisco 催化的羧化反应和加氧反应是一个互为竞争的反应，在正常环境下，低于 20%的总电子流传递给氧用于 Rubisco 的加氧作用（图 2-10；Zhou et al.，2004b）。当温度增高或者气孔导度下降而导致胞间 CO_2 浓度下降时，由于 O_2/CO_2 值增大，导致以 O_2 作为底物的加氧反应得以增强。尽管通过光呼吸耗散的总能量比碳同化要少，但当由于部分气孔关闭导致 CO_2 利用受到限制时，O_2 代替 CO_2 可维持 PSⅡ受体的部分氧化作用，从而有利于 PSⅡ激发能的耗散（Ogren，1994）。

（四）叶绿体中的活性氧清除系统即水-水循环（也称为 Mehler-Asada 反应）即依赖于氧的电子流

在适宜生长条件下，活性氧 ROS 在叶绿体、线粒体和过氧化物体等细胞器中的产生速率很低，然而在胁迫条件下 ROS 产生速率显著升高。ROS，包括 $^1O_2$，H_2O_2，$O_2^{\cdot-}$ 和 HO·，是能够氧化蛋白质、DNA 和磷脂，进而破坏细胞结构和功能的活性分子（Apel and Hirt，2004）。CO_2 同化受限的同时伴随着光合电子传递链的过度还原是导致叶绿体大量产生 ROS 的主要原因。线粒体呼吸电子传递链的过度还原也是逆境下 ROS 产生的重要原因。此外，伴随光呼吸代谢过程中乙醇酸的氧化，过氧化物体也产生大量的 H_2O_2。

叶绿体是植物中产生 ROS 的主要细胞器之一（Baier and Dietz，2005），为避免活性氧可能造成的伤害，叶绿体内形成一套完整的网络化的抗氧化系统（Foyer and Noctor，2005），主要分为包括超氧化物歧化酶（Cu/Zn-SOD 和 Fe-SOD）和抗坏血酸-过氧化物酶（APX）等在内的酶促系统以及包括抗坏血酸（AsA）、α-生育酚、谷胱甘肽和类胡萝卜素在内的非酶促系统（图 2-11）。这个网络化的抗氧化系统将

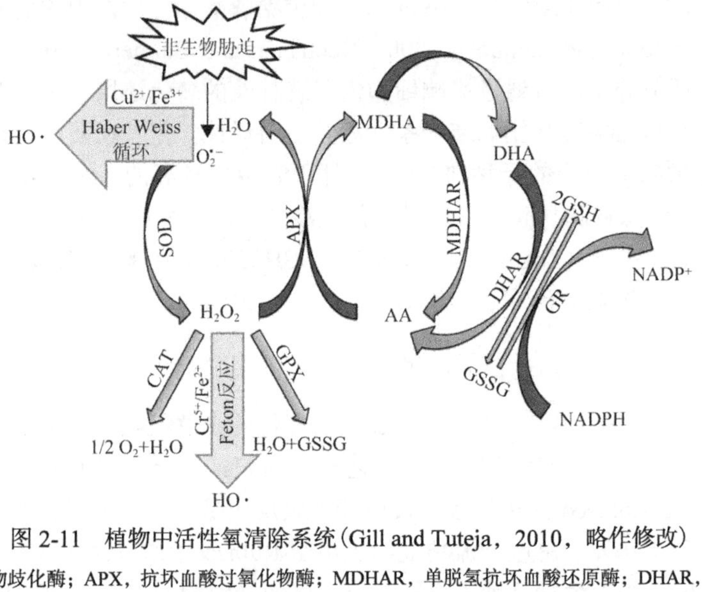

图 2-11 植物中活性氧清除系统（Gill and Tuteja，2010，略作修改）

SOD，超氧化物歧化酶；APX，抗坏血酸过氧化物酶；MDHAR，单脱氢抗坏血酸还原酶；DHAR，脱氢抗坏血酸还原酶；GR，谷胱甘肽还原酶；CAT，过氧化氢酶；GPX，谷胱甘肽过氧化物酶；AA，抗坏血酸；MDHA，单脱氢抗坏血酸；DHA，脱氢抗坏血酸；GSH，还原型谷胱甘肽；GSSG，氧化型谷胱甘肽

来自PSⅡ水中的电子通过一系列反应最终传递给分子氧形成水，因此又将这个依赖于氧的电子流称为水-水循环。这些活性氧清除机制相互配合，相互交叉，使得光合器官在光能过剩条件下，在一定范围内保持一定的氧化还原动态平衡，从而减轻光抑制或避免光氧化伤害。一般情况下，PSⅡ产生的电子用于水-水循环的比例不高，但在碳同化受到抑制时，该比例显著上升，如低温弱光后，黄瓜中PSⅡ产生的电子中用于水-水循环的比例显著上升，说明低温弱光促进了活性氧的产生和积累，也诱导了叶绿体内活性氧清除系统的增强(图2-10和图2-12，Zhou et al.，2004b)。表2-5是植物体内主要抗氧化酶的功能。

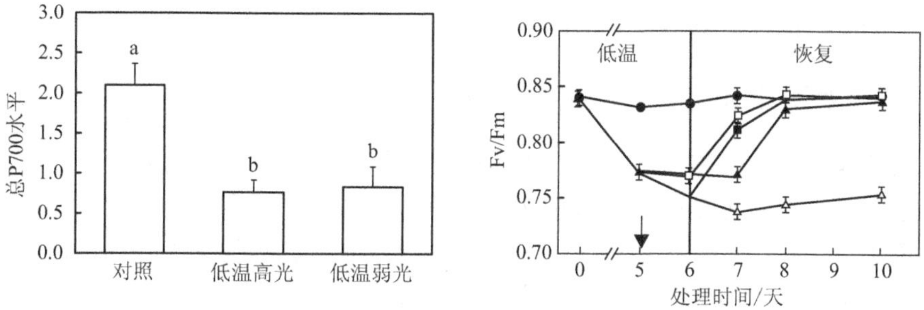

图2-12　低温弱光对黄瓜光系统Ⅰ和光系统Ⅱ的影响(Jiang et al.，2013)

○ 对照处理；● EBR处理；△低温后高光恢复；▲ EBR预处理+高光恢复；□低温后弱光恢复；■ EBR预处理+弱光恢复。不同字母表示显著性差异($P < 0.05$)

表2-5　植物体内主要的抗氧化酶类型

抗氧化酶	酶代码	主要位置	酶催化反应
超氧化物歧化酶(SOD)	EC1.15.1.1	叶绿体、线粒体、过氧化物酶体、细胞质	$2O_2^{\cdot-} + 2H^+ \rightarrow H_2O_2 + O_2$
过氧化氢酶(CAT)	EC1.11.1.6	过氧化物酶体	$2H_2O_2 \rightarrow 2H_2O + O_2$
抗坏血酸过氧化物酶(APX)	EC1.11.1.11	叶绿体、细胞质	$H_2O_2 + AsA \rightarrow H_2O + DHA$
谷胱甘肽还原酶(GR)	EC1.6.4.2	叶绿体、线粒体、细胞质	$GSSG + NAD(P)H \rightarrow 2GSH + NAD(P)^+$
谷胱甘肽-*S*-转移酶(GST)	EC 2.5.1.18	叶绿体、线粒体、细胞质	$ROOH + 2GSH \rightarrow ROH + H_2O + GSSG$
单脱氢抗坏血酸还原酶(MDHAR)	EC.1.6.5.4	叶绿体、细胞质	$MDHA + NAD(P)H \rightarrow AsA + NAD(P)^+$
愈创木酚过氧化物酶(G-POD)	EC1.11.1.7	叶绿体、细胞质	$H_2O_2 + GSH \rightarrow H_2O + GSSG$
脱氢抗坏血酸还原酶(DHAR)	EC1.8.5.1	叶绿体、细胞质	$DHA + 2GSH \rightarrow AsA + GSSG$
谷胱甘肽过氧化物酶(GPX)	EC1.11.1.9	叶绿体、线粒体、细胞质	$2GSH + H_2O_2 \rightarrow GSSG + H_2O$

(五)环式电子流和硝酸还原即不依赖于氧的电子流

在光能过剩条件下，环式电子传递也是一条重要的光保护途径，该途径存在于PS Ⅰ和b6细胞色素复合体周围，通过铁氧还蛋白-质体醌氧化还原酶将铁氧还蛋白再生为还原型的质体醌(Endo et al.，1998；Cleland and Bendall，1992)，同时，还可在NAD(P)H-质体醌还原酶参与下完成(Shikanai et al.，1998)。环式电子传递的光保护机制存在3种假说：一是增加pH梯度(Heber and Walker，1992)；二是状态转换假说(Satoh and Fork，1983)；三是ATP产量提高对PS Ⅱ修复可能有重要意义。此外，植物的硝酸还原也是一种耗能过程，其通过利用PS Ⅰ中产生的电子消耗部分能量，但在光保护中的作用尚不清楚。

二、逆境对蔬菜光合作用效率的影响

光合作用是蔬菜生长发育的代谢基础，保持较高的光合作用效率，不仅对产量形成十分重要，也是品质形成的关键。然而，蔬菜的光合作用效率在不同时间和环境下变化很大，受环境因子的影响也十分明显。影响蔬菜光合作用效率的主要环境因子有：光照强度、温度、土壤和空气湿度、CO_2和病虫害等。这些环境可通过影响气孔开闭、RuBP羧化和再生、引起光抑制和光合作用终端产物的反馈等途径抑制光合作用。

(一)气孔开闭

许多逆境如干旱、低温或高温会引起气孔关闭。引起气孔关闭的主要原因为气孔保卫细胞失水或活性氧的产生，同时，逆境下光合效率下降引起胞间CO_2浓度(Ci)升高，同样也会间接引起气孔的关闭。由前者引起的光合作用的下降被称为气孔限制，后者所引起的光合作用的下降则为非气孔限制。非气孔限制主要是叶肉细胞中光化学活性和RuBPase及FBPase活性的降低、RuBP再生受阻以及无机磷限制等非气孔因素阻碍了CO_2的利用，从而造成细胞间隙CO_2的累积，进而导致光合作用的下降等(Allen and Ort，2001；Krall and Edward，1992；Farquhar and Sharky，1982)。区分这两种不同机制主要通过测定依赖于Ci的CO_2同化速率来完成。

(二)光系统光抑制

PS Ⅱ是一个发生光化学反应的重要元件，其完整性和效率通常可以用最大光化学效率(Fv/Fm)和PS Ⅱ光化学实际效率($\Phi_{PS\,II}$)来表示。健康植株叶片的Fv/Fm较为稳定，一般为0.81~0.84，但遭遇一些逆境如低温强光时，PS Ⅱ容易受到损伤，Fv/Fm发生不可逆的下降(胡文海，2002)，低温强光逆境一个重要的靶点为D1

蛋白。此外，当 PSⅡ下游的光合电子传递过程受到抑制时，PSⅡ有时也会发生可逆的功能下降来避免过剩电子的产生，从而对光合机构起到保护作用(周艳虹等，2004)。分析许多蔬菜的 Fv/Fm 变化之后，作者发现 Fv/Fm 在中午强光时会发生一定程度的下降，而在下午阳光变弱时则会恢复到原有正常水平。由此，一般称 Fv/Fm 的不可逆下降为 PSⅡ光抑制(photoinhibition)和光氧化(photooxidation)，而将 Fv/Fm 的可逆下降称为光保护(photoprotection)。除 PSⅡ外，有时 PSⅠ也会发生光抑制，表现为 P700 水平的下降，部分蔬菜作物如黄瓜在低温弱光下易发生 PSⅠ光抑制(图 2-12)。PSⅠ发生光抑制主要是由于低温弱光下 PSⅠ周围产生的活性氧抑制了 Cu/Zn-SOD 和 Fe-SOD 的活性(Choi et al.，2002；Terashima et al.，1998；Sonoike，1996)。低温弱光条件下，碳同化速率下降导致 PSⅠ受体侧还原力的积累，从而导致超氧化物和单线态氧积累，这些活性氧分子产生部位在 PSⅠ附近，由于这些活性氧对其周围的 Cu/Zn-SOD 容易产生一定的抑制作用，因此，也容易诱导产生 PSⅠ的光抑制。

(三)RuBP 羧化效率和再生效率

Rubisco 是控制植物光合碳代谢和光呼吸的关键酶，是光合作用的限速酶。光下和暗下低温均可导致 Rubisco 活性下降，低温不仅可以降低 *rbc L* 和 *rbc S* 等基因的表达(图 2-13)，也会对 Rubisco 蛋白直接造成破坏，然而，Rubisco 活性降低一般在低温后的常温光照，尤其是强光下下降更为明显(Zhou et al.，2004b)。近年来，人们发现叶绿体基质中的部分酶的结构修饰也可能是特定条件下限制光合作用的初始原因。SBPase 和 FBPase 酶对细胞内的氧化还原状态极其敏感，番茄经低温光照处理后光合作用的下降主要是这两种酶活性下降所引起的

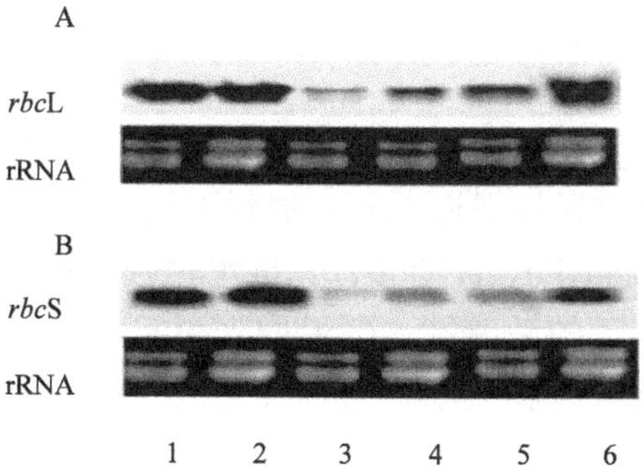

图 2-13 黄瓜光合作用相关基因 *rbsL*(A)和 *rbcS*(B)在低温 10 天(7 ℃)和恢复 2 天[25 ℃，600 μmol/(m^2·s)]后表达量变化(Zhou et al.，2006b)

1.‘津研 4 号’对照；2.‘津春 3 号’对照；3.‘津研 4 号’低温处理；4.‘津春 3 号’低温处理；5.‘津研 4 号’低温处理+恢复；6.‘津春 3 号’低温处理+恢复

(Hutchison et al.，2000；Sassenrath et al.，1990)，类似现象在其他作物如玉米和大豆中也观察到。在黄瓜上的研究表明，低温或高温均导致 Rubisco 初始活性和 FBPase 等酶活性显著下降，引起羧化效率的降低(图 2-14)，说明这些氧化还原酶受到了钝化或结构变化(—SH 键和—S—S—键)从而影响其活性并引起光合作用效率的下降(图 2-15)。

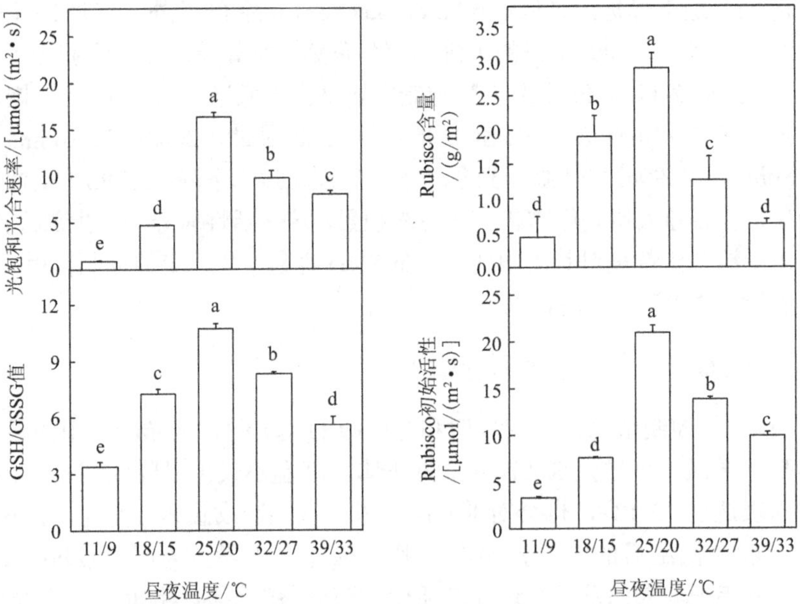

图 2-14 黄瓜不同生长温度下光合速率、Rubisco 含量初始活力和氧化还原状态的变化 (Li et al.，2013)

不同字母表示显著性差异($P < 0.05$)

(四)终端产物反馈

叶片中光合作用代谢产物的积累会在一定程度上影响光合作用效率，这是由于磷酸丙糖累积导致无机磷返回到叶绿体不充分，从而致使类囊体 ATP 合酶活性受到限制(Paul and Foyer，2001)。碳水化合物代谢比其他光合作用组分更具有对低温等环境因子的敏感性。低温弱光引起蔗糖磷酸合酶活性内生节律的延缓以及可溶性碳水化合物累积，进而通过终产物反馈抑制光合作用(Allen et al.，2000)。

区分不同环境条件引起的光合作用效率下降原因可通过一系列分析测试手段来探明(图 2-16)，主要手段有以下几个方面。

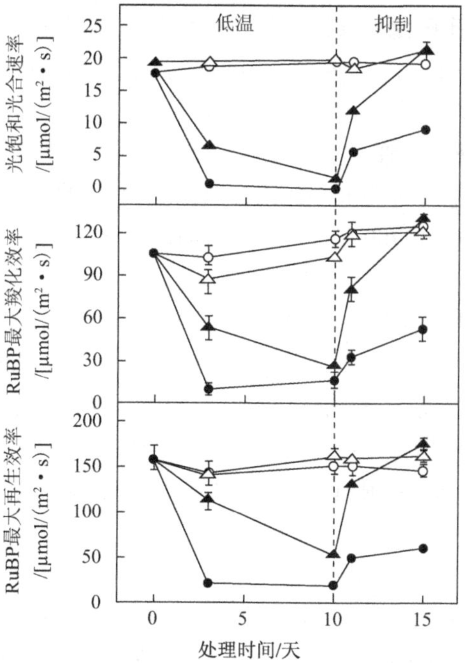

图 2-15　黄瓜低温弱光期间及其恢复期光合速率、RuBP 最大羧化效率和 RuBP 最大再生速率的变化(Zhou et al.，2004b)

△‘津春 3 号’对照；▲‘津春 3 号’低温；○‘津研 4 号’对照；●‘津研 4 号’低温

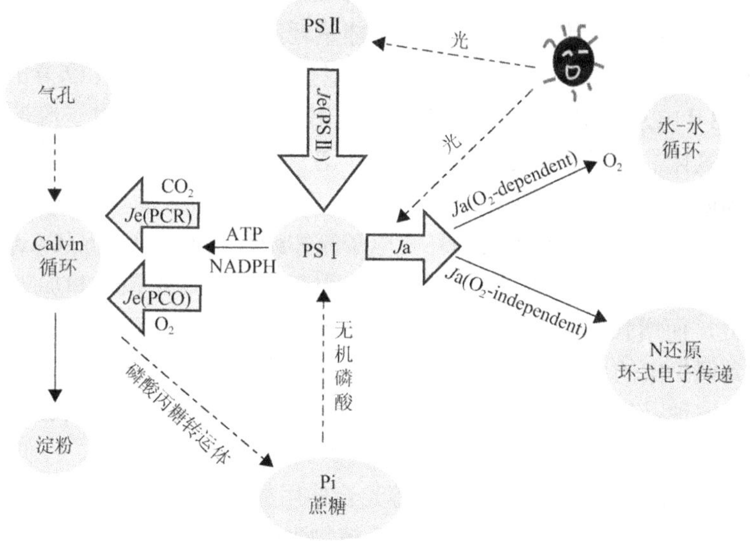

图 2-16　植物光合作用主要限制位点及其检测

Je(PS Ⅱ)，光系统Ⅱ总的电子流量；*Je*(PCR)，用于光合碳还原的电子流量；*Je*(PCO)，用于光呼吸碳氧化的电子流量；*Ja*，不用于光合碳还原和氧化的其他电子流量；*Ja*(O_2-dependent)，其他电子库中依赖于氧的电子流量；*Ja*(O_2-independent)，其他电子库中不依赖于氧的电子流量

气孔限制与非气孔限制 通过分析不同大气CO_2浓度下植物光合作用效率和胞间CO_2(Ci)的变化来区分，如果Ci浓度远高于所给予的大气CO_2浓度，一般认为是非气孔限制所致，反之，则是气孔限制。

PSⅡ和PSⅠ光抑制 通过用叶绿素荧光测定仪测定Fv/Fm，如果是不可逆的下降，则是PSⅡ光伤害所引起的光抑制；如果是可逆的下降，则可能是植物采取的光保护措施。通过测定P700的变化，可以明确是否发生PSⅠ光抑制，一般PSⅠ光抑制引起的P700变化是不可逆的。

卡尔文循环相关酶钝化 通过测定饱和光强和不同浓度CO_2下的净光合作用效率，求得RuBP最大羧化效率(V_{cmax})和RuBP最大再生效率(J_{max})来判断。

例如，黄瓜在低温弱光下，V_{cmax}和J_{max}显著下降，恢复到正常温光条件后，一些品种叶片的该两项指标始终不能恢复(图2-15；Zhou et al.，2004b)。

终端产物反馈和无机磷限制 通过比较2%和21%大气O_2浓度下植物的光合作用效率，分析其对O_2的敏感性来判断。

迄今为止，一些科学家提出了一些方法来测定和计算植物中的光能及PSⅡ电子的分配，如最初的Demmig-Adams等(1996)提出的P-D-E方法和Hendrickson等(2004)提出的J_{PSII}、J_{NPQ}和$J_{f,d}$方法。作者整合Hendrickson等(2004)提出的光能分配计算方法以及Miyake和Yokota(2000)提出的PSⅡ电子分配方法，形成了一套有效的测算黄瓜和番茄等蔬菜叶片中光能和电子分配的计算方法，并结合逆境对光能吸收和电子传递的影响进行了分析(图2-17；Zhou et al.，2009c)。研究发现低温弱光引起了依赖于叶黄素循环的能量耗散(J_{NPQ})的增加，依赖PSⅡ的光化学反应耗散(J_{PSII})的降低和依赖于组成型热耗散和荧光耗散($J_{f,d}$)的增加(图2-17)。在PSⅡ电子产生与传递中，低温引起用于光合碳还原的电子流量(J_C)和用于光呼吸碳氧化的电子流量(J_O)电子数量传递量的下降，而不依赖于氧的电子流量Ja(O_2-independent)基本保持不变，依赖于氧的电子流量Ja(O_2-dependent)则迅速上升，Ja(O_2-independent)主要与环式电子流和硝酸还原有关，Ja(O_2-dependent)则主要与活性氧的产生有关，说明低温弱光引起了Rubisco羧化和加氧过程的削弱(图2-10)，而增强了叶黄素循环光保护机制和活性氧的产生，环式电子流和硝酸还原在光保护中的作用不大。

作者还发现，低温弱光引起*RbcL*和*RbcS*等光合作用相关基因表达的下降，以及Rubisco蛋白含量的下降(图2-13和图2-14)。值得注意的是，在低温后正常光温条件下Rubisco、RCA和FBPase等光合作用相关酶的含量仍明显下降，这可能与其合成量的减少以及光照充足条件下植物吸收了更多光能从而产生较多的活性氧引起酶的降解有关(Zhou et al.，2004b)。低温弱光引起光合作用效率下降伴随着Fv/Fm的下降，但这种下降在大多数情况下是可逆的，因此，在一定程度上

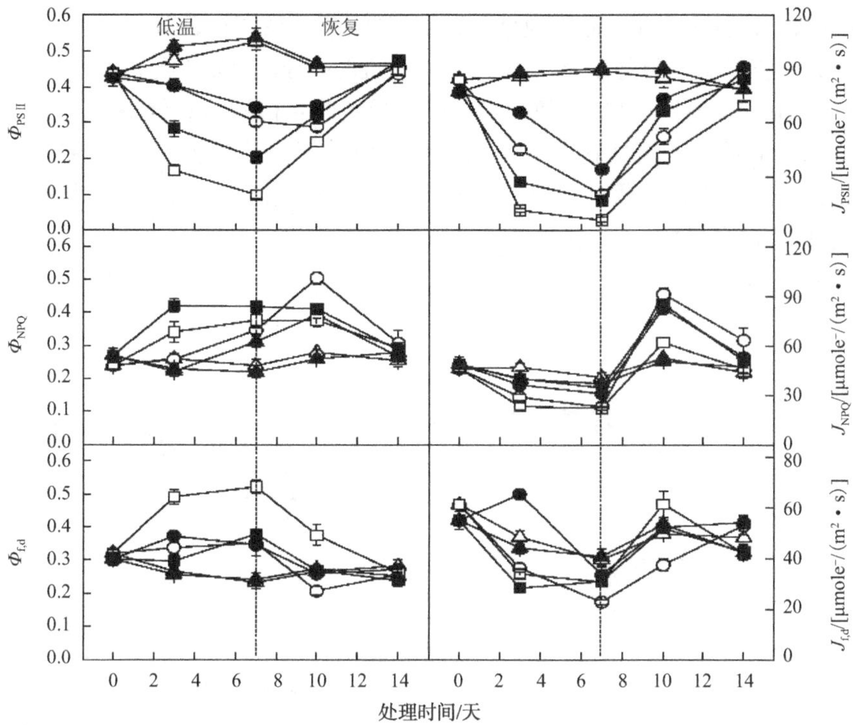

图 2-17　低温弱光对黄瓜光能分配的作用(Zhou et al.，2009c)

Φ_{PSII}，PSⅡ实际光化学效率；Φ_{NPQ}，依赖于光的热耗散比率；$\Phi_{f,D}$，构成性热耗散和荧光比率；J_{PSII}，PSⅡ电子流；J_{NPQ}，依赖于光热耗散的电子流；$J_{f,D}$，构成性热耗散和荧光电子流；△黄瓜自根嫁接苗对照；▲黄瓜/黑籽南瓜嫁接苗对照；○黄瓜自根嫁接苗 14℃处理；●黄瓜/黑籽南瓜嫁接苗 14℃处理；□黄瓜自根嫁接苗 7℃处理；■黄瓜/黑籽南瓜嫁接苗 7℃处理

可以看成是一种通过 PSⅡ光化学反应的保护机制，但低温弱光引起 P700 水平的下降即 PSⅠ光抑制是不可逆的。研究发现，低温弱光引起 SOD、DHAR 和 GR 活性的下降比低温强光更明显，这说明 PSⅠ的光抑制在一定程度上与 PSⅠ周围的活性氧得不到有效清除有关。此外，低温弱光还引起氧化态谷胱甘肽(GSSG)的增加，导致 GSH/GSSG 值下降，而该比值是植物细胞中重要的氧化还原状态指标，它影响许多光合作用相关酶如 RCA 和 FBPase 的结构变化而影响其活性(Jiang et al.，2013)。

番茄和黄瓜的不同品种对低温弱光存在较大的适应性差异(陈青君等，2003)。研究发现，大多耐低温弱光和不耐低温弱光品种在正常光温条件下无论是生长指数还是光合作用参数均没有显著差异，但经长期低温弱光或 2 个连续的低夜温处理后，前者生长显著优于后者；同时，前者在处理后的 A(CO_2 同化速率)、V_{cmax}、qP(光化学猝灭)和 Φ_{PSII}等方面虽然不及未处理植株，但明显高于后者；其中，以 Rubisco 羧化活性与光合速率最为相关，低温后温室型黄瓜品种具有较高的

Rubisco 羧化活性和含量，而露地型品种则较低(图 2-18，Yu et al.，2002b)。此外，低温弱光和夜低温导致露地型品种的 Ja(O_2-dependent) 明显提高，并具有更高含量的氧自由基和较低活性的抗氧化酶活性，导致光合机构的氧化胁迫，而温室品种中依赖于氧的电子流比例的大小与活性氧清除能力达到平衡导致耐冷性较强(Zhou et al.，2004a)。因此可以利用低温后测得的 A_{sat}、$\Phi_{PS\,II}$、qP 作为今后耐低温弱光品种选育的辅助鉴定指标(Yu et al.，2002b)。

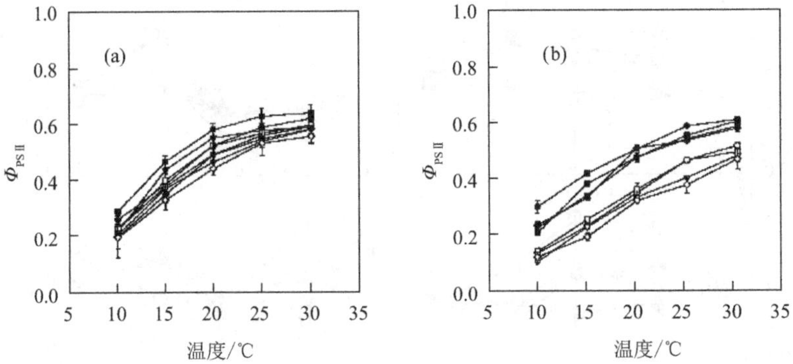

图 2-18　黄瓜不同生态型品种低温前(a)及低温恢复 6 h 后(b) ΦPS II 变化(Yu et al.，2002)

● Jinchun No.3；▲ Chaoyou No.2；■ Riru；◆ Zhongnong No.13；○ Aoba；△ Kaori；□ Ajiichiban；◇ Natsuakifushinari

第三节　蔬菜作物光合作用效率调控与高产

蔬菜的光合作用效率与植株生长密切相关，提高光合作用效率可在一定程度上提高蔬菜的产量。与大田作物相比，设施作物的光合作用效率调控技术和手段相对较多，效果也更明显(喻景权，2011)。在此，介绍几种提高蔬菜作物光合效率的主要措施和技术。

一、基因型选择

随着蔬菜产业的多元化发展，蔬菜育种的一个重要发展方向为选育不同生态型品种。大多品种在适宜的环境下光合作用效率相差不大，但在特定生态环境下则表现出较大的差异，因此根据各地生态环境特点选育不同的生态型品种是提高光合作用和产量的一个重要途径，如前述的耐低温品种和不耐低温品种在低温弱光下表现出显著的光合作用效率差异便是一个典型的例子。值得注意的是一些品种在低温下表现出较高的光合作用效率，在高温下也同样具有较高的光合作用效率，这说明作物耐低温和耐高温有时可能具有相同的机制。近年来，一些科学家也努力尝试通过遗传工程技术手段来提高光合作用效率，如过量表达 RCA 可提高水稻和黄瓜的光合作用效率，但相关技术离实际应用尚有较大的距离。

二、化学调控技术

植物激素参与许多生长发育与代谢过程的调控，但在光合作用中的相关作用研究相对较少。目前已知水杨酸、细胞分裂素、ABA 和油菜素内酯是参与光合作用调控的主要激素，其中水杨酸和细胞分裂素分别通过影响活性氧和叶绿素代谢而影响光合作用，ABA 则主要通过影响气孔开闭而影响光合作用。早期的研究表明，CPPU（细胞分裂素）处理瓠瓜子房增加叶片光合作用及瓠瓜果实的早期产量和后期产量（李英和喻景权，2001）。光合作用相关基因的表达和酶活性在很大程度上受细胞内 redox 信号调控（Fey et al.，2005），如 RCA、FBPase 和 SBPase 等光合作用相关酶由于含有巯基键，硫氧还蛋白（TRX）可通过其蛋白结构的修饰，从而影响酶活力。TRXs 是一个基因家族，在番茄中的研究发现，*TRX-f* 和 *TRX-m1/4* 是调控光合作用效率的重要 *TRX* 基因（图 2-19）。

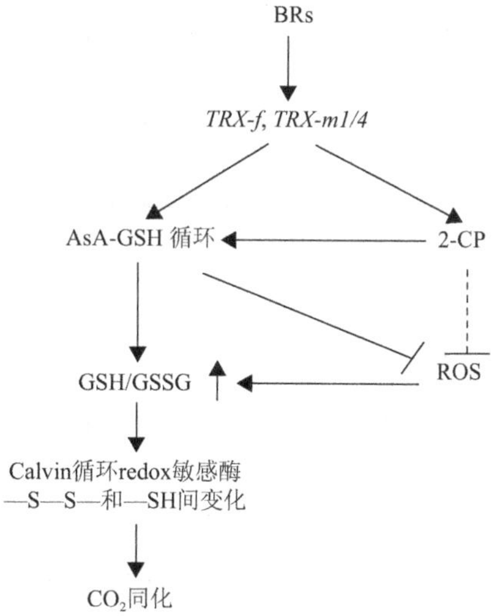

图 2-19　BRs 通过 redox 调控光合作用效率的机制（Cheng et al.，2014）

近年来，针对油菜素内酯（BRs）在光合作用中的作用开展了较为系统的研究。作者发现，植物体内的 BRs 水平与番茄和黄瓜的光合作用效率及生长速率密切相关，这种作用主要与 BRs 能通过激发 Rboh 在细胞膜上产生 H_2O_2 有关，H_2O_2 通过提高 GSH/GSSG 值提高植物光合效率，外源 BR（EBR）处理显著提高 A_{sat}、V_{cmax} 和 J_{max} 等光合参数，而抑制植株内源 BR 合成则具有相反的效果（Xia et al.，2009；Yu et al.，2004）。通过对 BRs 提高光合作用的深入研究和分析发现，BRs 通过细胞膜产生 H_2O_2 从而引起胞内氧化还原平衡改变，这种氧化还原信号不仅促进 *rbcL* 和 *rbcS*、*RCA* 和 *FBPase* 等一系列光合作用相关基因在转录和翻译水平的表达（Xia et al.，2009)，而且引起 GSH/GSSG 值的升高，通过氧化还原蛋白酶的修饰，从而提高 RCA 和 FBPase 的活化状态，进而促进植株的光合作用和生长(图 2-20 和图 2-21；Jiang et al.，2012b，彩图 11)。

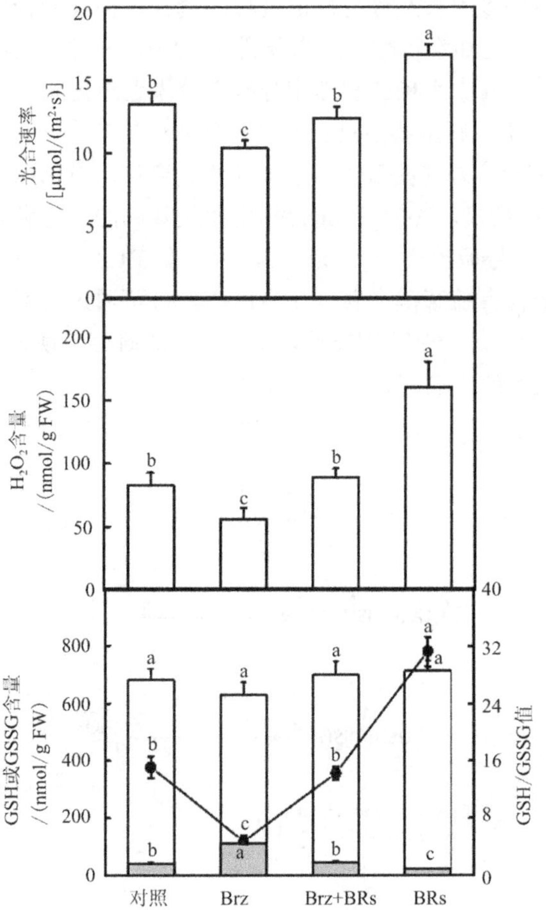

图 2-20　BRs 及 BRs 合成抑制剂 Brz 处理对光合速率、H_2O_2 和氧化还原状态的影响(Jiang et al.，2012a)

不同字母表示显著性差异($P < 0.05$)

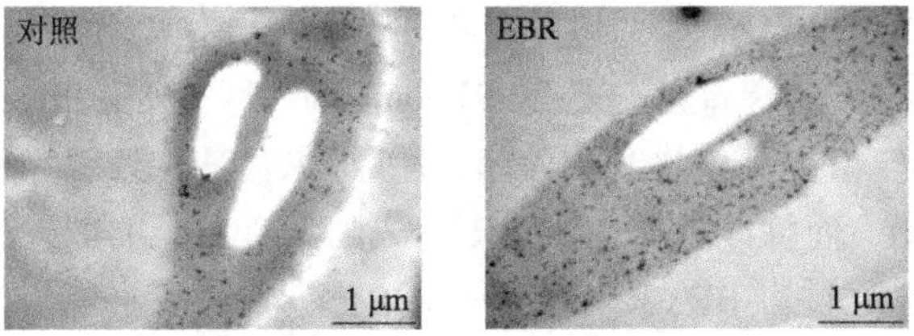

图 2-21　EBR 处理对黄瓜 RCA 的活化作用(Xia et al.，2009)

三、嫁接技术

嫁接技术主要是因为能够克服土传病害而在生产上逐步得到应用，然而，砧木也会影响地上部叶片的光合作用和抗性(Choi et al.，1995)，因此，提高作物对逆境如低温和高温等的抗性也是目前蔬菜嫁接时选择砧木的一个重要指标。黑籽南瓜作为砧木可显著提高亚适温下黄瓜叶片的光合作用，保持比自根植株更高的Rubisco含量和活力(Zhou et al.，2007)，而一些耐高温的砧木如南瓜和丝瓜则可显著提高高温下黄瓜叶片的光合作用效率(图2-22；Li et al.，2014b)，这种差异主要与根部产生的长距离信号物质、根系吸收养分和水分能力等有关，具体内容将在后续章节中讨论。

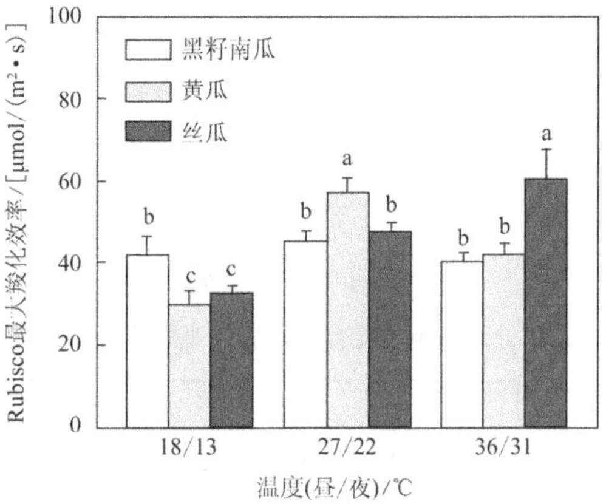

图2-22　不同砧木嫁接黄瓜在不同温度下Rubisco最大羧化效率的变化(Li et al.，2014b)

不同字母表示显著性差异($P < 0.05$)

四、CO_2加富技术

植物的光合作用与其底物即CO_2浓度密切相关。在CO_2浓度范围为0~3000 ppm，大多植物的光合作用效率随着大气CO_2浓度的升高而提高。作者在黄瓜中的研究工作表明，CO_2从380 ppm提高到800 ppm时可促进*RCA*、*rbc*L、*rbc*S、*TPI*、*FBP aldolase*、*FBPase*、*SBPase*、*PRK*、*PGK*和*RPE*等光合作用碳同化相关基因表达增加30%~50%(图2-23)，也提高了RCA、PGK和FBPase等酶的活性，提高黄瓜光合效率达30%以上(Jiang et al.，2012c)，但长期进行CO_2加富不仅会导致因H_2O_2和NO产生引起的气孔关闭(彩图12)，还会出现碳水化合物的积累，易引起终端产物反馈而影响光合作用即光适应现象，并导致早衰现象出现。

国外主要通过压缩CO_2来提高CO_2浓度，也有通过燃料燃烧产生CO_2进行CO_2加富。我国近年来主要普及化学法和生物质反应堆法来增加CO_2浓度。二者各有利弊，前者不仅方法烦琐，而且具有一定的安全隐患；后者则初次投入的劳动力较多，但时效长。近年来，作者研究了利用秸秆等生物质进行好气发酵来提高 CO_2 浓度的技术，该技术不仅增加了 CO_2 浓度，也提高了温室大棚中的温度，具有较好的应用前景(图 2-24 和彩图 13)。

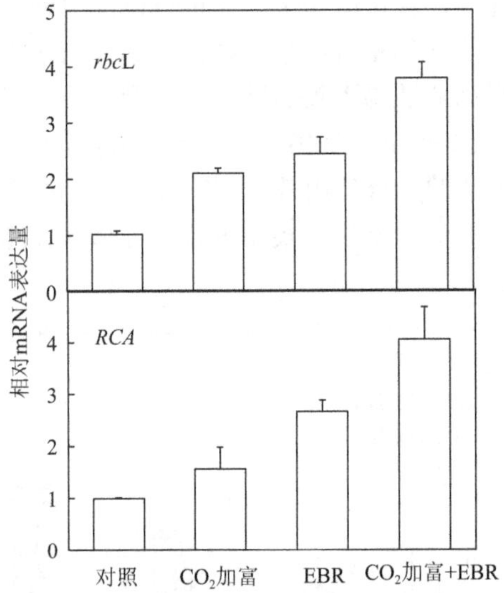

图 2-23　CO_2 加富和 EBR 处理对黄瓜光合作用相关基因表达的影响(Jiang et al.，2012c)

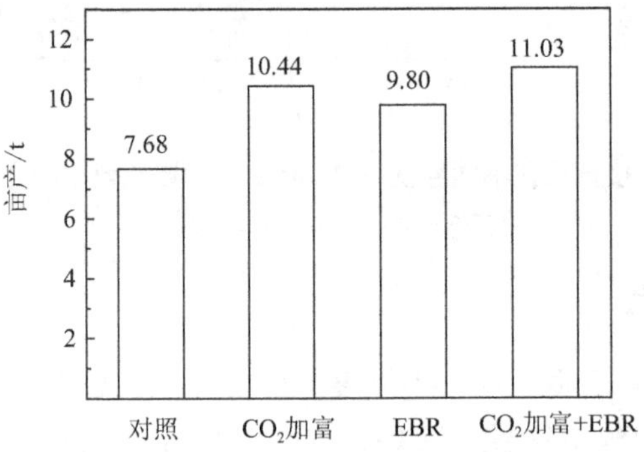

图 2-24　秸秆好气 CO_2 发生及 EBR 处理对番茄产量的影响(喻景权团队，未发表，试验地点：甘肃酒泉)

五、光环境调控技术

冬春期间的低温弱光是影响设施喜温蔬菜生长的一个重要限制因子。较高的光强能促进细胞色素 b_6/f 复合体的合成及 Calvin 循环相关酶活性的上升，弱光一般降低叶片 CO_2 同化速率和光合作用相关基因的表达，然而，补光需要较高的能源消耗。近年来，随着 LED 技术的发展，LED 农业补光得到了重视，为解决冬春育苗低温弱光问题提供了一条有效途径，也是今后的一个发展方向。LED 补光可以节省能耗达60%~70%，而且寿命长，移动方便，但存在初期投入较大的缺点（彩图14）。LED是单波长发光体，在利用不同波长LED补光对光合作用效率影响的研究中发现，蓝光、红光和一些波长的紫光能提高黄瓜叶片CO_2同化速率，而绿光、黄光却起不到这种作用。蓝光和红光显著提高了*rbcL*、*rbcS*、*RCA*、*Cytb₆f*、*LHCII*等光合作用相关基因的表达，其效果接近或者高于白光水平。在相同能量不同波长光照中，红光具有对光合作用最为显著的促进效果，但长期红光补光会导致植株吸收过多的能量而引起光氧化，因此，一般建议红光与蓝光的比例为(7~8)∶(3~2)。

*psaA*及*psbA*分别是编码光系统Ⅰ及光系统Ⅱ中心蛋白的基因。研究发现，紫光和蓝光补光更有利于*psbA*的表达，红光则更有利于*psaA*的表达(Wang et al., 2009)。另外，紫光和蓝光可以使叶片维持较高的抗氧化酶水平，从而延缓植物的衰老(王虹等，2010)。除补光技术外，生产中也可通过在植株侧面和底部覆盖反光膜以提高叶片背面的受光面，从而提高光合作用效率。

主要参考文献

艾希珍, 张振贤, 杨秀华. 2000. 一些蔬菜作物光合与蒸腾特性研究. 园艺学报, 27(5): 371-373.

陈青君, 张福墁, 王永健, 藏田宪次. 2003. 黄瓜对低温弱光反应的生理特征研究. 中国农业科学, 36(1): 77-81.

何雨. 2012. 日光温室后墙内侧温度变化规律及温度预测模型. 北方园艺, 7: 34-39.

胡文海, 喻景权. 2001. 低温弱光对番茄叶片光合作用和叶绿素荧光参数的影响. 园艺学报, 28(1): 41-46.

胡文海, 喻景权. 2003. 低温弱光对番茄植株生长发育及生理功能的影响. 中国生态农业学报, 11(3): 55-57.

胡文海. 2002. 光强对番茄叶片低温光抑制恢复的影响. 植物生理学通讯, 38(5): 447-449.

李英, 喻景权. 2001. CPPU处理瓠瓜子房对叶片光合作用和^{14}C-同化物分配的影响. 核农学报, 15(6): 355-359.

孙秀廷, 蒋佩弦, 曾壁容. 1997. 茄果类蔬菜的吸肥特性和施肥参数的研究. 见: 谢建昌. 菜园土壤肥力与蔬菜合理施肥. 南京: 河海大学出版社: 113-121.

王虹, 姜玉萍, 师恺, 周艳虹, 喻景权. 2010. 光质对黄瓜叶片衰老与抗氧化酶系统的影响. 中国农业科学, 43(3): 529-534.

王丽娟, 李天来, 李国强, 齐红岩. 2006. 夜间低温对番茄幼苗光合作用的影响. 园艺学报, 33: 757-761.

王彦杰, 夏晓剑, 周艳虹, 喻景权. 2007. 番茄叶黄素合成突变与光能分配和抗氧化酶活性的关系. 园艺学报, 34(5): 1301-1304.

喻景权, 王秀峰. 2014. 蔬菜栽培学总论.第三版. 北京: 中国农业出版社.

喻景权, 张德威. 1988. 简化营养液膜技术栽培番茄研究初报. 植物生理学通讯, (6): 21-24.

喻景权. 2011. “十一五”我国设施蔬菜生产和科技进展及其展望. 中国蔬菜, 2: 11-23.

张振贤, 周绪元, 陈利平. 1997. 主要蔬菜作物光合与蒸腾特性研究. 园艺学报, 24(2): 155-160.

周艳虹, 黄黎锋, 喻景权. 2004. 持续低温弱光对黄瓜叶片气体交换、叶绿素荧光猝灭和吸收光能分配的影响. 植物生理与分子生物学学报, 30(2): 153-160.

周艳虹, 喻景权, 钱琼秋, 黄黎锋. 2003. 低温弱光对黄瓜幼苗生长及抗氧化酶活性的影响. 应用生态学报, 14(6): 921-924.

朱隆静, 喻景权. 2005. 不同供磷水平对番茄生长和光合作用的影响. 浙江农业学报, 17(3): 120-122.

池田英男, 川城英夫. 2005. 野菜の栽培基础. 東京: 農文协.

Allen D J, Ort D R. 2001. Impacts of chilling temperatures on photosynthesis in warm-climate plants. *Trends in Plant Science*, **6**: 36-42.

Allen D J, Ratner K, Giller Y E, Gussakovsky E E, Shahak Y, Ort D R. 2000. An overnight chill induces a delayed inhibition of photosynthesis at midday in mango (*Mangifera indica* L.). *Journal of Experimental Botany*, **51**: 1893-1902.

Apel K, Hirt H. 2004. Reactive oxygen species: metabolism, oxidative stress, and signal transduction. *Annual Review of Plant Biology*, **55**: 373-399.

Baier M, Dietz K-J. 2005. Chloroplasts as source and target of cellular redox regulation: a discussion on chloroplast redox signals in the context of plant physiology. *Journal of Experimental Botany*, **56**: 1449-1462.

Buchanan B B, Balmer Y. 2005. Redox regulation: a broadening horizon. *Annual Review of Plant Biology*, **56**: 187-220.

Cheng F, Zhou Y H, Xia X J, Shi K, Zhou J, Yu J Q. 2014. Chloroplastic thioredoxin-f and thioredoxin-m1/4 play important roles in brassinosteroids-induced changes in CO_2 assimilation and cellular redox homeostasis in tomato. *Journal of Experimental Botany*, 65: 4335-4347.

Cheng S-H, d Moore B, Seemann J R. 1998. Effects of short-and long-term elevated CO_2 on the expression of ribulose-1, 5-bisphosphate carboxylase/oxygenase genes and carbohydrate accumulation in leaves of *Arabidopsis thaliana* (L.) Heynh. *Plant Physiology*, **116**: 715-723.

Choi K J, Chung G C, Ahn S J. 1995. Effect of root zone temperature on the mineral composition of xylem sap and plasma membrane K^+-Mg^{++}-ATPase activity of grafted cucumber and figleaf gourd root systems. *Plant and Cell Physiology*, **36**: 639-643.

Choi S, Jeong S, Jeong W, Kwon S, Chow W, Park Y I. 2002. Chloroplast Cu/Zn-superoxide dismutase is a highly sensitive site in cucumber leaves chilled in the light. *Planta*, **216**: 315-324.

Cleland R E, Bendall D S. 1992. Photosystem I cyclic electron transport: measurement of ferredoxin–plastoquinone reductase activity. *Photosynthesis Research*, **34**: 409-418.

Demmig-Adams B, Adams III W W. 1996. Xanthophyll cycle and light stress in nature: uniform response to excess direct sunlight among higher plant species. *Planta*, **198**: 460-470.

Demmig-Adams B, Adams III W W. 2003. Photoinhibition. *In*: Thomas B, Murphy D, Murray B.Encyclopaedia of Applied Plant Science. London, UK: Academic Press: 707-714.

Demmig-Adams B, Adams III W W. 2006. Photoprotection in an ecological context: the remarkable complexity of thermal energy dissipation. *New Phytologist*, **172**: 11-21.

Demmig-Adams B, Adams III W W, Barker D H, Logan B A, Bowling D R, Verhoeven A S. 1996. Using chlorophyll fluorescence to assess the fraction of absorbed light allocated to thermal dissipation of excess excitation. *Physiologia Plantarum*, **98**: 253-264.

Endo T, Shikanai T, Sato F, Asada K. 1998. NAD(P)H dehydrogenase-dependent, antimycin A-sensitive electron donation to plastquinone in tobacco chloroplasts. *Plant and Cell Physiology*, **39**: 1226-1231.

Farquhar G D, Sharkey T D. 1982. Stomatal conductance and photosynthesis. *Annual Review of Plant Physiology*, **33**: 317-345.

Fey V, Wagner R, Bräutigam K, Pfannschmidt T. 2005. Photosynthetic redox control of nuclear gene expression. *Journal of Experimental Botany*, **56**: 1491-1498.

Foyer C H, Noctor G. 2005. Redox homeostasis and antioxidant signaling: a metabolic interface between stress perception and physiological responses. *The Plant Cell*, **17**: 1866-1875.

Gill S S, Tuteja N. 2010. Reactive oxygen species and antioxidant machinery in abiotic stress tolerance in crop plants. *Plant Physiology and Biochemistry*, **48**: 909-930.

Heber U, Walker D. 1992. Concerning a dual function of couple cyclic electron transport in leaves. *Plant Physiology*, **100**: 1621-1626.

Hendrickson L, Furbank R T, Chow W S. 2004. A simple alternative approach to assessing the fate of absorbed light energy using chlorophyll fluorescence. *Photosynthesis Research*, **82**: 73-81.

Hutchison R S, Groom Q, Ort D R. 2000. Differential effects of chilling-induced photooxidation on the redox regulation of photosynthetic enzymes. *Biochemistry*, **39**: 6679-6688.

Jiang Y P, Cheng F, Zhou Y H, Xia X J, Mao W H, Shi K, Chen Z X, Yu J Q. 2012a. Brassinosteroid-induced CO_2 assimilation is associated with increased stability of redox-sensitive photosynthetic enzymes in the chloroplasts in cucumber plants. *Biochemical and Biophysical Research Communications*, **426**: 390-394.

Jiang Y P, Cheng F, Zhou Y H, Xia X J, Mao W H, Shi K, Chen Z, Yu J Q. 2012b. Cellular glutathione redox homeostasis plays an important role in the brassinosteroid-induced increase in CO_2 assimilation in *Cucumis sativus*. *New Phytologist*, **194**: 932-943.

Jiang Y P, Cheng F, Zhou Y H, Xia X J, Shi K, Yu J Q. 2012c. Interactive effects of CO_2 enrichment and brassinosteroid on CO_2 assimilation and photosynthetic electron transport in *Cucumis sativus*. *Environmental and Experimental Botany*, **75**: 98-106.

Jiang Y P, Huang L F, Cheng F, Zhou Y H, Xia X J, Mao W H, Shi K, Yu J Q. 2013. Brassinosteroids accelerate recovery of photosynthetic apparatus from cold stress by balancing the electron partitioning, carboxylation and redox homeostasis in cucumber. *Physiologia Plantarum*, **148**: 133-145.

Jin C W, Du S T, Chen W W, Li G X, Zhang Y S, Zheng S J. 2009. Elevated carbon dioxide improves plant iron nutrition through enhancing the iron-deficiency-induced responses under iron-limited conditions in tomato. *Plant Physiology*, **150**: 272-280.

Krall J P, Edwards G E. 1992. Relationship between photosystem II activity and CO_2 fixation in leaves. *Physiologia Plantarum*, **86**: 180-187.

Li H, Wang X M, Chen L, Ahammed G J, Xia X J, Shi K, Considine M J, Yu J Q, Zhou Y H. 2013. Growth temperature-induced changes in biomass accumulation, photosynthesis and glutathione redox homeostasis as influenced by hydrogen peroxide in cucumber. *Plant Physiology and Biochemistry*, **71**: 1-10.

Li H, Liu S S, Yi C Y, Wang F, Zhou J, Xia X J, Shi K, Zhou Y H, Yu J Q. 2014a. Hydrogen peroxide mediates abscisic acid-induced HSP70 accumulation and heat tolerance in grafted cucumber plants. *Plant, Cell and Environment* DOI: 10.1111/pce.12360.

Li H, Wang F, Chen X J, Shi K, Xia X J, Considine M J, Yu J Q, Zhou Y H. 2014b. The sub/supra-optimal temperature-induced inhibition of photosynthesis and oxidative damage in cucumber leaves are alleviated by grafting onto figleaf gourd/luffa rootstocks. *Physiologia Plantarum* DOI: 10.1111/ppl.12200.

Miyake C, Yokota A. 2000. Determination of the rate of photoreduction of O_2 in the water-water cycle in watermelon leaves and enhancement of the rate by limitation of photosynthesis. *Plant and Cell Physiology*, **41**: 335-343.

Niyogi K K. 1999. Photoprotection Revisited: Genetic and molecular approaches. *Annual Review of Plant Physiology and Plant Molecular Biology*, **50**: 333-359.

Niyogi K K. 2000. Safety valves for photosynthesis. *Current Opinion in Plant Biology*, **3**: 455-460.

Niyogi K K, Björkman O, Grossman A R. 1997. The roles of specific xanthophylls in photoprotection. *Proceedings of the National Academy of Sciences, USA*, **94**: 14 162-14 167.

Niyogi K K, Grossman A R, Björkman O. 1998. *Arabidopsis* mutants define a central role for the xanthophyll cycle in the regulation of photosynthetic energy conversion. *The Plant Cell*, **10**: 1121-1134.

Ogren W. 1994. Energy utilization by photorespiration. *Regulation of Atmospheric CO_2 and O_2 by Photosynthetic Carbon Metabolism*: 115-125.

Osmond C B, Grace S C. 1995. Perspectives on photoinhibition and photorespiration in the field: quintessential inefficiencies of the light and dark reactions of photosynthesis? *Journal of Experimental Botany*, **46**: 1351-1362.

Paul M J, Foyer C H. 2001. Sink regulation of photosynthesis. *Journal of Experimental Botany*, **52**: 1383-1400.

Portis A R, Salvucci M E, Ogren W L. 1986. Activation of ribulosebisphosphate carboxylase/oxygenase at physiological CO_2 and ribulosebisphosphate concentrations by Rubisco activase. *Plant Physiology*, **82**: 967-971.

Sassenrath G F, Ort D R, Portis Jr A R. 1990. Impaired reductive activation of stromal bisphosphatases in tomato leaves following low-temperature exposure at high light. *Archives of Biochemistry and Biophysics*, **282**: 302-308.

Satoh K, Fork D C. 1983. The relationship between state II to state I transitions and cyclic electron flow around photosystem I. *Photosynthesis Research*, **4**: 245-256.

Schürmann P, Jacquot J P. 2000. Plant thioredoxin systems revisited. *Annual Review of Plant Physiology and Plant Molecular Biology*, **51**: 371-400.

Shikanai T, Endo T, Yamada Y, Hashinoto T, Asada K, Yokota A. 1998. Directed disruption of the tobacco *ndh*B gene impairs cyclic electron flow around photosystem I. *Proceedings of the National Academy of Sciences, USA*, **95**: 9705-9709.

Sonoike K. 1996. Photoinhibition of photosystem I: its physiological significance in the chilling sensitivity of plants. *Plant and Cell Physiology*, **37**: 239-247.

Terashima I, Noguchi K, Itoh-Nemoto T, Park Y M, Kuhn A, Tanaka K. 1998. The cause of PS Ⅰ photoinhibition at low temperatures in leaves of *Cucumis sativus*, a chilling-sensitive plant. *Physiologia Plantarum*, **103**: 295-303.

Venema J H, Villerius L, van Hasselt P R. 2000. Effect of acclimation to suboptimal temperature on chilling-induced photodamage: comparison between a domestic and a high-altitude wild *Lycopersicon* species. *Plant Science*, **152**: 153-163.

Wang H, Gu M, Cui J X, Shi K, Zhou Y H, Yu J Q. 2009. Effects of light quality on CO_2 assimilation, chlorophyll-fluorescence quenching, expression of Calvin cycle genes and carbohydrate accumulation in *Cucumis sativus*. *Journal of Photochemistry and Photobiology B-Biology*, **96**: 30-37.

Wingler A, Lea P J, Quick W P, Leegood R C. 2000. Photorespiration: metabolic pathways and their role in stress protection. *Philosophical Transactions of the Royal Society of London. Series B: Biological Sciences*, **355**: 1517-1529.

Xia X J, Huang L F, Zhou Y H, Mao W H, Shi K, Wu J X, Asami T, Chen Z, Yu J Q. 2009. Brassinosteroids promote photosynthesis and growth by enhancing activation of Rubisco and expression of photosynthetic genes in *Cucumis sativus*. *Planta*, **230**: 1185-1196.

Yu J Q, Huang L F, Hu W H, Zhou Y H, Mao W H, Ye S F, Nogués S. 2004. A role for brassinosteroids in the regulation of photosynthesis in *Cucumis sativus*. *Journal of Experimental Botany*, **55**: 1135-1143.

Yu J Q, Ye S F, Huang L F. 2002a. Effects of simulated acid precipitation on photosynthesis, chlorophyll fluorescence, and antioxidative enzymes in *Cucumis sativus* L. *Photosynthetica*, **40**: 331-335.

Yu J Q, Zhou Y H, Huang L F, Allen D J. 2002b. Chill-induced inhibition of photosynthesis: genotypic variation within *Cucumis sativus*. *Plant and Cell Physiology*, **43**: 1182-1188.

Zhang Y, Zhang Y, Zhou Y, Yu J. 2007. Adaptation of cucurbit species to changes in substrate temperature: Root growth, antioxidants, and peroxidation. *Journal of Plant Biology*, **50**: 527-532.

Zhou Y H, Huang L F, Du Y S, Yu J Q. 2004a. Greenhouse and field cucumber genotypes use different mechanisms to protect against dark chilling. *Functional Plant Biology*, **31**: 1215-1223.

Zhou Y H, Huang L F, Zhang Y L, Shi K, Yu J Q, Nogues S. 2007. Chill-induced decrease in capacity of RuBP carboxylation and associated H_2O_2 accumulation in cucumber leaves are alleviated by grafting onto figleaf gourd. *Annals of Botany*, **100**: 839-848.

Zhou Y H, Mao W H, Zhang Y Y, Huang L F, Hu W H, Yu J Q. 2006a. Role of thermal dissipation in the photoprotection in cucumber plants after exposure to a chill stress. *Photosynthetica*, **44**: 262-267.

Zhou Y H, Wu J X, Zhu L J, Shi K, Yu J Q. 2009a. Effects of phosphorus and chilling under low irradiance on photosynthesis and growth of tomato plants. *Biologia Plantarum*, **53**: 378-382.

Zhou Y H, Yu J Q, Huang L F, Nogues S. 2004b. The relationship between CO_2 assimilation, photosynthetic electron transport and water-water cycle in chill-exposed cucumber leaves under low light and subsequent recovery. *Plant Cell and Environment*, **27**: 1503-1514.

Zhou Y H, Yu J Q, Mao W H, Huang L F, Song X S, Nogues S. 2006b. Genotypic variation of Rubisco expression, photosynthetic electron flow and antioxidant metabolism in the chloroplasts of chill-exposed cucumber plants. *Plant and Cell Physiology*, **47**: 192-199.

Zhou Y H, Zhang Y Y, Zhao X, Yu H J, Shi K, Yu J Q. 2009b. Impact of light variation on development of photoprotection, antioxidants, and nutritional value in *Lactuca sativa* L. *Journal of Agricultural and Food Chemistry*, **57**: 5494-5500.

Zhou Y H, Zhou J, Huang L F, Ding X T, Shi K, Yu J Q. 2009c. Grafting of *Cucumis sativus* onto *Cucurbita ficifolia* leads to improved plant growth, increased light utilization and reduced accumulation of reactive oxygen species in chilled plants. *Journal of Plant Research*, **122**: 529-540.

第三章 蔬菜的抗逆机制与抗逆调控

逆境可分为生物逆境与非生物逆境，前者主要包括病原生物和害虫，后者包括强光、弱光、干旱、涝害、盐害、极端温度和氧化胁迫等，在设施蔬菜生产中，有时还遭遇低 CO_2 胁迫。这些胁迫引起植株形态、生理生化和基因表达等多方面的变化，从而影响种子萌发、植株生长、坐果、产量和品质形成等过程。干旱、盐害、极端温度和氧化胁迫往往相互关联并对植物细胞造成相似的伤害。干旱和盐害主要表现为渗透胁迫，扰乱细胞内离子含量和分布的平衡；低温、高温、盐害和干旱也通常导致氧化胁迫的发生，改变蛋白质的结构和功能，最终，环境胁迫激活细胞信号转导途径，诱导细胞可溶性物质累积，防御蛋白表达以及活性氧清除机制，使得细胞在生长发育和逆境抗性之间建立平衡。植物对环境胁迫的应答机制十分复杂，不仅受到遗传和内在发育程序的调控，还受到外界环境因子与植物信号转导和生理生化反应交叉应答的影响。本章着重就植物在适应环境变化过程中的信号转导机制进行论述。

第一节 蔬菜对非生物逆境的响应与抗性机制

一、植物非生物逆境响应的信号转导途径

逆境对植物的影响，可分为 3 个阶段，第一阶段即低度的胁迫可通过植物自身的调节而不影响生长和产量；第二阶段即中等程度的胁迫则导致包括氧化胁迫在内的一系列变化，导致生长受到抑制和产量的下降；而在第三阶段即严重的胁迫则表现为植株死亡等(图 3-1)。几乎所有植物在长期的进化过程中，都形成了对各种逆境条件的适应与抗性调控机制(图 3-2)。在模式植物拟南芥中的研究表明，植物响应环境胁迫的信号途径可大致概括为，细胞膜上的受体蛋白首先感知环境刺激，继而产生包括 Ca^{2+}、ROS 和磷酸肌醇等在内的第二信使；这些第二信使进一步调节细胞内 Ca^{2+}水平；Ca^{2+}响应元件与 Ca^{2+}结合后发生构象变化并与其他蛋白相互作用从而启动磷酸级联反应，激活转录因子，最终诱导抗性基因表达(图 3-2)。某些诱导基因可能参与脱落酸(ABA)、水杨酸(SA)、茉莉酸(JA)和乙烯(ET)等信号分子的合成，从而放大初级信号并引发新的信号转导途径。

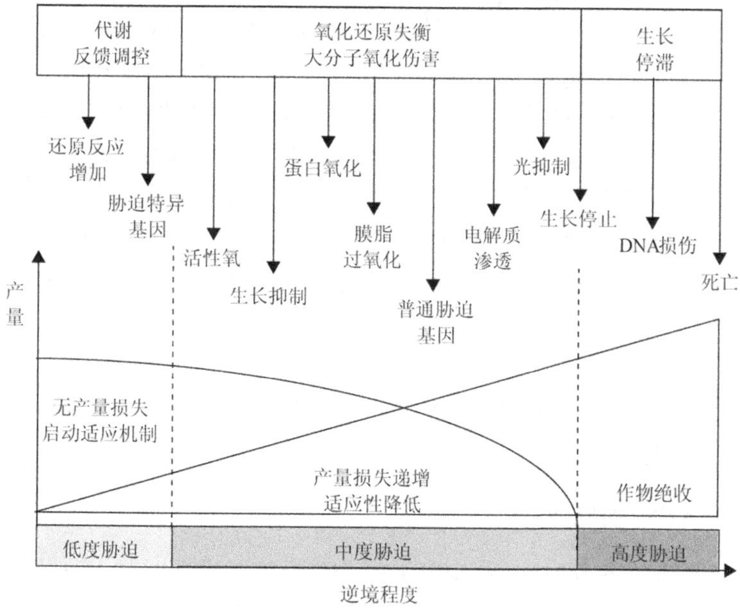

图 3-1　不同程度逆境对植物的影响过程(Dietz，2010，略作修改)

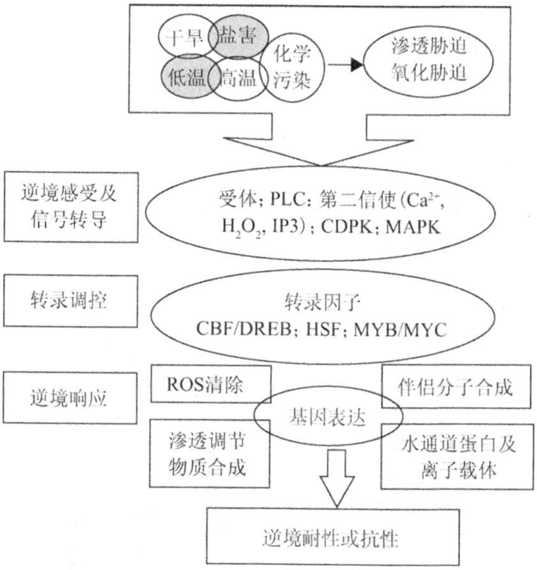

图 3-2　植物逆境响应中的信号转导过程(Mahajan and Tuteja，2005，略作修改)

二、植物逆境的感应

迄今为止，类似动物中的环境受体并没有在植物中分离鉴定出来，但植物细胞利用膜上受体感应低温等胁迫，产生 Ca^{2+}、ROS 和磷酸肌醇等在内的第二信使，进而通过调控胞内 Ca^{2+}信号解码蛋白(CaM、CDPK、CBL/CIPK)、MAPKs 级联，激活下游转录因子如CBF，最终调控逆境应答基因表达、生理代谢和性状形成(Bartels and Sunkar，2005；Mahajan and Tuteja，2005；Zhu，2002)。其中 Ca^{2+}-依赖蛋白激酶(CDPK)是联系 Ca^{2+}信号和特定磷酸级联反应的主要中间载体，环境胁迫能改变 $[Ca^{2+}]_{cyt}$，进而在翻译后水平上激活胁迫响应因子参与特定抗逆途径(汪澈等，2009)。作者等的分析结果表明，番茄CDPK家族中含有近30个成员，沉默其中*CDPK1*、*CDPK6*、*CDPK16*、*CDPK27*和*CDPK31*等基因可导致植株对低温、高温和干旱等抗性的下降，说明CDPK的作用具有一定的保守性，参与植物逆境信号转导。

三、植物逆境响应的信号转导

在逆境信号转导中，分裂原激活蛋白(MAPK)激酶、活性氧(ROS)和植物激素发挥了重要作用。

(一)MAPK级联反应

MAPK及其激酶MPKK和MPKKK作为高度保守同时又十分关键的调节因子参与细胞各项活动，包括细胞分裂、分化、生长发育和逆境响应。在植物中，MAPK级联反应在环境应答、激素响应以及ROS信号转导等过程中扮演了重要角色。低温、盐害、干旱和机械伤等逆境能在转录水平诱导MAPK的表达，而MAPK级联通过诱导转录因子WRKY的表达调控植物的防御反应，MAPK级联反应还通过介导ROS信号转导，调控防御基因和抗氧化基因的表达，从而提高逆境抗性。番茄含有十余个MAPK，已有证据表明，这些MAPK受环境和激素诱导，作者近来的研究表明，*MAPK1/2*是两个重要的*MAPK*基因，沉默*MAPK1/2*导致番茄植物对高温和光化学胁迫抗性的降低(图3-3)。

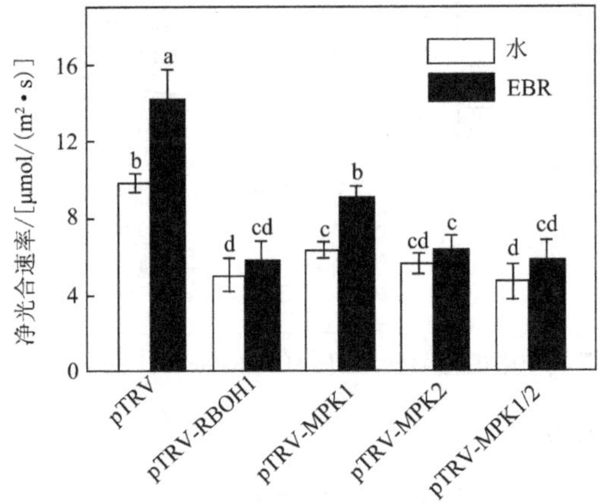

图3-3　沉默番茄*Rboh1*和*MAPK1/2*基因及BRs对番茄耐热性的影响(Nie et al.，2013)

不同字母表示显著性差异($P < 0.05$)

(二)植物激素

植物在响应逆境中还通过调控脱落酸(ABA)、水杨酸(SA)、茉莉酸(JA)、乙烯(ET)和油菜素内酯(BRs)等激素以及活性氧(ROS)信号分子的合成或信号途径，从而放大初级信号并引发新的信号转导途径(图3-4)，调控植物的抗逆性。然而，目前有关植物的抗逆机制大多在拟南芥等模式植物中开展，在园艺作物中的研究相对较为匮乏。

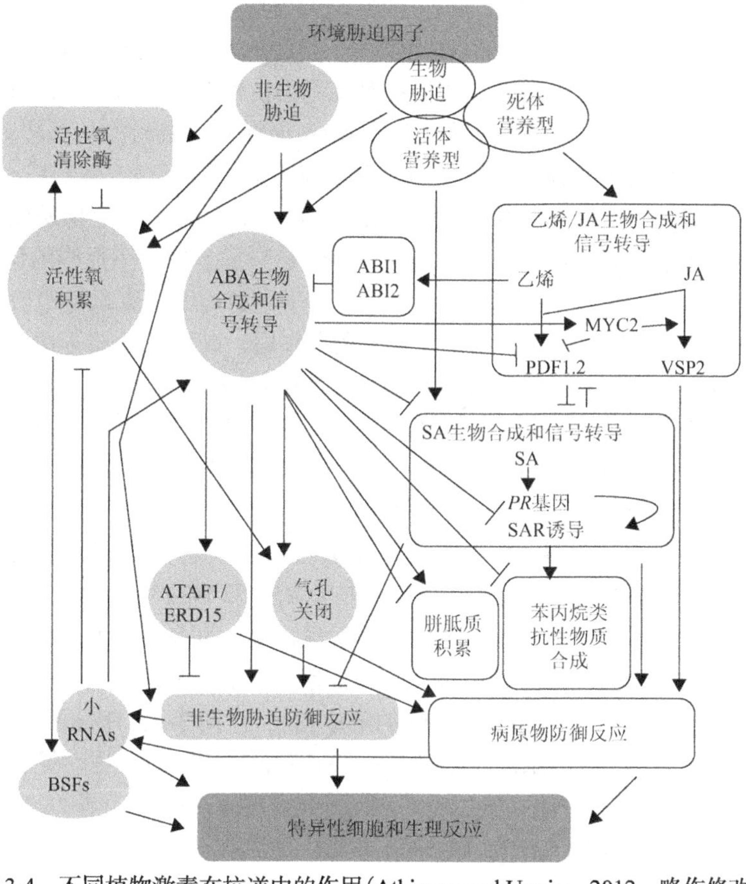

图3-4　不同植物激素在抗逆中的作用(Atkinson and Urwin，2012，略作修改)

ABI1、ABI2，ABA信号受体；MYC，转录因子；PDF1.2，植物防御素；VSP2，营养贮藏蛋白；ATAF1，NAC转录因子；ERD，缺水早期应答蛋白

植物激素是抗逆反应中的一个重要调控因子。植物遭受各种生物和非生物逆境时会通过合成ABA、SA、JA和ET等激素来调控其抗性，其中ABA和BRs主要参与非生物逆境抗性调控，而SA、JA和ET等激素在生物逆境的信号转导

中发挥重要作用。

ABA 是调控非生物逆境抗性的重要激素(图 3-4)。在拟南芥中的研究表明，ABA 受体感受 ABA 信号后诱导产生 H_2O_2、Ca^{2+}、磷脂酸等二级信号。ABA 信号转导过程中，蛋白磷酸酶 ABI1 和 ABI2 以及钙离子感受蛋白 CBL9 均负调控 ABA 信号，而蛋白磷酸酶 RCN1、依赖钙离子蛋白激酶 AtCPK10/30 以及 MAP 激酶 AtMPK3/6 等参与正向调控 ABA 信号。在下游，ABI3(含 B3 结构域蛋白)、ABI4(AP2 类)和 ABI5(bZIP 类)等转录因子通过与 ABA 应答元件(如 G-box/ABRE、CE3-like 或 GCC 盒等)的结合调控特定 ABA 应答基因的表达，从而调控抗逆反应(Xie et al.，2005)。高温和干旱胁迫下植物通过加速合成 ABA 和关闭气孔以及诱导 HSP 蛋白等方式提高对高温的抗性(Fujita et al.，2006；毛胜利等，2005)，但在低温下植物是否通过合成 ABA 而激发下游耐冷相关转录因子(如 CBF)和抗逆基因表达增强自身抗性则尚不十分清楚。

作为植物第六激素的油菜素内酯(BRs)可参与对生物和非生物逆境抗性的调控(图 3-5)。包括作者在内的研究者发现，BRs 参与了多种逆境反应的调节，如减少低温、高温、盐害、干旱等逆境危害，增加干旱胁迫下小麦水分吸收和细胞膜稳定性，提高盐胁迫下种子萌发、低温下光合作用、高温后番茄等植株的生长恢复能力等(Ogweno et al.，2008；Kagale et al.，2007；Janeczko et al.，2005；Krishna，2003)。但 BRs 对植物抗性调控机制的研究大多停留在一些抗性验证和一些生理变化层面上，对其作用机制还缺乏深入的了解，这主要是由于 BRs 合成和信号突变体本身表现出极度矮化并引起一些氧化胁迫，很难用于解析一些抗逆机制。已有研究表明，BRs 可诱导 HSP 等抗逆相关蛋白的表达并提高番茄的耐高温性(Dhaubhadel et al.，2002)，BRs 合成基因 *DWARF4* 和 BRs 受体 BRI1 过量表达能显著上调 *COR* 基因表达。最近作者的工作发现，BRs 的水平与番茄和黄瓜对低温和光氧化胁迫的抗性密切相关(彩图 15)，BRs 通过激活 NADPH 氧化酶产生 H_2O_2，研究还发现 H_2O_2 的产生时间与其抗性的形成相吻合(图 3-6)。BRs 激活 MAPK 等蛋白激酶而改变下游的转录因子(WRKY、MYC、MYB)的表达，促进抗逆相关基因(*PAL*、*PR1*、*GST*)表达(图 3-7)，调节不同细胞器中抗氧化酶(CAT、POD、APX、MDAR)活性及抗氧化物质(AsA、GSH)的含量，增加 ROS 的清除能力(图 3-8)，活化抗逆反应途径。值得一提的是，不同植物激素在抗逆中具有一定的交叉反应，BRs 可通过质外体 ROS 的产生诱导 ABA 的合成，引起更为持续的抗逆反应(Zhou et al.，2014)，同时，BRs 诱导的抗性还与 NO 有关，BRs 诱导 H_2O_2 产生，继而产生 NO，二者均是 BRs 诱导抗性所必需的(彩图 16)。

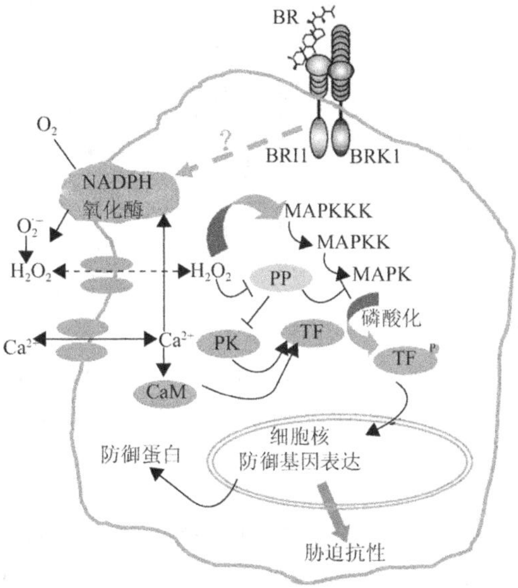

图 3-5　BRs 通过 H_2O_2 介导的提高抗逆性的信号转导模式

BRI1，油菜素内酯膜受体蛋白；BRK1，一种激酶；CaM，钙调素；PK，磷酸激酶；PP，蛋白磷酸化；TF，转录因子；MAPK，有丝分裂原活化蛋白激酶

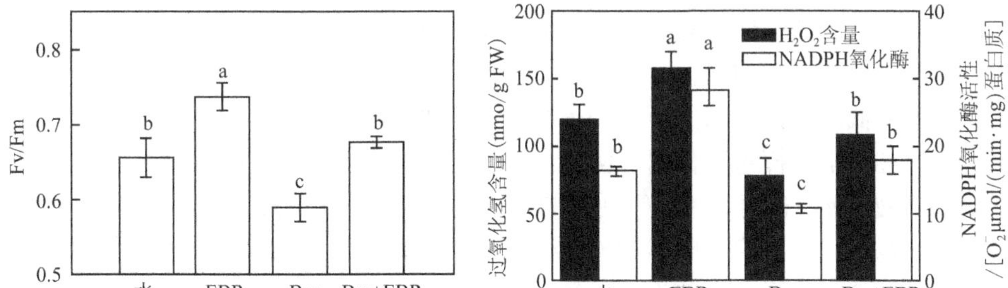

图 3-6　BR 和 BR 合成抑制剂 Brz 处理对黄瓜光氧化胁迫抗性、H_2O_2 含量与 NADPH 氧化酶活性的影响(Xia et al.，2009)

不同字母表示显著性差异($P < 0.05$)

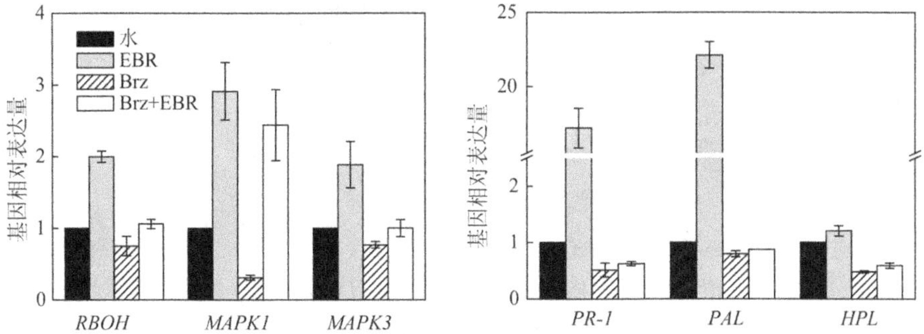

图 3-7　外源 BR 和 BR 合成抑制剂 Brz 对黄瓜抗逆相关基因表达的影响(Xia et al.，2009)

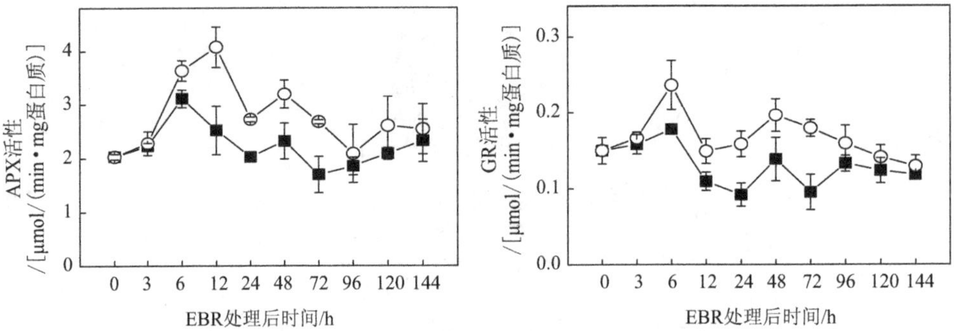

图 3-8　EBR 处理后黄瓜叶片中 APX 和 GR 酶活性变化(Xia et al.，2009)

■对照，○EBR 处理；APX，抗坏血酸过氧化物酶；GR，谷胱甘肽还原酶

(三)活性氧及其 redox 系统

活性氧(ROS)在植物抗逆信号途径中作为第二信使发挥了极其重要的作用。植物无论是在适宜环境下还是逆境下都可在不同细胞器产生 ROS，产生 ROS 的主要细胞器有叶绿体、线粒体、过氧化物酶体和质外体。ROS 在抗逆中的作用主要取决于其产生部位和浓度，这两者的差异导致两种截然不同的结果。

当 ROS 浓度高时，能引起细胞中蛋白质、DNA 和脂肪等的氧化和细胞的破坏，因此过量表达一些抗氧化相关基因如 *Cu/Zn-SOD* 和 *GR* 可减少逆境下 ROS 在胞内的积累和引起的伤害。

当浓度低时，活性氧则能作为信号分子在调控生长发育、介导防御反应和环境适应等过程中发挥重要作用。例如，NADPH 氧化酶产生的 H_2O_2 作为第二信使介导对植物高光、盐害、高温等逆境的抗逆反应；而外源 H_2O_2 处理能够提高植物对上述逆境的抗性。事实上，ROS 参与了植物局部逆境信号在植株中的系统传递，如对高光、盐害和高温等胁迫的系统获得性适应性(SAA)、机械伤(wounding)信号的系统传递以及 BRs 引起的系统抗性(BIR)都不同程度地与 ROS 有关，如油菜素内酯通过在质外体中产生活性氧从而激发后续的抗逆反应(图 3-9)。

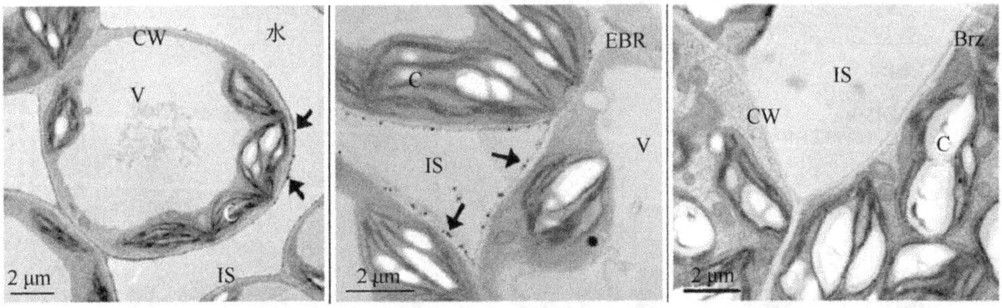

图 3-9　油菜素内酯 EBR 和油菜素内酯合成抑制剂 Brz 对黄瓜叶片细胞膜活性氧产生的影响(Xia et al.，2009)

Brz，BR 合成抑制剂，箭头所指为 H_2O_2 颗粒；C，细胞；CW，细胞壁；V，液泡；IS，细胞间隙

植物细胞中 ROS、抗坏血酸(AsA)、谷胱甘肽(GSH)、NADPH 等氧化还原代谢物、光合/呼吸电子传递和细胞膜 NADPH 氧化酶产生的 ROS 以及清除 ROS 的抗氧化酶系统共同构成了一个复杂的 redox 网络(图 3-10)。植物在进化过程中形成了通过 redox 代谢感受环境变化进而启动基因表达的适应机制(Foyer and Noctor，2005)。ROS 信号动态变化及其时空分布决定了其编码的信号特征，通过 redox 网络的解码被细胞所感知以启动相应细胞生长、防御或程序性死亡的发生。然而，目前ROS作为信号分子的证据大多来自于质膜NADPH氧化酶产生的ROS，它由 Rboh 家族基因编码，在拟南芥中 *RbohD* 和 *RbohF* 参与了一系列逆境的响应，*RbohD* 和 *RbohF* 突变明显减弱了其对不同胁迫的抗性(Kwak et al.，2006，2003；Torres et al.，2005)。在番茄中，*Rboh1* 和 *Rboh2*(*WFI1*)是拟南芥中 *RbohD* 和 *RbohF* 的同源基因，沉默 *Rboh1* 和 *Rboh2* 减弱了 MAPK1/2 抗逆信号的级联放大，也导致番茄对低温、高温、干旱等逆境的抗性明显下降(Zhou　et al.，2014；Nie et al.，2013)。除 ROS 外，由 AsA 和 GSH 等组成的 redox 系统被认为在环境适应性和抗性中发挥了重要的作用，AsA 合成积累则在一定程度上受过氧还蛋白 2-CP 的影响。改变 redox 状态能显著影响植物对逆境的抗性。番茄中 AsA 和 GSH 的合成分别受 *VTC2/5* 和 *GSH1* 等基因调控，而其 redox 状态(AsA/DHA，GSH/GSSG)则受其氧化还原相关的酶(如 DHAR 和 GR 等)活性的影响。植物中 AsA 和 GSH 含量及其 redox 状态与耐冷性密切相关(Gest et al.，2013；Stevens et al.，2008)。反义抑制叶绿体中的谷胱甘肽还原酶编码基因 *GR* 降低了番茄对冷胁迫的抗性(Shu et al.，2011)。此外，植物体内的 redox 状态还影响光合作用 Calvin 循环中 Rubisco 活化酶(RCA)和 FBPase 等蛋白酶－SH 键和－S－S－键的结构转化，当 GSH/GSSG 值高时，这些酶相对较为稳定，表现出较强的活性和较高的 CO_2

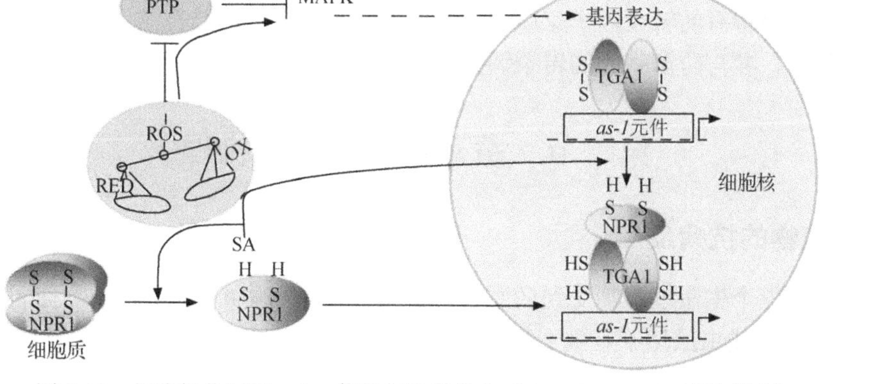

图 3-10　细胞氧化还原 redox 信号与抗逆性(Laloi et al.，2004，略作修改)

PTP，蛋白酪氨酸磷酸酶；MAPK，促细胞分裂剂激活性蛋白激酶；ROS，活性氧；RED，还原态；OX，氧化态；*as-1*，激活序列；TGA1，TGACG 序列结合因子；NPR1，病程相关基因非表达子

同化效率(图 2-9；Jiang et al.，2012)。值得注意的是，光照强度对调控低温适应性具有重要作用，这与低温下不同光强引起叶绿体 redox 状态变化进而调控 CBF 有关。因此，研究 CBF 的 redox 调控对于提高低温弱光的适应性具有重要意义，ROS 及其 redox 系统是抗逆反应和光合作用效率调控中的一个重要节点。

四、植物逆境响应的转录调控

抗性基因表达的转录调控对于植物响应一系列生物和非生物逆境至关重要。植物中含有一系列转录因子(TF)，如 DREB/CBF、ABRE/ABF、MYC、MYB，WRKY 等。DRE/CRT 是一类具有 A/GCCGAC 核心序列的顺式作用元件，DRE 元件主要调控干旱、高盐和低温等胁迫响应基因，而 CRT 主要存在于低温响应基因。ABRE 即包含 PyACGTGG/TC 核心序列的顺式作用元件，主要存在于 ABA 响应基因中。DREB/CBF 和 ABRE/ABF 是植物适应非生物逆境过程中最重要的两类转录因子，分别通过 DRE 和 ARE 元件在不依赖和依赖 ABA 的信号途径中发挥调控基因表达的作用。拟南芥 DREB1/CBF 主要参与调控低温响应基因，然而 DREB2 主要参与植物对干旱、高温和渗透胁迫抗性的调控。但两者也存在一定的交叉应答。有研究表明 DREB2 受泛素化介导的蛋白降解的负调控，而 ABRE/ABF 的转录活性受 SnRK2 蛋白激酶的诱导。MYC2 可被 ABA 所激活，也是抗病反应中水杨酸(SA)途径的抑制子，可能是生物和非生物逆境响应过程中激素信号互作的关键因子。MYB2 与 MYC2 一样都能与脱水诱导的 *RD22* 基因的顺式作用元件结合并协同活化 *RD22* 基因的表达。同时过量表达 *MYC2* 和 *MYB2* 能显著提高转基因植株对 ABA 的敏感性并提高植物对渗透胁迫的抗性。MYB 还参与调控植物中莽草酸合成途径和一些色素的形成。过量表达番茄中的 MYC 转录因子提高其对低温、盐和渗透压等胁迫的抗性(Feng et al.，2013；Miura et al.，2012)。WRKY 蛋白是植物特有的转录因子家族，WRKY 因子与许多植物防御基因启动子上的 W 盒相结合，参与防御基因的转录调控。

第二节　蔬菜作物的抗病机理

一、植物的抗病反应

植物整个生命过程都受到病原物如真菌、细菌和病毒的侵染(以下称病原菌，pathogen)，线虫虽然不是微生物，但由于其引起的症状与病原微生物极其相似，在抗性机制上也有类似性，故一般也将其作为病原生物看待。包括作者在内的研究者发现病原菌在入侵植物时会造成 ROS 累积、redox 状态改变等代谢紊乱(Liao et al.，2012)、光合和呼吸电子传递变化(Fu et al.，2010；Song et al.，2009)，植物生长发育受抑制，最终导致蔬菜产量和品质下降。在番茄和黄瓜中，黄瓜花叶病毒(CMV)侵染导致净光合速率(Pn)、PS II 光化学相对量子效率($\Phi_{PS\,II}$)、光化学猝灭系数(qP)和开放 PS II 中心激发能捕获效率(Fv′/Fm′)等指标的降低，也使交替电子的流量(*J*a)增加，包含有依赖于氧的交替电子流[*J*a(O_2-dependent)]的 *J*a 比例的增高表明通向 O_2 的电子传递速率提高，进而使更多的电子流向 O_2，导致叶绿体内 ROS 含量的提高。在线粒体内，复合体 I (complex I)和复合体 II (complex II)电子传递被 CMV 抑制引起交替途径(alternative pathway)被激活，同样导致线粒体内 H_2O_2 含量的提高。同时，相应的叶绿体及线粒体内的抗氧化酶在整体上也呈升高的趋势。这些结果表明叶绿体及线粒体内的电子传递的变化导致 ROS(如 H_2O_2)的急剧增加，H_2O_2 作为信号物质启动了相应细胞器内的抗氧化系统(图 3-11 和表 3-1)。

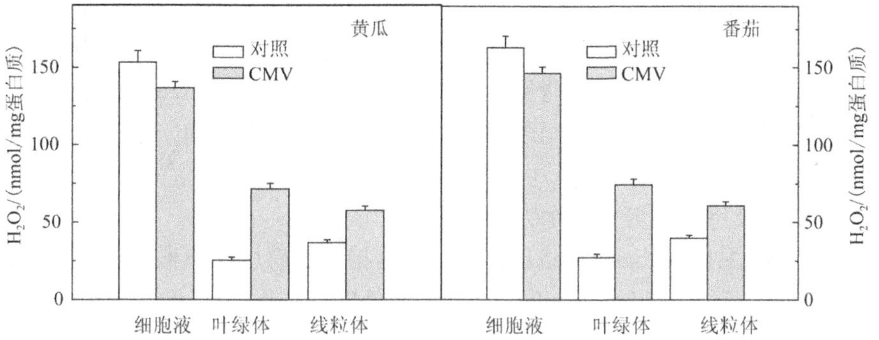

图 3-11 CMV 侵染对番茄和黄瓜主要细胞器中 H_2O_2 积累的影响(Song et al.，2009)

表 3-1 CMV 侵染对番茄和黄瓜主要细胞器中抗氧化酶活性的影响

细胞器/处理			SOD /(Units/ mg 蛋白质)	APX	DHAR /[μmol /(min• mg 蛋白质)]	MDAR	GR
黄瓜	叶绿体	对照	2.63b	0.33b	0.27a	0.007b	0.008a
		CMV	4.87a	0.36a	0.29a	0.015a	0.009a
	线粒体	对照	40.5b	0.22b	0.56b	0.013a	0.003b
		CMV	67.6a	0.45a	0.87a	0.014a	0.006a
	胞液	对照	19.2a	2.39a	2.59a	0.260a	0.110a
		CMV	17.0a	2.21a	2.43a	0.240a	0.090a
番茄	叶绿体	对照	24.0b	0.09b	0.15b	0.005a	0.003a
		CMV	48.1a	0.14a	0.22a	0.004a	0.002a
	线粒体	对照	67.7b	0.98b	1.75b	0.097b	0.085b
		CMV	88.4a	3.58a	2.33a	0.246a	0.182a
	胞液	对照	3.08b	0.31b	0.67b	0.029b	0.011a
		CMV	3.48a	0.53a	1.06a	0.037a	0.013a

注：数字后不同字母表示显著性差异(0.05 水平)。

资料来源：Song et al.，2009。

植物在长期进化中已获得一系列防御病原菌的机制。这些机制包括组成型的物理与化学障碍，如表面的蜡质、凝集素等；也包括病原物侵染后细胞产生的一连串防御反应，如侵染部位的胼胝质(callose)产生、木质化、富羟脯氨酸糖蛋白(hydroxyproline-rich glycoprotein，HRGP)分泌、病程相关(pathogenesis-related，PR)基因激活以及植保素积累等。侵染后产生的主动防卫反应由一系列信号转导网络介导。一个病原菌一般只侵染专化的植物物种即寄主(host)，引起典型病症；不能被该病原菌侵染的物种可以抵御该病原菌所有的类型，被称为该病原菌的非寄主植物(non-host)。病原菌侵染形式包括腐生、活体寄生和半活体寄生。部分病原菌可产生寄主选择性毒素，直接使侵染部位组织致死，并扩散至整个植株。被侵染的物种在种内对同一病原菌也有感、抗之分。根据植物与病原菌的关系又分为不亲和(incompatible)即植物表现抗病性(resistance)，与亲和(compatible)即植物表现感病性(susceptibility)。植物在受到病原菌侵染之后都会产生一连串的生理生化和分子生物学的反应，这些反应统称为防卫或防御反应(defense response)。通常意义上的防卫反应是指抗病或诱导抗病过程中植物发生的一系列生理生化和基因调控反应。

植物防卫反应基本分为 3 个方面。

(1) 基础防卫反应(basal defense)：一般是指通过感受病原微生物携带的分子特征(pathogen-associated molecular patterns，PAMPs或microbe-associated molecular patterns，MAMPs)激发基础抗病反应(PAMP-triggered immunity，PTI)。PAMPs包括鞭毛蛋白、核苷酸、多聚糖和肽聚糖等，通过被定位于植物细胞膜上的受体(PRR)所感知。PAMPs 或者 MAMPs 激发基础抗病反应，也称为先天免疫反应(innate immunity)或非特异性防卫反应(Hammond-Kosack and Parker，2003)。病原菌在进化中形成通过效应物(effector)抑制植物 PTI 的机制，因此先天免疫反应也分为针对具有效应物和不具有效应物病原的两种机制。

(2) 小种专化性抗病(race-specific resistance)：为了应对病原效应物对 PTI 的抑制作用，植物也进化出通过细胞内受体蛋白识别效应物激发更为剧烈的防御反应的机制。抗病基因(*R* gene)编码的受体识别病原菌无毒基因(*Avr* gene)编码的效应物或配体分子引发主动的抗性反应，简称专化抗病性或效应物激发的免疫反应(effector-triggered immunity，ETI)。专化抗病性因携带不同抗病基因而异，是植物针对特定病原菌的主要抗病方式，也是抗病育种的主要基因资源，同时还是植物抗病反应信号途径的主要研究对象。

(3) 非寄主抗病性(non-host disease resistance)：是指某种植物物种对特定病原菌的所有菌系均有抗性。

(一)植物非特异防卫反应

迄今为止的研究发现，植物中存在的重要调控基因或信号途径主要包含以下几种：①信号转导系统(Zipfel et al.，2004)；②酯类衍生物作为信号分子参与植物防卫反应(Wiermer et al.，2005)；③细胞自噬作用(autophagy)(Zhou et al.，2013)与核质传输(trafficking)；④胼胝质的积极作用(Nishimura et al.，2003)；⑤G蛋白在植物基础防卫中的功能(Ono et al.，2001)；⑥非寄主抗病反应和*NHO1*基因(Kang et al.，2003)；⑦代谢作用如根系分泌抗菌物(Bais et al.，2005)以及亚硝基谷胱甘肽还原酶(*S*-nitriosoglutathione reductase，GSNOR)作用(Yun et al.，2011)参与植物基础防卫反应。以病原菌鞭毛蛋白PAMP诱导的防御反应为例，鞭毛蛋白被受体FLS2识别后激发Ca^{2+}内流、氧化爆发、NO合成、MAPK磷酸级联反应、胼胝质合成以及防御基因的表达等下游反应。LRR受体类激酶BAK1在介导PTI信号转导中具有重要作用。尽管BAK1不直接参与鞭毛蛋白的识别，但是*bak1*缺失突变或者RNAi均导致PTI响应抑制(Chinchilla et al.，2007；Heese et al.，2007)。此外，BAK1也参与BR的信号转导。因此，BAK1是介导受体类激酶信号转导的共同节点。在BR信号转导的研究中发现，BAK1与BR受体BRI1结合可促进两者的相互磷酸化，同时提高BRI1的活性。因此，BAK1可能扮演了放大激素和防御信号的角色(Wang et al.，2008)。FLS2-GFP蛋白的示踪研究表明，FLS2识别鞭毛蛋白会激活受体蛋白的活性并促进其发生细胞内吞作用，PEST motif是FLS2受体内吞的调控元件，而BAK1也参与FLS2的内吞作用。FLS2内吞对其启动PTI防御反应具有重要作用。G蛋白在抗病防御反应中也有重要作用。G蛋白复合体由α、β、γ 3个亚基构成。研究发现β亚基的编码基因*AGB1*受到PAMP的强烈诱导(Zipfel et al.，2004)，而*agb1*缺失突变体中，PAMP诱导的氧化爆发和防御反应受到强烈抑制，并且对病原的抗性显著降低(Ishikawa，2009；Zhu et al.，2002)。然而，G蛋白调控PTI免疫反应的机制仍不清楚。

(二)植物的专化抗性

植物抗病基因(resistance gene，*R*)是指经典遗传学上控制对某个病原菌的单个或部分小种抗性的单基因或主效基因，通常是显性遗传，极少数为隐性遗传，与防卫或防卫相关基因(defense gene，defense-related gene)不同的是抗病基因编码的蛋白质控制的是对病原菌侵染信号的接收并向细胞内传递过程，可以激活防卫基因表达，一般位于抗病反应的较上游；防卫基因则通常是多基因编码，位于抗病反应的下游，其部分蛋白产物可以直接抑制或杀死病原菌。这些抗病基因按照编码蛋白质结构可分为6种：蛋白激酶、TIR-NBS-LRR、CC/LZ-NBS-LRR、LRR-激酶(受体激酶)、LRR-TM和其余不属于上述结构的R蛋白。番茄*Mi-1*基因编码 CC-NBS-LRR 蛋白(Milligan et al., 1998)，被认为存在于细胞内部与根结线虫效应物发生作用并启动防御反应(Martin et al., 2003)。R 蛋白通常有以下基本功能：①识别 Avr 效应蛋白；②激发下游信号，导致多种防卫反应的迅速诱发。至今，前人已从植物病原菌中分离出至少 60 个无毒性(*Avr*)基因，表 3-2 列举了部分与蔬菜作物相关的抗病 *R* 基因及其对应的无毒基因。

表 3-2　蔬菜抗病基因分类

蔬菜作物	*R* 基因	病原菌	*Avr* 基因	蛋白结构
番茄	*Pto*	*Pseudomonas syringae*	*avrPto*	Protein kinase
	Prf	*P. syringae*	*avrPto*	NBS-LRR
	SW-5	*Tospovirus*	未知	NBS-LRR
	Hero	*Nematode*	未知	NBS-LRR
	Mi	*Meloidogyne incognita*	未知	NBS-LRR
	I2	*Fusararium oxysporum*	未知	NBS-LRR
	Cf2	*Cladosporium fulvum*	*avr2*	LRR-TM
	Cf4	*C. fulvum*	*avr4*	LRR-TM
	Cf5	*C. fulvum*	*avr5*	LRR-TM
	Cf9	*C. fulvum*	*avr9*	LRR-TM
	Hcf9-4E	*C. fulvum*	*avr4E*	LRR-TM
	Ve1	*Verticillum alboatrum*	未知	CSLR
	Ve1	*V. alboatrum*	未知	CSLR
	ASC-1	*Alternaria alternate*	未知	TM helix-LAG1
马铃薯	*R1*	*Phytophthora infestans*	未知	LZ-NBS-LRR
	Rx	*Potato virus X*	*CP*	LZ-NBS-LRR
	Grol-4	*Nematode*	未知	TIR- NBS-LRR
莴苣	*Dm3*	*Bremia lactucae*	未知	NBS-LRR
甜椒	*Bs2*	*Xanthomonas campestris*	*avrBs2*	NBS-LRR

植物对某一个病原菌小种的抗病与感病即不亲和与亲和的关系遵从“基因对基因(gene-for-gene)”假说：只有当一个植株携带抗病基因(*R*)并且病原菌携带无毒性基因(*Avr*)，且 *R* 基因能够识别 *Avr* 基因时，植株才产生抗病反应，在其他情况下，植株则表现为感病，而且 *R* 和 *Avr* 基因都是显性的。在番茄与根结线虫的互作中，携带 *Mi-1* 基因的抗性品种能在根结线虫进入根系的取食位点后，引发组织坏死和超敏感反应(HR)，从而阻断取食位点的形成和根结线虫的发育，*Mi-1* 基因具有典型的 *R* 基因结构特征(Milligan et al., 1998)。而当病原物产生毒素时，“基因对基因”互作则表现为只有不带抗病基因的寄主与带 *Tox* 基因(产生毒素)

的病原菌配对才出现敏感反应，病原菌没有严格意义上的 *Avr* 基因(Johal and Briggs，1992)。

二、抗病反应的信号网络和基因调控

植物的抗病防御信号系统通过细胞膜的受体与 PAMP 或效应物互作激发，再由 H_2O_2、NO 和 SA 等信号分子和关键调控基因将信号转导和放大，最终诱导防卫反应基因表达和代谢变化进而产生抗病性(图 3-12)。

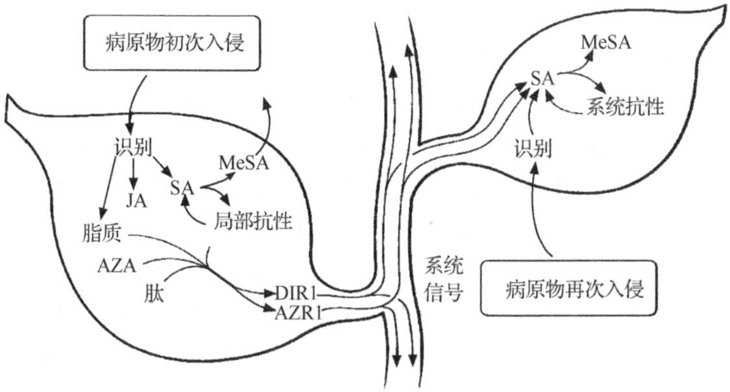

图 3-12　植物系统获得抗性(SAR)中的信号分子(Parker，2009，略作修改)

AZA，壬二酸；DIR1，一种脂质转运蛋白；AZR1，一种跨膜转运蛋白

在植物的抗病反应中，活性氧(ROS)、一氧化氮(NO)、水杨酸(SA)、茉莉酸(JA)、油菜素内酯(BRs)和乙烯(ET)等信号分子发挥着重要作用。大部分由 *R* 基因控制的非亲和反应早期特征表现为植物过敏反应，即在病原菌侵染点周围发生寄主细胞死亡。其中一种机制是寄主细胞受侵染后迅速合成有毒成分和游离基团(O_2^{-}，NO 等)，以及病原菌所产生的毒性成分如一些降解酶、毒素等，使植物组织发生核 DNA 断裂、胞质崩溃、内容物外渗等而出现细胞坏死(necrosis)。这个过程可能有半胱氨酸蛋白酶(caspase)参与。其他机制还有细胞自噬(autophagy)、H_2O_2 对细胞坏死和谷胱甘肽-*S*-转移酶(GST)的解毒功能的抑制等。随着局部过程的延续，诱发系统反应，进而将信号传递到远端，产生系统获得性抗性(systemic acquired resistance，SAR)(Zong et al.，2004)。ROS 和 NO 在植物-病原菌亲和反应中也同样具有重要作用，寄主细胞中活性氧产生(oxygen burst)往往是最早能检测到的生理生化反应，称为氧爆发。主要的 ROS 是 H_2O_2 和 O_2^{-}。近些年也有研究表明 NO 参与并协同 ROS 共同参与植物-病原物互作(Vlot et al.，2009)。植物产生 ROS 是通过一个位于细胞膜上的 NADPH 氧化系统。R-Avr 互作有 G 蛋白的参与，激活 G 蛋白偶联受体，从而打开膜上的离子通道，包括 Ca^{2+}、K^+和 H^+通道。K^+和 H^+通道使胞外碱性化，Ca^{2+}通道提升胞内 Ca^{2+}水平，NADPH 氧化酶直接感

知 Ca^{2+}水平变化进而产生$O_2^{\cdot-}$，或者 Ca^{2+}激活 CDPK 再进一步激活 NADPH 氧化酶产生$O_2^{\cdot-}$ (Bolwell et al., 1999)。Ca^{2+}浓度的升高也激活了其他的一些依赖于 Ca^{2+}的蛋白激酶，以及 β-1,4-葡聚糖合成酶，后者则合成胼胝质。

ROS：ROS 主要有以下几个作用：①ROS 可以通过氧爆发而引起过敏反应，杀死病原菌;②ROS 通过使不同的富脯氨酸蛋白质和羟脯氨酸与多糖基质的交联，或者增加木质素形成强化植物细胞壁；③ROS 作为信号分子参与构建 SAR；④ H_2O_2 能调控转录因子活性，诱导一些解毒酶如 GST；⑤ROS 可以改变细胞的氧化还原状态，诱导膜脂过氧化。

NO：NO 在植物中的合成机制尚不清楚，作者在番茄和黄瓜中的研究表明，ROS 可以通过调控硝酸还原酶(NR)和一氧化氮合酶(NOS)产生 NO(Cui et al., 2011)。NO 在植物抗病中的作用主要表现在可促进 ROS 参与的细胞死亡和防卫反应的诱导，即 NO 与 ROS 有互作。烟草花叶病毒(TMV)侵染导致系统叶 NO 和 H_2O_2 积累并共同参与调控植物 *RDR1* 的表达增强烟草的系统抗性，NO 和 H_2O_2 还能介导 SA 对植物 *RDR1* 的诱导(Liao et al., 2013)。NO 也存在自己的作用靶标，这些靶标能与 G 蛋白互作产生 cGMP 和 cADP 核糖等第二信使(Durner et al., 1998)。NO 本身也可以诱导防卫反应基因，在 TMV 入侵后诱导 NO 上调并诱导交替呼吸氧化酶(AOX)编码基因表达上升，增强 AOX 途径进而提高抗病性(图 3-13)(Fu et al., 2010)。当 NO 产生受阻时，HR(过敏)反应消失。NO 还可以与高浓度的 SNO 及 NADPH 氧化酶的 *S*-亚硝基硫醇化形成一个负反馈调控环状回路，进而抑制 ROS 产生并限制 HR 的发生(Yun et al., 2011)。这些结果都说明 NO 和 ROS 在迅速激发广泛防卫系统中起到重要的协同作用。

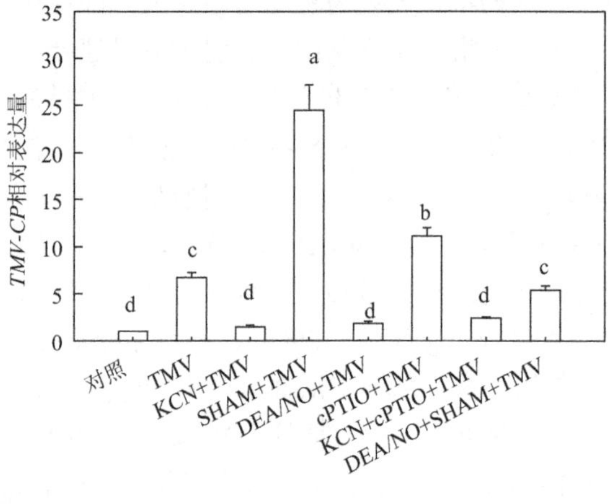

图 3-13 不同 NO 水平对番茄 TMV 抗性的影响(Fu et al., 2010)

KCN，AOX 促进剂；SHAM，AOX 抑制剂；DEA/NO，NO 供体；cPTIO，NO 清除剂。

不同字母表示数据显著性差异($P < 0.05$)

SA：当植物和病原菌互作时，SA 在侵染点周围高浓度积累。SA 在植物 SAR 建立过程中起到关键作用。SA 主要以自由态形式起作用，其参与植物抗病性反应的一个直接证据是细菌 *nahG* 基因编码的 SA 羟化酶可降解 SA，该基因过量表达植株 SA 水平大大降低，防卫基因不能激活，从而使 *R* 基因不能很好表达抗病性。而拟南芥 *sid2* 突变体中，SA 合成受阻，抑制了抗性反应(Wildermuth et al.，2001)。对 SA 参与的植物抗病反应网络已经有了很深入的研究，被认为在活体营养型病原菌抗性中发挥了重要作用。

JA 和 ET：JA 含量在植物遭受病原菌侵染和昆虫危害时会显著增加。外源喷施 JA 可增强对一些坏死营养型病原真菌的抗性，但对活体营养型病原菌无效。植物某些防卫反应依赖于 JA 而独立于 SA。JA 在亲和及非亲和性反应中都可以积累。一般认为 JA 在非病原菌(如根瘤菌)定殖的系统诱导抗病性(induced systemic resistance，ISR)中发挥重要的作用。

ET 也常常在抗病反应中积累，尤其是在机械伤害和虫害的情况下。它不是由 *R* 基因介导的抗性反应的必要成分。有证据表明 ET 可介导对坏死营养型病原菌及非寄主抗性，ET 不敏感的烟草和拟南芥的感病性会增强。ET 和 JA 的信号往往是重合的，JA 促进 ET 产生或反应，而两者为蛋白酶抑制子(proteinase inhibitor，PI)基因、某些 *PR* 基因和几丁质酶基因的激活所必需。

BRs：BRs 能显著提高水稻和烟草对多种病害的抗性，减轻病害的发生(Nakashita et al.，2003)。作者的研究结果表明，BRs 能增强番茄、黄瓜、西瓜、甜瓜、丝瓜等一系列果菜对土传病害如枯萎病、线虫以及叶面病害如叶霉病的抗性，减轻这些病害的发生。过量表达 BRs 合成相关基因导致植物体内抗病防卫基因 *PR1*、*PR2* 和 *PR5* 的表达，而在其缺失突变体中这些基因表达显著降低(Goda et al.，2004，2002；Mussig et al.，2002；Bouquin et al.，2001)。但是，BRs 诱导的抗病性有时并不伴随着 SA 水平的提高或 *PR* 基因的表达，而且 BRs 的效果可以与系统获得抗病性(SAR)的效果相累加，说明 BRs 诱导的抗性机制是一种有别于 SAR 的机制(Xia et al.，2009；Nakashita et al.，2003)。

在调控植物抗病防御基因表达中，WRKY、bZIP 和 AP2/ERF 等转录因子发挥着重要作用。WRKY 转录因子由于蛋白质含有 WRKY 保守序列而得名，能与基因启动子中的 W 盒调控序列相结合。WRKY 是植物中特有的转录因子家族，因 WRKY 保守序列的数目和锌指结构的差异而主要被归为三类。WRKY 被认为在 PTI 下游调控基因表达中发挥重要作用。在该途径中 WRKY 受到 MEKK1-MKK4/5-MPK3/6 构成的磷酸级联反应的调控。WRKY 被激活后可以调控自身基因的表达，也可以促进 SA 合成基因的表达，从而放大防御信号。*WRKY* 基因表达也受到抗病关键因子 NPR1 的诱导，许多 WRKY 参与 *PR* 基因表达和 SAR 的调控。bZIP 因子含有碱性亮氨酸拉链结构，该结构参与 DNA 结合以及 bZIP 之间相互作用。在所有 bZIP 因子构成的家族中，C 型和 D 型 bZIP 分别参与调控植物 *R* 基因介导的先天免疫防御反应。D 型 bZIP 因子中最为重要的是 TGA 亚家族。NPR1 被激活后通过 TGA 因子与抗病基因的 as-1 顺式作用元件互作调控 *PR* 基因的表达。ERF 能够受到病原菌的诱导表达，并且在转录因子基因超表达时，不仅能够提高转基因植物对病原真菌的抗性，还能提高其抗病毒以及抗细菌的能力。通过凝胶阻滞实验发现，在这些过程中，ERF 是通过与 GCC 盒相结合，启动防卫反应。

三、系统抗病反应

目前已知植物中存在多种抗病相关的系统诱导防卫反应途径，即 SAR、ISR 和 BIR。

（一）系统获得性抗性（systemic acquired resistance，SAR）

病原细菌、真菌和病毒都可诱导 SAR，其特征是 SA 参与远端组织中 *PR* 基因的诱导。当植物受到病原物侵染时，在被侵染部位以局部组织迅速坏死的方式来阻止病害扩散，即 HR 反应，与此同时，植物还可通过合成 SA 并通过一种未知的长距离系统信号传递到未感染的叶片并产生抗性。*NPR1* 是系统叶片中 SAR 建立过程中的一个重要基因，它编码一个转录调控蛋白，主要调控 TGA 转录因子，从而激活 *PR* 基因的表达。SAR 诱导 NPR1 蛋白寡聚体发生解聚并向细胞核内的移动从而诱导下游 *PR* 基因表达，而这种 NPR1 寡聚体的解聚和移动受细胞的氧化还原状态（GSH/GSSG）调控。病原菌和 SA 的诱导可以改变细胞的氧化还原状态（Mou et al.，2003）。在 SAR 的构建中，*NPR1* 还直接控制蛋白分泌系统基因表达，从而调控葡聚糖酶、几丁质酶等 PR 蛋白的分泌（Wang et al.，2005），PR 蛋白可直接降解病原真菌细胞壁，抑制其生长。

（二）诱导系统抗性（induced systemic resistance，ISR）

诱导系统抗性主要由一些根际细菌诱导产生，可扩展至地上部，是一条独立于 SAR 的抗病信号途径，它依赖于 JA 和 ET 途径而非 SA 途径。目前普遍认为虽然 ISR 不依赖于 SA 和 PR 蛋白的激活，但 NPR1 对 ISR 的产生是必需的。ISR 表达时通常不会引起过敏反应和远端 *PR* 基因的上调，而是促进植物生长。促成 ISR 的诱导物主要有脂多糖、嗜铁素等。ISR 表达虽依赖于 JA 和 ET 途径，但又与二者的内源含量无关。ISR 能强化 JA 的响应基因的表达水平而增强抗性，但是 ET 响应基因却没有此类表现，而 ET 响应又是 ISR 产生位点必需的，它可能参与系统信号的转移或转导过程。研究表明 ET 能够诱导 JA 信号响应突变体产生 ISR，但不诱导 *npr1* 突变体表达 ISR，表明在 ISR 信号途径中 ET 作用于 JA 组分的下游和 NPR1 的上游。

（三）油菜素内酯诱导抗性(brassinosteroids induced resistance，BIR)

BRs 是一类不具移动性的植物激素，BRs 改变一般不引起 SA 和 JA 的改变，但叶面局部 BRs 处理可以诱导系统叶和根系产生抗性。作者在黄瓜上的研究表明，BRs 局部处理不仅提高了处理叶片对光氧化胁迫的抗性，也诱导了系统叶对光氧化胁迫的抗性，同时，也显著减少了枯萎病和线虫的发生，其间还诱导了系统叶和根系中 *cAPX* 和 *PR-1* 等基因的表达，因此，BRs 诱导的系统抗性是一种区别于 SAR 和 ISR 的新型系统抗性机制(Xia et al.，2011)。

第三节　蔬菜作物的抗虫机理

蔬菜在其生活史中，因经常受到害虫的危害，蔬菜的质量、产量和经济效益受到巨大的影响。因此，长期以来有关蔬菜对害虫的防御机制的研究受到了广泛重视。

一、蔬菜对害虫的防御类型

在与昆虫的长期互作和共同进化的过程中，植物已经形成了一种广泛的防御机制来抵抗害虫的袭击，按防御物质的来源分类，防御机制一般可以分为两类。

（一）植物组成型防御(constitutive defenses)

植物组成型防御，是指植物本身含有的、阻碍昆虫取食的物理和化学因子，出现在害虫袭击之前，包括物理防御和化学防御。

物理防御　蔬菜对害虫的物理防御因素通常包括妨碍害虫在植物表面的活动以及干扰或者抑制害虫的取食、消化、繁殖等的结构。植物的毛、表皮蜡质以及细胞壁的防御等均为该类型防御的具体实例。

植物体表聚集的毛状体统称为茸毛，茸毛除能完成许多关键的生理和生态机制外，还能在抵御害虫伤害方面发挥重要作用。例如，对番茄的研究发现，该性状在番茄遗传上为杂合体，番茄有茸毛为显性，茸毛番茄品种‘茸粉一号’具有植株表面密生白色茸毛，对蚜虫、白粉虱有显著的驱避作用，对病毒病、早疫病、煤污病有较强的抗性，对高温、干旱、低温等也具有较强的适应性。

植物表面蜡质不仅能防止植株体内水分的散失和外界水分的进入，其物理化学特性也能影响植食性昆虫的附着和移动，从而间接影响植食性害虫的行为(Moller，2001)。此外，植物能够通过强化细胞壁从而增强自身机械防御机制，使害虫不能实现食物获取而削弱其营养获取量，最终实现对害虫的抵御。该种机制尤其是对于刺吸式口器的害虫有显著的效果(Divol et al.，2007；Goussain et al.，2005)，而对于咀嚼式害虫而言，细胞壁的强化给害虫的自身消化系统也能带来极大的压力(Goussain et al.，2005)。一些植物在被害虫咬食后，通过降低被咬食部分的营养价值或者通过抑制害虫的消化来抵御害虫的再次伤害。例如，许多植物蛋白在害虫摄入后依旧保持稳定，导致害虫难以消化(Chen et al.，2007)。

化学防御 蔬菜在抵御害虫侵袭的过程中，次生代谢物质发挥着重要的作用。次生代谢物质作为阻食剂，其功能十分复杂，既可以通过其毒性起作用，又可通过影响昆虫体内激素水平起作用，还可以通过诱导产生吸引害虫天敌的物质，利用天敌的出现来抵御害虫。合成毒性物质是植物抵御天敌的重要措施。例如，马铃薯甲虫喜好以马铃薯叶片为食，而与马铃薯亲缘关系很近的茄属植物却不受马铃薯甲虫的侵食，其重要原因是它们含有番茄碱。目前已知的对植食性昆虫有趋避、拒食、抗生、毒杀作用的次生物质主要属于含氮化合物、萜类和类萜类以及醌酚类等化合物。

(二)植物诱导型防御(inducible defenses)

诱导型防御是指植物受到害虫袭击后所诱导的抗性机制，由于诱导型抗性对寄主植物而言，损耗更少的次生代谢物质且具有更高的害虫特异性，所以在过去的几十年里，该种机制成为研究的焦点。一般来说，诱导型防御机制的发生分为三步：害虫袭击监控(surveillance)、信号转导(signal transduction)和抗性化学物质(defensive chemicals)的产生(Smith and Boyko，2007；Dangl and McDowell，2006；Ferry et al.，2004；Kessler and Baldwin，2002；Walling，2000)。

在植物中，目前已发现的诱导型防御机制可分为4类: 直接防御、间接防御、不防御和负防御(Eisen et al.，1998)。直接防御是指那些会影响寄主植物对害虫袭击后的敏感度的植物特性(Kessler and Baldwin，2002)，即产生有毒物质直接作用于害虫，包括对害虫有毒的化合物(如烟碱和类黄酮等)、抗营养的酶类(如多酚氧化酶)、抗消化的酶类(如蛋白酶抑制素)、驱避性及其他作用方式的行为干扰化合物，而间接抗性则是指那些不影响寄主植物对害虫袭击的敏感度，但能作为诱导剂吸引捕食性或寄生性的害虫天敌的植物特性，天敌通过抑制害虫的数量来抑制害虫对植物的伤害，而合成诱导天敌的挥发物的代谢途径有3条：莽草酸/色氨酸途径(如吲哚、甲基水杨酸、苯甲醇)；异戊二烯类途径(如单萜、倍半萜)；硬脂酸/脂肪酸途径(如叶醇、反-2-己烯-1-醇，反-2-己烯醛)(Kessler and Baldwin，2002；Heil et al.，2001)；不防御是因为植物本身能够通过生长来补偿害虫造成的损失部分，或因为防御的代价过大选择回避(如草本植物季节性生长)而放弃防御。负防御作用是指植物通过产生吸引害虫的挥发性有机化合物而起作用的一种防御机制(桂连友等，2004)。

二、蔬菜虫害防御反应的早期机制

（一）离子流的改变

植物在组织损伤后诱导最为迅速的反应为质膜两侧离子流的改变，而该种离子流的变化会影响细胞膜的电位，并进而产生电信号，使得昆虫取食部位的伤害信号能够迅速传递到整个植株。电信号和化学信号共同作用调控防御基因的表达。

（二）钙信号转导

钙离子为植物伤害信号中关键的离子，是真核细胞中普遍存在的重要信使分子。有研究表明植物在受到害虫伤害后，细胞质钙离子浓度增加，诱导产生特征性的 Ca^{2+}时空动态变化。其特征包括 Ca^{2+}的亚细胞分布以及 Ca^{2+}振荡的数量、振幅和频次。此外，不同组织器官能产生不同的 Ca^{2+}信号。Ca^{2+}信号通过 Ca^{2+}结合蛋白，如钙调素（CaM）、CBL 和 CDPK 等诱导下游的信号转导。钙通道阻断剂、载体和动员细胞内钙库的介质均能调节激发子诱导的基因表达，证明钙离子在信号转导中发挥关键作用（Leon et al.，1998；Knight，1993）。有学者研究表明在拟南芥中钙离子从细胞内的钙库释放出来，钙调素参与依赖于 JA 和不依赖 JA 的信号途径（Leon et al.，1998）。

（三）活性氧的产生

活性氧（ROS）是在植物呼吸作用和光合作用等生理过程中产生的，而细胞质膜 NADPH 氧化酶所产生的 H_2O_2 在植物响应机械伤中具有重要作用。有学者研究表明，伤害反应中活性氧的产生包括两个主要的阶段:①在伤害后数分钟内就达到最大值的 $O_2^{\cdot-}$ 和 H_2O_2 的爆发；②H_2O_2 的持续升高，该过程持续几个小时。虫害取食信号的系统传递伴随着非取食部位 H_2O_2 的累积。长时间积累 H_2O_2 有助于防止虫害的进一步为害。近年来有研究表明昆虫取食导致的细胞损伤可能释放质外体 ATP，其作为信号诱导 NADPH 氧化酶产生 H_2O_2。H_2O_2 可以调控离子通道并诱导细胞膜的去极化，并进而对防御反应产生影响。超敏反应在抵抗害虫的侵袭中发挥重要作用，且有研究表明：H_2O_2 激活特定的 MAPK 级联反应，而 MAPK 在调控防御基因的表达发面发挥关键作用（Kovtun et al.，2000）。

（四）蛋白质磷酸化

可逆磷酸化为调控蛋白活性的一个普遍机制，参与调控伤害反应信号转导途径。机械伤诱导的蛋白激酶（WIPK）对 JA 合成以及 JA 响应基因的表达具有重要作用；相反，沉默 WIPK 则导致 SA 含量累积。也有研究报道，WIPK 能激发亚油酸向亚麻酸转化关键基因的表达，从而为 JA 的合成提供前体。WIPK 能磷酸化并激活转录因子 WIF，而过量表达 WIF 能诱导防御基因的组成型表达。WIPK 和水杨酸诱导的蛋白激酶(SIPK)可能共同受到上游 MAPKK、MEK2 的调控，并且能与 CaM 结合的 MAPK 磷酸酶相互作用。由 *Mi-1* 基因引起的对一些番茄害虫的抗性与 *MPK1/2/3* 有关，沉默 *MPK1/2/3* 导致 *Mi-1* 基因引起的抗虫性减弱或消失(Li et al.，2006)。CDPK 可能在虫害防御中也有作用，JA 能诱导 CDPK 的转录表达，并且在马铃薯中 MAPK、CDPK 和 JA/ET 存在复杂的交叉应答。

三、害虫防御反应中的信号分子及信号机制

内源信号分子在植物化学信号转导途径中起着重要的作用，植物接受到外部的侵害信号后，将其转变成内部信号，由内源信号分子把化学信号物质从受害部位传导到整个植株，引起相应的系统性反应。目前研究较多的植物内源信号分子有 JA、SA 和 ET，其他还有寡糖素(oligosaccharin，OGAs)、系统素(systemin)和 ABA。对于某一种昆虫来说，可能诱导其中一条或两条信号转导途径，这主要取决于昆虫取食的部位(Bostock et al.，2001)。植物体内的 JA 信号转导途径主要由以叶为食的昆虫诱导，而 SA 信号转导途径(Bostock，2001)则主要由以韧皮部为食的昆虫诱导。另外还有乙烯色氨酸和异戊二烯途径(Rasmann et al.，2005)。JA 和 SA 转导途径是主要的信号转导途径。

JA 信号转导途径又称为类十八烷信号转导途径，是虫害诱导的主要途径。植物受虫害后，细胞膜脂释放亚麻酸，然后经脂氧合酶(LOX)、丙二烯氧化物合成酶(AOS)和丙二烯氧化物环化酶(AOC)等一系列酶促反应，最终生成植物体内重要信号物质 JA 及其衍生物茉莉酸甲酯(MeJA)(Ren et al.，2002)。

害虫取食后，会诱导植物产生对害虫有毒的物质或抗营养和抗消化的酶类，产生对害虫有驱避性和妨碍其行为的化合物。一些学者对这些诱导植物抗虫性的机制提出各种模型，如诱导次生化合物(如烟碱)合成途径模型(Wasternack and Parthier，1997)、诱导蛋白酶抑制素途径模型(Koiwa et al.，1997；Farmer and Ryan，1992)、节肢动物取食诱导抗虫性模型(Kessler and Baldwin，2002)。这 3 个模型中，诱导作用都是通过硬脂酸途径(由亚麻酸开始合成的 JA 和 MeJA 途径)产生的 JA 和 MeJA 传递实现的。一些学者提出了有关 JA 和 MeJA 生物合成途径模型(Liechti and Farmer，2002；Weber，2002；Ziegler et al.，2001；Ryan，2000；Walling，2000；Leon and Sanchez-Serrano，1999；Farmer，1997；Wasternack and Parthier，1997)。当植物受到害虫伤害刺激后，植物的细胞膜受体接受刺激，其反应线路为，激活细胞膜释放脂肪酸到膜内，由亚麻酸开始合成茉莉酸和茉莉酸甲酯，由茉莉酸或茉莉酸甲酯再激活防御基因，防御基因被激活后导致代谢途径重新配置，并可能产生 4 种不同的效应：直接防御、间接防御、不防御和负防御。

其他一些独立的抗性基因在蔬菜抵抗害虫伤害的过程中也发挥明显作用，如番茄 *Mi-1* 基因编码 CC-NBS-LRR 蛋白(Milligan et al.，1998)，被认为存在于细胞内部与根结线虫效应物发生作用并启动防御反应(Martin et al.，2003)。同时也有研究发现烟粉虱对携带 *Mi-1* 基因的番茄适应能力弱，含 *Mi-1* 基因番茄对烟粉虱具有良好的控制效果，能够降低烟粉虱发生数量、减少烟粉虱年发生代数，且对 Q 型烟粉虱防治效果更加显著，在烟粉虱防治中具有广阔的应用前景(王鑫，2010)。

有关线虫抗性机制的研究大大落后于其他病原生物的研究。目前，已经从不同番茄种中分离鉴定出多个抗线虫基因，其中的 *Mi-1* 基因已经成功地应用于番茄抗线虫品种选育中，携带 *Mi-1* 基因的番茄品种不仅对南方根结线虫、花生根结线虫(*Meloidogyne arenaria*)和爪哇根结线虫(*Meloidogyne javanica*)具有抗性(Dropkin，1969)，同时对马铃薯蚜虫某些生理小种和白粉虱的两种生理小种也具有抗性(Nombela et al.，2003；Rossi et al.，1998)。携带 *Mi-1* 基因的抗性品种能在根结线虫进入根系的取食位点后，引发组织坏死和超敏感反应(HR)，从而阻断取食位点的形成和根结线虫的发育。

第四节　抗性的可塑性及其交叉反应

一、植物对生物胁迫和非生物胁迫抗性的异同点

基因表达谱研究发现，生物胁迫和非生物胁迫诱导的基因具有很大差异，但两者调控的基因呈现部分重叠，其中生物胁迫和非生物胁迫均可调控与 ROS 和 MAPK 相关的基因，说明 ROS 可能是引起下游抗逆基因表达的一个信号交叉点(图 3-14；Fujita et al.，2006)。*Rboh* 基因编码蛋白 NADPH 氧化酶产生的细胞膜 ROS 参与植物对生物与非生物胁迫反应的调控，目前有证据表明，锌指转录因子 Zat12 是 ROS 清除机制中的一个重要调控因子，*Zat12* 缺失抑制 *APX1* 基因表达，而过量表达 *Zat12* 则诱导氧化和光胁迫相关基因表达并提高对许多非生物胁迫的抗性。*Zat12* 受氧化还原敏感性转录因子 HSF 的调控，其中 HSF21 可能是一个细胞中 H_2O_2 的感受器(Davletova et al.，2005)。与此同时，许多植物病原或效应物能诱导磷酸级联反应并产生 ROS (Samuel et al.，2005；Asai et al.，2002)。ROS 与 MAPK 相互作用共同调控植物抗病性。例如，过量表达组成型活化的 *MAPKK*，*MKK4* 表现出 ROS 超累积以及强烈的 HR 类似症状(Takahashi et al.，2007；Ren et al.，2002)。MAPK3/6 是 PTI 和 ETI 关键蛋白 MKK4 的调控靶标，植物对鞭毛蛋白的响应途径中，两者作用于 *RbohD* 介导的 ROS 上游。然而，H_2O_2 也能通过潜在的 ROS 受体 OXI1 在蛋白水平和活力水平调控 MEKK、MKK 和 MAPK (Doczi et al.，2007；Rentel et al.，2004；Kovtun et al.，2000）。因此，ROS 也许介导了生物与非生物逆境响应基因表达。

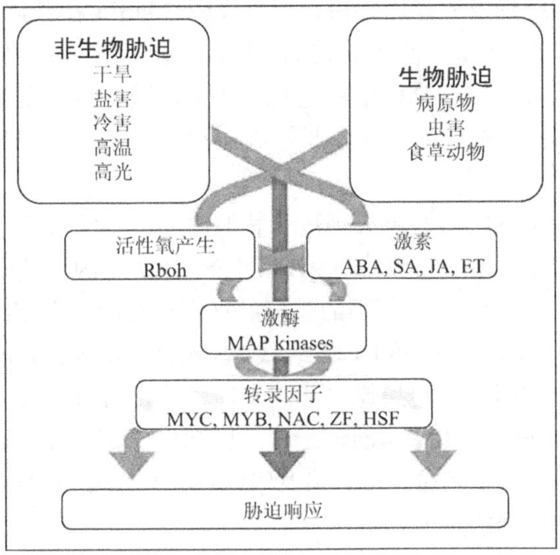

图 3-14　植物对生物与非生物逆境应答中的信号交叉点（Fujita et al.，2006，略作修改）

生物逆境与非生物逆境抗性也具有一定的差异性，如 SA 在生物逆境抗性中发挥了十分重要的作用，而 ABA 则在非生物逆境中起了重要作用，并且 ABA 通常对抗病信号起拮抗作用。ABA 合成缺失或信号突变体对病害抗性显著提高，而外源处理 ABA 则抑制 SAR 和抗病防御反应。但是在某些条件下，ABA 对抗病性也起正调控作用。例如，ABA 介导的气孔关闭可以防止病原菌通过气孔侵入植物组织（Melotto et al.，2006），并且 ABA 也是 β-氨基丁酸诱导 ISR 所必需的（Ton and Mauch-Mani，2004）。ABA 可能在病害侵染的不同阶段存在与 SA、JA、ET 等其他激素不同的互作以及调控作用。SA 介导的抗病性在很大程度上是通过抑制 CAT 产生 H_2O_2，最终通过 NPR1 等来实现，而 ABA 介导的抗旱性则是通过细胞膜 NADPH 氧化酶产生 H_2O_2，最终调控气孔关闭来实现的，因此，同样是 H_2O_2，这种产生部位的差异也在一定程度上决定了抗性产生的差异。因此，植物如何应对这些不同的逆境从而形成防御体系和抗性的机制还有待深入研究。

二、交叉抗性

蔬菜中有一些基因型既耐高温，也耐低温，同时也存在通过驯化提高不同抗性的机制。植物驯化提高抗性是自然界普遍存在的现象。冷驯化可显著提高喜温和喜冷凉蔬菜对低温的抗性，同样干旱驯化也能提高对干旱的抗性。最近，作者以番茄为材料研究了驯化提高抗性的机制，研究发现，无论是低温驯化，还是干旱驯化或低剂量百草枯引起的光氧化胁迫驯化都可引起交叉抗性，即低温驯化不仅提高了植株对低温的抗性，也提高了对干旱和光氧化胁迫的抗性，而干旱驯化也提高了对低温和光氧化胁迫的抗性(图 3-15)。3 种类型的驯化都与激发 *Rboh1* 编码的 NADPH 氧化酶在细胞膜上产生 H_2O_2 并通过磷酸化 MAPK 提高抗氧化相关基因的表达及其编码蛋白酶的活性有关(图 3-16 和图 3-17)，因此，H_2O_2 是驯化提高交叉抗性中的一个重要信号分子(Zhou et al.，2014)，然而，非生物逆境驯化是否能提高对生物逆境的抗性则有待进一步研究。

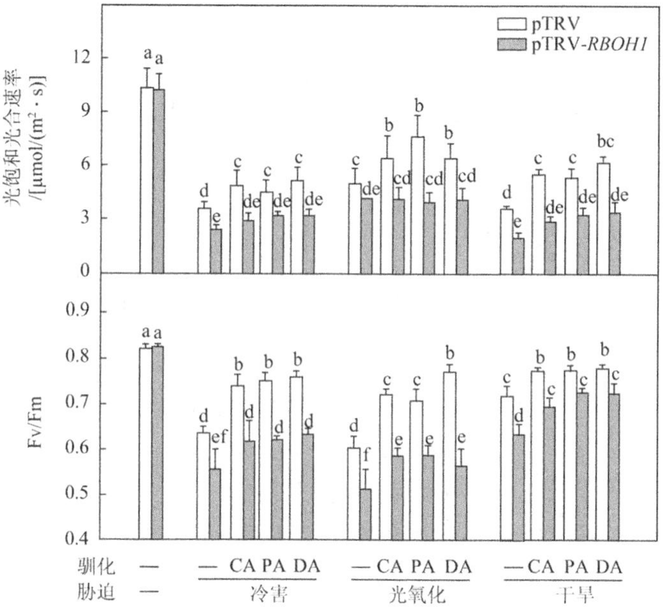

图 3-15　番茄驯化过程中活性氧诱导的交叉抗性(Zhou et al.，2014)

CA，冷驯化；PA，光氧化驯化；DA，干旱驯化。不同字母表示显著性差异($P < 0.05$)

三、激素在不同抗性中的作用

植物的 JA 信号途径与 SA 信号途径之间存在拮抗作用，当 JA 信号途径被激发时，SA 信号途径则被抑制。已有研究表明 SA 及其功能类似物 INA 和 BTH 抑制依赖于 JA 信号基因的表达，这种作用可能是通过抑制 JA 的合成及功能来完成的，NPR1 在 SA 抑制 JA 信号通路中发挥重要作用。同样，当外源 JA 处理番茄时，JA 信号途径被激发，而 SA 途径的关键信号因子 *NPR1* 的表达则被抑制。

植物在形成对生物与非生物逆境抗性的同时，也存在一定的生物逆境抗性与非生物逆境抗性的相互拮抗作用。许多非生物逆境引起 ABA 合成的增加，ABA 处理抑制了依赖于 SA 的 SAR 反应(Yasuda et al.，2008)。研究表明，ABA 在许多

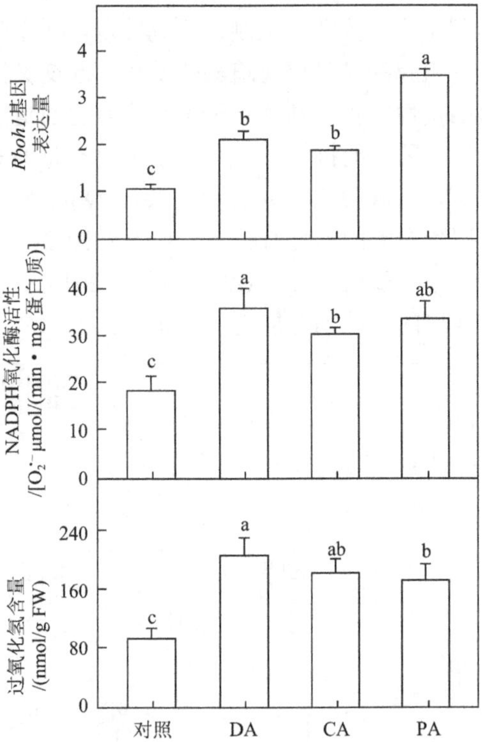

图 3-16　番茄干旱(DA)、冷(CA)和光氧化(PA)驯化中 *Rboh1* 表达、NADPH 氧化酶活性和 H_2O_2 变化(Zhou et al.，2014)

不同字母表示显著性差异($P < 0.05$)

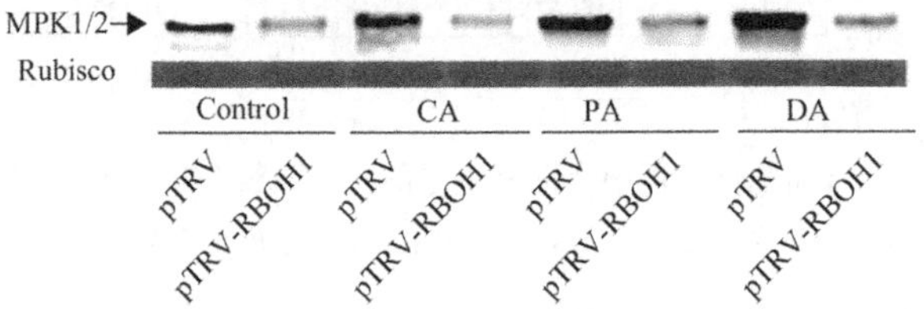

图 3-17　番茄不同驯化及其质膜 H_2O_2 对 MAPK1/2 的活化作用(Zhou et al.，2014)

非生物逆境抗性中是一个正调控因子，但它在引起叶片气孔关闭的同时，在抗病反应中则是一个负调控因子。番茄 ABA 突变体 *sitiens* 对许多非生物胁迫具有更高的敏感性，但对许多病害如 *Botrytis cinerea* 和 *Erwinia chrysanthemi* 则具有更高的抗性，喷施 ABA 则恢复这种对病害的抗性(Asselbergh et al.，2008a；Audenaert et al.，2002)。反之，SA 也能降低植物对非生物逆境的抗性，如外源喷施 SA 降低了玉米对干旱的抗性(Nemeth et al.，2002)。植物激素在抗逆中的这种相互关系还体现在其他激素上，在番茄和拟南芥等植物上的研究都表明，ABA 具有拮抗或抑制依赖 SA 的抗病反应，还能抑制 JA 和 ET 相关的防卫反应，而乙烯处理则能够活化 ABI1 和 ABI2 两个 ABA 信号途径的负调控因子(Asselbergh et al.,2008b)。有证据表明，乙烯可以抑制 ABA 介导的气孔关闭，而这种作用在抗病防御反应中的生理意义值得深入研究。

四、环境与抗性的关系

许多 *R* 基因调控的抗性容易受环境的影响而丧失抗性，如番茄抗叶霉病基因 *cf* 在高湿下抗性丧失，同样，番茄抗根结线虫基因 *Mi-1* 在气温高于 28℃下也会发生抗性丧失，导致抗根结线虫品种或嫁接植株在夏秋季节根结线虫高发。EDS1(enhanced disease susceptibility 1)和 PAD4(phytoalexin deficient 4)是植物防御反应的关键因子，能通过正向反馈机制提高 *R* 基因的表达水平，从而增强抗病防御反应(Li et al.，2007)。但高温下 EDS1/PAD4 的转录表达水平降低，并且 EDS1/PAD4 所调控的信号途径以及所伴随的 SA 累积也受到抑制(Wang et al.，2009b；Yang and Hua，2004)。另外，SA 的合成以及信号转导本身受到温度的调控(Larkindale et al.，2005；Clarke et al.，2004)。较低的温度能促进 SA 相关的信号响应，而在较高的温度下 SA 信号转导受到抑制，其对 JA 信号通路的拮抗作用也相应解除(Alcazar et al.，2009)。因此，高温下 *Mi-1* 介导的根结线虫抗性的消失可能与 SA 途径受到抑制有关。

CBF 是植物低温驯化的关键因子，其除了受 Ca^{2+}信号的诱导，还受到光强、氧化还原(redox)、光质和激素的调控(Kurepin，2013)。研究发现降低红光/远红光(R/FR)值能提高拟南芥对低温胁迫的抗性，并且不同光敏色素对 CBF 调控作用不同，负责红光信号转导的 phyB 可能负调控 CBF，而负责远红光信号转导的 phyA 可能正调控 CBF(Franklin and Whitelam，2007)。尽管番茄属于低温敏感性作物而拟南芥属于低温适应性作物，番茄中同样存在与拟南芥同源的 *CBF* 基因，且过量表达研究证实其确实参与低温抗性的调控。作者在番茄中也发现光质特别是 R/FR 对低温抗性 *CBF* 基因调控作用的类似现象。这说明番茄中 R/FR 值可能通过 CBF 调控低温抗性。值得注意的是，光敏色素参与植物昼夜节律调控，R/FR 值的改变可能对于番茄昼夜节律有重要影响。Martinocatt 和 Ort(1992)、Franklin 和 Whitelam(2007)等发现，低温对番茄昼夜节律具有显著影响，而昼夜节律是植物适应环境变化进而调整代谢的重要机制，对于调控光合作用具有重要作用。昼夜节律的紊乱进而导致代谢的失衡，可能也是低温下光合作用降低的原因。研究不同 R/FR 值对 CBF 和光合作用的调控，对于阐明光质对植物低温适应性的调控机制，并通过采用低能耗 LED 补光等物理调控手段可能是缓解番茄低温弱光适应性差问题的一条重要途径。

第五节 蔬菜抗逆生产技术

一、抗逆品种

从遗传的角度选育抗逆品种是提高蔬菜生产效率的一条重要途径。在抗病和抗虫方面，许多抗性性状往往受少数或单基因控制。因此，通过杂交育种或杂种优势选育一些抗病和抗虫品种是一条有效的途径，如我国近年来在番茄抗病毒病、线虫、枯萎病和青枯病育种方面取得了一系列进展，这与番茄中存在这些病害的抗源具有一定的关系。与此相比，非生物逆境抗性机制较为复杂，且往往是数量性状，因此，目前还很难利用现代抗逆理论服务于抗非生物逆境品种选育，尽管如此，我国各地也选育了一批耐低温、弱光、高温等的品种，并在生产中发挥了重要作用。与其他技术相比，使用抗性品种具有方法简单、效果明显和成本较低等优点，这在病害防治中尤为明显。

二、环境调控

环境调控提高抗性和适应性具有多方面的内容，一方面是通过环境调控措施创造蔬菜适宜的生长发育环境，如在强光时通过遮阳来减轻强光对植株的伤害，避免光抑制现象的产生，弱光时通过 LED 补光来提高光合作用等；另一方面是通过局部或短期生长环境的改变来提高蔬菜对逆境的抗性，从而促进蔬菜生长发育和产量形成。

（一）光环境调控

近年来的研究发现，不同光质不仅与蔬菜的生长发育密切相关，而且还影响其抗性。研究发现，红光不仅是光合作用的有效波长，可以诱导植物体内抗氧化酶活力(王虹等，2009)，而且具有提高蔬菜对病害抗性的作用。红光可以通过水杨酸途径增加抗病相关的 *PR* 基因的表达，从而提高对白粉病的抗性，减轻其发生(图 3-18 和彩图 17)。一些研究还发现，红光和远红光比例影响植物中抗冷基因 *CBF* 的表达及其抗性，提高远红光的比例可提高植物的耐冷性。

（二）温度环境调控

如前所述，低温驯化不仅可提高低温抗性，还可提高植株对其他逆境的抗性(彩图 18)。最近，有些研究者发现，在黄瓜生长中给予数小时的 40℃以上的高温胁迫不但不影响植物的生长，还可显著减轻白粉病的发生(张富荣等，2008)。这种高温驯化同样与 ROS 的产生有关。

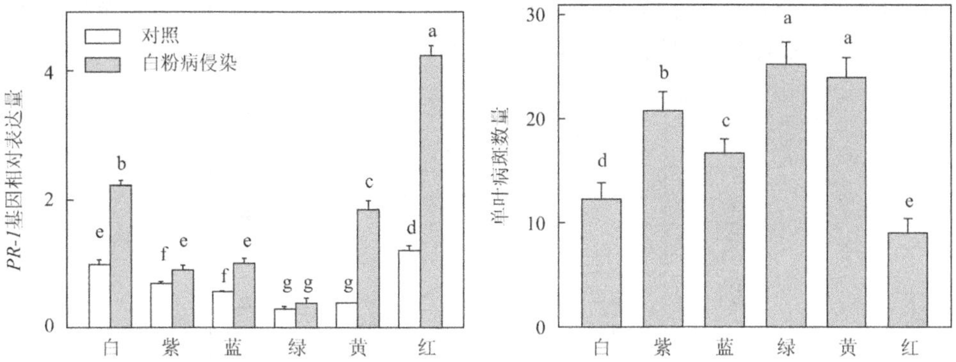

图 3-18　不同光质对黄瓜白粉病发生和 *PR-1* 基因表达的影响(Wang et al.，2009a)

不同字母表示显著性差异($P < 0.05$)

(三)气体环境调控

CO_2 加富通过提高设施蔬菜光合作用而提高产量，然而，近年来的研究发现，CO_2 加富还可提高植株抗性(陈雄等，2000)，但其机制则有待探明。作者发现，提高设施内的 CO_2 浓度可抑制 TMV 病毒病、白粉病和细菌性叶斑病的发生(彩图 19 和彩图 9)，但也在一定程度上助长了灰霉病的发生。CO_2 提高 SA 的合成，究其原因，前者的抗病性与 SA 有关，而后者的抗性则与 JA 有关，SA 合成的增加可能抑制了 JA 信号途径，从而增加了植株对灰霉病的敏感性。

(四)湿度环境调控

除土壤水分外，空气湿度也是影响植物生长发育的一个重要因素。许多病害在高湿下容易发生，这也是南方蔬菜病害普遍比北方蔬菜病害严重以及设施蔬菜比露地蔬菜严重的一个重要因素。设施栽培中，可以通过地膜覆盖和秸秆覆盖等措施来降低空气湿度。避雨栽培也是一种可减少许多蔬菜土传和叶面病害的有效方法(彩图 20)。

三、化学调控

化学调控主要包括生长发育调控和抗逆调控，前者如利用赤霉素(GAs)合成抑制剂(烯效唑等)来防止高温弱光下发生植株徒长和防止早春叶菜和根菜类的先期抽薹，后者包括通过一些生理活性物质处理提高蔬菜对生物与非生物逆境的抗性。ABA 是一个参与温度、水分和光照胁迫抗性调控的植物激素。目前也实现了其规模化生产，但在蔬菜中的应用还不多。近年来，BRs 在蔬菜中的应用逐步得到普及，它具有提高广谱抗性的作用，多年多地的试验结果表明，它可提高反季节番茄、黄瓜和甜瓜等多种蔬菜对低温、高温等逆境的抗性，具有明显的促进生长、提高产量、改进品质、提高甜瓜糖度的效果（图 3-19、彩图 21 和彩图 22）。

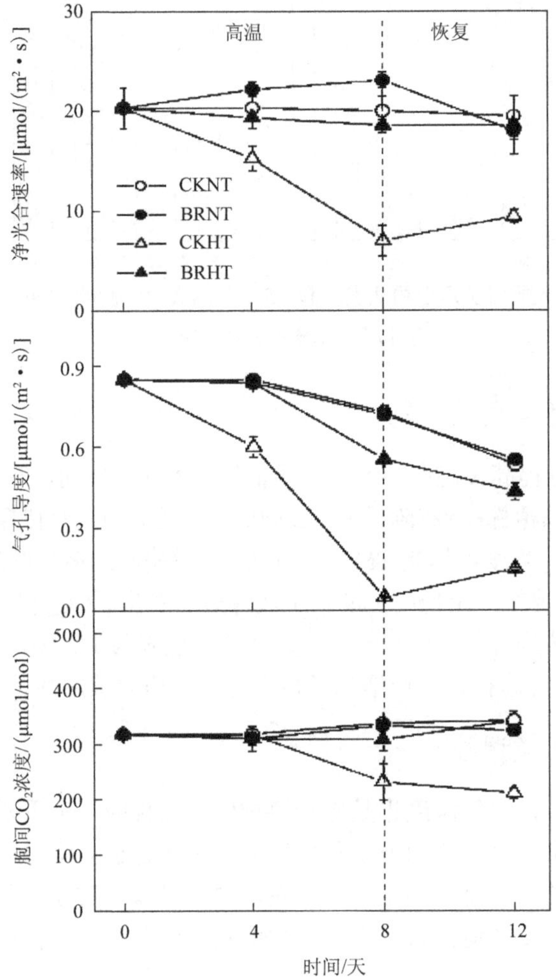

图 3-19　BRs 对番茄高温抗性的影响（Ogweno et al.，2008）

CKNT，正常温度；BRNT，正常温度下 BRs 处理；CKHT，高温处理；BRHT，高温下 BRs 处理

国外也开发了一些针对地上部病害的抗性诱导剂如 BTH，但由于效果明显不如化学杀菌剂，其应用受到很大的限制。但一个值得研究的课题是如何利用系统抗性诱导技术防治根部病害的发生。这是因为，根部病害通常难以用肉眼观察到，同时根部也不能像叶面那样直接投入化学农药，并且投入的化学农药易受土壤的物理与生物的影响，其防治具有较大的难度。因此，利用系统抗性诱导技术防治

土传病害也许是今后的一个重要发展方向。近年来，研究发现植物生长物质甾醇类化合物 EBR 具有诱导系统抗性的效果，对于果菜类的枯萎病(FO)、线虫、猝倒病(彩图 23)、青枯病以及十字花科蔬菜的根肿病具有较好的预防效果，并在各地的蔬菜生产中发挥了一定的作用(图 3-20)。

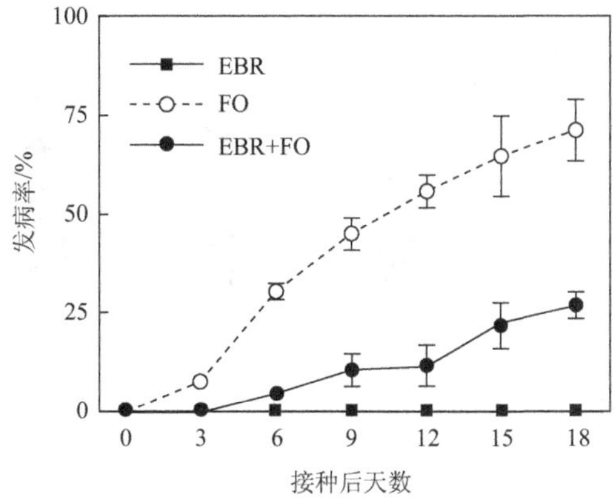

图 3-20　EBR 诱导黄瓜对枯萎病的系统抗性(Ding et al.，2009)

四、生物防治

我国的蔬菜病虫害防治大多依赖于化学农药，由此带来的环境与产品污染也是社会普遍关心和担忧的问题。生物防治是安全农产品生产的一项主要措施，近年来也受到政界、学界和产业界的关注，相关产品也日益增多。作者研究发现，促生菌 CH1 诱导黄瓜对猝倒病的抗性(梁建根等，2006)。但与化学农药相比，生物农药存在成本较高、防治效果较为缓慢和药效较低等不足，亟须进一步加强研究予以克服。利用寄生蜂等防治害虫在荷兰应用非常成功，应用范围也极其广泛。在我国虽有应用，但面积相对较少，主要原因是我国大多设施较为简陋，冬春季节较低的温度影响了寄生蜂本身的生长，因此，挖掘一些具有较强环境适应性的生物资源是今后的一个重要研究课题。

五、嫁接技术

合理利用嫁接技术具有多种多样的效果。首先，一些砧木具有对土传病原生物较强的抗性，优化根际微生物群落(雷娟利等，2011)能克服连作带来的土传病害问题，其次，一些砧木具有对低温、高温、盐分和污染物等非生物逆境较强的适应能力(图 3-21)；此外，一些砧木还具有较强的生理代谢活性，能更好地提供地上部生长所需的养分、水分和生理活性物质，具有促进生长的效果。因此，其应用正日益增多，相关内容将在后续章节重点介绍。

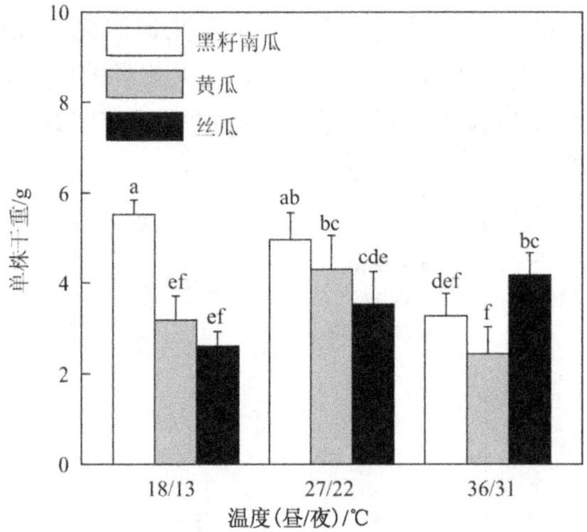

图 3-21 不同昼夜温度下砧木对黄瓜生长的影响（Li et al., 2013）

不同字母表示显著性差异($P < 0.05$)

主要参考文献

陈雄, 吴冬秀, 王根, 任红旭. 2000. CO_2浓度升高对干旱胁迫下小麦光合作用和抗氧化酶活性的影响. 应用生态学报, 11(6): 881-884.

桂连友, 刘树生, 陈宗懋. 2004. 外源茉莉酸和茉莉酸甲酯诱导植物抗虫作用及其机理. 昆虫学报, 47(4): 507-514.

雷娟利, 寿伟松, 董文其, 张成浩, 徐志豪, 周艳虹, 喻景权. 2011. 嫁接对西瓜根际微生物种群数量及群落结构的影响. 中国蔬菜, 1(2): 62-66.

梁建根, 张炳欣, 陈振宇, 喻景权. 2006. 促生菌 CH1 诱导黄瓜对猝倒病抗性的研究. 园艺学报, 33(2): 283-288.

毛胜利, 杜永臣, 王孝宣, 朱德蔚, 高建昌, 戴善书. 2005. 高温胁迫下番茄体内 ABA 水平的变化及其对花粉萌发的影响. 园艺学报, 32(2): 336-339.

王虹, 姜玉萍, 师恺, 周艳虹, 喻景权. 2010. 光质对黄瓜叶片衰老与抗氧化酶系统的影响. 中国农业科学, 43(3): 529-534.

王鑫. 2010. 含 Mi-1 基因番茄对不同生物型烟粉虱抗性评价. 中国农业科学院硕士学位论文

汪澈, 张立军, 樊金娟, 阮燕晔, 崔震海. 2009. 植物钙结合蛋白. 植物生理学报, 45(3): 209-216.

张富荣, 胡俊, 马晓东. 2008. “高温闷棚”防治黄瓜白粉病生理机制的初步研究. 内蒙古农业科技, (5): 62-63.

Alcazar R, Garcia A V, Parker J E, Reymond M. 2009. Incremental steps toward incompatibility revealed by *Arabidopsis* epistatic interactions modulating salicylic acid pathway activation. *Proceedings of the National Academy of Sciences of the United States of America*, **106**: 334-339.

Asai T, Tena G, Plotnikova J, Willmann MR, Chiu WL, Gomez-Gomez L, Boller T, Ausubel FM, Sheen J. 2002. MAP kinase signalling cascade in Arabidopsis innate immunity. *Nature*, 415, 977-983.

Asselbergh B, Achuo A E, Hofte M, Van Gijsegem F. 2008a. Abscisic acid deficiency leads to rapid activation of tomato defence responses upon infection with *Erwinia chrysanthemi*. *Molecular Plant Pathology*, **9**: 11-24.

Asselbergh B, De Vleesschauwer D, Höfte M. 2008b. Global switches and fine-tuning: ABA modulates plant pathogen defense. *Molecular Plant-Microbe Interactions*, **21**: 709-719.

Atkinson N J, Urwin P E. 2012. The interaction of plant biotic and abiotic stresses: from genes to the field. *Journal of*

Experimental Botany, **63**: 3523-3543.

Audenaert K, De Meyer G B, Höfte M M. 2002. Abscisic acid determines basal susceptibility of tomato to *Botrytis cinerea* and suppresses salicylic acid-dependent signaling mechanisms. *Plant Physiology*, **128**: 491-501.

Bais H P, Prithiviraj B, Jha A K, Ausubel F M, Vivanco J M. 2005. Mediation of pathogen resistance by exudation of antimicrobials from roots. *Nature*, **434**: 217-221.

Bartels D, Sunkar R. 2005. Drought and salt tolerance in plants. *Critical Reviews in Plant Sciences*, **24**: 23-58.

Bolwell G P, Blee K A, Butt V S, Davies D R, Gardner S L, Gerrish C, Minibayeva F, Rowntree E G, Wojtaszek P. 1999. Recent advances in understanding the origin of the apoplastic oxidative burst in plant cells. *Free Radical Research*, **31**: S137-S145.

Bostock R M, Karban R, Thaler J S, Weyman P D, Gilchrist D. 2001. Signal interactions in induced resistance to pathogens and insect herbivores. *European Journal of Plant Pathology*, **107**: 103-111.

Bouquin T, Meier C, Foster R, Nielsen M E, Mundy J. 2001. Control of specific gene expression by gibberellin and brassinosteroid. *Plant Physiology*, **127**: 450-458.

Chen H, Gonzales-Vigil E, Wilkerson C G, Howe G A. 2007. Stability of plant defense proteins in the gut of insect herbivores. *Plant Physiology*, **143**: 1954-1967.

Chinchilla D, Zipfel C, Robatzek S, Kemmerling B, Nurnberger T, Jones JDG, Felix G, Boller T. 2007. A flagellin-induced complex of the receptor FLS2 and BAK1 initiates plant defence. *Nature*, 448: 497-500.

Clarke S M, Mur L A J, Wood J E, Scott I M. 2004. Salicylic acid dependent signaling promotes basal thermotolerance but is not essential for acquired thermotolerance in *Arabidopsis thaliana*. *Plant Journal*, **38:** 432-447.

Cui J X, Zhou Y H, Ding J G, Xia X J, Shi K, Chen S C, Asami T, Chen Z X, Yu J Q. 2011. Role of nitric oxide in hydrogen peroxide-dependent induction of abiotic stress tolerance by brassinosteroids in cucumber. *Plant, Cell & Environment*, **34**: 347-358.

Dangl J L, McDowell J M. 2006. Two modes of pathogen recognition by plants. *Proceedings of the National Academy of Sciences of the United States of America*, **103**: 8575-8576.

Davletova S, Rizhsky L, Liang H, Shengqiang Z, Oliver D J, Coutu J, Shulaev V, Schlauch K, Mittler R. 2005. Cytosolic Ascorbate Peroxidase 1 is a central component of the reactive oxygen gene network of *Arabidopsis*. *Plant Cell*, **17**: 268–281.

Dhaubhadel S, Browning K S, Gallie D R, Krishna P. 2002. Brassinosteroid functions to protect the translational machinery and heat-shock protein synthesis following thermal stress. *Plant Journal*, **29**: 681-691.

Dietz K J. 2010. Redox-dependent regulation, redox control and oxidative damage in plant cells subjected to abiotic stress. *Plant Stress Tolerance Methods in Molecular Biology*, **639**: 57-70.

Ding J, Shi K, Zhou Y H, Yu J Q. 2009. Effects of root and foliar applications of 24-epibrassinolide on Fusarium Wilt and antioxidant metabolism in cucumber roots. *Hortscience*, **44**: 1340-1345.

Divol F, Vilaine F, Thibivilliers S, Kusiak C, Sauge M H, Dinant S. 2007. Involvement of the xyloglucan endotransglycosylase/hydrolases encoded by celery XTH1 and Arabidopsis XTH33 in the phloem response to aphids. *Plant, Cell & Environment*, **30**: 187-201.

Doczi R, Brader G, Pettko-Szandtner A, Rajh I, Djamei A, Pitzschke A, Teige M, Hirt H. 2007. The Arabidopsis mitogen-activated protein kinase kinase MKK3 is upstream of group C mitogen-activated protein kinases and participates in pathogen signaling. *Plant Cell*, **19**: 3266-3279.

Dropkin V H. 1969. Cellular responses of plants to nematode infections. *Annual Review of Phytopathology*, **7**: 101-122.

Durner J, Wendehenne D, Klessig D F. 1998. Defense gene induction in tobacco by nitric oxide, cyclic GMP, and cyclic ADP-ribose. *Proceedings of the National Academy of Sciences of the United States of America*, **95**: 10328-10333.

Farmer E E. 1997. New fatty acid-based signals: A lesson from the plant world. *Science*, **276**: 912-913.

Farmer E E, Ryan C A. 1992. Octadecanoid precursors of jasmonic acid activate the synthesis of wound-inducible proteinase-inhibitors. *Plant Cell*, **4**: 129-134.

Feng H L, Ma N N, Meng X, Zhang S, Wang J R, Chai S, Meng Q W. 2013. A novel tomato MYC-type ICE1-like transcription factor, *SlICE1a*, confers cold, osmotic and salt tolerance in transgenic tobacco. *Plant Physiology and Biochemistry*, **73**: 309-320.

Ferry N, Edwards M G, Gatehouse J A, Gatehouse A M R. 2004. Plant-insect interactions: molecular approaches to insect resistance. *Current Opinion in Biotechnology*, **15**: 155-161.

Foyer C H, Noctor G. 2005. Redox homeostis and antioxidant signaling: a metabolic interface between stress perception and physiological responses. *Plant Cell*, **17**: 1866-1875.

Franklin K A, Whitelam G C. 2007. Light-quality regulation of freezing tolerance in *Arabidopsis thaliana. Nature Genetics*, **39**: 1410-1413.

Fu L J, Shi K, Gu M, Zhou Y H, Dong D K, Liang W S, Song F M, Yu J Q. 2010. Systemic induction and role of mitochondrial alternative oxidase and nitric oxide in a compatible tomato-tobacco mosaic virus interaction. *Molecular Plant-Microbe Interactions*, **23**: 39-48.

Fujita M, Fujita Y, Noutoshi Y, Takahashi F, Narusaka Y, Yamaguchi-Shinozaki K, Shinozaki K. 2006. Crosstalk between abiotic and biotic stress responses: a current view from the points of convergence in the stress signaling networks. *Current Opinion in Plant Biology*, **9**: 436-442.

Gest N, Garchery C, Gautier H, Jimenez A, Stevens R. 2013. Light-dependent regulation of ascorbate in tomato by a monodehydroascorbatereductase localized in peroxisomes and the cytosol. *Plant Biotechnology Journal*, **11**: 344-354.

Goda H, Sawa S, Asami T, Fujioka S, Shimada Y, Yoshida S. 2004. Comprehensive comparison brassinosteroid-regulated of auxin-regulated and brassinosteroid-regulated genes in *Arabidopsis*. *Plant Physiology*, **134**: 1555-1573.

Goda H, Shimada Y, Asami T, Fujioka S, Yoshida S. 2002. Microarray analysis of brassinosteroid-regulated genes in Arabidopsis. *Plant Physiology*, **130**: 1319-1334.

Goussain M M, Prado E, Moraes J C. 2005. Effect of silicon applied to wheat plants on the biology and probing behaviour of the greenbug *Schizaphis graminum* (Rond.) (Hemiptera : Aphididae). *Neotropical Entomology*, **34**: 807-813.

Hammond-Kosack K E, Parker J E. 2003. Deciphering plantpathogen communication; fresh perspectives for molecular resistance breeding. *Current Opinion in Biotechnology*, **4**: 177-183.

Heese A, Hann DR, Gimenez-Ibanez S, Jones AME, He K, Li J, Schroeder JI, Peck SC, Rathjen JP. 2007. The receptor-like kinase SERK3/BAK1 is a central regulator of innate immunity in plants. *Proceedings of the National Academy of Sciences of the United States of America*, **104**: 12 217-12 222.

Heil M, Koch T, Hilpert A, Fiala B, Boland W, Linsenmair K E. 2001. Extrafloral nectar production of the ant-associated plant, *Macaranga tanarius*, is an induced, indirect, defensive response elicited by jasmonic acid. *Proceedings of the National Academy of Sciences of the United States of America*, **98**: 1083-1088.

Ishikawa A. 2009. The Arabidopsis G-protein beta-subunit is required for defense response against *Agrobacterium* *tumefaciens*. *Bioscience Biotechnology and Biochemistry*, 73: 47-52..

Janeczko A, Koscielniak J, Pilipowicz M. 2005. Protection of winter rape photosystem 2 by 24-epibrassinolide under Cadmium stress. *Photosynthetica*, **43**: 293-298.

Jiang Y P, Cheng F, Zhou Y H, Xia X J, Mao W H, Shi K, Chen Z, Yu J Q. 2012. Cellular glutathione redox homeostasis plays an important role in the brassinosteroid-induced increase in CO_2 assimilation in *Cucumis sativus*. *New Phytologist*, **194**: 932-943.

Johal G, Briggs S. 1992. Reductase activity encoded by the HM1 disease resistance gene in maize. *Science*, **258**: 985-987.

Kagale S, Divi U K, Krochko J E, Keller W A, Krishna P. 2007. Brassinosteroid confers tolerance in *Arabidopsis thaliana* and *Brassica napus* to a range of abiotic stresses. *Planta*, **225**: 353-364.

Kang L, Li J, Zhao T, Xiao F, Tang X, Thilmony R, He S Y, Zhou J M. 2003. Interplay of the *Arabidopsis* nonhost resistance gene *NHO1* with bacterial virulence. *Proceedings of the National Academy of Sciences of the United States of America*, **100**: 3519-3524.

Kessler A, Baldwin I T. 2002. Plant responses to insect herbivory: The emerging molecular analysis. *Annual Review of Plant Biology*, **53**: 299-328.

Knight D. 1993. Chemistry and metaphors. *Chemistry & Industry*, 24: 996-999.

Koiwa H, Bressan R A, Hasegawa P M. 1997. Regulation of protease inhibitors and plant defense. *Trends in Plant Science*, **2**: 379-384.

Kovtun Y, Chiu W L, Tena G, Sheen J. 2000. Functional analysis of oxidative stress-activated mitogen-activated protein kinase cascade in plants. *Proceedings of the National Academy of Sciences of the United States of America*, **97**: 2940-2945.

Krishna P. 2003. Brassinosteroid-mediated stress responses. *Journal of Plant Growth Regulation*, **22**: 289-297.

Kurepin L V, Dahal K P, Savitch L V, Singh J, Bode R, Ivanov A G, Hurry V, Huner N P. 2013. Role of CBFs as integrators of chloroplast redox, phytochrome and plant hormone signaling during cold acclimation. *International Journal of Molecular Sciences*, **14**: 12 729-12 763.

Kwak J M, Mori I C, Pei Z M, Leonhardt N, Torres M A, Dangl J L, Bloom R E, Bodde S, Jones J D G, Schroeder J I. 2003. NADPH oxidase *AtrbohD* and *AtrbohF* genes function in ROS-dependent ABA signaling in *Arabidopsis*. *EMBO Journal*, **22**: 2623-2633.

Kwak J M, Nguyen V, Schroeder J I. 2006. The role of reactive oxygen species in hormonal responses. *Plant Physiology*, **141**: 323-329.

Laloi C, Apel K, Danon A. 2004. Reactive oxygen signalling: the latest news. *Current Opinion in Plant Biology*, **7**: 323-328.

Larkindale J, Hall J D, Knight M R, Vierling E. 2005. Heat stress phenotypes of *Arabidopsis* mutants implicate multiple signaling pathways in the acquisition of thermotolerance. *Plant Physiology*, **138**: 882-897.

Leon J, Rojo E, Titarenko E, Sanchez-Serrano J J. 1998. Jasmonic acid-dependent and -independent wound signal transduction pathways are differentially regulated by Ca^{2+}/calmodulin in *Arabidopsis thaliana*. *Molecular and General Genetics*, **258**: 412-419.

Leon J, Sanchez-Serrano J J. 1999. Molecular biology of jasmonic acid biosynthesis in plants. *Plant Physiology and Biochemistry*, **37**: 373-380.

Li H, Wang X M, Chen L, Ahammed G J, Xia X J, Shi K, Considine M J, Yu J Q, Zhou Y H. 2013. Growth temperature-induced changes in biomass accumulation, photosynthesis and glutathione redox homeostasis as influenced by hydrogen peroxide in cucumber. *Plant Physiology and Biochemistry*, **71**: 1-10.

Li Q, Xie Q G, Smith-Becker J, Navarre D A, Kaloshian I. 2006. *Mi-1*-mediated aphid resistance involves salicylic acid and mitogen-activated protein kinase signaling cascades. *Molecular Plant-Microbe Interactions*, **19**: 655-664.

Li Y, Yang S, Yang H, Hua J. 2007. The TIR-NB-LRR gene SNC1 is regulated at the transcript level by multiple factors. *Molecular Plant-Microbe Interactions*, **20**: 1449-1456.

Liao Y W K, Shi K, Fu L J, Zhang S, Li X, Dong D K, Jiang Y P, Zhou Y H, Xia X J, Liang W S, Yu J Q. 2012. The reduction of reactive oxygen species formation by mitochondrial alternative respiration in tomato basal defense against TMV infection. *Planta*, **235**: 225-238.

Liao Y W K, Sun Z H, Zhou Y H, Shi K, Li X, Zhang G Q, Xia X J, Chen Z X, Yu J Q. 2013. The role of hydrogen peroxide and nitric oxide in the induction of plant-encoded RNA-dependent RNA polymerase 1 in the basal defense against *Tobacco Mosaic Virus*. *PLoS ONE*, **8**: e76090.

Liechti R, Farmer E E. 2002. The jasmonate pathway. *Science*, **296:** 1649-1650.

Mahajan S, Tuteja N. 2005. Cold, salinity and drought stresses: an overview. *Archives of Biochemistry and Biophysics*, **444**: 139-158.

Martin R J, Bai G, Clark C L, Robertson A L. 2003. Methyridine（2-[2-methoxyethyl]-pyridine]）and levamisole activate different ACh receptor subtypes in nematode parasites: a new lead for levamisole-resistance. *British Journal of Pharmacology*, **140**: 1068-1076.

Martinocatt S, Ort D R. 1992 Low-temperature interrupts circadian regulation of transcriptional activity in chilling-sensitive plants. *Proceedings of the National Academy of Sciences of the United States of America*, **89**: 3731-3735.

Melotto M, Underwood W, Koczan J, Nomura K, He SY. 2006. Plant stomata function in innate immunity against bacterial invasion. *Cell*, **126**: 969-980.

Milligan S B, Bodeau J, Yaghoobi J, Kaloshian I, Zabel P, Williamson V M. 1998. The root-knot nematode resistance gene *Mi* from tomato is a member of leucine zipper, nucleotide binding, leucine-rich repeat family of plant genes. *Plant Cell*, **10**: 1307-1319.

Miura K, Shiba H, Ohta M, Kang S W, Sato A, Yuasa T, Iwaya-Inoue M, Kamada H, Ezura H. 2012. *SlICE1* encoding a MYC-type transcription factor controls cold tolerance in tomato, *Solanum lycopersicum*. *Plant Biotechnology Journal*, **29**: 253-260.

Mou Z, Fan W, Dong X. 2003. Inducers of plant systemic acquired resistance regulate NPR1 function through redox changes. *Cell*, **113**: 935-944.

Mussig C, Fischer S, Altmann T. 2002. Brassinosteroid-regulated gene expression. *Plant Physiology*, **129**: 1241-1251.

Nakashita H, Yasuda M, Nitta T, Asami T, Fujioka S, Arai Y, Sekimata K, Takatsuto S. 2003. Brassinosteroid functions in a broad range of disease resistance in tobacco and rice. *Plant Journal*, **33**: 887-898.

Narusaka Y, Narusaka M, Seki M, Umezawa T, Ishida J, Nakajima M, Enju A, Shinozaki K. 2004. Crosstalk in the responses to abiotic and biotic stresses in Arabidopsis: analysis of gene expression in cytochrome P450 gene superfamily by cDNA microarray. *Plant Molecular Biology*, **55**: 327-342.

Nemeth M, Janda T, Horvath E, Paldi E, Szalai G. 2002. Exogenous salicylic acid increases polyamine content but may decrease drought tolerance in maize. *Plant Science*, **162**: 569-574.

Nie W F, Wang M M, Xia X J, Zhou Y H, Shi K, Chen Z, Yu J Q. 2013. Silencing of tomato *RBOH1* and *MPK2* abolishes brassinosteroid-induced H_2O_2 generation and stress tolerance. *Plant, Cell & Environment*, **36**: 789-803.

Nishimura M T, Stein M, Hou B H, Vogel J P, Edwards H, Somerville S C. 2003. Loss of a callose synthase results in salicylic acid-dependent disease resistance. *Science*, **301**: 969-972.

Nombela G, Williamson V M, Muniz M. 2003. The root-knot nematode resistance gene *Mi-1.2* of tomato is responsible for resistance against the whitefly *Bemisia tabaci*. *Molecular Plant-Microbe Interactions*, **16**: 645-649.

Ogweno J O, Song X S, Shi K., Hu W H, Mao, W H, Zhou Y H, Yu J Q, Nogues S. 2008. Brassinosteroids alleviate heat induced inhibition of photosynthesis by increasingcarboxylation efficiency and enhancing antioxidant systems in *Lycopersicon esculentum*. *Journal of Plant Growth Regulation*, **27**: 49-57.

Ono E, Wong H L, Kawasaki T, Hasegawa M, Kodama O, Shimamoto K. 2001. Essential role of the small GTPase Rac in disease resistance of rice. *Proceedings of the National Academy of Sciences of the United States of America*, **98**: 759-764.

Parker J E. 2009. The quest for long-distance signals in plant systemic immunity. *Science Signaling*, **70**: pe31.

Rasmann S, Kollner T G, Degenhardt J, Hiltpold I, Toepfer S, Kuhlmann U, Gershenzon J, Turlings T C J. 2005. Recruitment of entomopathogenic nematodes by insect-damaged maize roots. *Nature*, **434**: 732-737.

Ren D T, Yang H P, Zhang S Q. 2002. Cell death mediated by MAPK is associated with hydrogen peroxide production in Arabidopsis. *Journal of Biological Chemistry*, 277, 559-565.

Rentel M C, Lecourieux D, Ouaked F, Usher S L, Petersen L, Okamoto H, Knight H, Peck S C, Grierson C S, Hirt H, et al. 2004. OXI1 kinase is necessary for oxidative burst-mediated signalling in Arabidopsis. *Nature*, **427**: 858-861.

Rossi M, Goggin F L, Milligan S B, Kaloshian I, Ullman D E, Williamson V M. 1998. The nematode resistance gene *Mi* of tomato confers resistance against the potato aphid. *Proceedings of the National Academy of Sciences of the United States of America*, **95**: 9750-9754.

Ryan C A. 2000. The systemin signaling pathway: differential activation of plant defensive genes. *Biochimica Et Biophysica Acta-Protein Structure and Molecular Enzymology*, **1477**: 112-121.

Samuel M A, Hall H, Krzymowska M, Drzewiecka K, Hennig J, Ellis B E. 2005. SIPK signaling controls multiple components of harpin-induced cell death in tobacco. *Plant Journal*, **42**: 406-416.

Shu D F, Wang L Y, Duan M, Deng Y S, Meng Q W. 2011. Antisense-mediated depletion of tomato chloroplast glutathione reductase improves susceptibility to chilling stress. *Plant Physiology and Biochemistry*, **49**: 1228-1237.

Smith C M, Boyko E V. 2007. The molecular bases of plant resistance and defense responses to aphid feeding: current status. *Entomologia Experimentalis et Applicata*, **122**: 1-16.

Song X S, Wang Y J, Mao W H, Shi K, Zhou Y H, Nogues S, Yu J Q. 2009. Effects of cucumber mosaic virus infection on electron transport and antioxidant system in chloroplasts and mitochondria of cucumber and tomato leaves. *Physiologia Plantarum*, **135**: 246-257.

Stevens R, Page D, Gouble B, Garchery C, Zamir D, Causse M. 2008. Tomato fruit ascorbic acid content is linked with monodehydroascorbate reductase activity and tolerance to chilling stress. *Plant, Cell & Environment*, **31**: 1086-1096.

Takahashi Y, Bin Nasir KH, Ito A, Kanzaki H, Matsumura H, Saitoh H, Fujisawa S, Kamoun S, Terauchi R. 2007. A high-throughput screen of cell-death-inducing factors in *Nicotiana benthamiana* identifies a novel MAPKK that mediates INF1-induced cell death signaling and non-host resistance to *Pseudomonas cichorii*. *Plant Journal*, **49**: 1030-1040.

Ton J, Mauch-Mani B. 2004. beta-amino-butyric acid-induced resistance against necrotrophic pathogens is based on ABA-dependent priming for callose. *Plant Journal*, **38:** 119-130.

Torres M A, Dangl J L, Jones J D G. 2005. *Arabidopsis* gp91[phox] homologues *AtrbohD* and *AtrbohF* are required for accumulation of reactive oxygen intermediates in the plant defense response. *Trends in Plant Science*, **10**: 339-346.

Vlot A C, Dempsey D M A, Klessig D F. 2009. Salicylic acid, a multifaceted hormone to combat disease. *Annual Review of Phytopathology*, **47**: 177-206.

Walling L L. 2000. The myriad plant responses to herbivores. *Journal of Plant Growth Regulation*, **19**: 195-216.

Wang D, Weaver N D, Kesarwani M, Dong X. 2005. Induction of protein secretory pathway is required for systemic acquired resistance. *Science*, **308**: 1036-1040.

Wang H, Gu M, Cui J X, Shi K, Zhou Y H, Yu J Q. 2009a. Effects of light quality on CO_2 assimilation, chlorophyll-fluorescence quenching, expression of Calvin cycle genes and carbohydrate accumulation in *Cucumis sativus*. *Journal of Photochemistry and Photobiology B-Biology*, **96:** 30-37.

Wang X F, Kota U, He K, Blackburn K, Li J, Goshe M B, Huber S C, Clouse S D. 2008. Sequential transphosphorylation of the BRI1/BAK1 receptor kinase complex impacts early events in brassinosteroid signaling. *Developmental Cell*, 15: 220-235.

Wang Y, Bao Z, Zhu Y, Hua J. 2009b. Analysis of temperature modulation of plant defense against biotrophic microbes. *Molecular Plant-Microbe Interactions*, **22:** 498-506.

Wasternack C, Parthier B. 1997. Jasmonate signalled plant gene expression. *Trends in Plant Science*, **2**: 302-307.

Weber H. 2002. Fatty acid-derived signals in plants. *Trends in Plant Science*, **7**: 217-224.

Wiermer M, Feys B J, Parker J E. 2005. Plant immunity: The EDS1 regulatory node. *Current Opinion in Plant Biology*, **8**: 383-389.

Wildermuth M C, Dewdney J, Wu G, Ausubel F M. 2001. Isochorismate synthase is required to synthesize salicylic acid for plant defence. *Nature*, **414**: 562-565.

Xia X J, Wang Y J, Zhou Y H, Tao Y, Mao W H, Shi K, Asami T, Chen Z, Yu J Q. 2009. Reactive oxygen species are involved in brassinosteroid-induced stress tolerance in cucumber. *Plant Physiology*, **150**: 801-814.

Xia X J, Zhou Y H, Ding J, Shi K, Asami T, Chen Z, Yu J Q. 2011. Induction of systemic stress tolerance by brassinosteroid in *Cucumis sativus*. *New Phytologist*, **191**: 706-720.

Xie Z, Ruas P, Shen Q J. 2005. Regulatory networks of the phytohormone abscisic acid. *Vitamins & Hormones*, **72**: 235-269.

Yang S, Hua J. 2004. A haplotype-specific Resistance gene regulated by BON_1 mediates temperature-dependent growth control. *Plant Cell*, **16**: 1060-1071.

Yasuda M, Ishikawa A, Jikumaru Y, Seki M, Umezawa T, Asami T, Maruyama-Nakashita A, Kudo T, Shinozaki K, Yoshida S, Nakashita H. 2008. Antagonistic interaction between systemic acquired resistance and the abscisic acid–mediated abiotic stress response in *Arabidopsis*. *Plant Cell*, **20**: 1678-1692.

Yun B W, Feechan A, Yin M, Saidi N B, Le Bihan T, Yu M, Moore J W, Kang J G, Kwon E, Spoel S H, Pallas J A, Loake G J. 2011. *S*-nitrosylation of NADPH oxidase regulates cell death in plant immunity. *Nature*, **478**: 264-268.

Zhou J, Wang J, Cheng Y, Chi Y J, Fan B, Yu J Q, Chen Z X. 2013. NBR1-mediated selective autophagy targets insoluble ubiquitinated protein aggregates in plant stress responses. *PLoS Genetics*, **9**: e1003196.

Zhou J, Xia X J, Zhou Y H, Shi K, Chen Z, Yu J Q. 2014. *RBOH1*-dependent H_2O_2 production and subsequent activation of MPK1/2 play an important role in acclimation-induced cross-tolerance in tomato. *Journal of*

Experimental Botany, **65**: 595-607.

Ziegler J, Keinanen M, Baldwin I T. 2001. Herbivore-induced allene oxide synthase transcripts and jasmonic acid in *Nicotiana attenuata*. *Phytochemistry*, **58**: 729-738.

Zipfel C, Robatzek S, Navarro L, Oakeley E J, Jones J D, Felix G, Boller T. 2004. Bacterial disease resistance in *Arabidopsis* through flagellin perception. *Nature*, **428**: 764-767.

Zhu J K. 2002. Salt and drought stress signal transduction in plants. *Annual Review of Plant Biology*, **53**: 247-273.

Zong W X, Ditsworth D, Bauer D E, Wang Z Q, Thompson C B. 2004. Alkylating DNA damage stimulates a regulated form of necrotic cell death. *Genes & Development*, **18**: 1272-1282.

第四章　果实形成与发育调控

在高等植物发育演变进程中，果实是一种独特而重要的器官。在植物生长发育过程中，果实不仅起到保护种子并在物种繁殖中起到重要作用(Tanksley，2004)，同时肉质果实还因其含有人体所需的许多重要的营养物质和经济价值而成为农业科学和生物科学的重要研究对象。许多园艺植物都具有肉质果实，包括茄科、葫芦科、蔷薇科和芸香科植物等。其中茄科的番茄，不仅是世界上最重要的蔬菜作物之一，同时也是植物肉质果发育的模式植物，因而备受世界各国科学家的关注。有关园艺作物的果实坐果以及早期发育是植物生物学研究的热点之一，同时也因其是许多园艺作物的产品器官，果实发育正常与否直接影响其产量和品质，因此更受园艺学家关注。

第一节　蔬菜作物果实种类与果实形成

一、蔬菜作物果实种类

蔬菜作物中，以果实为食用器官的蔬菜主要分布在葫芦科、茄科和豆科 3 类蔬菜，其中葫芦科蔬菜果实大多为瓠果，茄科蔬菜果实为浆果，豆类蔬菜果实为荚果。果菜类中，除番茄、西瓜、甜瓜和冬瓜等蔬菜的食用果实为成熟果外，其余大多蔬菜的食用果实为嫩果，如茄子、菜豆、豌豆、黄瓜和豇豆等，而辣椒既可用幼嫩果实为食用器官，又可用其成熟果为食用器官。

果实一般是子房及其周边组织膨大的结果，其内部形成供蔬菜繁殖的种子。一般的果实主要由果皮、果肉、胎座和种子构成，但不同果实在形态上差异极大，其可食部位也因所属科不同而存在一定的差异(表 4-1)。茄果类的子房大多位于花萼上面，其形成的果实属于子房上位果，也是真正的果实，而瓜类的子房位于花萼下面，其形成的果实属于下位果，且其果实是由子房和周围组织形成的，一般属于假果。

大多果实的形成需要一个授粉受精的过程，但方式并不相同，如豆类是严格的自花授粉植物，瓜类大都为异花授粉植物，茄果类大都为自花授粉，但也有一定程度的异花授粉。异花授粉大都是通过昆虫，如蜜蜂等。授粉受精的结果不但形成果实，也形成种子。

表 4-1　果菜类的开花结果特性

	茄果类	瓜类	豆类
花和花粉寿命	2~4 天	数小时	数天
授粉特性	自花授粉，虫媒	异花授粉、虫媒	自花授粉
心皮数	2~5	3	1
子房位置	子房上位	子房下位	子房上位
可食部位	中果皮，胎座组织	中果皮	中果皮，种子
果实种类	真果	假果	真果

一些果实的发育不经受精也能形成果实，如黄瓜和番茄的一些品种，但没有种子，把这种没有经过授粉受精形成果实的现象称为单性结实(parthenocarpy)。单性结实主要在黄瓜的一些品种中存在并得到实用化生产，较好地解决了我国冬春季节低温坐果难问题。在番茄中虽然也有一些单性结实的材料，但由于果实较小，目前应用于生产中还有一定的难度。单性结实的形成主要是由于这些品种或基因型具有较高浓度的生长素(auxin)或赤霉素(GAs)等激素。例如，番茄是自然单性结实研究最多的植物种类之一，它的形成被认为主要是由 GAs 引起，而在黄瓜中，目前的证据支持较高的生长素(IAA)是单性结实的主要原因。这种不需外界因素诱导便能自然形成单性结实的现象称为天然单性结实。另外，大多果菜类虽然不具天然单性结实的能力，但可通过人为生长调节剂处理同样能诱导其不经过授粉受精而发生单性结实，这种单性结实一般被称为人工单性结实。在瓜类和茄果类蔬菜生产中，花期的低温或高温导致许多蔬菜花而不实，为防止落花落果，现在普遍采用植物生长调节剂处理来诱导单性结实，其形成的果实则没有种子。

二、果实的生长发育过程

果实的生长发育过程实际上也是一个细胞分裂、细胞膨大和衰老的过程，授粉受精后的结实伴随着体积的不断增加。与植物生长一样，大多果实的生长同样表现出一个或多个 S 形生长曲线，其中南瓜、草莓、甜瓜、西瓜和番茄大多表现出单个 S 形曲线，而一些果树如桃、柿和无花果等的果实可表现出 2 或 3 个 S 形曲线。大多果实的形成需要授粉受精来刺激，授粉受精后在胚或种子中产生的激素是调控果实生长发育的关键因子。因此，种子数量及其分布的差异也在一定程度上导致果实大小和性状差异。一些果实不同部位发生不同程度的生长导致果实发生弯曲和粗细不一，这在很大程度上与其果实内部不同部位受精卵和种子的分布有关。

细胞分裂处于果实生长的前期，在果实形成过程中起着至关重要的作用，它决定了果实中最终的细胞数目，因此在很大程度上决定了果实的大小(Cong et al.，2002；Ho et al.，1996；Bohner and Bangerth，1988)。细胞分裂期的持续时间因蔬菜种类不同而异，如番茄一般持续期为 2 周左右(Ding et al.，2013)，黄瓜和瓠瓜为 5~8 天(图 4-1；Fu et al.，2010；Li et al.，2003)，而一些果树的果实则可持续 5~6 周或更长的时间。由于这时细胞较小，果实体积变化不明显。细胞分裂主要依赖于由细胞周期依赖激酶(CDKs)和细胞分裂周期蛋白(cyclins)组成的复合体对细胞分裂周期中的 G_1/S 的调控。以黄瓜为例，细胞分裂在开花后开始，花后 4 天(DAA)内非常旺盛，然后逐渐减慢到 8DAA 基本停止。细胞周期相关基因(*CycA*, *CycB*, *CycD3;1*, *CycD3;2*, *CDKA* 和 *CDKB*)中，*CycA*、*CycB* 以及 *CDKB* 在 2DAA 内表达水平达到最高，而 *CycD3* 和 *CDKA* 的表达分别在 4DAA(花后天数)和 20DAA 达到较高的水平(图 4-2；Fu et al.，2010；Li et al.，2003)。

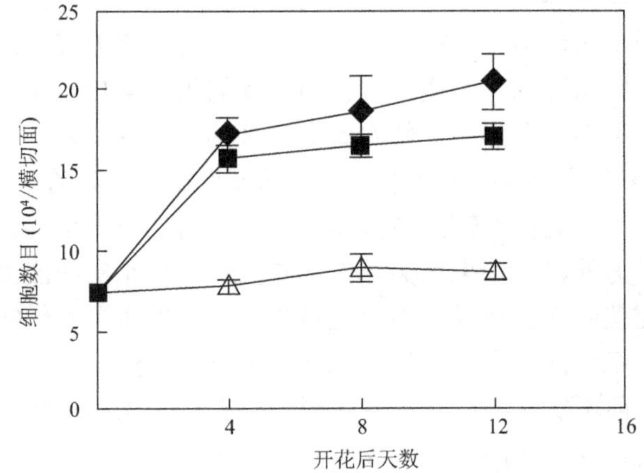

图 4-1　瓠瓜未授粉受精果与细胞分裂素 CPPU 诱导的单性结实中细胞数目变化(Li et al.,2003)

△ 未授粉子房；■ 授粉形成的果实；◆ CPPU 诱导的单性结实果实

果实生长中期细胞分裂逐步停止，取而代之的是细胞膨大。细胞膨大实际上是细胞壁结构变化引起的细胞伸长，目前也已经探明多个基因家族参与其调控，如这些基因编码的扩张蛋白(expansin)、木葡聚糖内糖基转移/水解酶(XTHs)，内切-1, 4-β-葡聚糖酶(EGases)和动蛋白。在黄瓜果实中，大部分 *Exp* 基因(*CsExp3*, *CsExp5*, *CsExp6*, *CsExp7*, *CsExp8*, *CsExp9* 和 *CsExp10*)的最高表达都出现在果实的快速细胞膨大期，*CsExp1*, *4* 和 *XTH* 基因在分裂旺盛的果实发育前期表达较高，这两个家族的大部分基因都在内果皮或者果肉中表达较高，所有这些均说明了它

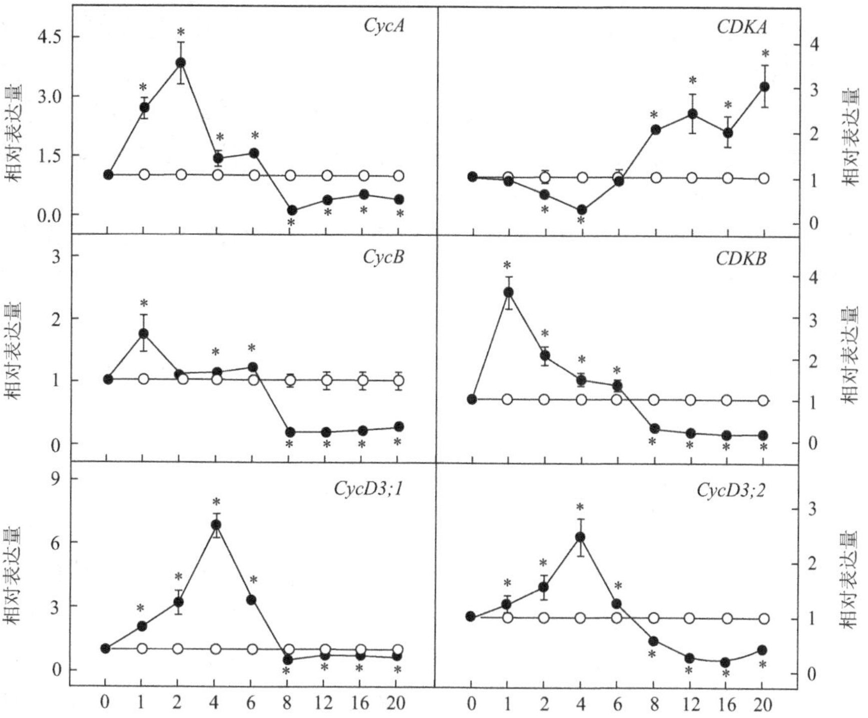

图 4-2　黄瓜花后子房中细胞分裂相关基因表达(Fu et al.，2010)

○ 未授粉子房；● 授粉果实。*表示数据显著性差异($P<0.05$)

们在细胞膨大中所发挥的作用。同时，果实膨大过程中，核内 DNA 倍性因核内复制而增加(图 4-3；Fu et al.，2009)。核内复制是指 DNA 的复制独立于有丝分裂形成多倍体的过程(Kondorosi et al.，2000)。核内复制促进了细胞膨大，与果实的大小存在密切的关系(Cheniclet et al.，2005；Coombe，1976)。

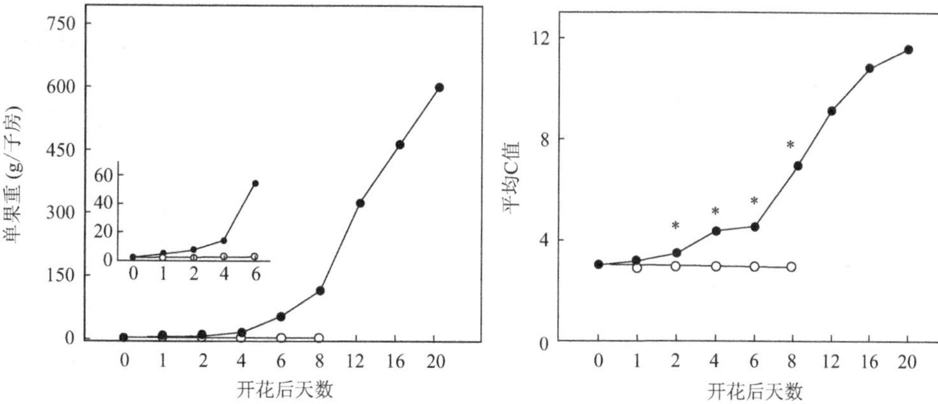

图 4-3　黄瓜果实生长发育中倍性变化(Fu et al.，2009)

○ 未授粉子房；● 授粉果实。*表示数据显著性差异($P<0.05$)

在果实生长后期，细胞分裂和细胞膨大都停止，但果实发生显著的色泽和质地变化以及细胞间隙的增大。在果实成熟期，其细胞结构发生变化，内含物逐步减少，细胞间隙进一步增大，如丝瓜果实在后期只剩下由纤维素组成的空洞细胞。一些与衰老相关的激素如乙烯和 ABA 参与了这个过程的调控，如乙烯通过调控 *ACC* 等基因促进茄红素的合成和转色。

从空间结构上来看，瓜类果实的发育由果肉和果皮的发育组成，果肉由胎盘软组织发育而来，种子在果肉中形成。果皮包括外果皮、中果皮和内果皮，由子房壁发育而成。各果皮组织中细胞分裂和膨大并不一致，外果皮分裂比较旺盛，细胞较小，而中果皮和内果皮的细胞较大，数目较少(Vivian-Smith and Koltunow，1999)。

第二节 植物激素与果实发育

果实的生长发育是一个受内在激素高度调控的过程，授粉受精形成的胚胎和随后的种子能产生一系列植物激素从而调控果实的生长发育。现有的证据表明，果实中含有生长素、赤霉素、细胞分裂素、乙烯、脱落酸以及油菜素内酯等，它们在不同果实种类和不同发育时期发挥不同的作用。图 1-10 是番茄果实发育中不同激素含量的变化情况，这在一定程度上也体现了不同激素在番茄发育中的作用。从图中可以看出，授粉受精后早期产生的主要是 GAs 和细胞分裂素，中期主要是生长素和 ABA，而后期则主要是生长素和乙烯。近年来的研究发现，油菜素内酯也参与到瓜类果实发育的调控(Fu et al.，2008)。

证明这些激素在果实生长中的作用主要通过 3 种途径来实现：

第一种途径是通过研究激素合成或信号转导突变体以及这些激素信号节链相关基因敲除植株的果实形成与发育情况来完成；

第二种途径是通过使用激素合成的抑制剂处理授粉受精子房，观察其引起的果实生长变化；

第三种途径是通过在未授粉受精子房中用不同激素处理，观察是否能诱导单性结实。

有关植物激素在果实早期发育中的作用研究最多和最为深入的是生长素和 GAs。早在 20 世纪早期人们就发现生长素和赤霉素(GAs)对番茄果实发育的作用，Gustafson (1936)证明花粉提取物或生长素类似物可以促进子房形成单性结实果实。生长素与 GAs 单独处理均能诱导单性结实，但生长素与 GAs 诱导产生的果实在组织细胞学上有明显的差异(Kataoka et al.，2003)，生长素处理形成的果实较小，其果实细胞数与受精果实相同，但细胞体积较小；而 GAs 诱导的果实细胞较少，但单个细胞体积较大(Bungerkibler and Bangerth，1983；Bufler and Bangerth，

1982）。利用 GAs 突变体 *Pat* 的研究表明，生长素先于 GAs 发生作用，生长素可能在子房中作为授粉或者授粉后早期的信号通过激活 GA20-oxidase（GA20oxs）来促进赤霉素的合成，从而激发子房的生长和果实坐果（Mapelli et al.，1978）。GAs 处理可以诱导 IAA 含量增加，但生长素诱导的单性结实可以被 GAs 合成抑制剂所抵消（Ding et al.，2013）。虽然单独施用外源生长素和赤霉素都能促进单性结实，但是如果共同施用这两种激素，子房中赤霉素与生长素的比例将会慢慢降低。因此，细胞分裂和细胞膨大过程中，二者通过一定的协同作用来促进果实的形成和生长。

近年来，分子生物学技术的发展极大地推动了果实发育机制的研究，使我们对生长素在果实发育中的作用有了更进一步的认识（Woodward and Bartel，2005）。通过在胚珠或子房中特异性地表达生长素生物合成基因，如 *iaaM* 基因，也可以诱导单性结实（Carmi et al.，2003；Rotino et al.，1997）。转录分析表明，在授粉后番茄果实心室膨大细胞中，与生长素合成、运输相关以及对生长素响应的基因会优先表达（Lemaire-Chamley et al.，2005）。生长素可快速地诱导一些基因表达（Guilfoyle and Hagen，2001），如 Auxin/IAA（Aux/IAA）基因家族、SAUR、GH3 及 ACC 合成酶基因等，从而调控植物生长与发育的一些过程（de Jong et al.，2009b）。其中生长素响应转录因子（auxin response factor，ARF）在植物生长素反应的信号转导中起中心调控作用（Guilfoyle and Hagen，2001；Ulmasov et al.，1997）。通常认为生长素信号转导途径是通过 Aux/IAA 与 ARF 的相互作用实现的，在生长素浓度低的情况下，Aux/IAA 与 ARF 相结合以阻止其结合到生长素反应基因启动子的生长素响应元件（auxin response element，ARE）上，抑制生长素相应基因的表达；当生长素浓度升高时，Aux/IAA 被连接到生长素受体 SCFTIR 复合体上经泛素途径降解，释放 ARF 转录因子并与 ARE 结合，从而诱导相关基因的表达。已有的分子遗传证据表明，目前发现的生长素信号转导基因大多为果实发育的负调控因子，如 *IAA9*（Wang et al.，2005）、*SlARF7*（de Jong et al.，2011，2009b），*SlARF8*（Goetz et al.，2006）、*Aucsia*（Molesini et al.，2009），这些基因的下调均可引起单性结实的发生。其中，ARF7 在果实坐果与发育中调节生长素与赤霉素信号转导路径，可同时作为生长素与 GA_3 信号途径的负调控因子，在协调两种激素交叉互作上有重要作用（de Jong et al.，2011），有关果实早期发育中生长素和 GAs 的作用模型也已初步建立（图 4-4）。然而，目前建立的这一生长素作用模型并没有解释其他数量众多的生长素反应基因，包括 *Gretchenhagen-3*（*GH3*）以及 *SAURs* 等在生长素反应过程的作用（Hagen and Guilfoyle，2002），也不足以解释利用生长素类生长调节剂如 2,4-D、4-CPA 等诱导的果实在细胞组织学上明显区别于授粉受精产生的果实（de Jong et al.，2009a）。另外，除上述生长素和 GAs 外，其他激素如 CTK、油菜素内酯（BRs）甚至乙烯，ABA 等也参与果实发育调控，但是这些激素并不包括在 Auxin-GAs 交叉互作调控模型中。这说明植物调控果实发育基因网络远较此模型复杂得多。所以 BRs 与 CTK 等激素在果实发育中行使何种功能？在这一 IAA-Gas 模型中作用如何？如何协调这些激素与生长素或赤霉素的关系？这些问题都有待深入探讨。

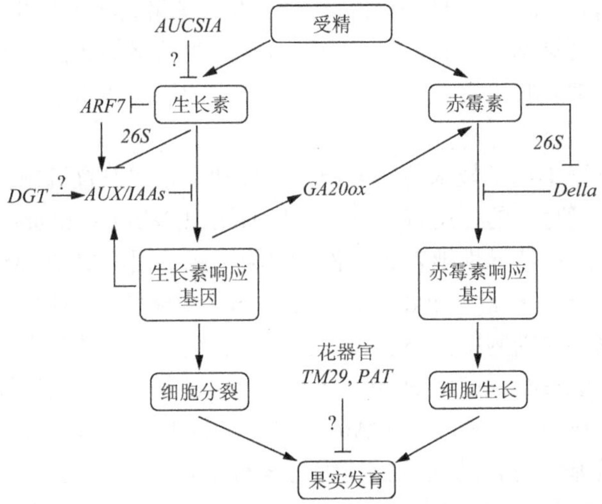

图 4-4　番茄果实形成中 IAA 和 GAs 的作用模型(de Jong et al.，2009a)

迄今为止，有关果实早期形成和发育的研究大多集中在生长素和 GAs 上，而其他激素如细胞分裂素和 BRs 等在果实早期发育中的作用则在很大程度上被忽视。尽管在果实形成早期细胞分裂素合成显著增加，但其生物学意义迄今仍未从分子生物学角度予以阐明，这在很大程度上与缺少细胞分裂素相关突变体和合成抑制剂有关。作者的工作表明，细胞分裂素可诱导瓠瓜、黄瓜和番茄等多种蔬菜的单性结实(彩图 24)，并可同授粉受精一样诱导子房中 *CycD3;1* 基因的表达(Li et al.，2003)。在番茄上，细胞分裂素对单性结实的诱导效果可被 GAs 合成的抑制剂多效唑消除(彩图 25)。细胞分裂素在引起单性结实的同时，还引起 IAA 和 GA_{1+3} 含量的增加及其 GAs 合成相关基因 *SlCPS*、*SlGA20ox1*、*SlGA20ox2*、*SlGA3ox-2* 和 IAA 合成相关基因 *ToFZY* 表达的上调，但导致 GAs 氧化相关基因 *SlGA2ox1,2,3,4,5* 和 GA 抑制基因 *SlDELLA* 的下调。因此，细胞分裂素可直接通过细胞分裂周期蛋白促进细胞分裂以及通过促进 GAs 和 IAA 的合成和代谢从而促进果实发育(图 4-5 和图 4-6)。

一些研究也发现了 BRs 的生物合成在发育的豌豆种子和番茄、拟南芥的果实中有所提高(Nomura et al.，2007；Montoya et al.，2005；Shimada et al.，2003)，在茄子上发现 BRs 可有效地诱导单性结实(Khripach et al.，1999)。有趣的是，在果实发育的模式植物番茄上，其 BR 缺失突变体 *dx* 虽然在营养生长阶段表现出矮

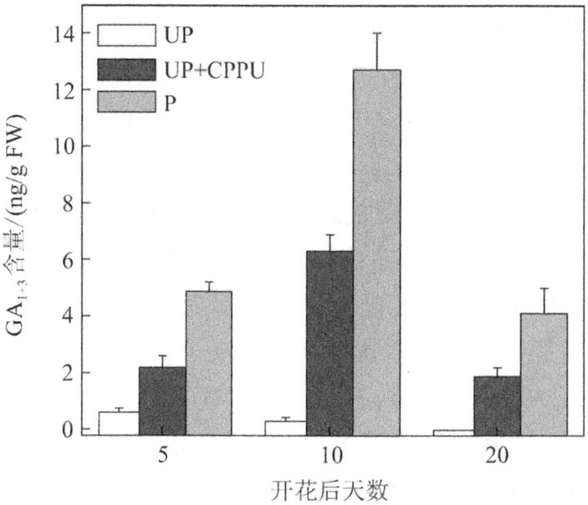

图 4-5 授粉与细胞分裂素 CPPU 对番茄果实中 GA$_{1+3}$ 含量的影响(Ding et al., 2013)

UP，未授粉；P，授粉

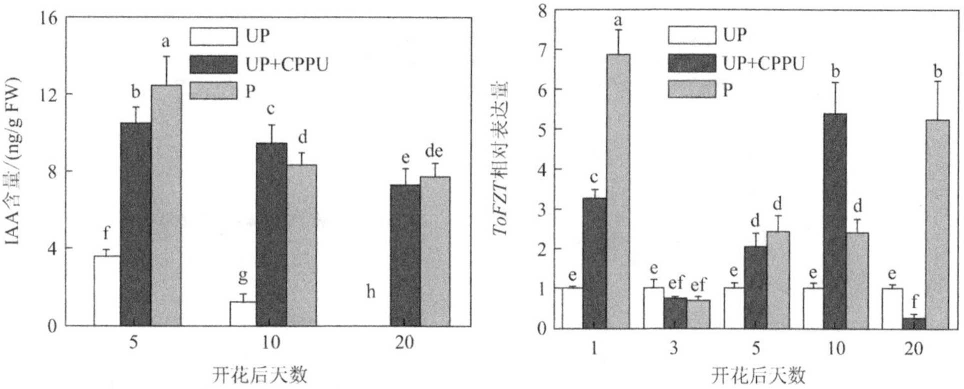

图 4-6 授粉与细胞分裂素 CPPU 对番茄果实中生长素积累与合成相关基因表达的影响(Ding et al., 2013)

UP，未授粉；P，授粉。不同字母表示显著性差异($P < 0.05$)

化、在光形态建成等方面表现出典型的 BRs 缺失症状(彩图 2)，但是在生殖发育阶段能完成授粉受精形成正常的果实(Bishop et al., 1999)。导致这种现象的原因在于参与番茄 BRs 生物合成的最后一个酶 CYP85A3 在生殖器官中存在特异性表达，而这个酶恰好能代替 *dx* 所编码 BR6ox 加氧酶的功能，从而实现 *dx* 突变体的 BRs 合成。同时，在果实发育的早期膨大阶段 *dx* 基因高水平表达，在该时期 BRs 的含量显著提高，说明番茄果实早期膨大阶段确实需要 BRs 的参与，BRs 的合成与果实发育存在紧密的联系(Montoya et al., 2005)。此外，还发现与番茄同属浆果的葡萄在成熟转色的过程中伴随着内源 BR 的合成，而利用 BRs 合成抑制剂 Brz 抑制 BRs 合成则能延缓葡萄的成熟(Symons et al., 2006)，添加 BRs 可以加速番茄果实的成熟(Vardhini and Rao，2002)。另外一些研究发现 BRs 合成缺失或信号突变体的花粉发育异常而导致雄性不育(Ye et al.，2010)，因而 BRs 能通过调控花粉发育和授粉受精而在根本上决定果实的发育。这些结果表明，BRs 在果实发育的不同阶段发挥重要作用。

作者发现在非单性结实的黄瓜栽培品种的子房上进行BRs处理可以诱导单性结实并且提高细胞分裂能力，而在单性结实品种的子房上喷施 BRs 合成抑制剂(Brz)抑制果实生长，最终导致败育，而这种抑制现象可以通过添加 BRs 得以恢复(彩图 26)。细胞周期蛋白编码基因 *CsCycD3;1* 和 *CsCycD3;2* 的转录水平受 BRs 处理上调但被 BRs 合成抑制剂 Brz 抑制(图 4-7)。对黄瓜子房在 BRs 处理之后的消减抑制杂交(SSH)文库研究表明 BRs 参与调节果实发育的多个过程，并以调控细胞分裂尤为显著。同时，还在 SSH 文库中发现了生长素信号基因，预示着 BRs 可能与生长素信号互作，共同作用于果实发育过程。

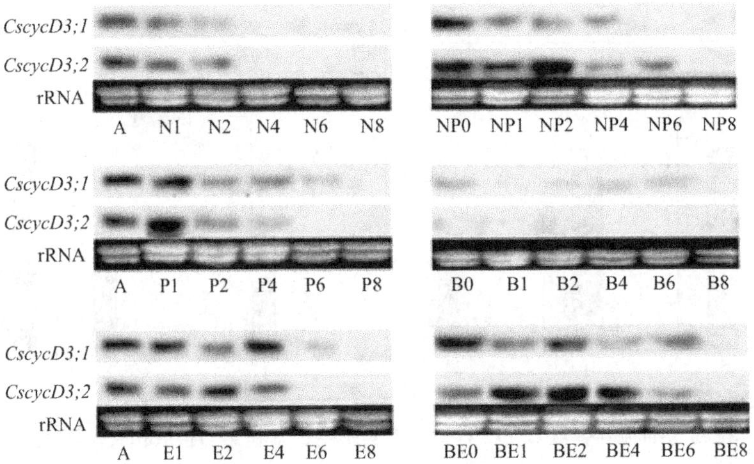

图 4-7　黄瓜单性结实品种(左)和非单性结实品种(右)果实发育中授粉、Brz 和 EBR 对花后 *CycD3* 基因表达的影响(Fu et al.，2008)

N，未授粉；P，授粉；E，EBR 处理；NP，未授粉；B，BRs 合成抑制剂 Brz 处理；BE，Brz 和 EBR 处理

植物激素不仅对细胞分裂产生影响，还与细胞膨大有关。迄今为止，植物生长物质对植物不同器官、组织和细胞中 *Exp* 和 *XTH* 表达模式的影响有较多的研究(Nakamura et al.，2003；Mbeguie-A-Mbeguie et al.，2002；Chen et al.，2001；Yokoyama and Nishitani，2001；Caderas et al.，2000；Whitney et al.，2000)，但以子房作为对象结合果实发育来探讨植物生长物质对这些基因所起的作用的研究则相对较少。最近，作者用 4 种不同的植物生长物质来处理未授粉子房后发现，NAA 和 EBR 都是促进细胞伸长的植物生长物质，也同时上调了 expansin 编码基因以及所有的 *XTH* 基因的表达，然而在一些 *expansin* 基因(*CsExp2*、

CsExp5、*CsExp7* 和 *CsExp9*)的表达调控上，这两个激素所起的作用正好相反，*CsExp2*、*CsExp5* 和 *CsExp9* 基因表达受 NAA 上调，EBR 下调，而 *CsExp7* 基因表达受 EBR 上调，受 NAA 下调。这有可能是因为 BRs 诱导的细胞伸长和生长素诱导的细胞伸长的靶基因不一样。另外，细胞分裂素 CPPU 在增加 *exp* 和 *XTH* 基因的表达上作用很小，这可能是因为在 CPPU 处理的幼果中，过强的细胞分裂在一定程度上代替了细胞膨大。虽然 GA_3 处理不能诱导瓜类单性结实，却与在其他器官中一样，显著提高了很多 *exp* 和 *XTH* 基因的表达(Lee and Kende，2002；Lee et al.，2001；Yokoyama and Nishitani，2001)。这些结果表明，*expansin* 和 *XTH* 基因参与调节植物生长物质对果实发育中细胞膨大的调节，却不是启动单性结实的决定因子(彩图 27)。

果实发育后期是一个成熟和衰老的过程，果实成熟的类型可分为呼吸跃变型和非呼吸跃变型两种，不管哪种类型都不同程度受植物激素 ABA、乙烯和其他激素如 BRs 所调控。呼吸跃变型果实在这个时期伴随着较多的乙烯合成与释放，而非呼吸跃变型果实则乙烯合成与释放相对较少。在乙烯合成前期，有时还可以观察到一个 ABA 积累过程，一些研究者认为，ABA 是乙烯合成的激发因子。然而，ABA 与乙烯在果实中的作用存在一定的差异，ABA 影响一些果实内部的碳水化合物的代谢和花青素的合成，而乙烯则可通过调控 PGase、Exp 和 XTH 等蛋白而影响细胞壁结构，并影响番茄果实中番茄红素的合成和积累，从而影响果实着色。

第三节 果实中同化产物积累与源库关系

一、果菜类植株中碳水化合物的转运过程

植物叶片是进行光合作用的器官，也是碳水化合物的合成部位，它通过植物的韧皮部系统提供给果实、茎和根系生长所需的碳水化合物。不同植物从叶片到果实的碳水化合物运输机制存在一定的差异，这些被植物运输的碳水化合物一般具有溶解度高和化学上较为稳定的特点。番茄、葡萄和柑橘等作物从叶片向果实运输的光合产物是蔗糖，而瓜类作物在韧皮部中的运输物主要为水苏糖和棉子糖，在苹果、桃和梨等果树中其运输的光合作用产物主要为山梨醇和水苏糖。此外，在芹菜和香菜等植物叶片和叶片间的碳水化合物运输中，甘露醇是运输的主要碳水化合物(山本昭平，2007)。

在植物叶片光合作用中，Calvin-Benson 循环合成的磷酸丙糖通过不同途径合成蔗糖、鼠李糖和水苏糖等光合作用产物，这些糖类化合物中的一部分糖可作为转运糖被运输。从叶片到果实的碳水化合物输送主要包括 2 个过程，这些转运糖

首先从叶片叶肉细胞装载(loading)到韧皮细胞，再从韧皮细胞卸载(unloading)到果肉细胞(山本昭平，2007)。植物的装载和卸载机制随植物种类和转运糖种类不同而异。

植物韧皮液中的糖浓度可达摩尔(mol)级别，远高于叶肉细胞中这些糖的浓度，植物通过韧皮部中的筛胞(sieve cell，SE)和其周围的伴随细胞(companion cell，CC)形成SE/CC复合体中的胞间连丝转运糖分，这种类型的转运一般被称为共质体途径。在一些SE/CC复合体和胞间连丝较为发达的植物种类，主要通过胞间连丝进行转运糖的转运。在另外一些植物中，由于胞间连丝不发达，则主要通过质外体途径(apoplastic loading)进行转运糖的转运(陈俊伟等，2003)。植物采用质外体途径还是共质体途径进行糖的运输还与糖的种类有关，一般蔗糖类型的转运糖大多采用质外体途径进行其装卸，而其他类型的转运糖则采用共质体途径进行装载。主要果菜中，番茄通过质外体途径进行蔗糖的装卸，而瓜类作物则采用共质体途径进行水苏糖等的装卸(山本昭平，2007)。

目前一些证据表明，有些植物可通过质外体途径和共质体途径将光合产物从韧皮细胞卸载到果实的果肉细胞中，但这方面的研究相对较少。一些研究发现，卸载途径有时会随着果实发育时期不同而异，如番茄在果实发育早期采用共质体途径进行蔗糖的卸载，但在后期则采用质外体途径进行卸载。瓜类植物从叶肉细胞装运到韧皮细胞的是水苏糖和棉子糖，但在其果肉细胞中几乎不能检测出水苏糖和棉子糖的存在，说明水苏糖在果柄中迅速被转化成葡萄糖和果糖而进入果肉细胞中(山本昭平，2007)。最近的研究发现，黄瓜从韧皮部向果实细胞主要通过质外体途径进行同化物的卸载。

二、果实中主要碳水化合物积累规律与调控

果实将从叶片输送来的碳水化合物经过果柄和果实中的一些代谢过程形成不同代谢产物，这些代谢产物的积累在很大程度上影响了果实的品质和产量。果实中的碳水化合物的代谢主要由一系列基因编码的蛋白酶催化，这些酶主要包括酸性转化酶、蔗糖合成酶、蔗糖磷酸合成酶等(张永平等，2008；赵智中等，2001)，其中蔗糖合成酶主要通过葡萄糖和果糖合成蔗糖，酸性转化酶将蔗糖不可逆地裂解成葡萄糖和果糖(潘秋红和张大明，2005)。

在番茄栽培品种果实生长发育中，葡萄糖和果糖含量逐步升高，而淀粉含量逐步下降。随着果实生长和成熟，可溶性酸性转化酶活性(EC3.2.1.26)逐步升高，蔗糖合成酶(EC2.4.1.13)活性则逐步下降，而细胞壁酸性转化酶则基本保持不变(Yelle et al.，1988)。果实中的蔗糖含量与蔗糖合成酶活性呈正相关，与可溶性酸性转化酶呈负相关，与细胞壁酸性转化酶不具相关关系。因此，可溶性酸性转化酶和蔗糖合成酶是调控果实发育中蔗糖代谢的两个重要的酶。此外，小果型品种

如樱桃番茄果实中的还原糖和蔗糖含量、蔗糖合成酶活性和蔗糖磷酸合成酶活性显著高于大果型品种果实中的相应糖含量和酶活性。

在黄瓜果实中，果糖和葡萄糖是主要的糖类。随着果实的生长，这两类糖分含量逐步升高，而蔗糖、水苏糖等含量则逐步下降。在代谢相关酶活性方面，中性转化酶、酸性转化酶和蔗糖合成酶的活性均随果实生长呈现出增加趋势。在瓠瓜中，酸性转化酶编码基因和酶活性均可被授粉和细胞分裂素 CPPU 所诱导(图 4-8；Li et al.，2004)。

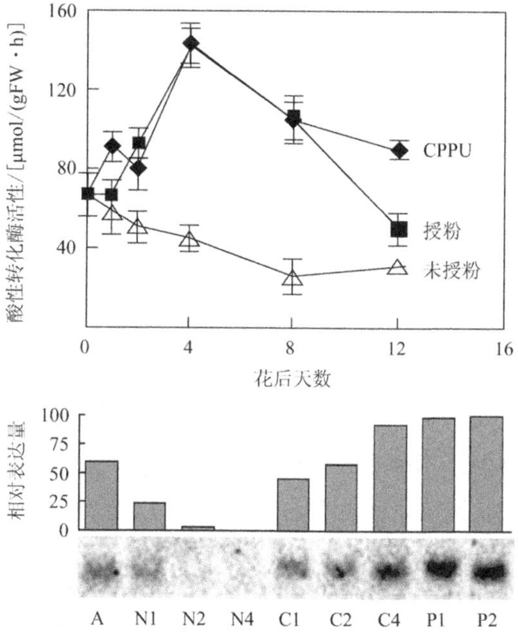

图 4-8 授粉和细胞分裂素 CPPU 处理对瓠瓜果实中酸性转化酶活性和编码基因表达的影响(Li et al.，2004)

A，开花当天；N，未授粉； C，CPPU 处理；P，授粉。字母后数字为花后天数

不同蔬菜果实中的碳水化合物的代谢存在较大的差异，这不仅体现在相关调控基因及其编码蛋白酶方面，还体现在其代谢产物的种类及其积累中。葫芦科蔬菜中，西瓜和甜瓜等果实中合成较多的蔗糖，而同样是葫芦科的黄瓜和苦瓜等蔬菜，蔗糖积累则相对较少。在茄科蔬菜中，番茄含有相对较高的蔗糖，而茄子和辣椒蔗糖含量则很低。许多与口味相关的糖分如蔗糖、果糖等大多储存在液泡中，在一些果实含水量较高的蔬菜如西瓜、甜瓜和番茄果实中，由于其液泡比例较高，一般含糖量较高，而含水量较低的蔬菜果实如辣椒、茄子、冬瓜和丝瓜等则由于液泡不太发达，含糖量也较低。

三、源库关系及其调控

一个正常的番茄植株中，叶片和茎组织约占植株生物量的1/2，而果实也同样约占植株生物量的1/2。因此，叶片作为光合作用合成碳水化合物的器官，如何将这近一半的光合作用产物运输到果实中是调节果实产量形成的基础。一般将光合作用碳水化合物形成的发生器官即叶片称为源，而将光合作用产物的输入器官即果实称为库(图4-9)，除此以外，蔬菜生长中的根和幼嫩叶片也是重要的库。

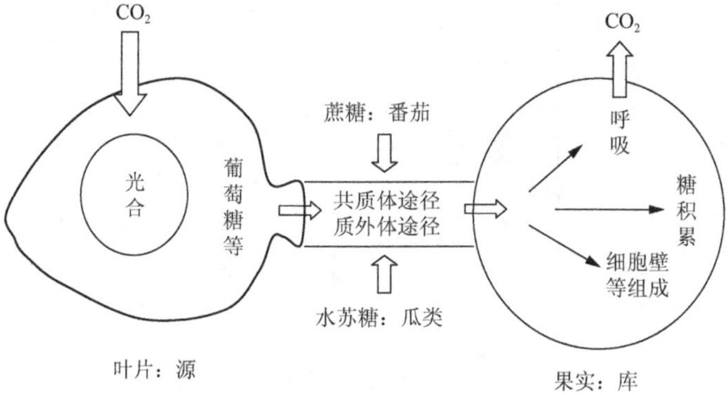

图4-9　蔬菜中的同化产物运输与源库关系

在番茄生长发育中，不同生长时期叶片合成的碳水化合物向不同器官的分配比例发生很大的变化，同时，不同叶片合成的碳水化合物对根、茎、叶和果实的贡献不一。例如，在15张叶片时期的番茄植株中，第4~第8张叶片的同化物主要供应其下面的根系和第一果穗果实的生长，而第一果穗上面的第9~第11张叶片主要供应第一果穗果实的生长，对根系的碳水化合物供应则很少；第二果穗上面的第12~第14张叶片主要供应第二果穗果实的生长，少量供应第三果穗果实的生长；第三果穗上面的第15张叶片则主要供应第三和第二果穗果实的生长，极少供应其下面的根系和茎的生长(藤目幸広等，2006)。因此，在植株内部，植物形成了一个同化物源就近供应库的机制。

一般库的强度是指光合作用同化产物吸收能力，其大小是库大小和库活性的乘积。库的大小是指库器官的大小，如果实数量和单个果实的大小，而库的活性一般是指单位质量果实吸收同化产物的量，取决于从韧皮部向果实细胞质外体、细胞质和液泡的卸载活性，其中涉及了一系列与碳水化合物运输和代谢相关的基因和酶。以番茄为例，其运输的糖主要为蔗糖，其库的活性主要取决于：

(1)蔗糖从韧皮部组织向果实质外体的卸载和质外体中的蔗糖分解活性，该过程主要由运输蛋白等来完成；

(2)从质外体到细胞质内的己糖运输活性即己糖/质子泵的影响；

(3)细胞内葡萄糖和己糖的转化活性；

(4)葡萄糖在液泡内的积累能力等，主要利用液泡膜中的质子泵来完成。通过这些途径，植株能够保持库的活性，使得韧皮部的碳水化合物浓度与果实细胞中的同化物浓度保持一定的梯度，完成同化产物从叶片向果实的持续输送(山本昭平，2007)。

植物源库关系调节在很大程度上是通过形成一个不同细胞和细胞区间糖浓度的梯度来完成的，如在韧皮部细胞中通过保持一个较低的糖浓度，从而形成一个压力差向库运输糖类化合物。在这个过程中，许多激素和糖信号也参与了其调控，如细胞分裂素不仅促进了果实细胞的分裂，还可促进同化物向果实的输送(表4-2)，另外一些激素如 ABA 也参与了这个过程的调控，影响糖分积累。

表 4-2　CPPU 处理对瓠瓜植物中 ^{14}C-同化物分配的影响

	授粉处理		果实 CPPU 处理	
	cpm×10^5/株	^{14}C 分配/%	cpm×10^5/株	^{14}C 分配/%
根	0.27	0.33	0.49	0.43
茎	4.52	5.52	5.40	4.71
叶	4.51	5.51	2.54	2.22
果	53.28	65.10	88.81	77.47
标记叶	19.26	21.53	17.40	15.18
总和	81.84	100	114.64	100

资料来源：李英和喻景权，2001。

一个源库关系协调的植株一般具有一定的叶片、根系与果实间的比例关系，从而使不同节位果实的生长较为均匀。在实际生产中，也可经常观察到一些源库关系不协调导致的坐果不良现象，如当第一果穗结果过多时，一般会发生第二乃至第三果穗结果不良现象。追其原因，主要是由于在源供应能力有限的情况下，第一和第二或第三果穗果实这些库间发生的对同化物的竞争所导致。同样，当坐果不良时，也会发生植物徒长现象，这主要是形成了一个较为强大的嫩叶叶片库所致，因此，形成一个相对协调的源库关系是高产优质的基础。

第四节　果实生长发育调控技术

一、落花落果的原因

果菜顾名思义是以果实为食用器官，获得具有一定大小、质地、色泽和营养物质的果实是生产的目的。果实坐果与否主要取决于下列几个因子。

(1) 内因：植物激素的产生和充足的光合作用产物的积累。

(2) 外因：在实际生产中，许多果菜的生长期间特别是花期经常遭遇低温、高温和雌雄花比例失调现象，导致其不能正常授粉受精而影响结果。果菜类除豌豆和蚕豆以外，大多果菜类属喜温蔬菜，其花粉管萌发和伸长以及随后的授粉受精所需要的温度为20~30℃，温度低于15℃或高于30℃会导致花粉管不能发芽和伸长乃至不能坐果，这也是目前生产中常见的“落花落果”和“化瓜”现象。在瓜类生产中，温度还影响雌雄花的分化，如在低温下育苗通常会出现只开雌花不开雄花的现象，而在相对较高的温度下育苗则会出现只开雄花不开雌花的现象，所有这些都会导致坐果不良。

二、果实坐果调控技术

目前蔬菜中的果实调控技术主要有如下四个方面。

(一)遗传工程

如前所述，许多果菜中存在一些具有自然单性结实的种质资源，利用这些资源通过传统和现代育种技术选育具有单性结实能力的品种是一条解决不适宜环境下坐果难的有效途径。目前，该项技术已经成功地应用于黄瓜的育种中，在其他果菜如番茄、辣椒和茄子中尽管也同样具有单性结实的种质材料，但还未能选育出具有商业价值的品种。

(二)化学调控技术

利用植物生长物质即调节剂来诱导单性结实从而防止落花落果和“化瓜”是目前蔬菜生产中广为应用的技术。

(1) 茄果类蔬菜：茄果类蔬菜不仅是果菜中栽培面积最大的一类蔬菜，而且在我国各地普遍栽培，栽培季节也长。茄果类蔬菜虽然其叶片较为耐寒，但生长过程中的温度普遍不能满足授粉受精的温度需求，因此生产上对生长调节剂的依赖程度也较高。在茄果类生产中，我国各地主要应用生长素类物质如 2,4-D 和 4-CPA(也称为番茄灵)来防止落花落果，但使用不当有时会产生畸形果和空洞果等。除生长素外，赤霉素也可诱导单性结实。最近，作者发现细胞分裂素也可通过多条途径诱导单性结实。不同激素诱导的果实在组织和细胞结构上存在一定的差异，这也是影响果实质地的一个因子，因此，适当添加赤霉素和细胞分裂素可达到果实生长均匀和防止空洞果或畸形果产生的效果。

(2) 瓜类蔬菜：瓜类蔬菜的坐果机制与番茄具有一定的差异，传统的生长素和赤霉素(GA_3)一般不具诱导单性结实和促进坐果的效果，但 GA_{4+7} 则具有一定的促进效果(喻景权和沈伟，1983)。近年来，研究发现，细胞分裂素 CPPU 能有效地诱导黄瓜、瓠瓜、南瓜、西瓜和丝瓜等瓜类作物的单性结实，对于解决低温或高温下的“化瓜”问题具有较好的效果，并能较大幅度地提高产量(图 4-10；Yu，1999)。

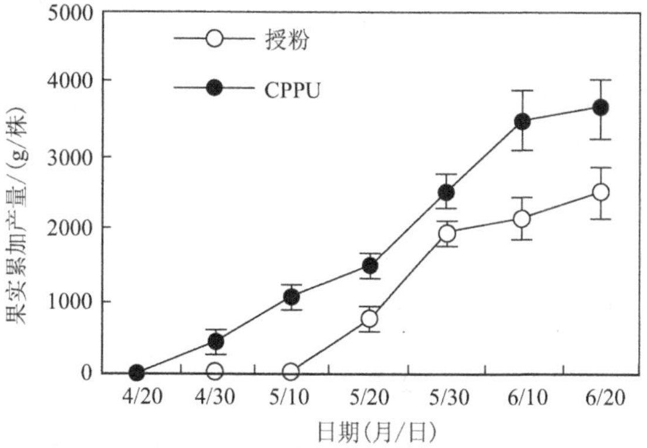

图 4-10 细胞分裂素与授粉对瓠瓜产量的影响

(3) 豆类蔬菜：该类蔬菜大多以果皮和种子为食用部分，一些调节剂如生长素尽管能提高其坐果率，但由于形成的单性结实果实不具种子，因此在一定程度上失去其商品价值，同时，由于豆类蔬菜处理不便，因此，生产上应用化学调控的意义不大。

(三)源库调整技术

植物的源库关系在一定程度上影响了果菜类的坐果和随后的生长，源库关系既有茎叶生长与果实生长之间的关系，也有果实之间竞争关系。通过 CO_2 施肥增加光合作用即增加了源，在一定程度上也促进了果实的生长。相反，如果植株徒长，造成叶片生长与果实生长之间的库的竞争，也就影响了果实的坐果与生长。同样，如果早期结果太多，形成的一个强库将会影响后续果实的坐果，出现类似生产上经常看到的番茄“断档”现象。因此，通过合理的植株调整等技术来形成一个协调的源库关系是调控果实生长的一条有效途径。

(四)熊蜂授粉和人工授粉技术

熊蜂在我国民间俗称狗熊蜂或熊猫蜂。熊蜂周身长满绒毛，有的呈分叉羽毛状，有利于黏附和收集花粉，喙也较长(9~17 mm)，据计算，一只熊蜂周身携带的花粉可达数百万粒之多。熊蜂一天常常采集数百朵花，传粉效率很高。目前，熊蜂授粉技术已经成为荷兰等国取代生长调节剂技术的一项主要技术，我国一些地方也正在开展试验研究，但推广面积不大，主要是我国的温室大棚大多采用不加温的生产模式，冬春季节存在一个低温问题，在低温条件下，不仅熊蜂活动受到影响，而且花粉产生和萌发也受到影响，因此该项技术的应用具有一定的局限性。近年来，我国也从日本引进了电动震荡授粉技术，但同样主要适用于温度较为适宜的季节。此外，为解决花粉来源问题，一些科研单位也正在尝试在适温期采集花粉，通过低温真空长期保存后进行授粉的方法来解决西瓜坐果问题，相关研究还有待于进一步深入。

以上作者主要围绕果实坐果和随后的生长介绍了相关的研究和技术及其进展，这些内容主要涉及生长量的变化即量变。事实上，在果实生长发育后期中，尽管果实大小变化不大，但其外在色泽和内在成分如碳水化合物、色素和抗氧化物质的积累方面等均发生很大的变化，这些变化则是影响果实品质和产品质量的主要指标，相关内容将在第五章中进行介绍，以免重复。

主要参考文献

陈俊伟，张上隆，张良诚，谢鸣，陶俊，吴江．2003．柑橘果实韧皮部后糖的运输生理机制研究．中国农业科学，36(12)：1530-1534.

李英，喻景权，朱祝军，陈暄，胡文海．2001．CPPU 对瓠瓜单性结实的诱导作用及对细胞分裂和内源激素水平的影响．植物生理学报，27(2)：167-172.

李英，喻景权.2001. CPPU 处理瓠瓜子房对叶片光合作用和 ^{14}C-同化物分配的影响．核农学报，15(6)：355-359.

潘秋红，张大鹏．2005．植物酸性转化酶基因及其表达调控．植物学通报，22(2)：129-137.

喻景权，沈伟．1983．BA 和 NAA 对黄瓜果实生长发育的影响．中国蔬菜，2：14-1.

张永平，乔永旭，喻景权，赵智中．2008．园艺植物果实糖积累的研究进展．中国农业科学，41(4)：1151-1157.

赵智中，张上隆，徐昌杰，陈昆松，刘拴桃．2001．蔗糖代谢相关酶在温州蜜柑果实糖积累中的作用．园艺学报，28(2)：112-118.

池田英男，川城英夫．2005．野菜の栽培基础．東京：農文协.

藤目幸広，西尾敏彦，奥田延幸．2006．野菜生育と栽培．東京：農文协.

山本昭平．2007．園芸生理学．東京：文永堂新光社.

Bishop G J, Nomura T, Yokota T, Harrison K, Noguchi T, Fujioka S, Takatsuto S, Jones J D G, Kamiya Y. 1999. The tomato DWARF enzyme catalyses C-6 oxidation in brassinosteroid biosynthesis. *Proceedings of the National Academy of Sciences of the United States of America*, **96**: 1761-1766.

Bohner J, Bangerth F. 1988. Effects of fruit-set sequence and defoliation on cell number, cell-size and hormone levels of tomato fruits (*Lycopersicon esculentum* Mill) within a truss. *Plant Growth Regulation*, **7**: 141-155.

Bufler G, Bangerth F. 1982. Pyruvate decarboxylase in golden delicious apples - kinetics and relation to acetoin and ethanol-production in different storage atmospheres. *Science Horticulture*, **16**: 137-146.

Bungerkibler S, Bangerth F. 1983. Relationship between cell number, cell-size and fruit size of seeded fruits of tomato (*Lycopersicon esculentum* Mill), and those induced parthenocarpically by the application of plant-growth regulators. *Plant Growth Regulation*, **1**: 143-154.

Caderas D, Muster M, Vogler H, Mandel T, Rose J K C, McQueen-Mason S, Kuhlemeier C. 2000. Limited correlation between expansin gene expression and elongation growth rate. *Plant Physiology*, **123**: 1399-1413.

Carmi N, Salts Y, Dedicova B, Shabtai S, Barg R. 2003. Induction of parthenocarpy in tomato via specific expression of the *rolB* gene in the ovary. *Planta*, **217**: 726-735.

Chen F, Dahal P, Bradford K J. 2001. Two tomato expansin genes show divergent expression and localization in embryos during seed development and germination. *Plant Physiology*, **127**: 928-936.

Cheniclet C, Rong W Y, Causse M, Frangne N, Bolling L, Carde J P, Renaudin J P. 2005. Cell expansion and endoreduplication show a large genetic variability in pericarp and contribute strongly to tomato fruit growth. *Plant Physiology*, **139**: 1984-1994.

Cong B, Liu J P, Tanksley S D. 2002. Natural alleles at a tomato fruit size quantitative trait locus differ by heterochronic regulatory mutations. *Proceedings of the National Academy of Sciences of the United States of America*, **99**: 13606-13611.

Coombe B G. 1976. Development of fleshy fruits. *Annual Review of Plant Physiology and Plant Molecular Biology*, **27**: 207-228.

de Jong M, Mariani C, Vriezen W H. 2009a. The role of auxin and gibberellin in tomato fruit set. *Journal of Experimental Botany*, **60**: 1523-1532.

de Jong M, Wolters-Arts M, Feron R, Mariani C, Vriezen W H. 2009b. The *Solanum lycopersicum* auxin response factor 7 (*SlARF7*) regulates auxin signaling during tomato fruit set and development. *Plant Journal*, **57**: 160-170.

de Jong M, Wolters-Arts M, Garcia-Martinez J L, Mariani C, Vriezen W H. 2011. The *Solanum lycopersicum* Auxin Response Factor 7 (*SlARF7*) mediates cross-talk between auxin and gibberellin signalling during tomato fruit set and development. *Journal of Experimental Botany*, **62**: 617-626.

Ding J G, Chen B W, Xia X J, Mao W H, Shi K, Zhou Y H, Yu J Q. 2013. Cytokinin-induced parthenocarpic fruit development in tomato is partly dependent on enhanced gibberellin and auxin biosynthesis. *Plos One*, **8 (7)**: e70080.

Fu F Q, Mao W H, Shi K, Zhou Y H, Asami T, Yu J Q. 2008. A role of brassinosteroids in early fruit development in cucumber. *Journal of Experimental Botany*, **59**: 2299-2308.

Fu F Q, Mao W H, Shi K, Zhou Y H, Yu J Q. 2010. Spatio-temporal changes in cell division, endoreduplication and expression of cell cycle-related genes in pollinated and plant growth substances-treated ovaries of cucumber. *Plant Biology (Stuttg)*, **12**: 98-107.

Fu L Y, Liu X J, Hu J, Zhao X N, Wang H L, Wang X D. 2009. Application of dispersive liquid-liquid microextraction for the analysis of triazophos and carbaryl pesticides in water and fruit juice samples. *Acta Analytica Chimica Acta*, **632**: 289-295.

Goetz M, Hooper L C, Johnson S D, Rodrigues J C M, Vivian-Smith A, Koltunow A M. 2007. Expression of aberrant forms of AUXIN RESPONSE FACTOR8 stimulates parthenocarpy in *Arabidopsis* and tomato. *Plant Physiology*, **145**: 351-366.

Goetz M, Vivian-Smith A, Johnson S D, Koltunow A M. 2006. Auxin Response Factor8 is a negative regulator of fruit initiation in *Arabidopsis*. *Plant Cell*, **18**: 1873-1886.

Guilfoyle T J, Hagen G. 2001. Auxin response factors. *Journal of Plant Growth Regulation*, **20**: 281-291.

Gustafson F G. 1936. Inducement of fruit development by growth-promoting chemicals. *Proceedings of the National Academy of Sciences of the United States of America*, **22**: 628-636.

Hagen G, Guilfoyle T. 2002. Auxin-responsive gene expression: genes, promoters and regulatory factors. *Plant Molecular Biology*, **49**: 373-385.

Ho L C. 1996. The mechanism of assimilate partitioning and carbohydrate compartmentation in fruit in relation to the quality and yield of tomato. *Journal of Experimental Botany*, **47**: 1239-1243.

Kataoka K, Uemachi A, Yazawa S. 2003. Fruit growth and pseudoembryo development affected by uniconazole, an inhibitor of gibberellin biosynthesis, in pat-2 and auxin-induced parthenocarpic tomato fruits. *Sciecne Horticulture*, **98**: 9-16.

Khripach V A, Zhabinskii V N, Pavlovskii N D. 1999. Nitriloxide approach to the construction of a side chain of vitamin D-3 metabolites and their analogs functionalized on C-23 atom. *Zhurnal Organicheskoi Khimii*, **35**: 390-392.

Kondorosi E, Roudier F, Gendreau E. 2000. Plant cell-size control: growing by ploidy? *Current Opinion Plant Biology*, **3**: 488-492.

Lee Y, Choi D, Kende H. 2001. Expansins: ever-expanding numbers and functions. *Current Opinion Plant Biology*, **4**: 527-532.

Lee Y, Kende H. 2002. Expression of alpha-expansin and expansin-like genes in deepwater rice. *Plant Physiolology*, **130**: 1396-1405.

Lemaire-Chamley M, Petit J, Garcia V, Just D, Baldet P, Germain V, Fagard M, Mouassite M, Cheniclet C, Rothan C. 2005. Changes in transcriptional profiles are associated with early fruit tissue specialization in tomato. *Plant Physiology*, **139**: 750-769.

Li Y, Yu J Q, Ye Q J, Chen X, Zhou Y H, Guo Z J. 2004. Effects of pollination and *N*-(2-chloro-4-pyridyl)-*N'*-phenylurea on the expression of acid invertase in ovaries of *Lagenaria leucantha*. *Plant Growth Regulation*, **42**: 263-270.

Li Y, Yu J Q, Ye Q J, Zhu Z J, Guo Z J. 2003. Expression of *CycD3* is transiently increased by pollination and *N*-(2-chloro-4-pyridyl)-*N'*-phenylurea in ovaries of *Lagenaria leucantha*. *Journal of Experimental Botany*, **54**: 1245-1251.

Mapelli S, Frova C, Torti G, Soressi G P. 1978. Relationship between set, development and activities of growth-regulators in tomato fruits. *Plant Cell Physiology*, **19**: 1281-1288.

Mbeguie-A-Mbeguie D, Gouble B, Gomez R M, Audergon J M, Albagnac G, Fils-Lycaon B. 2002. Two expansin cDNAs from *Prunus armeniaca* expressed during fruit ripening are differently regulated by ethylene. *Plant Physiology Biochemistry*, **40**: 445-452.

Molesini B, Pandolfini T, Rotino G L, Dani V, Spena A. 2009. Aucsia gene silencing causes parthenocarpic fruit development in tomato. *Plant Physiology*, **149**: 534-548.

Montoya T, Nomura T, Yokota T, Farrar K, Harrison K, Jones J G D, Kaneta T, Kamiya Y, Szekeres M, Bishop G J. 2005. Patterns of Dwarf expression and brassinosteroid accumulation in tomato reveal the importance of brassinosteroid synthesis during fruit development. *Plant Journal*, **42**: 783-783.

Nakamura T, Yokoyama R, Tomita E, Nishitani K. 2003. Two azuki bean *XTH* genes, *VaXTH1* and *VaXTH2*, with similar tissue-specific expression profiles, are differently regulated by auxin. *Plant Cell Physiology*, **44**: 16-24.

Nomura T, Ueno M, Yamada Y, Takatsuto S, Takeuchi Y, Yokota T. 2007. Roles of brassinosteroids and related mRNAs in pea seed growth and germination. *Plant Physiology*, **143**: 1680-1688.

Rotino G L, Perri E, Zottini M, Sommer H, Spena A. 1997. Genetic engineering of parthenocarpic plants. *Nature Biotechnology*, **15**: 1398-1401.

Serrani J C, Sanjuan R, Ruiz-Rivero O, Fos M, Garcia-Martinez J L. 2007. Gibberellin regulation of fruit set and growth in tomato. *Plant Physiology*, **145**: 246-257.

Shimada Y, Goda H, Nakamura A, Takatsuto S, Fujioka S, Yoshida S. 2003. Organ-specific expression of brassinosteroid-biosynthetic genes and distribution of endogenous brassinosteroids in *Arabidopsis*. *Plant Physiology*,

131: 287-297.

Symons G M, Davies C, Shavrukov Y, Dry I B, Reid J B, Thomas M R. 2006. Grapes on steroids. Brassinosteroids are involved in grape berry ripening. *Plant Physiology*, **140**: 150-158.

Tanksley S D. 2004. The genetic, developmental, and molecular bases of fruit size and shape variation in tomato. *Plant Cell*, **16**: S181-S189.

Ulmasov T, Hagen G, Guilfoyle T J. 1997. ARF1, a transcription factor that binds to auxin response elements. *Science*, **276**: 1865-1868.

Vardhini B V, Rao S S R. 2002. Acceleration of ripening of tomato pericarp discs by brassinosteroids. *Phytochemistry*, **61**: 843-847.

Vivian-Smith A, Koltunow A M. 1999. Genetic analysis of growth-regulator-induced parthenocarpy in *Arabidopsis*. *Plant Physiology*, **121**: 437-451.

Wang H, Jones B, Li Z G, Frasse P, Delalande C, Regad F, Chaabouni S, Latche A, Pech J C, Bouzayen M. 2005. The tomato Aux/IAA transcription factor IAA9 is involved in fruit development and leaf morphogenesis. *Plant Cell*, **17**: 2676-2692.

Whitney S E C, Gidley M J, McQueen-Mason S J. 2000. Probing expansin action using cellulose/hemicellulose composites. *Plant Journal*, **22**: 327-334.

Woodward A W, Bartel B. 2005. Auxin: Regulation, action, and interaction. *Annals of Botany*, **95**: 707-735.

Ye Q Q, Zhu W J, Li L, Zhang S S, Yin Y H, Ma H, Wang X L. 2010. Brassinosteroids control male fertility by regulating the expression of key genes involved in *Arabidopsis* anther and pollen development. *Proceedings of the National Academy of Sciences of the United States of America*, **107**: 6100-6105.

Yelle S, Hewitt J D, Robinson N L, Damon S, Bennett A B. 1988. Sink metabolism in tomato fruit. 3. Analysis of carbohydrate assimilation in a wild-species. *Plant Physiology*, **87**: 737-740.

Yokoyama R, Nishitani K. 2001. A comprehensive expression analysis of all members of a gene family encoding cell-wall enzymes allowed us to predict cis-regulatory regions involved in cell-wall construction in specific organs of *Arabidopsis*. *Plant Cell Physiology*, **42**: 1025-1033.

Yu J Q, Li Y, Qian Y R, Zhu Z J. 2001a. Cell division and cell enlargement in fruit of *Lagenaria leucantha* as influenced by pollination and plant growth substances. *Plant Growth Regulation*, **33**: 117-122.

Yu J Q, Li Y, Qian Y R, Zhu Z J. 2001b. Changes of endogenous hormone level in pollinated and *N*-(2-chloropyridyl)-*N* '-phenylurea (CPPU)-induced parthenocarpic fruits of *Lagenaria leucantha*. *Journal of Horticultural Science & Biotechnology*, **76**: 231-234.

Yu J Q. 1999. Parthenocarpy induced by *N*-(2-chloro-4-pyridyl)-*N* '-phenylurea (CPPU) prevents flower abortion in Chinese white-flowered gourd (*Lagenaria leucantha*). *Environmental and Experimental Botany*, **42**: 121-128.

第五章　蔬菜品质成分代谢与调控

蔬菜和水果是人类维生素、矿物质、抗氧化物质和纤维素的主要来源。世界卫生组织估计，约50%的人口由于缺少蔬菜和水果而导致不同程度地缺少微量营养物质，约1亿的儿童缺少维生素E，同时大量的人口缺乏足够的叶酸。

园艺产业提供与我们健康密切相关的蔬菜、水果等产品。近年来，随着人民生活水平的提高，我国园艺产业得到了快速发展，其中2009年我国蔬菜总产量达到6.02亿t，人均占有量达到440 kg，供给量已基本能满足人们的需求，并且在一定程度上已超过发达国家(李瑞云和张华，2010)。然而，长期以来由于受到温饱问题的困扰，我国无论是农作物品种的选育还是栽培技术的发展，一直把产量作为优先指标，由此形成优质与高产的不对称发展。随着我国经济的快速发展和人民生活水平的不断提高，人们日益关注饮食健康，对食物的营养品质提出新的要求。我国是蔬菜生产大国，也是世界上重要的蔬菜物种起源中心，然而，品质形成研究还很薄弱，有必要利用我国丰富的园艺植物种质资源，利用现代基因组学、蛋白组学和代谢组学方法和技术，解析园艺产品抗性与品质形成的相关机制，剖析蔬菜作物品质与安全中的核心科学问题，开展原创性的研究，为产业的升级提供科技动力源泉。基于当前影响蔬菜产业发展的瓶颈制约，积极开展蔬菜作物营养成分代谢与调控研究，努力创新种质资源，制订提高蔬菜产品品质的调控管理策略，对提高农业种植效益、增加出口和提高国民健康水平具有重要作用。

第一节　蔬菜的品质与营养价值

一、蔬菜的品质

蔬菜的品质是其外观、食味和营养等多种特性的综合表现结果。一般认为，蔬菜的品质主要由其营养要素、嗜好要素、功能要素、安全要素、流通要素和加工要素等组成(图5-1)。

(一)营养要素

营养物质一般是指一些在人体中不能合成(如维生素C)或其合成需要的一些特殊因子不足或缺乏(如氨基酸、脂肪酸和维生素)的物质。蔬菜中含有碳水化合物、蛋白质、脂肪、纤维素、维生素、矿物质、氨基酸和有机酸等多种营养物质，这也是传统的蔬菜营养或品质的主要组成要素。根据相关调查，我国国民摄取的营养物质中，约 5%的热能、碳水化合物和蛋白质，1%的脂肪，20%的钙和铁以及 50%左右的维生素 C 是通过蔬菜摄取的。因此，蔬菜在提供人们维生素、矿物质等方面的作用尤为重要。

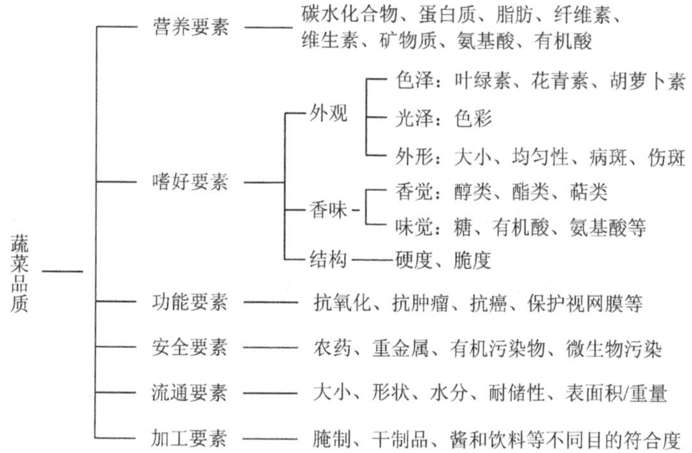

图 5-1　蔬菜品质的主要决定因素

（二）嗜好要素

嗜好要素主要包括产品的形状、大小、色泽、味觉、香觉、硬度、黏性等。大多蔬菜为鲜食产品，其新鲜度和成熟度是影响产品在市场中销售的重要因素。

（三）功能要素

现代流行病学等研究发现，蔬菜等提供的维生素类、酚酸类、类胡萝卜素、甾醇类、皂苷类、芥子油苷等特殊营养物质是维持人类健康所必需的小分子化合物，在调节人体代谢、促进生长发育和维持生理功能等方面发挥着重要作用。

（四）安全要素

蔬菜生产过程中，农药、化肥、有机肥的投入，导致一些产品中农药、重金属、有害微生物和毒素的积累，影响了其食用价值。

（五）流通要素

蔬菜含有较多的水分，存储性差，因此，在其大小、形状、耐储性方面具有一定的要求，这些性状在一定程度上成为影响品质的因素。

（六）加工要素

蔬菜除鲜销外，许多蔬菜还用于加工。对于这些蔬菜具有一定的加工适应性和成分含量的要求。

二、蔬菜的营养价值

蔬菜中含有许多矿物质和有机物，矿物质大多是通过植物根系吸收积累而来，而有机化合物则是植物的光合作用产物通过初生代谢和次生代谢生成而来（图 5-2）。初生代谢产物，如碳水化合物、氨基酸、脂肪酸和有机酸，参与植物的生长发育、呼吸作用、光合作用以及激素和蛋白质的合成。次生代谢产物主要为酚类化合物、萜类化合物、生物碱类化合物和含硫化合物（Goldberg，2003）。这些化合物在蔬菜的生长发育和抗性形成中发挥重要作用的同时，也影响了蔬菜的营养品质（Devaraj and Jialal，2006）。

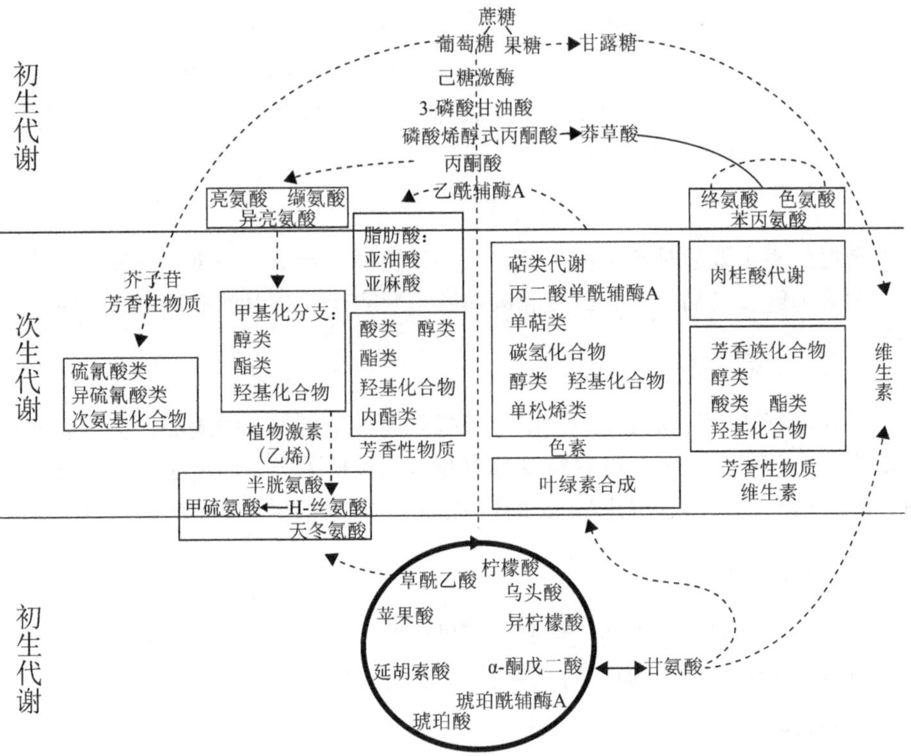

图 5-2　植物初生、次生代谢及其与营养成分的关系（Carrari and Fernie，2006，略作修改）

（一）矿物质

人体组织中有20余种矿物质，它们是构成身体组织与调节生理功能和维持人体健康的物质。蔬菜中的主要矿物质有钙、铁及磷等。例如，菠菜、芹菜、甘蓝、白菜及胡萝卜等含有较多的铁，而洋葱、丝瓜、茄子等含有较多的磷，绿叶蔬菜中含有丰富的钙，而海带、紫菜等还含有较多的碘。

（二）碳水化合物

蔬菜生长本身是一个碳水化合物积累的过程，所有蔬菜都不同程度地含有碳水化合物，这些碳水化合物以单糖（葡萄糖、果糖、阿拉伯糖、半乳糖、鼠李糖）、双糖（蔗糖、麦芽糖、海藻糖）、糖醇（山梨糖醇、甘露糖醇、木糖醇）、低聚糖（棉子糖、水苏糖、低聚果糖）和多糖（淀粉、纤维素、半纤维素、果胶）的形式存在。碳水化合物通常被分为人体可利用的和不可利用的两大类。可利用碳水化合物是指直接能被人体利用（如单糖）和需通过人体消化道的酶水解成单糖（如蔗糖和可消化淀粉）的碳水化合物。不可利用碳水化合物（糖醇、许多低聚糖和非淀粉性多糖）不能被人体内的酶水解，它们一般通过大肠中微生物的发酵，然后再被吸收（Asp，1996）。

一些蔬菜的产品器官还选择性地积累了一些淀粉、糖、纤维素、脂肪和蛋白质，如马铃薯、芋、山药、荸荠、慈姑、藕等含有较多的淀粉，西瓜、甜瓜、南瓜含有10%~20%的糖，豆科蔬菜含有3%~8%不等的蛋白质。这些碳水化合物不仅是我们人体代谢的重要能源物质，一些碳水化合物如魔芋中的多糖还是人体生理活性物质。几乎所有的蔬菜都含有单糖、双糖和多糖，其他糖类则因蔬菜不同而异，如豆类蔬菜含有棉子糖和水苏糖，芦笋、豌豆、大豆、韭菜、洋葱和芹菜中积累较多的低聚果糖，芹菜、胡萝卜和西芹含有较多的甘露醇，玉米和草莓含有一定的木糖醇。糖类参与调控血糖、胰岛素代谢、肠道微生物活性和食物发酵，涉及许多与年龄有关的慢性病，如2型糖尿病、阿尔茨海默病和心血管疾病等（Hounsome et al.，2008）。

膳食纤维主要为非淀粉多糖类物质，包括低聚糖、木质素和其他相关的物质，如抗性淀粉、蜡状物、表皮素和软木脂。这些物质通过消化道，被结肠微生物消化和修饰，其产物也可不同程度地被人体吸收，其中维生素K、生物素、脂肪酸是对人体有益的成分，而一些醇类、乳酸和甲酸则是人体不需要的（McGarr et al.，2005；Tungland and Meyer，2002；Flamm et al.，2001）。与水果不同，蔬菜中含有大量的纤维素，食物纤维可分为水溶性纤维和不溶性纤维。前者主要为果胶等，而后者主要包括纤维素、半纤维素和木质素等。纤维素能降低血液中的胆固醇和减少心脏病的发生，并可以起促进消化、预防便秘和结肠憩室病的作用。

(三) 氨基酸

不同氨基酸的有机结合形成蛋白质，一些蛋白质可以被酶分解成氨基酸，进而被小肠吸收。人体含有的氨基酸中，一些氨基酸如精氨酸、组氨酸、异亮氨酸、亮氨酸、赖氨酸、蛋氨酸、苯丙氨酸、色氨酸和缬氨酸必须从食物中获得。芦笋、抱子甘蓝和马铃薯中含有较多的精氨酸，西兰花、抱子甘蓝和花椰菜含有较多的组氨酸，甜菜、胡萝卜、香菜、菠菜和番茄中含有较多的苯丙氨酸，菜花、萝卜和甘蓝中含有较多的蛋氨酸。此外，还有一些非蛋白氨基酸，如高精氨酸、牛磺酸、α-氨基丁酸和 γ-氨基丁酸(GABA)，它们中的一些影响人类中枢神经系统和视网膜的功能、神经递质、心脏和骨骼肌的脂类代谢(如肉碱)、解毒和膜稳定(如牛磺酸)等。

(四) 维生素 B 家族

蔬菜的维生素 B 家族主要是指水溶性维生素，如硫胺素(VB_1)、核黄素(VB_2)、烟酸(VB_3)、泛酸(VB_5)、吡哆醇(VB_6)、生物素(VB_7)和叶酸(VB_9)。这些化合物是至关重要的辅酶，参与植物光合作用(核黄素)、呼吸作用(硫胺素、核黄素、生物素)、有机物的合成(硫胺素、叶酸)，调节细胞分裂和开花(烟酸)。在人体中，维生素 B 参与组织呼吸和碳水化合物、脂肪酸和氨基酸代谢。维生素 B 不足会导致神经炎(硫胺素)，唇干裂、口角炎、皮炎(核黄素)，糙皮病、腹泻、皮炎和痴呆(烟酸)，皮脂溢、舌炎、周围神经病和小红细胞性贫血(吡哆醇)，恶心、皮炎(泛酸、生物素)和贫血(叶酸)(Jr Combs，1998)。绿叶菜，如芦笋、菠菜、甘蓝、花椰菜、萝卜和生菜等是 B 族维生素的良好来源。

(五) 有机酸

蔬菜中含有柠檬酸、苹果酸、乙二酸、琥珀酸、反丁烯二酸、酒石酸、莽草酸、乌头酸、抗坏血酸等一系列有机酸。果实中一般含有相对较多的苹果酸和柠檬酸等有机酸，有机酸通常影响我们的味觉，如一些有机酸具有辛辣味，也有的可通过甜度的感知而影响蔬菜的风味。此外，还影响一些花青素的色泽变化，紫甘蓝和生菜中的花青素的变色一定程度上是细胞中有机酸引起的 pH 变化所致。抗坏血酸即维生素 C，是一种具有较强抗氧化性的有机酸，它与白内障、某些癌症、心血管疾病的预防也有关系。维生素 C 参与神经递质、类固醇激素和胶原蛋白的合成，维生素 C 还有助于创伤和烧伤的愈合、毛细血管壁的增强及预防血液凝固和擦伤(Jr Combs，1998)。蔬菜是维生素 C 的主要来源，一些统计结果表明，人体中近一半以上维生素 C 需要通过蔬菜供给，富含抗坏血酸的蔬菜有青花菜、红色甜椒、辣椒、草莓、绿色甜椒、青菜(白菜)、莴苣、甜瓜、番茄等。

（六）脂肪酸

由于脂肪酸是细胞膜和器官的重要结构材料，几乎所有的蔬菜都含有脂肪酸。脂肪酸参与一些维生素的吸收、凝血作用及免疫反应。根据双键的数量将脂肪酸分为饱和脂肪酸和不饱和脂肪酸。其中亚油酸和亚麻酸两种不饱和脂肪酸不能在人体内合成，只能通过食物供给。绿色蔬菜如白菜、甘蓝、豆瓣菜和西芹中，不饱和脂肪酸的含量相对较高，主要以亚麻酸的形式存在。不饱和脂肪酸的摄入有助于降低胆固醇，减轻患心血管疾病和 2 型糖尿病的风险。

（七）酚类化合物

酚类化合物包括类黄酮、酚酸和木酚素，其结构特点是具有芳香环。蔬菜含有较多种类的黄酮类化合物，如存在于洋葱、韭菜、菊苣和西兰花中的黄酮醇（槲皮素、山柰酚和异鼠李素）；存在于西芹、百里香和芹菜中的黄酮（芹黄素、木犀草素和金圣草素）；存在于紫甘蓝、萝卜和红生菜中的花色素（花青素、飞燕草色素和锦葵色素）；存在于番茄中的查尔酮类化合物和大豆中的异黄酮（Yao et al.，2004；Hertog et al.，1992）。许多黄酮类化合物一定程度上影响了颜色，同时具有抗毒、抗炎症、抗组胺和抗氧化的特性（Heim et al.，2002），因而与癌症、衰老、动脉粥样硬化、缺血性损伤、炎症和神经性疾病（帕金森病和阿尔茨海默病）等疾病的发生有关（Manach et al.，2005）。

酚酸类化合物是指至少具有一个带羟基的苯环化合物。目前已知蔬菜中含有近 20 种酚酸类化合物，不同蔬菜中，这些化合物的含量存在一定的差异。一些酚酸，如苯甲酸、羟基苯甲酸、香草酸和咖啡酸，具有抗菌活性；一些羟基肉桂酸的衍生物，如咖啡酸、绿原酸、芥子酸、阿魏酸和对香豆酸，具有强抗氧化活性（Milde et al.，2007）。

木酚素是一类双酚化合物，它参与木质素的合成，是植物细胞壁疏水部分的组成成分。木酚素在花椰菜、甘蓝、抱子甘蓝、豆类和大蒜中的含量较高（Milder et al.，2005）。在人体中，木酚素具有多重生物活性，如抗氧化和抗雌激素的特性，并可能因此降低患某些癌症和心血管疾病的风险（Arts and Hollman，2005；Webb and McCullough，2005；Adlercreutz and Mazur，1997）。

（八）萜类化合物

萜类化合物是指具有 $(C_5H_8)_n$ 通式以及其含氧和不同饱和程度的衍生物。主要的食用萜类化合物包括类胡萝卜素、生育酚、生育三烯酚、醌类和甾醇类（Linnewiel et al.，2009）。

植物类胡萝卜素(α-胡萝卜素、β-胡萝卜素、叶黄素、番茄红素)存在于所有绿叶蔬菜、胡萝卜、番茄和南瓜中。人体可以通过某些特定的类胡萝卜素，特别是β-胡萝卜素和α-胡萝卜素合成维生素A(Kopsell and Kopsell，2006)。饮食中缺乏类胡萝卜素会导致干眼病(夜盲症)和早产儿死亡。充足的类胡萝卜素饮食能显著减少患某些癌症、冠心病和白内障的风险。类胡萝卜素作为生物抗氧化剂，在保护细胞和组织免受氧化损伤中起着重要作用(Bender，2003；Jr Combs，1998)。

生育酚和生育三烯酚，被称为维生素 E，广泛存在于十字花科蔬菜、芦笋、菠菜、番茄和萝卜等蔬菜中。维生素E存在于所有细胞膜和血浆脂蛋白(特别是红细胞)中。作为人体中主要的脂溶性抗氧化剂，维生素E保护DNA、低密度脂蛋白和多不饱和脂肪酸不受自由基诱导的氧化损伤。它在细胞膜结构的稳定、血红蛋白生物合成和免疫反应的调节中起着重要作用。

醌类化合物具有2个酮替换的芳香环，一些蔬菜切割和机械损伤后容易发生褐变反应，这在很大程度上与醌类化合物有关。其中叶绿醌(维生素K_1)广泛存在于生菜、菠菜、芦笋、卷心菜、羽衣甘蓝、莴苣、花椰菜和西兰花中。在人体中，维生素K_1在血液凝结控制、骨骼形成和修复中发挥作用。甲萘醌，被称为维生素K_3，具有细胞毒性并能抑制人体肿瘤的增长。

植物甾醇类(如β-谷甾醇、菜油甾醇、菜子甾醇和豆甾醇)在西兰花、抱子甘蓝、花椰菜和菠菜中的含量相对较高，它参与人体中钙的吸收，促进骨骼生长，还与免疫系统和胆固醇吸收有关，并具有一定的抗癌、抗动脉粥样硬化、抗炎症和抗氧化的作用(Dutta，2003)。

(九)生物碱

生物碱是一类含氮的碱性有机化合物，主要来源于氨基酸。许多生物碱在水溶液中能产生泡沫，这些化合物被称为皂苷。生物碱对人体的作用较为复杂，一些生物碱具有抗菌性和细胞毒性，某些蔬菜生物碱可能对人体有毒，未成熟的番茄和马铃薯中含有的茄碱和卡茄碱是胆碱酯酶抑制剂，可以导致神经系统和胃肠道症状。有些则会刺激呼吸道和消化道的膜，增加红细胞的膜透性，引起荨麻疹(皮疹)(Francis et al.，2002)。但也有一些研究认为皂苷的摄入能降低血液胆固醇含量，抑制癌细胞生长，刺激免疫系统。

(十)含硫化合物

硫苷是一大类含硫的氨基酸衍生物，其中一类来源于葡萄糖。许多十字花科蔬菜含有较多的硫苷化合物，这些化合物不仅能作为天然杀虫剂防御食草动物的伤害，而且也是香气成分的重要前体。在多种多样的芥子油苷化合物中，异硫氰酸盐类(isothiocyanates，ITCs)化合物具有诱导人体内的解毒酶 GST(glutatione *S*-transferases，谷胱甘肽转硫酶)等的活性和合成作用，GST 等被公认为具有有效清除致癌有害化学物质的功能。青花菜等蔬菜中含有的萝卜硫素(sulforaphene，SF)的化学成分不仅能诱导 GST 活性表达，同时还有杀死导致胃溃疡和胃癌的幽门螺杆菌的功能从而发挥其有效的抗癌作用(Das et al.，2000)。葱蒜类蔬菜中富含具有香气的含硫化合物，这些化合物不仅具有杀菌作用，还有抗氧化和防止血栓及抗癌等作用。辣椒素则具有调节肾上腺素分泌和体细胞脂肪积累的作用(Zhang et al.，1994)。

蔬菜中含有多种多样的健康有益物质，这些化合物在抗氧化、抗肿瘤和抗病菌等方面具有较大的差异，不同蔬菜的抗氧化和抗肿瘤细胞活性的比较表明，大蒜、芦笋等具有较好的抗癌作用。蔬菜的抗氧化能力存在较大的差异，目前形成了不同的抗氧化和抗癌等活性测定方法，如以 DPPH 活性衡量，菜心、苋菜和莲藕等蔬菜具有很强的抗氧化能力，而茭白、黄瓜和苦瓜则相对较弱(图 5-3)。同时，有关蔬菜品质的研究正从传统的以糖和有机酸为代表的食用品质逐步转变为以色泽为核心的外观品质、以挥发性芳香物质为主的风味品质、以维生素和抗氧化物质等为代表的功能性营养物质等多角度的研究。近年来，随着基因组学、代谢组学和生物化学方法的发展，以番茄、苹果等为模式植物的园艺作物品质研究日益深入，相关代谢途径也日益清晰，这不仅为通过分子育种途径提高园艺作物的品质奠定基础，也为通过栽培环境的优化提高园艺作物的品质提供科学依据。

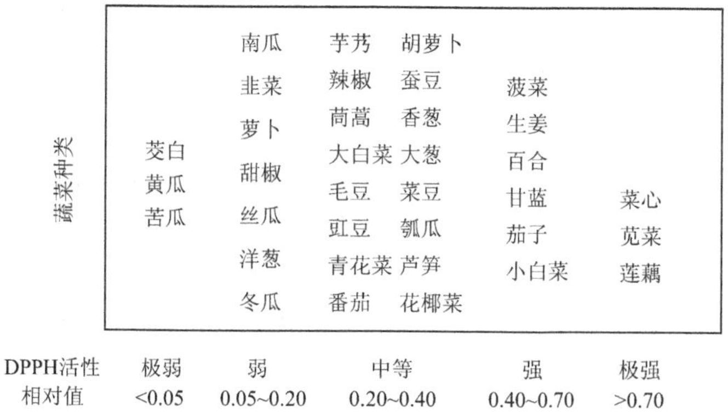

图 5-3　不同蔬菜 DPPH 抗氧化活性比较(王蒙蒙、周艳虹、喻景权，未发表)

第二节　蔬菜营养成分的代谢积累途径

园艺植物种类繁多，营养组成千变万化，几乎含有人体所有必需的营养物质。其水平受遗传、环境以及采后运输和后续处理等影响，目前已知其体内含有数万种化学成分。这些成分总体上可分为初生代谢产物和次生代谢产物。植物的代谢可分为以糖类、脂类和蛋白质等合成的初生代谢以及以萜类、酚类和生物碱为代表的次生代谢。园艺产品初生代谢产物一般是指参与植物生长发育、呼吸和光合作用、激素和蛋白质合成中形成的产物，如碳水化合物、氨基酸、有机酸等；而次生代谢产物一般是指上述途径以外所产生的物质，大体上可分为酚类(约 8000 个化合物)、多萜类(约 25 000 个)、生物碱(约 12 000 个)和含硫化合物等，这些次生物质在一定程度上决定了蔬菜和果实的颜色，促进昆虫介导的授粉过程，保护植物免受病虫害危害，并可作为抗逆反应中的信号物质发挥作用。

一、碳水化合物和有机酸代谢

糖是品质和风味物质的主要成分，也是色素、氨基酸、维生素和其他品质成分合成的基础。此外，它还是调节植物生长发育的一个重要信号物质。作为光合作用的产物，有关以糖为核心的碳水化合物的研究一直是园艺作物品质研究的重点。迄今为止，科学家们已经建立了植物体内主要碳水化合物的代谢途径模式图(图 5-4；Rolland et al.，2006)。目前，有关 Calvin 循环合成的单糖如何转化成蔗糖和淀粉并参与蛋白质以及脂肪的代谢途径已经基本阐明。园艺植物的光合作用产物的运输可分为蔗糖、水苏糖、棉子糖等不同形式的运输形态，有关蔗糖运输蛋白等相关基因的克隆与功能研究也已起步(陈俊伟等，2004；Lalonde et al.，1999)，研究发现植物糖信号潜在的信号转导途径和对源库关系的调控作用以及与植物激素和 ROS 信号途径的交叉反应(陈俊伟等，2005；Lara et al.，2004；Arenas-Huertero et al.，2000)，目前在淀粉积累、蔗糖积累、果糖积累的调控方面取得了显著进展(秦巧平等，2005；Geigenberger et al.，2005；Kolbe et al.，2005)，并从代谢调控、环境因子调控、源库调整、栽培措施和营养调控等角度深入开展提高糖分积累的研究。

与植物风味相关的有机酸一直受到人们的重视，国内外的许多科学家正着手分析不同种类园艺植物特别是产品器官中的有机酸种类，从有机酸代谢的分子生物学方面开展了大量的研究，克隆了相关基因。有关该领域研究国内外已有较多的论述，基于版面原因在此不再赘述。

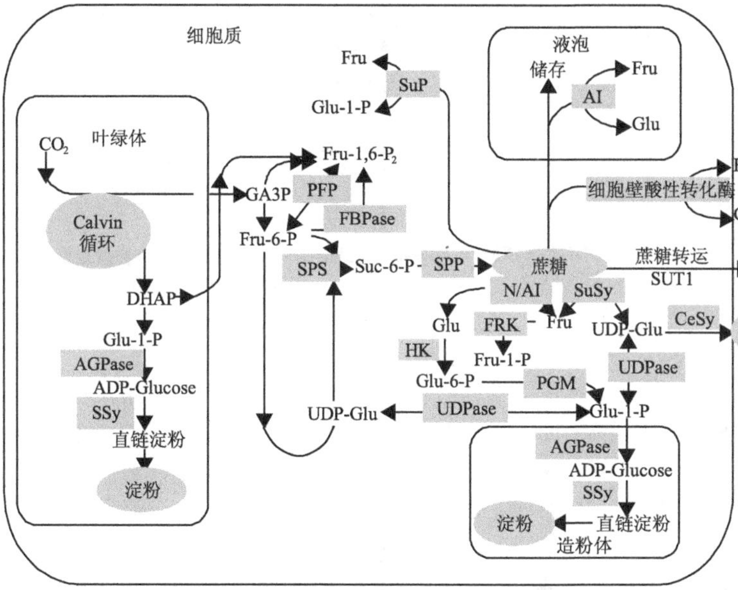

图 5-4 高等植物蔗糖代谢模式图(Nookaraju et al., 2010)

化合物: DHAP, 磷酸二羟丙酮; Glu-1-P, 葡萄糖-1-磷酸; ADP-Glucose, ADP-葡萄糖; GA3P, 磷酸甘油醛; Fru-6-P, 果糖-6-磷酸; PFP, 焦磷酸: Fru-1,6-P_2, 果糖-1,6-二磷酸; Suc-6-P, 蔗糖-6-磷酸; 酶类: UDP-Glu, 尿苷二磷酸葡萄糖; Fru, 果糖; Glu, 葡萄糖; Fru-1-P, 果糖-1-磷酸; Glu-6-P, 葡萄糖-6-磷酸。

酶类: AGPase, ADP-葡萄糖焦磷酸化酶; SSy, 淀粉合酶; FBPase, 果糖-1,6-二磷酸酶; SPS, 蔗糖磷酸合酶; SPP, 蔗糖磷酸酯酶; UDPase, 尿苷二磷酸葡萄糖焦磷酸化酶; AI, 酸性转化酶; N/AI, 中性/碱性转化酶; SuSy, 蔗糖合酶; SUT1, 蔗糖转运子 1; HK, 己糖激酶; FRK, 果糖激酶; PFP, 果糖-6-磷酸-1-磷酸转移酶; CeSy, 纤维素合酶; PGM, 葡萄糖磷酸变位酶

二、主要维生素生物合成途径与调控

目前的研究表明植物中维生素 C 的生物合成可能有 4 条途径，其中两条主要的途径是 L-半乳糖途径和糖醛酸途径。在 L-半乳糖途径中，GDP-甘露糖-3′,5′-异构酶首先将 GDP-D-甘露糖转化成 GDP-L-半乳糖，该产物脱去核苷酸后在一系列酶促反应的催化下即转化成 L-半乳糖-1,4-内酯，最终在脱氢酶的作用下形成 L-抗坏血酸。除了该途径外，Smirnoff 等(2001)还提出了维生素 C 合成的另外一条途径——糖醛酸途径。在糖醛酸途径中，果胶分解的 D-半乳糖醛酸首先被还原成 L-半乳糖酸，随即自行转化成 L-半乳糖-1,4-内酯，并进入维生素 C 合成主途径，被 L-半乳糖-1,4-内酯脱氢酶催化形成 L-抗坏血酸。最近，Di Matteo 等(2010)发现番茄果实维生素 C 含量的高低与不同番茄基因型果胶降解酶基因表达的差异有关，从而进一步证明糖醛酸途径在果实维生素 C 合成中的重要性。维生素 C 的合成途径比较复杂，目前推测 GDP-甘露糖-3′,5′-异构酶可能是整个途径的限速酶(图 5-5; Ren et al., 2013)。

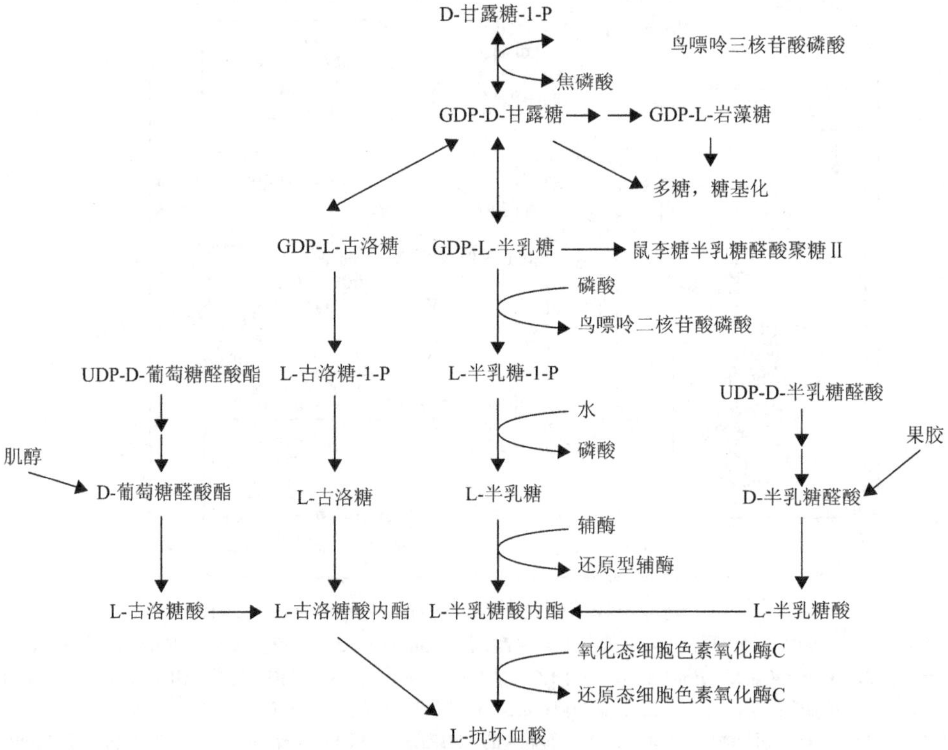

图 5-5　植物抗坏血酸合成途径

维生素 E 的合成利用细胞质芳香族氨基酸合成头部，利用叶绿体的脱氧木酮糖-5-磷酸途径合成尾部(Brigelius-Flohe and Traber，1999)。头部的合成始于 4-羟苯丙酮酸(HPP)在 4-羟苯丙酮酸二加氧酶(HPPD)的催化下，生成尿黑酸(HGA)。植基焦磷酸或双牻牛儿基焦磷酸在高龙胆酸异戊烯基转移酶的催化下与 HGA 缩合分别形成 2-甲基-6-植基质体醌(MPBQ)和 2-甲基-6-双牻牛儿基质体醌(MGGBQ)，从而分别进入生育酚和生育三烯酚的合成途径。其中，底物的专一性决定了某一特定组织是否合成该两种维生素 E(图 5-6)。MPBQ 和 MGGBQ 被甲基化，从而分别形成 2,3-二甲基-5-植基-1,4-苯醌(DMPBQ)和 2,3-二甲基-5-双牻牛儿基质-1,4-苯醌(DMGGBQ)。在生育酚环化酶的催化下，DMPBQ 和 DMGGBQ 被转化为 δ-生育酚和 γ-生育酚，并进而在 γ-生育酚甲基转移酶的作用下形成 β-生育酚和 α-生育酚(Porfirova et al.，2002)。其中，尿黑酸叶绿基转移酶被认为是维生素 E 合成的限速酶(DellaPenna，2005)。

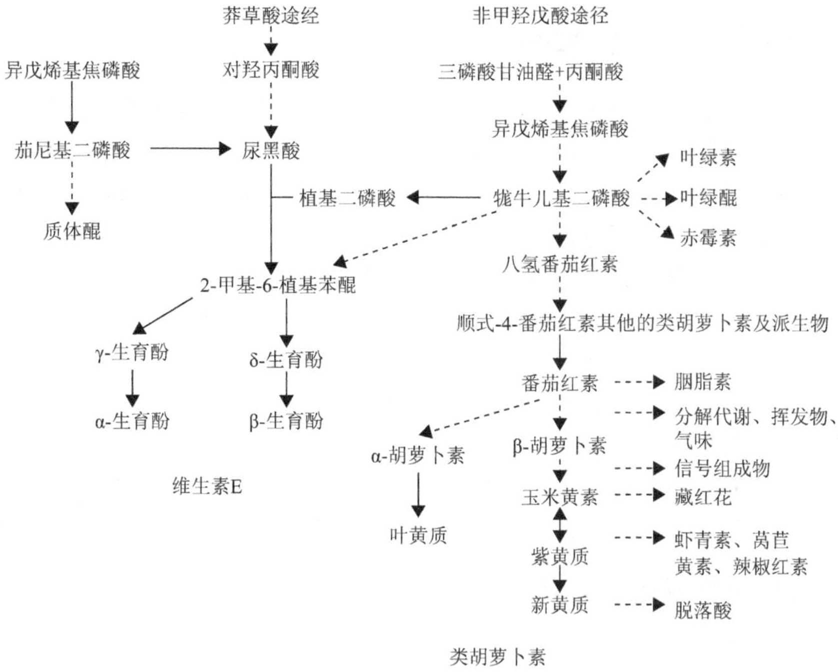

图 5-6　植物类胡萝卜素与维生素 E 的合成途径(Dellapenna and Pogson，2006，略作修改)

三、类胡萝卜素生物合成途径与调控

类胡萝卜素属于异戊二烯基化合物，大多数 C_{40} 萜类化合物都由八氢番茄红素转化而来(Römer and Fraser，2005)。简单来说，植物类胡萝卜素的合成由两分子的双牻牛儿基焦磷酸(GGDP)在限速酶八氢番茄红素合成酶(PSY)的催化下缩合形成 15-顺式八氢番茄红素开始，其后，该初始产物被转化成反式八氢番茄红素，并进一步在八氢番茄红素去饱和酶(PDS)和 ζ-胡萝卜素去饱和酶(ZDS)的催化下引入 4 个双键，最终形成番茄红素(DellaPenna and Pogson，2006；张上隆和陶俊，2003；Carol et al.，1999；Norris et al.，1995)。番茄红素合成后，其下游代谢分成两条支路(Niyogi，1999)，在 β-胡萝卜素环化酶(β-LCY)的作用下形成 β-胡萝卜素，随后在叶黄素循环相关酶的参与下先后形成玉米黄质、紫黄质、9-顺式新黄质等光保护相关色素，并最终进入脱落酸(ABA)的合成途径；而在 ε-环化酶(ε-LCY)的作用下形成 α-胡萝卜素，并进入叶黄素(lutein)的合成途径(图 5-6)。此外，维生素 A、植物激素以及许多挥发性香气物质和色彩鲜艳的食品添加剂都来源于类胡萝卜素裂解形成的产物，而参与该反应的酶被称为类胡萝卜素裂解双加氧酶(CCD)(McSteen and Leyser，2005；Nambara and Marion-Poll，2005)。

四、类黄酮生物合成途径与调控

高等植物的类黄酮合成途径已经基本得到阐明，进入类黄酮合成途径的第一个限速酶是查尔酮合成酶(CHS)，CHS 逐步催化丙二酰辅酶 A 和 *p*-香豆酰辅酶 A 的 3 次乙酰化反应，从而产生一种黄色物质——柚皮查尔酮(Muir et al.，2001)。很多植物在合成查耳酮后迅速在查耳酮异构酶(CHI)的催化下形成黄酮柚皮素。即使没有 CHI 的作用，查耳酮也能自发异构形成柚皮素。该化合物随后在黄酮-3-羟化酶(F3H)的作用下在 C_3 位置上被氧化，形成二氢黄酮醇和二氢莰非醇(DHK)。DHK 能被继续氧化，在 C_{30} 位置上被类黄酮-30-羟化酶(F30H)氧化形成二氢槲皮素(DHQ)，而 DHQ 在 C_{50} 位置上能被类黄酮-30,50-羟化酶(F3050H)继续氧化形成二氢杨梅素(DHM)。DHK 和 DHQ 是黄酮醇合成酶(FLS)的底物，从而反应形成莰非醇和槲皮醇，而槲皮醇是番茄果皮一种主要的类黄酮物质。DHM 是二氢黄酮醇还原酶(DFR)的主要底物，该反应是花青素合成分支的初始步骤。

五、硫苷生物合成途径与调控

硫苷是一类广泛存在于十字花科植物中的含硫化合物，有时主要是指芥子油苷，因其独特的抗癌功效近几年得到普遍关注。硫苷的生物合成大致可分为 3 个阶段：氨基酸侧链的延长、硫苷核心结构的形成和葡萄糖配基侧链的二次修饰(Hirai et al.，2007)。随着模式植物拟南芥基因组的序列测定和功能解析，通过体内标记技术，人们对硫苷的生物合成途径有了较为深入的了解(图 5-7)。研究发现，所有的硫苷都是由氨基酸合成而来，脂肪族硫苷来源于甲硫氨酸，芳香族硫苷来源于苯丙氨酸，吲哚族硫苷来源于色氨酸。目前在硫苷合成的 3 个阶段中，相关的主要合成和调节基因已得到了验证，分别是由 MAM、CYP79/CYP83、AOP 等合成基因家族起决定作用(Hirai，2009)，而转录因子 MYB 基因家族在硫苷的生物合成过程中则起着调节上述基因的作用(Yan and Chen，2007)。

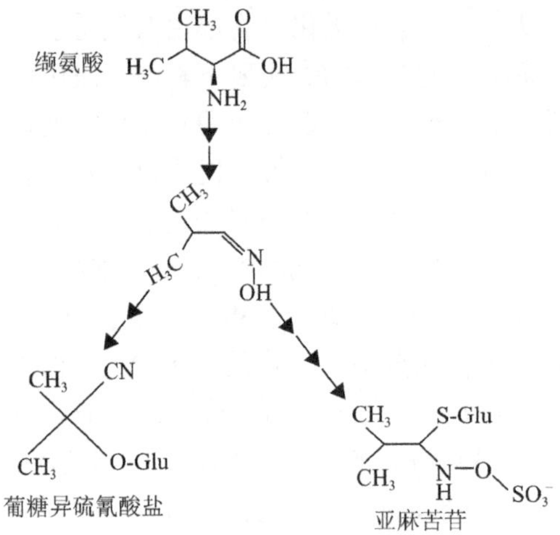

图 5-7　植物中芥子油苷合成途径

六、挥发物生物合成途径及其调控

一些挥发物也对人体健康具有一定的作用(Goff and Klee，2006)。植物中挥发物种类较多，代谢途径差异很大(图 5-8)。番茄中已经分离鉴定出近 400 种挥发物，其中 15~20 种挥发物影响了风味，甜瓜中分离鉴定出 200 余种挥发物。然而，挥发物的含量有时与果实的耐贮性成反比。番茄中的挥发物主要分为 C6 挥发物(如己醇)，它们大多通过甘油酯代谢而来；脱辅基类胡萝卜素(apocarotenoid)主要由类胡萝卜素转化而来，类胡萝卜素经羟化酶途径可最终转化成脱落酸，经氧化酶途径则最终转化成维生素 A，而在裂解双加氧酶(carotenoid cleavage dioxygenases，CCDs)催化下，类胡萝卜素氧化成脱辅基类胡萝卜素；氨基酸由来的挥发物，如 3-甲基丁醇主要通过亮氨酸代谢而来，由磷酸烯醇形成了苯乙醛和水杨酸甲酯等挥发物。此外，草莓和菠萝果实中还发现含有不同种类的呋喃酮类化合物(furanones)(Tholl，2006)。

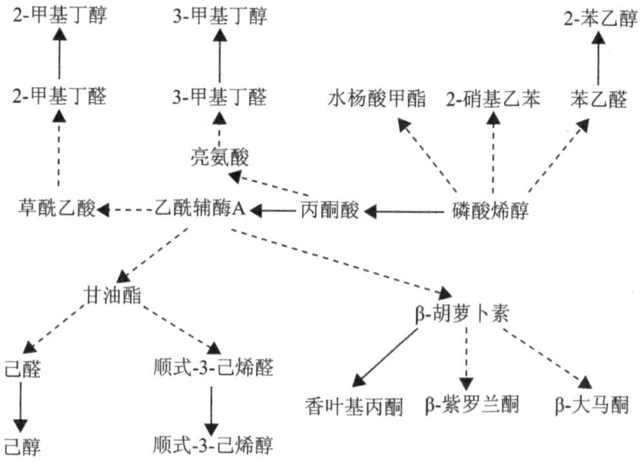

图 5-8　植物中挥发物质形成途径(Klee，2010，略作修改)

第三节　品质成分代谢积累的影响因素

蔬菜产品中的营养与品质成分的积累主要受基因型、农艺措施和环境等影响。

一、基因型差异

不同蔬菜乃至同一种类蔬菜中的品质成分存在较大的差异(Fernie et al.，2006)，如辣椒中含有较多的维生素 C，而十字花科蔬菜中含有较多的芥子油苷，一些叶菜中含有较多的叶黄素。同样，同种蔬菜中各种品质成分也有较大的差异，如樱桃番茄比普通番茄含有更多的可溶性固形物，黄色品种比红色品种含有更高含量的类胡萝卜素，而茄红素含量则只有普通红色品种的 1/10。我国十字花科蔬菜种类繁多，其中的芥子油苷含量也存在较大的差异。许多叶菜中含有较多的硝酸盐，在叶用莴苣上的研究表明，硝酸盐积累是一数量性状，容易积累硝酸盐的品种和不易积累硝酸盐的品种杂交后代一般表现为不易积累硝酸盐。

二、农艺措施

不同栽培模式或方式对蔬菜品质具有一定的影响(Rouphael et al.，2012)。近年来，设施栽培在我国变得越来越普遍，设施特殊环境和栽培模式引起的产品品质变化也是大家关注的问题。有关露地蔬菜和设施蔬菜在品质上的差异虽有一些报道，但这种差异既有设施与露地本身环境的差异，也有季节、气候和栽培管理上的差异，因此，在一定程度上不能进行绝对比较。设施生产大多在冬春季节进行，这时不仅温度低、光照弱，同时覆盖材料也不同程度地影响了光通过率，因此，一般设施作物中的含糖量相对较低，维生素 C 的合成也相对较少。近年来，有机蔬菜在一些市民群体中得到青睐，这不仅与其不具农药残留有关，也与有机农产品特有的风味有关。这在很大程度上同施用有机肥和较低的单株产量导致其体内相对较多的初生代谢成分和次生代谢成分的积累有关。

近年来，嫁接栽培在我国茄果类和瓜类蔬菜生产中变得越来越普遍，然而嫁接砧木对果实品质的影响是一个值得关注的问题，该问题在瓜类中尤为突出。一些研究结果表明，一些砧木不仅能提高植株对枯萎病、青枯病和线虫的抗性，同时也能增加产品中维生素 C、类胡萝卜素和茄红素等的积累；但一些研究则发现，嫁接会影响产品品质和成熟期，如采用相对耐低温的黑籽南瓜嫁接西瓜会影响西瓜果实中糖分的积累速度而需要推迟采收。同样，利用黑籽南瓜嫁接黄瓜则会影响果刺和蜡质的积累而影响商品性。因此，国内许多区域正从传统的黑籽南瓜或葫芦作为嫁接砧木转向选用白籽南瓜作为嫁接砧木进行西瓜和黄瓜的生产。

三、环境因子

蔬菜产品内的营养成分在受遗传因子控制的同时，也受环境的影响。植物体内有机物的代谢可分为初生代谢和次生代谢，二者均是植物生长的基础。因此，了解环境如何影响代谢是了解环境对品质影响的基础。植物在其生长发育中不断遭遇低温、高温和强光、干旱以及 UV-B 等环境胁迫，这些胁迫不同程度地影响光能耗散、光合作用和呼吸作用的电子传递链，导致过剩电子和氧自由基或活性氧(ROS)的产生(图 5-9)。现已发现，植物体内的 ROS 和植物激素相互作用控制植物的生长发育，也参与包括维生素 C、类胡萝卜素和酚类等植物源化合物代谢的调控，而且这种环境引起的信号可从叶片传输到果实等组织，其结果导致植物形成一整套完整的包括过剩光能耗散和氧自由基清除机制，如在叶绿体中形成的叶黄素循环和由抗氧化物质与抗氧化酶组成的 Mehler-Asada-Foyer 循环，这些保护机制的有效运转在一定程度上提高了植物对不同环境胁迫的抗性，从而提高了植物产量的形成。同时，其中的一些物质也是人类健康所必需的物质，如叶黄素、维生素 C、维生素 E、类胡萝卜素、花青素和酚类物质等。事实上，植物的抗性形成与品质形成在信号途径上有着一定程度的相似性。例如，ABA 不仅调控植物的抗性，也影响果实色素的形成。

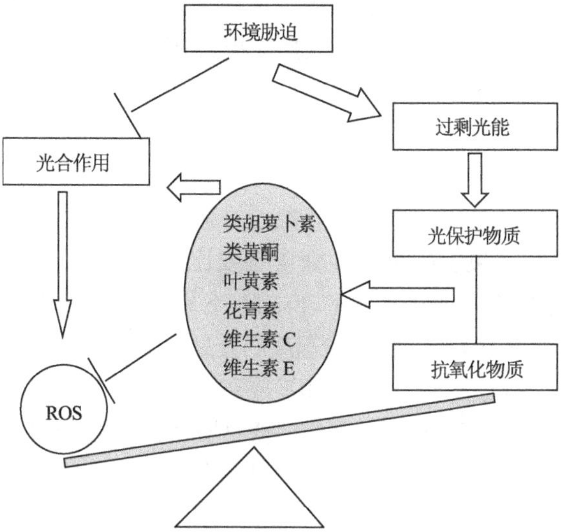

图 5-9　环境胁迫与营养成分积累的关系

(一) 光照

光是植物光合作用的原料，除极少数需要弱光的蔬菜外，大多蔬菜在弱光下会发生碳水化合物积累减少、果实糖度下降的现象。光照还影响维生素 C 等积累，维生素 C 参与植物光合作用中的光保护作用，光强越高，维生素 C 合成也越多。光照还影响许多蔬菜的色泽形成，弱光导致番茄中茄红素合成下降，影响着色。在叶菜中，光照还影响硝酸盐和草酸的积累，弱光下许多叶菜会积累更多的硝酸盐和草酸。然而，过强的光照也会影响蔬菜的质量，如夏季发生的番茄果实“绿肩”和茄子果实着色不良等现象都是典型例子。

除光强外，光质也是影响蔬菜品质的一个重要因子。植物通过光敏色素感受红光和远红光，通过隐花色素和向光素感受蓝光。许多研究发现 UV-B 适当处理启动了植物的防御体系，显著提高酚类、类黄酮和维生素的含量。番茄高色素突变体 *hp*，具有强烈的光响应特性，无论营养组织还是果实都有很高的色素含量和较深的着色，并且果实成熟过程的启动比正常番茄要晚(Levin et al.，2006)。*hp* 突变体着色深主要归因于成熟果实较高的番茄红素，此外，*hp* 突变体还有很高的类黄酮、维生素 C 和维生素 E 含量，从而进一步提高了其营养价值。*hp-2* 与拟南芥 *DET1* 基因同源，编码细胞核光形态建成的负调节子(Levin et al.，2003)，而

hp-1 与拟南芥 UV 信号相关的 *DDB1* 基因同源，该蛋白质与 DET1 在遗传和生化水平发生互作，共同调控光信号响应。研究发现红光和远红光能穿透番茄果实的表皮和果皮，并被果实组织中的光敏色素所感受。对未后熟的果实施以短暂的红光处理能在不影响乙烯合成和后熟进程的前提下，促进番茄红素含量提高 2.3 倍（Alba et al.，2000），在利用光信号途径提高品质方面也有一些成功的例子（Giliberto et al.，2005；Liu et al.，2004）。

（二）温度

低温不同程度地影响光合作用效率而减少许多果菜的品质成分的积累。长期在较低温度下生长的番茄其果实中可溶性糖含量要比适宜温度下生长的果实低。在温度为 15~25℃，番茄果实中的维生素 C、β-胡萝卜素含量均随着温度的升高而降低，而 α-胡萝卜素和总胡萝卜素含量则随着温度的升高而上升。一般认为，番茄红素的形成在温度为 12~21℃下较为适宜，低于 10℃或高于 30℃将影响其积累（Lester，2006）。温度还影响一些瓜类蔬菜苦味物质的形成，低温增强瓠瓜和黄瓜植株中 HMG-CoA 酶的活性而增加苦味素 C（cucurbitacin C）的合成及其产生的苦味。高温则损伤果实细胞膜、蛋白质和 DNA 等，影响色素的积累，还引起一些叶菜中硝酸盐的积累。

（三）水分

水分影响蔬菜生长的许多过程，也影响蔬菜的品质，但这种影响与蔬菜种类有关，如在相对干旱条件下，许多含糖量较高的瓜类和番茄等有时含糖量反而会有所升高。近年来，随着水资源的逐步短缺，亏缺灌溉（deficit irrigation）和分根灌溉（partial root-zone drying irrigation）也在一些地方得到推广应用。已有的研究表明，亏缺灌溉可不同程度提高含糖量较高的瓜类和番茄等蔬菜果实中可溶性固形物的含量，但也会引起产量的下降。分根灌溉是采用部分根域灌溉而部分根域保持相对较为干旱的一项节水灌溉技术，这种含水量不同根系之间存在 ABA 等信号物质的相互作用而提高了植物对水分的利用效率。同样，分根灌溉也会导致蔬菜地上部生长不同程度地受到抑制和产量下降，但可提高果实中可溶性固形物的含量。

除土壤水分外，空气湿度也影响蔬菜的品质，但这方面由于研究较为困难，目前积累的数据非常有限。Ca^{2+}的吸收与蒸腾作用有关，高湿下番茄植株蒸腾作用减少，容易发生缺钙而产生脐腐果。

（四）养分和盐分

不同养分对蔬菜营养成分的影响存在较大的差异，氮肥过多一般会导致营养器官的旺盛生长而影响果实中可溶性固形物的积累，而较多的 P 和 K 则有利于可溶性固形物的积累。氮肥过多引起叶片冠层生长过旺和果实受光的限制而导致维生素C和抗氧化能力的下降。在次生代谢物方面，缺氮会增加不含氮的一些次生代谢物如番茄红素、β-胡萝卜素和酚类物质的积累，而充足的P则可提高维生素C、番茄红素和花青素等的积累。土壤中钾和钙水平也影响番茄等果实中维生素C、胡萝卜素和番茄红素的合成。最近的一些研究表明，十字花科蔬菜中的芥子油苷含量与硫肥水平存在一定的相关，增加硫肥可提高这些蔬菜中的芥子油苷含量。蔬菜的品质还受肥料种类的影响，在番茄上的研究表明，施用有机肥的番茄果实中的维生素C含量要高于施用化肥的番茄果实含量。

土壤、灌溉水或培养液中的盐分浓度对蔬菜生长和品质均可产生较大的影响，不同蔬菜对盐分的敏感性存在一定的差异。在番茄中，当盐分（NaCl）浓度升高到100 mmol/L以上时，番茄植株便慢慢表现出盐害和生长抑制。在果实成熟期通过灌溉或增加盐分可形成一种盐胁迫而减少叶片蒸腾作用，从而增加果实中的可溶性固形物和维生素C含量以及抗氧化水平，但会影响产量。

（五）CO_2水平

提高CO_2浓度会抑制植物的呼吸作用而增加植物的光合作用效率，最终导致产量的增加。迄今为止，许多研究者研究了CO_2施肥对产量和品质的影响，这些研究明确了CO_2施肥具有提高产量的有益作用，但大多研究并没有观察到对品质的改善作用。这在很大程度上是由于CO_2施肥促进了光合作用碳同化的进行，从而减少了活性氧自由基的生成及其随后的抗氧化代谢。

第四节　蔬菜品质调控技术

一、利用代谢工程提高产品功能成分

植物作为维生素和其他功能性成分的“天然反应器”，其物质合成代谢功能的强化无疑对人类饮食健康的改善有重要意义（Hall et al.，2008；Dixon，2005）。近年来，随着植物次生代谢途径逐渐被阐明以及基因工程和代谢组学的发展，催生了新的“代谢工程”，为利用转基因手段对代谢途径物质流重新定向或加以调控奠定了基础（Schijlen et al.，2006；Wu et al.，2005）。目前，利用代谢工程进行品种改良主要有3种策略，即①代谢支路限速酶基因的转化；②整个代谢途径调控因子的转化；③异源代谢基因的转化。

通过控制限速步骤调控代谢途径方面，组成型过量表达番茄有色体*PSY1*基因导致幼嫩果实中提前累积番茄红素（Fray et al.，1995）。Stevens等（2007）发现与番茄高维生素C含量相关的QTL定位在编码GME的基因上，并且将猕猴桃*GGP*基因在拟南芥过量表达能使维生素C含量提高4倍。植物组织器官中维生素C的

含量不仅取决于生物合成，还受代谢、氧化和运输等过程的影响。

利用调控因子提高营养成分方面成功的例子莫过于番茄 *DET1* 基因的 RNAi 沉默。DET1 是一个与植物光形态建成有关的调控因子，引起植株矮化的同时，DET1 缺失会提高果实类胡萝卜素的含量(Pepper et al.，1994)。Davuluri 等(2005)构建了 *DET1* 基因的反向重复 RNAi 载体，并将其在番茄果实中特异性表达，结果意外地发现不仅类胡萝卜素、番茄红素、β-胡萝卜素等萜类物质含量提高，而且绿原酸、柚皮素、查尔酮等苯丙烷类物质含量也显著提高。控制维生素 C 合成的调控基因 *AMR1* 缺失，导致 GME、GPP 和 VTC2 等维生素 C 合成关键限速酶的高表达(Zhang et al.，2009)。因此，改变 AMR 调控基因的活性可能是提高作物维生素 C 含量的另外一个有效途径。许多类黄酮合成的调控基因也得到分离鉴定，这些基因多属于 MYB 和 MYC 转录因子家族(张学英等，2004)。*MYB12* 是控制苯丙烷途径黄酮类物质合成的转录因子，它能与含有金属响应元件(MRE)的基因启动子特异性结合，从而控制查耳酮合成酶、查尔酮黄酮异构酶、黄酮-3-羟化酶和黄酮醇合成酶等类黄酮合成途径相关酶基因的表达。过量表达 MYB 和 MYC 能使番茄类黄酮，尤其是莰非醇含量提高 60 倍(Bovy et al.，2002)。

异源基因代谢工程的研究发现，将葡萄的二苯乙烯合成酶基因引入番茄，在导致反式白藜芦醇和二苯乙烯糖苷累积的同时，也促进维生素 C 和谷胱甘肽的累积(Giovinazzo et al.，2005)；抑制木质素合成关键限速酶基因——肉桂酰辅酶 A 还原酶基因 *CCR*，在提高山奈芸香糖苷合成前体香豆酰辅酶 A 含量的同时也引起其他有益成分的累积(Van der Rest et al.，2006)。但是 *CCR* 转化也带来植株表型的变化，说明物质代谢流的改变可能会使植物正常的生长发育受到影响(表 5-1)。

表 5-1 番茄蔗糖代谢相关酶基因不同表达量果实中糖含量的变化

蔗糖代谢相关酶	材料	代谢相关变化	参考文献
蔗糖磷酸合酶(SPS)	OE	蔗糖合成增加	Worrell et al. (1991)
	OE	蔗糖从库的流失增加	Nguyen-Quoc et al. (1999)
酸性转化酶(AI)	DR	果实蔗糖含量增加，大小降低	Klann et al. (1996)
蔗糖合酶(SuSy)	DR	库强度降低，干物质积累	D'Aoust et al. (1999)
果糖-1,6-二磷酸酶(FBPase)	DR	绿色期和晚熟期葡萄糖及果糖含量增加	Obiadalla-Ali et al. (2004)
果糖激酶(FRK)	DR	开花延迟(*LeFRK1*)，茎和根的生长减弱，花、果实和种子数量减少(*LeFRK2*)	Odanaka et al. (2002)
	DR	维管束蔗糖利用率降低，伴随着木质部发育不良及植物生长缓慢和萎蔫	German et al. (2003)

OE，过表达植株；DR，抑制表达植株。

从理论上讲，代谢工程与传统育种相比，对于提高作物的营养价值更具潜力，但是目前，这种潜力能否得到发挥还存在问题。首先，代谢工程所依赖的转基因技术在作物尤其是食品上的应用，其安全性和环境的影响等方面还存在争议。‘金稻米’虽然在类胡萝卜素和维生素 A 含量上具有优势，但其食用安全性和稳定性受到质疑(Paine et al.，2005)。其次，代谢途径的定向转化往往导致植物正常生长发育过程的改变。例如，*PSY* 转基因果实成熟后其番茄红素的含量不仅低于正常果实，并且转基因植株的营养生长受限(Fray et al.，1995)，这可能与 PSY 相关代谢流过强造成 GA_3 等激素合成减弱有关。虽然通过导入非植物来源的 *PSY* 基因能大大提高番茄 PSY 活力，但是番茄红素和 β-胡萝卜素的提高效率仍然很低(Fraser et al.，2002)。最后，许多物质的合成、代谢、运输和累积，是一个高度复杂、协同运作的系统，并且某些成分，如维生素 C 在植物中作为逆境响应和 redox 信号转导的重要分子，其在细胞内的平衡对于植物正常生长发育具有绝对的重要性。因此，在目前营养物质代谢的调控机制还没有彻底明了之前，试图通过单纯提高某一环节的酶基因的表达，在不影响生长的前提下提高作物的营养价值还有很多不确定性(Chen et al.，2003)。

二、利用遗传改良改善品质

营养物质在不同蔬菜中含量差异可高达数十倍。例如，番茄果实中含有较多的胡萝卜素特别是番茄红素，而十字花科蔬菜则含有较多的芥子油苷，青花菜中含有较多的维生素 C、精氨酸，洋葱中含有较多的槲皮素，抱子甘蓝中 β-胡萝卜素的含量较高等。事实上，即使是同一种类的蔬菜其内在含量也受遗传进化和人为选择的影响，各种营养成分含量具有明显的差异。在番茄等蔬菜作物上还存在大量的高品质突变体，所以采用传统育种与现代分子育种不失为当今提高园艺产品品质的一个重要策略。传统育种所培育的具有高营养价值的新品种广受市场和消费者欢迎。然而，我国的育种工作大多关注高产和抗逆，品质育种工作涉及的相对较少，且育种周期长，获得理想性状的品种往往需要耗费数年甚至数十年的时间，目前还缺少像日本‘桃太郎’番茄这样的高品质品种。近年来，分子育种技术有了快速发展，采用现代分子标记辅助方法可望加速育种进程，改善园艺产品品质。例如，在番茄上，Schauer 等(2006)构建了多个基因渐渗系并对这个高度多样性的群体进行了代谢位点的鉴定，发现了 889 个果实代谢数量性状位点，其中 50%代谢位点与调控产量性状位点相关，近 100 个位点则与果实品质等相关，展示了利用遗传变异进行品质和产量协调调控的可行性。

三、利用生理调控技术提高产品品质

生理调控技术是指通过化学调控和源-库关系调控等手段来提高初生和次生代谢途径中的一些营养成分积累的技术。主要措施如下。

(一)植株调整

通过整枝和疏果等措施来促进光合作用产物向特定产品器官的分配，通过去除老叶来减少遮阴，促进果实或叶片中一些与光相关色素合成来提高品质成分积累，这也是目前生产中广泛应用的技术。

(二)提高光合作用

通过提高光合作用效率而增加“源”的强度，满足“库”对碳水化合物的要求，来增加植物不同组织中碳水化合物的积累，从而提高果实中的糖分浓度。近年来，研究发现植物激素油菜素内酯具有提高光合作用效率的作用，筛选出其中的高活性油菜素内酯并在果菜生长期喷施处理，可提高光合作用效率20%~30%，不仅可提高产量20%左右，也可提高甜瓜和西瓜等果实中的糖度1~2度，为克服早春瓜类品质差的问题提供了一条有效的解决途径(图5-10)。

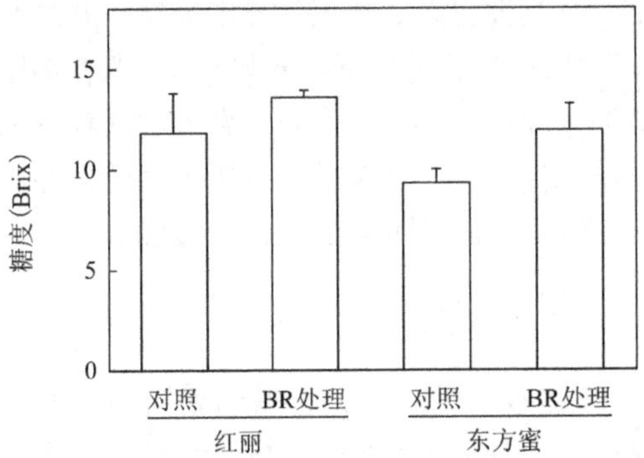

图5-10 叶片喷施BRs对甜瓜果实糖分积累的影响(喻景权团队，未发表)

(三)嫁接

如前所述，许多果菜、西瓜和甜瓜果实碳水化合物积累和商品性在一定程度上受砧木的影响，筛选优异砧木提高瓜果蔬菜品质是目前我国各地积极开展的一项工作，并已初现成效。

(四)果实代谢调控

糖分代谢与ABA水平有关，一些研究表明，ABA不仅能促进碳水化合物的代谢，也能增加果实中一些色素的积累。目前，该项技术在果树的一些品种上得到应用，但在蔬菜作物中的研究则鲜见报道。

四、利用环境调控技术改善产品品质

营养组成受环境等的影响，利用环境因子调动植物自身内在的代谢机制，合成有益于人类健康的次生代谢物，从生产者经济和技术角度来看具有较强的可行性。蔬菜中的营养成分积累大多需要一个外界环境特别是逆境的诱导，许多营养物质大多是抗氧化物质，只有在植物遭遇逆境的条件下，在植物光能得不到有效利用等环境下其合成才得到提高，如在类似强光、低温、干旱和高盐条件下植物组织的叶黄素、维生素 C、维生素 E、类胡萝卜素、花青素、芥子油苷和酚类物质升高 30%~200%。因此，一方面可通过创造一个植物生长发育的适宜环境，协调生长与品质二者间关系来获得营养成分相对中庸的积累；另一方面，也可通过创造一个植物相对不适宜的环境，从而促进植物中一些特殊代谢成分更高的积累，来提高蔬菜的品质。但需要指出的是，通过创造一个逆境来提高蔬菜品质是建立在牺牲产量的前提下取得的，因此，需要合理评估其得失。

温度、光照、水分、养分(盐分)和 CO_2 浓度是影响蔬菜品质的主要环境因子，通过调控这些因子提高蔬菜品质具有一定的可操作性(Demmig-Adams and Adams，2002)。一些研究发现，不同时间的低温胁迫能提高蔬菜中的一些功能性成分的含量，如 Charron 和 Sams(1999)发现，与 22℃下生长的植株相比，12℃下生长的 *Brassica oleracea* 植株中的芥子油苷含量增加了 44%。亏缺灌溉可不同程度提高含糖量较高的瓜类和番茄等蔬菜果实中可溶性固形物的含量，从而提高其风味和品质，然而，这种亚适宜环境也会造成产量的下降。因此，如何减少这种逆境对产量的影响是环境调控在提高品质中应用的一个重要命题。一个解决途径是在蔬菜采收前，在其光合产物积累已完成的时期进行一个短期逆境处理。作者以叶用莴苣为材料，发现短期强光和 UV-B 等处理在显著抑制光合作用的同时，产生了更多的活性氧，也激发了植物叶片中抗氧化能力的提高(表 5-2)，提高了包括叶黄素、维生素 C、维生素 E、类胡萝卜素、花青素和酚类物质在内的抗氧化物质的含量，从而显著提高了其营养价值(表 5-3)。因此，可以根据这种机制来选择性地采用水分、光、温度等胁迫来提高这些生理活性成分的含量和蔬菜的营养价值。

表 5-2 不同光强对生菜叶片中光合作用过剩电子产生、超氧产生和抗氧化能力的影响

处理	过剩电子 *Ja* /[(μmol e^-/(m^2•s)]	超氧产生速率 /[nmol/(g FW•min)]	抗氧化能力 FRAP /(mmol/100 g FW)
低光	1.7±0.1c	28.9±0.68 b	0.82±0.31
中光	11.6±0.6b	46.8±3.56 b	1.21±0.28
高光	37.7±4.7a	53.8±2.36 a	1.79±0.59

注：不同字母表示显著性差异($P<0.05$)。

资料来源：Zhou et al.，2009。

表 5-3 不同光强对生菜叶片中类胡萝卜素、抗坏血酸和 α-生育酚的含量的影响

处理	类胡萝卜素 /(mg/g FW)	叶黄素 /(mmol/mol Chl)	抗坏血酸 /(μmol/g FW)	α-生育酚 /(μmol/g FW)
低光	0.12±0.01 b	49.6±2.5 c	6.18±0.36 b	0.23±0.01 c
中光	0.15±0.03 b	77.7±3.2 b	7.04±0.56 b	0.44±0.02 b
高光	0.25±0.02 a	89.2±2.6 a	11.63±0.58 a	0.59±0.03 a

注：不同字母表示显著性差异($P<0.05$)。

资料来源：Zhou et al.，2009。

综上所述，随着生活水平的提高，人们对蔬菜的品质要求也有了明显的变化，蔬菜品质的研究也逐步从传统的以碳水化合物为中心的能量物质研究转向以功能性物质为中心的次生代谢的研究。近年来，植物中有关碳水化合物、维生素、类胡萝卜素、花青素和挥发物合成代谢途径也已得到初步解析，在通过遗传工程提高这些功能性营养成分方面也取得了显著进展，但由于安全性和生长发育性状等的改变，目前还很难真正将其应用于蔬菜生产中。除品质育种途径创造优质种质外，生理调控技术和环境调控技术也是提高营养品质是改善品质的重要途径，其中短期逆境处理可在不影响产量的基础上，通过影响水分和营养代谢途径而提高品质。

主要参考文献

陈俊伟, 谢鸣, 秦巧平. 2005. 植物糖信号与激素信号之间的联系. 植物生理学通讯, 41: 279-285.

陈俊伟, 张上隆, 张良诚. 2004. 果实中糖的运输、代谢与积累及其调控. 植物生理与分子生物学学报, 30: 1-10.

李瑞云, 张华. 2010. 我国园艺业发展现状、趋势及对策. 中国农业资源与区划, 31: 67-70.

秦巧平, 张上隆, 谢鸣, 陈俊伟. 2005. 果实糖含量及成分调控的分子生物学研究进展. 果树学报, 22: 519-525.

张上隆, 陶俊. 2003. 园艺植物类胡萝卜素的代谢及其调节. 浙江大学学报(农业与生命科学版), 29: 585-590.

张学英, 张上隆, 骆军, 叶正文, 李世诚. 2004. 果实花色素苷合成研究进展. 果树学报, 21: 456-460.

张永平, 乔永旭, 喻景权, 赵智中. 2008. 园艺植物果实糖积累的研究进展. 中国农业科学, 04: 1151-1157.

Adlercreutz H, Mazur W. 1997. Phyto-oestrogens and western diseases. *Annales De Medecine Interne*, **29**: 95-120.

Alba R, Cordonnier-Pratt M M, Pratt L H. 2000. Fruit-localized phytochromes regulate lycopene accumulation independently of ethylene production in tomato. *Plant Physiology*, **123**: 363-370.

Arenas-Huertero F, Arroyo A, Zhou L, Sheen J, Leon P. 2000. Analysis of *Arabidopsis* glucose insensitive mutants, *gin5* and *gin6*, reveals a central role of the plant hormone ABA in the regulation of plant vegetative development by sugar. *Genes and Development*, **14**: 2085-2096.

Arts I C, Hollman P C. 2005. Polyphenols and disease risk in epidemiologic studies. *The American Journal of Clinical Nutrition*, **81**: 317S-325S.

Asp N G. 1996. Dietary carbohydrates: classification by chemistry and physiology. *Food Chemistry*, **57**: 9-14.

Bender D A. 2003. Nutritional biochemistry of the vitamins. 2nd ed. Cambridge, U. K. : Cambridge University. Press: 512.

Bovy A, de Vos R, Kemper M, Schijlen E, Pertejo M A, Muir S, Collins G, Robinson S, Verhoeyen M, Hughes S. 2002. High-flavonol tomatoes resulting from the heterologous expression of the maize transcription factor genes *LC* and *C1*. *Plant Cell*, **14**: 2509-2526.

Brigelius-Flohe R, Traber M G. 1999. Vitamin E: function and metabolism. *The FEBS Journal*, **13**: 1145-1155.

Carol P, Stevenson D, Bisanz C, Breitenbach J, Sandmann G, Mache R, Coupland G, Kuntz M. 1999. Mutations in the *Arabidopsis* gene *IMMUTANS* cause a variegated phenotype by inactivating a chloroplast terminal oxidase associated with phytoene desaturation. *Plant Cell*, **11**: 57-68.

Carrari F, Fernie A R. 2006. Metabolic regulation underlying tomato fruit development. *Journal of Experimental Botany*, **57**: 1883-1897.

Charron C S, Sams C E. 1999. Inhibition of *Pythium ultimum* and *Rhizoctonia solani* by shredded leaves of *Brassica* species. *Journalof the American Society for Horticultural Science*, **124**: 462-467.

Chen Z, Young T E, Ling J, Chang S C, Gallie D R. 2003. Increasing vitamin C content of plants through enhanced ascorbate recycling. *Proceedings of the National Academy of Sciences*, **100**: 3525-3530.

D'Aoust M-A, Yelle S, Nguyen-Quoc B. 1999. Antisense inhibition of tomato fruit sucrose synthase decreases fruit setting and the sucrose unloading capacity of young fruit. *Plant Cell*, 11: 2407-2418.

Das S, TyagiAK, Kaur H. 2000. Cancer modulation by glucosinolates: a review. *Current Science-Bangalore*, **79**: 1665-1671.

Davuluri G R, Van Tuinen A, Fraser P D, Manfredonia A, Newman R, Burgess D, Brummell D A, King S R, Palys J, Uhlig J. 2005. Fruit-specific RNAi-mediated suppression of *DET1* enhances carotenoid and flavonoid content in tomatoes. *Nature Biotechnology*, **23**: 890-895.

DellaPenna D, Pogson B J. 2006. Vitamin synthesis in plants: tocopherols and carotenoids. *Annual Review of Plant Biology*, **57**: 711-738.

DellaPenna D. 2005. Progress in the dissection and manipulation of vitamin E synthesis. *Trends in Plant Science*, **10**: 574-579.

Demmig-Adams B, Adams W W. 2002. Antioxidants in photosynthesis and human nutrition. *Science*, **298**: 2149-2153.

Devaraj S, Jialal I. 2006. The role of dietary supplementation with plant sterols and stanols in the prevention of cardiovascular disease. *Nutrition Reviews*, **64**: 348-354.

Di Matteo A, Sacco A, Anacleria M, Pezzotti M, Delledonne M, Ferrarini A, Frusciante L, Barone A. 2010. The ascorbic acid content of tomato fruits is associated with the expression of genes involved in pectin degradation. *BMC Plant Biology*, **10**: 163.

Dixon R A. 2005. Engineering of plant natural product pathways. *Current Opinion in Plant Biology*, **8**: 329-336.

Dutta P C. 2003. Phytosterols as functional food components and nutraceuticals. New York: Marcel Dekker Inc. : 450.

Fernie A R, Tadmor Y, Zamir D. 2006. Natural genetic variation for improving crop quality. *Current Opinion in Plant Biology*, **9**: 196-202.

Flamm G, Glinsmann W, Kritchevsky D, Prosky L, Roberfroid M. 2001. Inulin and oligofructose as dietary fiber: A review of the evidence. *Critical Reviews in Food Science and Nutrition*, **41**: 353-362.

Foyer C H, Shigeoka S. 2011. Understanding oxidative stress and antioxidant functions to enhance photosynthesis. *Plant Physiology*, **155**: 93-100.

Francis G, Kerem Z, Makkar H P, Becker K. 2002. The biological action of saponins in animal systems: a review. *British Journal of Nutrition*, **88**: 587-605.

Fraser P D, Romer S, Shipton C A, Mills P B, Kiano J W, Misawa N, Drake R G, Schuch W, Bramley P M. 2002. Evaluation of transgenic tomato plants expressing an additional phytoene synthase in a fruit-specific manner. *Proceedings of the National Academy of Sciences USA*, **99**: 1092-1097.

Fray R G, Wallace A, Fraser P D, Valero D, Hedden P, Bramley P M, Grierson D. 1995. Constitutive expression of a fruit phytoene synthase gene in transgenic tomatoes causes dwarfism by redirecting metabolites from the gibberellin pathway. *Plant Journal*, **8**: 693-701.

Geigenberger P, Kolbe A, Tiessen A. 2005. Redox regulation of carbon storage and partitioning in response to light and sugars. *Journal of Experimental Botany*, **56**: 1469-1479.

German M A, Dai N, Matsevitz T, Hanael R, Petreikov M, Bernstein N, Ioffe M, Shahak Y, Schaffer A A, Granot D. 2003. Suppression of fructokinase encoded by *LeFRK2* in tomato stem inhibits growth and causes wilting of young leaves. *Plant Journal*, **34**: 837-846.

Giliberto L, Perrotta G, Pallara P, Weller J L, Fraser P D, Bramley P M, Fiore A, Tavazza M, Giuliano G. 2005. Manipulation of the blue light photoreceptor cryptochrome 2 in tomato affects vegetative development, flowering time, and fruit antioxidant content. *Plant Physiology*, **137**: 199-208.

Giovinazzo G, D'Amico L, Paradiso A, Bollini R, Sparvoli F, DeGara L. 2005. Antioxidant metabolite profiles in tomato fruit constitutively expressing the grapevine stilbene synthase gene. *Plant Biotechnology Journal*, **3**: 57-69.

Goff S A, Klee H J. 2006. Plant volatile compounds: sensory cues for health and nutritional value? *Science*, **311**: 815-819.

Goldberg G. 2003. Plants: diet and health. The report of a British nutrition foundation task force. Oxford, U. K. : Blackwell Publishing Ltd. : 347.

Hall R D, Brouwer I D, Fitzgerald M A. 2008. Plant metabolomics and its potential application for human nutrition. *Physiologia Plantarum*, **132**: 162-175.

Heim K E, Tagliaferro A R, Bobilya D J. 2002. Flavonoid antioxidants: chemistry, metabolism and structure-activity relationships. *The Journal of Nutritional Biochemistry*, **13**: 572-584.

Hertog M G, Hollman P C, Katan M B. 1992. Content of potentially anticarcinogenic flavonoids of 28 vegetables and 9 fruits commonly consumed in the Netherlands. *Journal of Agricultural and Food Chemistry*, **40**: 2379-2383.

Hirai M Y, Sugiyama K, Sawada Y, Tohge T, Obayashi T, Suzuki A, Araki R, Sakurai N, Suzuki H, Aoki K. 2007. Omics-based identification of *Arabidopsis* Myb transcription factors regulating aliphatic glucosinolate biosynthesis. *Proceedings of the National Academy of Science USA*, **104**: 6478-6483.

Hirai M Y. 2009. A robust omics-based approach for the identification of glucosinolate biosynthetic genes. *Phytochemistry Reviews*, **8**: 15-23.

Hounsome N, Hounsome B, Tomos D, Edwards-Jones G. 2008. Plant metabolites and nutritional quality of vegetables. *Journal of Food Science*, **73**: R48-R65.

Jr Combs G F. 1998. The vitamins: fundamental aspects in nutrition and health. San Diego, Calif.: Academic Press: 618.

Klann E M, Hall B, Bennett A B. 1996. Antisense acid invertase（TIV1）gene alters soluble sugar composition and size in transgenic tomato fruit. *Plant Physiology*, **112**: 1321-1330.

Klee H J. 2010. Improving the flavor of fresh fruits: genomics, biochemistry, and biotechnology. *New Phytologist*, **187**: 44-56.

Kolbe A, Tiessen A, Schluepmann H, Paul M, Ulrich S, Geigenberger P. 2005. Trehalose 6-phosphate regulates starch synthesis via posttranslational redox activation of ADP-glucose pyrophosphorylase. *Proceedings of the National Academy of Science USA*, **102**: 11118-11123.

Kopsell D A, Kopsell D E. 2006. Accumulation and bioavailability of dietary carotenoids in vegetable crops. *Trends in Plant Science*, **11**: 499-507.

Lalonde S, Boles E, Hellmann H, Barker L, Patrick J W, Frommer W B, Ward J M. 1999. The dual function of sugar carriers: transport and sugar sensing. *Plant Cell*, **11**: 707-726.

Lara M E B, Garcia M C G, Fatima T, Ehneß R, Lee T K, Proels R, Tanner W, Roitsch T. 2004. Extracellular invertase is an essential component of cytokinin-mediated delay of senescence. *Plant Cell*, **16**: 1276-1287.

Lester G E. 2006. Environmental regulation of human health nutrients (Ascorbic acid, β-Carotene, and Folic acid) in fruits and vegetables. *Hortscience*, **41**: 59-64.

Levin I, de Vos C R, Tadmor Y, Bovy A, Lieberman M, Oren-Shamir M, Segev O, Kolotilin I, Keller M, Ovadia R. 2006. High pigment tomato mutants—more than just lycopene (a review). *Israel Journal of Plant Sciences*, **54**: 179-190.

Levin I, Frankel P, Gilboa N, Tanny S, Lalazar A. 2003. The tomato dark green mutation is a novel allele of the tomato homolog of the *DEETIOLATED1* gene. *Theoretical and Applied Genetics*, **106**: 454-460.

Linnewiel K, Ernst H, Caris-Veyrat C, Ben-Dor A, Kampf A, Salman H, Danilenko M, Levy J, Sharoni Y. 2009. Structure activity relationship of carotenoid derivatives in activation of the electrophile/antioxidant response element transcription system. *Free Radical Biology and Medicine*, **47**: 659-667.

Liu Y, Roof S, Ye Z, Barry C, van Tuinen A, Vrebalov J, Bowler C, Giovannoni J. 2004. Manipulation of light signal transduction as a means of modifying fruit nutritional quality in tomato. *Proceedings of the National Academy of Science USA*, **101**: 9897-9902.

Manach C, Mazur A, Scalbert A. 2005. Polyphenols and prevention of cardiovascular diseases. *Current Opinion in Lipidology*, **16**: 77-84.

McGarr S E, Ridlon J M, Hylemon P B. 2005. Diet, anaerobic bacterial metabolism, and colon cancer: a review of the literature. *Journal of Clinical Gastroenterology*, **39**: 98-109.

McSteen P, Leyser O. 2005. Shoot branching. *Annual Review of Plant Biology*, **56**: 353-374.

Milde J, Elstner E F, Graßmann J. 2007. Synergistic effects of phenolics and carotenoids on human low-density lipoprotein oxidation. *Molecular Nutrition & Food Research*, **51**: 956-961.

Milder I E, Arts I C, Putte Bvd, Venema D P, Hollman P C. 2005. Lignan contents of Dutch plant foods: a database including lariciresinol, pinoresinol, secoisolariciresinol and matairesinol. *British Journal of Nutrition*, **93**: 393-402.

Muir S R, Collins G J, Robinson S, Hughes S, Bovy A, De Vos C R, van Tunen A J, Verhoeyen M E. 2001. Overexpression of petunia chalcone isomerase in tomato results in fruit containing increased levels of flavonols. *Nature Biotechnology*, **19**: 470-474.

Nambara E, Marion-Poll A. 2005. Abscisic acid biosynthesis and catabolism. *Annual Review of Plant Biology*, **56**: 165-185.

Nguyen-Quoc B, N'Tchobo H, Foyer C H, Yelle S. 1999. Overexpression of sucrose phosphate synthase increases sucrose unloading in transformed tomato fruit. *Journal of Experimental Botany*, **50**: 785-791.

Niyogi K K. 1999. Photoprotection revisited: genetic and molecular approaches. *Annual Review of Plant Biology*, **50**: 333-359.

Nookaraju A, Upadhyaya C P, Pandey S K, Young K E, Hong S J, Park S K, Park S W. 2010. Molecular approaches for enhancing sweetness in fruits and vegetables. *Scientia Horticulturae*, **127**: 1-15.

Nguyen-Quoc T, N'tchobo H, Foyer C H, Yelle S. 1999. Overexpression of sucrose phosphate synthase increases sucrose unloading in transformed tomato fruit. *Journal of Experimental Botany*, 50: 785-791.

Norris S R, Barrette T R, DellaPenna D. 1995. Genetic dissection of carotenoid synthesis in *Arabidopsis* defines plastoquinone as an essential component of phytoene desaturation. *Plant Cell*, **7**: 2139-2149.

Obiadalla-Ali H, Fernie A R, Lytovchenko A, Kossmann J, Lloyd J R. 2004. Inhibition of chloroplastic fructose 1, 6-bisphosphatase in tomato fruits leads to decreased fruit size, but only small changes in carbohydrate metabolism. *Planta*, **219**: 533-540.

Odanaka S, Bennett A B, Kanayama Y. 2002. Distinct physiological roles of fructokinase isozymes revealed by gene-specific suppression of *Frk1* and *Frk2* expression in tomato. *Plant Physiology*, **129**: 1119-1126.

Paine J A, Shipton C A, Chaggar S, Howells R M, Kennedy M J, Vernon G, Wright S Y, Hinchliffe E, Adams J L, Silverstone A L. 2005. Improving the nutritional value of Golden Rice through increased pro-vitamin A content. *Nature Biotechnology*, **23**: 482-487.

Pepper A, Delaney T, Washburnt T, Poole D, Chory J. 1994. *DET1*, a negative regulator of light-mediated development and gene expression in *Arabidopsis*, encodes a novel nuclear-localized protein. *Cell*, **78**: 109-116.

Porfirova S, Bergmüller E, Tropf S, Lemke R, Dörmann P. 2002. Isolation of an *Arabidopsis* mutant lacking vitamin E and identification of a cyclase essential for all tocopherol biosynthesis. *Proceedings of the National Academy of Science USA*, **99**: 12495-12500.

Ren J, Chen Z W, Duan W K, Song X M, Liu T K, Wang J J, Hou X L, Li Y. 2013. Comparison of ascorbic acid biosynthesis in different tissues of three non-heading Chinese cabbage cultivars. *Plant Physiology and Biochemistry*, **73**: 229-236.

Rolland F, Baena-Gonzalez E, Sheen J. 2006. Sugar sensing and signaling in plants: conserved and novel mechanisms. *Annual Review of Plant Biology*, **57**: 675-709.

Römer S, Fraser P D. 2005. Recent advances in carotenoid biosynthesis, regulation and manipulation. *Planta*, **221**: 305-308.

Rouphael Y, Cardarelli M, Bassal A, Leonardi C, Giuffrida F, Colla G. 2012. Vegetable quality as affected by genetic, agronomic and environmental factors. *Journal of Food Agriculture & Environment*, **10**: 680-688.

Schauer N, Semel Y, Roessner U, Gur A, Balbo I, Carrari F, Pleban T, Perez-Melis A, Bruedigam C, Kopka J. 2006. Comprehensive metabolic profiling and phenotyping of interspecific introgression lines for tomato improvement. *Nature Biotechnology*, **24**: 447-454.

Schijlen E, Ric de Vos C, Jonker H, Van Den Broeck H, Molthoff J, Van Tunen A, Martens S, Bovy A. 2006. Pathway engineering for healthy phytochemicals leading to the production of novel flavonoids in tomato fruit. *Plant Biotechnology Journal*, **4**: 433-444.

Smirnoff N, Conklin P L, Loewus F A. 2001. Biosynthesis of ascorbic acid in plants: a renaissance. *Annual Review of Plant Biology*, **52**: 437-467.

Stevens R, Buret M, Duffé P, Garchery C, Baldet P, Rothan C, Causse M. 2007. Candidate genes and quantitative trait loci affecting fruit ascorbic acid content in three tomato populations. *Plant Physiology*, **143**: 1943-1953.

Tholl D. 2006. Terpene synthases and the regulation, diversity and biological roles of terpene metabolism. *Current Opinion in Plant Biology*, **9**: 297-304.

Tungland B, Meyer D. 2002. Nondigestible oligo-and polysaccharides (dietary fiber): their physiology and role in human health and food. *Comprehensive Reviews in Food Science and Food Safety*, **1**: 90-109.

Van der Rest B, Danoun S, Boudet A M, Rochange S F. 2006. Down-regulation of cinnamoyl-CoA reductase in tomato (*Solanum lycopersicum* L.) induces dramatic changes in soluble phenolic pools. *Journal of Experimental Botany*, **57**: 1399-1411.

Webb A L, McCullough M L. 2005. Dietary lignans: potential role in cancer prevention. *Nutrition and Cancer*, **51**: 117-131.

Worrell A C, Bruneau J M, Summerfelt K, Boersig, M, Voelker T A. 1991. Expression of a maize sucrose-phosphate synthase in tomato alters leaf carbohydrate partitioning. *Plant Cell*, 3: 1121-1130.

Wu G, Truksa M, Datla N, Vrinten P, Bauer J, Zank T, Cirpus P, Heinz E, Qiu X. 2005. Stepwise engineering to produce high yields of very long-chain polyunsaturated fatty acids in plants. *Nature Biotechnology*, **23**: 1013-1017.

Yan X, Chen S. 2007. Regulation of plant glucosinolate metabolism. *Planta*, **226**: 1343-1352.

Yao L H, Jiang Y, Shi J, Tomas-Barberan F, Datta N, Singanusong R, Chen S. 2004. Flavonoids in food and their health benefits. *Plant Foods For Human Nutrition*, **59**: 113-122.

Zhang W, Lorence A, Gruszewski H A, Chevone B I, Nessler C L. 2009. *AMR1*, an *Arabidopsis* gene that coordinately and negatively regulates the mannose/l-galactose ascorbic acid biosynthetic pathway. *Plant Physiology*, **150**: 942-950.

Zhang Y, Kensler T W, Cho C G, Posner G H, Talalay P. 1994. Anticarcinogenic activities of sulforaphane and structurally related synthetic norbornyl isothiocyanates. *Proceedings of the National Academy of Science USA*, **91**: 3147-3150.

Zhou Y H, Zhang Y Y, Zhao X, Yu H J, Shi K, Yu J Q. 2009. Impact of light variation on development of photoprotection, antioxidants, and nutritional value in *Lactuca sativa* L. *Journal of Agricultural and Food Chemistry*, **57**: 5494-5500.

第六章　蔬菜器官间互作机制与嫁接

蔬菜由根、茎、叶、花、果等器官构成，其中根、茎和叶是营养器官，而花和果则是生殖器官。植物的根在吸收矿质元素的同时，合成细胞分裂素等植物激素；叶片通过吸收光能进行光合作用，提供根系生长和果实生长所需要的碳水化合物和其他物质；而茎则构成了植物矿物质、碳水化合物和其他生理活性物质交换运输的通道。因此，这些器官是一个有机的整体，构成这一有机体的各个器官或部分器官间有着一定的分工和密切的联系。植物不同器官间的相互作用主要包括两个方面：①矿物质和碳水化合物等养分的相互依存和竞争；②器官间通过长距离信号物质发生相互作用。高等植物的维管束系统由木质部和韧皮部两部分构成，木质部负责将根系吸收的养分和水分输送到地上部，而韧皮部则主要把叶片合成的光合作用产物输送给生长中的叶片、果实和根系等库器官。大量研究表明韧皮部和木质部不仅作为一个重要的传递同化产物的器官，它还是重要的传递植物生长与发育信息的通道。研究表明韧皮部中除含有光合同化产物外，还含有糖类、激素、活性氧(reactive oxygen species，ROS)、钙离子、mRNA、sRNA 和蛋白质等一系列大分子和小分子化合物(Banerjee et al.，2006；Aoki et al.，2005；Bortolotti et al.，2005；Buhtz et al.，2004；Balachandran et al.，1997)，其中一些大分子物质也能作为信号分子进行长距离传输，并介导了植物开花、块茎形成、源库关系、养分吸收、叶片形态、防御反应等生物过程(Banerjee et al.，2006；Chen and Kim，2006；Citovsky and Zambryski，2000；Balachandran et al.，1997)。

第一节　器官互作与器官生长

植物体各个器官之间存在一定的相互协调和制约的现象，我们把这种现象称为生长相关性。具体而言，生长相关是指同一植株个体中的一部分或一个器官与另一部分或另一器官的相互关系，包括地上部与地下部的相关(Malladi and Burns，2007)、营养生长与生殖生长的相关，这种相关主要通过矿物质和碳水化合物等养分的协调来获得。蔬菜高产是其植株中各个器官间相互协调和整合的结果，生长相关得到平衡，经济产量就高；生长相关得不到平衡，经济产量就低。矿物质和碳水化合物等养分在蔬菜植株中的分配不仅受植物体内遗传因子高度调控，也受土壤、肥料及水分的管理，以及温度和光照的控制，同时，也可通过一些农艺措施(如植株调整等)来调节这种相关关系。蔬菜植物生长相关主要包括地上部和地下部的相关，以及营养生长和生殖生长的相关等几个方面。

一、地上部与地下部器官互作

地上部是植物进行同化作用的场所，不断提供给根系生长所需的碳水化合物等物质，而根系输送的无机矿物质参与到光合作用等许多反应；地下部根系在吸收养分和水分的同时，还向地上部输送诸如细胞分裂素等根源激素或其他信号物质(Jackson，1997)。因此，这两者之间存在相互依存的关系。“壮苗必须先壮根”和“根深叶茂”等农谚深刻地诠释了植物地上部分和地下部分相互促进和生长协调的关系，其原因在于营养物质和生长物质的交换。

植株个体具有一定的根冠比，但这种根冠比会随着植株生长而改变。一般在生长前期根冠比较高，而在后期较低。对于作物来说，根冠比反映了作物生长状况以及环境条件对作物地上部和地下部的不同影响。在栽培中要协调好两者的关系，形成一个合理的根冠比，从而获得较高的产量。这不仅对地上部器官为产品的蔬菜显得重要，对以地下根或茎为产品器官(如马铃薯、莲藕、胡萝卜)的蔬菜更是如此。植物根和叶片的生长受环境影响很大，弱光一定程度上促进了叶片的伸长而抑制了根系的生长，干旱、过量磷钾肥和低温均会提高根冠比；水分和氮肥过多，磷肥、钾肥缺乏，弱光下高温则会导致根冠比的降低。因此，生产上一般在植株生长前期保证水、氮肥供应，使地上部和地下部生长良好，生长后期增施磷肥和钾肥，促进地上部合成的有机物质贮藏到根部。地下部环境的改变，可通过根系的生长乃至信号转导等途径来影响地上部的生长。有关地上部和地下部互作中的信号物质研究相对较少，已有的研究表明，这种互作不仅是一种营养物质供体和受体之间的关系，同时也是一个由激素和 sRNA 等长距离信号物质参与的过程。例如，番茄上的研究表明，土壤中的 NO_3^-离子通过调控根系中细胞分裂素合成，并通过木质部运输到地上部来促进地上部的生长(Rahayu et al.，2005)；而土壤干旱时，根系可合成更多的 ABA 来调控叶片气孔运动，减少水分蒸腾(Wilkinson and Davies，2002)；此外，一些矮化砧木也通过 miRNA 来抑制地上部的伸长(Harada，2010)。

二、营养器官与生殖器官互作

蔬菜植物从种子到种子，或从薯块到薯块，不管要通过一年或两年，都有其前后的连续性与相关性。任何一个生长发育时期都和前一个时期有密切的关联。没有良好的营养生长就没有良好的生殖生长。营养器官是光合产物的源，生殖生长需要以营养生长为基础，果实等生殖器官是接受光合作用产物的库。蔬菜作物的产品有叶、茎和根作为营养器官，也有果实和种子等生殖器官作为产品器官。因此，协调好营养生长与生殖生长两者关系是获得高产、优质的基础。

瓜类、茄果类和豆类蔬菜以果实为产品器官，但与水稻和小麦等禾谷类作物不同，这些蔬菜在其生长发育周期中存在一个营养生长和生殖生长并存的时期，在这个时期发生碳水化合物就近供应的现象。营养生长过旺则会影响到生殖器官的形成和发育。在蔬菜瓜类的生产中，经常可以看到由于肥水过多引起的徒长和随后的果实坐果不良现象；反之，如果过早地进入生殖生长和结果过多，形成一个碳水化合物的强库，则会抑制营养生长。在番茄生产中，如果早期即第一和第二档花序结果太多，会导致其花序上面的叶片生长受到抑制。黄瓜以嫩果作为商品器官，如果不及时采收，会发生该果实和其上面叶片间的营养竞争而导致叶片生长的停止，影响后期产量。

植物营养生长与生殖生长间存在一种内在的调控机制，如当番茄和黄瓜摘除花朵和果实不让其结果时，叶片尽管能继续生长，但光合作用效率会发生显著下降，相关的一系列信号途径包括糖信号途径便会启动，相关机制的探明将有助于深入了解植物生长相关现象。

三、生殖器官与生殖器官互作

与禾谷类作物不同，许多果菜在其生长发育过程中具有连续开花结果特性，开花结果存在一定的时间差，因此，早期坐果的果实可对后期开花的果实坐果和发育产生较大的影响，这在源有限即光合作用产物较为缺乏的情况下表现得尤为明显。当普通番茄某一花序结果超过 6 或 7 个果实时，会导致上面花序不易结果，所谓“空档”现象，即结果周期性现象。在瓜类中，如果让所有的果实都坐果，会发生果实变小而达不到商品果的现象。CPPU 是一瓜类中的强力果实坐果调节剂，如果每个果实都进行处理，虽然每个果实都坐果，但单果则变小(表 6-1；Yu，1999)。事实上，一些优异品种具有连续结果的习性，通过疏花疏果等措施，控制每一花序的结果数量，提高光合作用效率加大源的供应能力，则均可减少结果周期的产生，实现果实的持续结果。

表 6-1　细胞分裂素处理对瓠瓜坐果数、单果重与产量的影响

处理	果实		
	坐果数	果重/(g/每果)	产量/(kg/每株)
授粉	2.9±0.3a	402±25b	1.2±0.2a
CPPU 隔果处理	6.5±1.1b	337±20b	2.2±0.3b
CPPU 全果处理	9.0±2.0b	255±19a	2.3±0.3b

注：①CPPU 浓度 50mg/L。每个处理 12 株。数据为平均水平±SE；n=3。

②不同字母表示显著性差异($P<0.05$)。

资料来源：Yu，1999。

第二节　器官互作与器官形成

一、器官互作与器官发生

许多植物的开花和地下变态器官如块茎、球茎和根状茎的形成都需要一个光周期的诱导。在蔬菜作物中，菠菜、茼蒿、韭菜、豌豆、蚕豆的开花主要受长日照的诱导，菊芋、马铃薯、芋艿、莲藕、荸荠及慈姑等地下变态器官的形成需要短日照的诱导。植物感受光周期的部位为成熟叶片，而发生作用即形成花芽和地下变态器官的部位则在茎尖，因此，期间需要一个长距离信号物质来完成这种光周期的诱导作用。

植物对光周期的感应主要通过光受体和昼夜节奏来实现。迄今为止的研究表明，植物的许多光周期调节都与 *CO*(constans)基因有关(An et al.，2004)。其信号上游的昼夜节奏 GI 转录和光受体(PHYA，PHYB 和 CRY)影响了 CO 蛋白的稳定性(Valverde et al.，2004)。长日照植物在长日照下发生 CO 蛋白积累并伴随着 *CO* 基因转录上升以及 PHYA 和 CRYS 引起的 CO 蛋白降解抑制，而在夜间，则发生 CO 蛋白的降解(图 6-1 和图 6-2)。相反，在短日照条件下，*CO* 转录则在夜间达到高峰。PHYB 则影响 CO 蛋白的稳定性(Valverde et al.，2004)。*FT* 基因是 CO 的靶标基因，*FT* 编码一组 20 kDa 的蛋白，目前大多证据支持 FT 蛋白而不是 FT mRNA 是光周期诱导开花中的长距离运输信号物质(Notaguchi et al.，2008；Corbesier et al.，2007)。FT 蛋白通过叶脉和茎输送到生长点后与 FD 进行互作从而发生 *SOC1*、*LEAFY* 和 *AP1* 的转录激活，促进花原基的发生(图 6-2；Lin et al.，

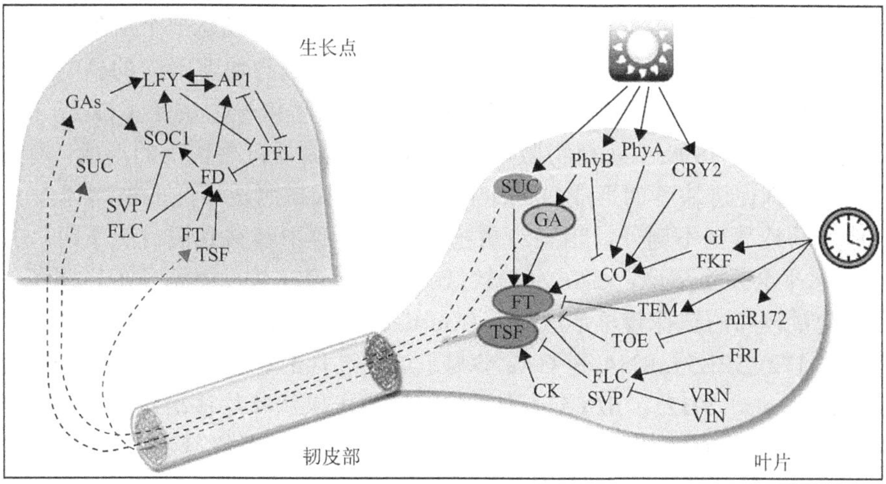

图 6-1　植物开花相关基因(Turnbull，2011，略作修改)

2007；Mathieu et al.，2007；Abe et al.，2005；Wigge et al.，2005）。除拟南芥外，在甘蓝型油菜(Giavalisco et al.，2006)韧皮液里也检测到 FT 蛋白，南瓜(*Cucurbita moschata*)中也证实了 FT 蛋白而非 mRNA 是诱导其在长日条件下开花的长距离信号物质(Lin et al.，2007)。

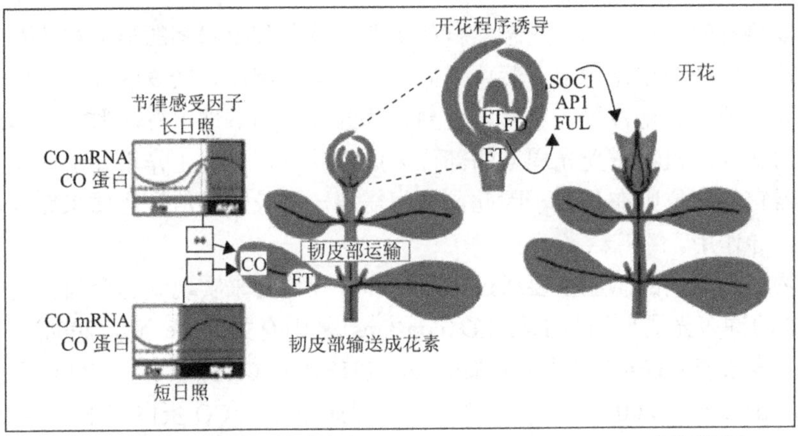

图 6-2　光周期诱导开花过程(Mcgarry and Kragler，2013，略作修改)

许多研究发现，一些植物的开花受植物激素 GAs 诱导。GAs 水平受光周期影响，菠菜植株从短日照环境转入长日照环境时，其体内 GAs 水平明显上升(Lee and Zeevaart，2007，2005)，这种 GAs 的上升既可发生在叶片中，也可发生在生长点。GAs 水平的提高可通过 GA 响应因子 MYB 激活 *LEAFY* 和 *FT* 基因的表达(Hisamatsu and King，2008；Gocal et al.，2001，1999)，但是否影响 FT 蛋白水平还有待研究。

许多蔬菜其块茎或块根的形成需要短日照的诱导，但在其中发挥作用的长距离信号物质则还有待于进一步确认。马铃薯块茎的形成是一个从匍匐茎生长停止到其横向膨大的过程。许多研究表明，短日照诱导块茎形成的信号是一个可以通过嫁接传输的长距离信号物质，而且这种块茎信号物质受 CO 或 PHYB 等影响(Jackson，1999)。在植物激素方面，GAs 抑制马铃薯块茎的形成，而 GAs 合成抑制剂则促进块茎的形成(Jackson，1999)。长日照诱导许多植物体内 GAs 的合成，马铃薯也不例外，当马铃薯植株从长日照下转移到短日照下时，其体内 GAs 水平会发生下降，GAs 水平较低的植株无论在长日照还是短日照条件下都会比含量较高的植株较早形成块茎(Martínez-García et al.，2001)。一些研究还发现，miR172、BEL5 mRNA 和 GAs 参与了这个过程的调控(Suárez-López，2013；Aksenova et al.，2012)，*BEL5* 基因经嫁接证实可以从叶片移动到地下并诱导块茎形成，但目前有关短日照诱导块茎形成中的长距离信号物质则尚不清楚(Banerjee et al.，2006)。

器官互作还影响许多植物的表型，如番茄中 *KNOTTED1-like homeobox* 基因可以通过嫁接运输到接穗中，并改变接穗叶片发育形态(Kim et al.，2001)；又如南瓜韧皮液mRNA *GIBBERELLIC ACID INSENSITIVE*(*GAIP*)可以从南瓜砧木中移动到黄瓜接穗茎尖部位(Haywood et al.，2005)；将南瓜功能缺失突变基因(*Cmgaip*)和拟南芥*ΔDELLA-gai*导入番茄，并将野生型番茄嫁接到这些转基因植株，发现接穗叶片形态也因此发生改变(Haywood et al.，2005)；在果树上，通过嫁接一些特定砧木可引起植株矮化，其中一些siRNA被认为是可移动的长距离信号物质，并且在其中发挥了作用。

二、器官互作与侧枝发生

植物在其叶片的基部都存在叶芽，叶芽伸长的结果是分枝的形成，叶芽伸长与否受遗传、激素和环境的高度调控。植物的分枝类型大概可以分为单轴分枝、合轴分枝、二叉和假二叉分枝以及分蘖4种类型。蔬菜作物中，果菜类的番茄一般为合轴分枝，辣椒为假二叉分枝，而茭白和许多竹笋属于分蘖类型。大多十字花科作物的茎为短缩茎，只有在抽薹开花后表现出一定的分枝习性。大多瓜类蔬菜、茄果类蔬菜和豆类都不同程度存在侧枝发生问题，协调主枝和侧枝的关系，不仅影响营养生长，在一定程度上也影响果实的生长，因此，在果菜生产中，植株调整显得特别重要。

植物的顶端分生组织(茎尖生长点)一般在形成胚胎时便已形成，种子发育成苗后形成主枝，而侧枝一般由顶端分生组织分化而来，其发育主要包括两个阶段：叶腋分生组织(AM)的形成和叶腋分生组织的生长(Bennett and Leyser，2006)。其中，一些腋芽直接生长发育为侧枝，而有的腋芽因为受到顶端优势或者当外界环境不利时会进入过渡生长期，成为暂时性休眠芽。侧枝的形成与发育与否在很大程度上受主枝顶端分生组织的影响，叶腋分生组织形成后，其生长通常会受到来自顶端分生组织产生的信号所抑制(Domagalska and Leyser，2011)。当去除顶端组织后，叶腋分生组织受到激活，继而发育成为侧枝。这种由于植物的顶芽优先生长而抑制侧芽生长的现象被称为植物的顶端优势(apical dominance)。

顶端优势机制是几代科学家一直致力研究的课题。早期的研究发现，植物的幼嫩叶片是植物激素生长素(如IAA)的主要合成部位，生长素具有向下极性运输的特性(polar aux transport，PAT)。当去除顶芽时，侧枝则迅速生长，而在去除的顶芽处涂布生长素IAA时，侧芽生长则被抑制，因此，生长素是一个在顶端优势中发挥重要作用的物质(Gallavotti，2013)。然而，通过同位素标记等手段研究发现，顶端合成生长素并不能直接进入侧芽，因此，生长素对侧芽的抑制并非直接作用，很有可能是通过生长素下游二级信使或者控制生长素极性运输流产生抑制作用((Domagalska and Leyser，2011)。随后的研究发现，细胞分裂素也是参与顶端优势调控的一个重要物质，在腋芽处添加细胞分裂素可以促进侧芽形成侧枝

(Liu et al., 2011)。Ongaro 和 Leyser(2008)发现，根系合成的独脚金内酯(strigolactone)是一个重要的侧枝发生抑制物质，这三者构成了顶端优势的激素调控网络(图 6-3)。

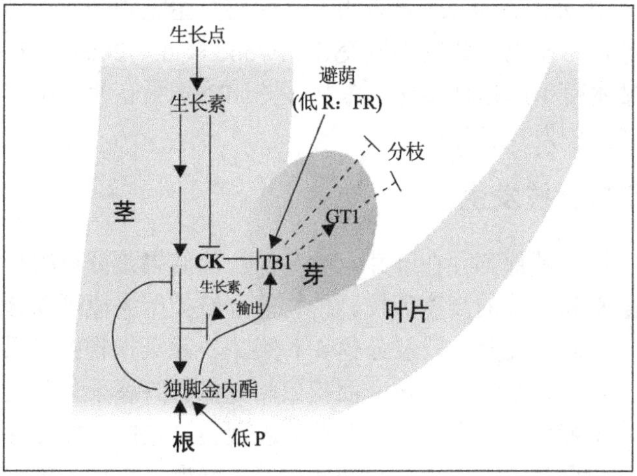

图 6-3 植物分枝与激素的关系(Kebrom et al., 2013，略作修改)

迄今，人们提出了多个有关顶端优势和侧枝发生的假说，其中生长素极性运输假说、独脚金内酯-生长素极性运输假说以及生长素二级信使假说是目前相对较被认可的顶端优势调控机制。

(一)生长素极性运输假说

该假说认为顶端合成生长素可以通过抑制侧芽内生长素向外运输的能力从而抑制侧芽的生长(Li and Bangerth, 1999)。这种极性运输的过程与生长素流的增加以及生长素运输蛋白(PIN)在维管组织中的分布有关。侧芽作为一个生长素合成潜在源，同样可以在侧芽茎内形成生长素极性运输流 PAT。植物顶端产生 PAT 向下运输抑制了由侧芽合成生长素向外运输的能力，使之不能形成 PAT 从而抑制生长。

(二)独脚金内酯-生长素极性运输假说

最近的研究发现，植物根系合成的独脚金内酯是调控侧枝发生的一个重要调控激素(Gomez-Roldan et al., 2008)。许多植物的独脚金内酯合成和信号途径突变体表现出多枝性。研究发现，独脚金内酯在抑制生长素 PAT 的同时，可通过活化某个腋芽从而形成一个新的生长素源和生长素极性运输流而抑制其他腋芽的发生(Shinohara et al., 2013)。

（三）生长素二级信使假说

由于生长素不能直接进入叶腋分生组织而是间接抑制侧芽的生长，因此生长素在抑制侧芽生长过程中起到了一个信号分子作用(Booker et al.，2003；Prasad et al.，1993)，目前的研究证明至少存在两种可以向上移动的二级信号物质，即细胞分裂素和独脚金内酯(McSteen and Leyser，2005)。研究发现，生长素可以抑制根系中细胞分裂素的合成而促进根系中独脚金内酯的合成及其向芽内运输。CTK可促进侧芽生长，而独脚金内酯功能则与 CTK 相反，具有抑制侧枝发生的功能，通过这些突变体的嫁接试验证明该类物质是由根内合成并向腋芽运输从而起到调控腋芽发生的作用(Ferguson and Beveridge，2009)。

除上述植物激素作为长距离信号物质外，腋芽中特异表达的 *TB1*、*BRC1* 和 *BRC2* 等基因可能作为内源激素和环境信号的调节因子，是调控侧芽活性的重要因素(Aguilar-Martínez et al.，2007；Takeda et al.，2003)。通常这些基因是侧芽生长的负调节因子，*BRC1* 的表达模式和腋芽生长高度一致，它的活性和腋芽的伸长呈现相反性(Aguilar-Martínez et al.，2007)。*TB1*、*BRC1* 和 *BRC2* 主要编码一类具有 TCP 结构的转录因子，目前已从拟南芥、高粱、水稻和番茄中都已鉴定出相应调节基因，并有实验证明一旦缺失或者超量表达这类基因均会出现侧枝发生或抑制的表型(Martín-Trillo et al.，2011；Finlayson et al.，2010；Minakuchi et al.，2010)。然而，生长素和细胞分裂素信号与这些基因的关系则有待研究。

许多环境因素一定程度上影响植物的侧枝和顶端优势的发生。植物活性氧(ROS)是植物生长发育和环境适应性中起重要作用的一类信号分子，近年来的研究发现，ROS 也参与顶端优势的调控(Sagi et al.，2004)。研究表明，拟南芥中UDP-糖基转移酶 UGT74E2 是一个过氧化氢响应蛋白，它以生长素 IBA 作为底物。过表达 UGT74E2 的转基因植株中，体内 IAA 和 IBA 之间的变化影响了侧枝的发生(Tognetti et al.，2010)。沉默番茄中与细胞膜产生过氧化氢有关的 *Rboh1* 和 *Wfi1* 导致植株大量发生侧枝(Sagi et al.，2004)。最近，作者发现，沉默番茄中 *Rboh1* 和 *Wfi1* 导致侧枝发生的同时，促进了侧芽中细胞分裂素的合成，抑制 *PIN1* 等基因的表达，而外源喷施过氧化氢则抑制了侧枝的发生(彩图 28)，这些实验说明，植物中的氧化还原信号系统介导了生长素等引起的分枝形成。

第三节　器官互作与抗逆

不同于动物，植物因其固定性无法主动逃离逆境，长期以来，高等植物已形成了一个复杂的应急和适应机制来应对环境的变化。大量研究表明，植物不同组织或器官的抗性会受到远端组织来自因外界生物或非生物环境的刺激而做出应答变化。例如，植物在部分受到病原微生物等生物胁迫侵袭时，未受伤害叶片也能做出相应反馈，即产生系统获得性抗性(SAR)。Ruiz-Medrano 等(2007)发现，烟草花叶病毒(CMV)侵染后，南瓜韧皮液中一些转录因子、信号转导相关基因发生了显著改变，而 CMV 侵染后甜瓜韧皮液蛋白中一些与胁迫反应相关的蛋白显示出表达差异(Malter and Wolf，2011)。与病原微生物引起的 SAR 相似，植物在遭受局部害虫为害时，也可在未遭受为害的叶片中观察到抗逆反应，对于 SAR 的系统信号目前已有大量研究，研究指出水杨酸甲酯(MeSA)等可能作为关键移动信号介导了 SAR(Vlot et al.，2008)，但也存在较大的争议。

在非生物逆境响应方面，一些研究者观察到，当在部分植物叶片遭受强光等非生物胁迫时，植物也能在未受胁迫组织中产生相应的应答，即产生系统获得性适应性(SAA)(Rossel et al.，2007；Karpinski et al.，1999)，如长期适应弱光的植株叶片转入到一个过剩光能的环境时，不仅在处理叶片发生光氧化，而且在未处理叶片也发生对过剩光能的系统适应性，并发生光氧化。因此，植物在部分受到环境刺激时可将信号传递到其他部位，从而在其他部位产生抗性。针对介导 SAA 的系统信号物质，Coupe 等(2006)运用基因芯片比较分析了 CO_2 加富或遮阴后处理与未处理的发育叶片与成熟叶片间的差异表达基因，指出糖类物质与激素可能参与其信号调控。Rossel 等(2007)通过基因芯片比较分析水杨酸(SA)、茉莉酸甲酯(MeJA)、脱落酸(ABA)突变体，排除了 SA、MeJA、ABA 作为介导强光诱导的 SAA 系统信号分子的可能，并指出 SAA 有异于病原菌引起的 SAR。最近的研究发现，细胞膜 NAPDH 氧化酶产生的活性氧可能是 SAA 反应中的一个重要信号物质。当植物局部遭受强光处理时，其可通过激发 Rboh 编码的 NADPH 氧化酶产生 H_2O_2，局部产生的 H_2O_2 能继而激发相邻细胞 NADPH 氧化酶产生 H_2O_2，引起 H_2O_2 信号的扩散传输和放大，最后在其他组织或器官产生抗逆反应。事实上，一些与活性氧清除系统相关酶类广泛存在于瓜类韧皮液内(Walz et al.，2004)，研究发现，瓜类植物韧皮液内 Cu/Zn-SOD、MDHA 和 POD 等抗氧化酶蛋白在植物受到干旱胁迫时明显高于未处理植株(Walz et al.，2002)。

系统信号不仅在同一器官不同组织或同一植株叶片间发挥作用，还可传输到不同种类的器官发挥作用。ABA 在植物抗逆中发挥了一定的作用，也调控了植物气孔的开关。ABA 合成突变体作为砧木会引起叶片气孔的开放，而用野生型作为砧木、ABA 合成突变体作为接穗时则会引起气孔的关闭(Holbrook et al.，2002)。当土壤发生干旱时，大多植物根系中 ABA 合成会得到加强，ABA 通过木质部传输到叶片组织中，并通过 OST1-ROS-SLAC1 途径引起气孔的关闭，从而减少水分蒸腾(Song et al.，2013；Lee and Luan，2012)。在番茄上的研究结果表明，土壤

或培养液中的 NO_3^-通过影响根系细胞分裂素的合成和向叶片输送细胞分裂素从而促进叶片生长和抑制衰老。在水涝环境下，根系会合成更多的乙烯来影响地上部(Voesenek et al.，1993)。

油菜素内酯(BRs)是一类甾醇类激素，它在参与植物生长发育调控的同时，也参与了植物抗性的调控。作者近年来的研究发现，BRs不仅可诱导产生局部抗性，还可诱导产生系统抗性。在黄瓜上的研究表明，当某一叶片进行 BRs 处理时，不仅提高了该叶片对光氧化和病原生物胁迫的抗性，也提高了相邻叶片对光氧化胁迫以及根系对枯萎病和线虫等的抗性(图 6-4；Nahar et al.， 2013； Xia et al.，2011)。作者发现，BRs 通过激发 *Rboh1* 表达，引起 NADPH 氧化酶在细胞膜质外体中产生活性氧从而磷酸化 MAPK，引起植物对氧化胁迫的局部抗性。叶片处理 BRs 增加了黄瓜、番茄、西瓜和甜瓜等多种蔬菜对枯萎病、线虫和青枯病等多种根部病害的抗性，减少了其发病率。值得指出的是，BRs 是一类在植物中不发生移动的化学物质，因此，BRs 需要通过次生长距离信号物质而诱导系统抗性。一系列的研究表明，BRs 在叶片产生 ROS 的同时，也可通过韧皮部中质外体 NADPH 氧化酶产生 H_2O_2，借助 MAPK 对下游 *Rboh* 的激发作用，引起 H_2O_2 信号的扩散传输和放大(彩图 29)。大多活性氧在植物体内不稳定，而且植物韧皮部中还存在较多的活性氧清除系统，很易被这些酶所分解，H_2O_2 可通过磷酸化 MAPK 进一步产生 H_2O_2。因此，H_2O_2 本身并不是其中的长距离信号物质，但通过其节链式信号激发相邻细胞产生 H_2O_2，激活植物根系的抗性系统。黄瓜叶面 BRs 处理后韧皮液 SSH 差减抑制杂交结果表明，韧皮液中存在一系列被 BRs 诱导的转录本，其中的生长素响应基因 *IAA14* 和 MLP 蛋白基因可被 BRs 显著诱导，并且在根系中得到放大(图 6-5；Li et al.，2013b)。

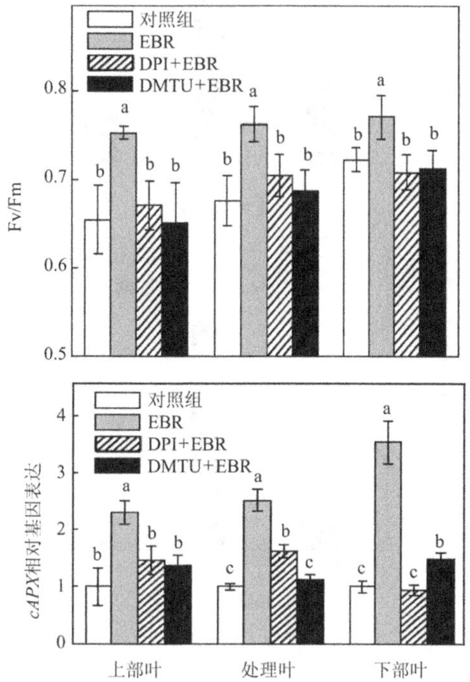

图 6-4　黄瓜 EBR 局部处理对处理叶及系统叶光氧化胁迫抗性与 *cAPX* 基因表达的影响(Xia et al.，2011)

不同字母表示显著性差异($P<0.05$)

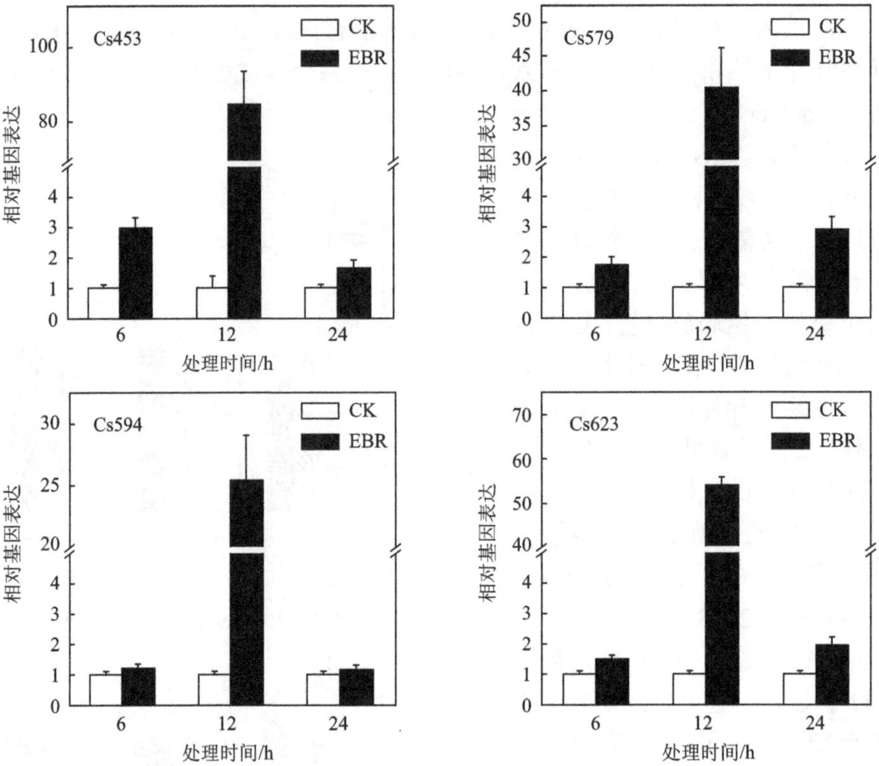

图 6-5 黄瓜叶片 EBR 处理对根系中抗逆相关基因表达影响(Li et al., 2013b)

第四节 嫁接提高抗性的机制及其应用

一、嫁接与蔬菜生长发育及其抗性

(一)嫁接与蔬菜生长发育

植物根系在吸收养分和水分的同时，还合成包括细胞分裂素、赤霉素和独脚金内酯等植物激素。除此之外，植物根系还可通过活性氧、miRNA、多肽、H^+以及 Ca^{2+}等信号分子来调控地上部的生长发育(Li et al., 2013a; Alvarez et al., 2006; Barceló, 2005; Pardo et al., 1998)。目前，蔬菜作物的嫁接研究大多集中在茄果类蔬菜、瓜类蔬菜和豆类蔬菜中的器官间嫁接，除此以外，一些十字花科蔬菜的微嫁接也有少量的研究。由于这些作物种类和基因型相对丰富，不同基因型作为砧木所引起的变化也存在较大的差异，因此，嫁接引起的生长发育影响在一定程度上具有一定的特异性，并不能简单地一般化。嫁接对蔬菜生长发育的影响主要有以下几个方面。

1. 养分和水分吸收

大多作为嫁接采用的砧木具有较为发达的根系，这些砧木具有比自根苗更强的养分和水分吸收能力，这在低温或高温下更为明显。许多瓜类蔬菜中的研究表明，嫁接增加了植株对 NO_3^-的吸收，同时也增强了硝酸还原酶(NR)的活性，促进了无机氮向氨基酸等的转化(Ruiz et al.，2006)。嫁接对 P 吸收和分配的影响受砧木种类和接穗的共同影响(Ruiz et al.，1996)，而 Ca^{2+}和 Mg^{2+}的吸收则主要受砧木的影响(Davis et al.，2008)。此外，一些嫁接砧木还可通过减少 Na^+的吸收或阻隔其向地上部分配来减少地上部的积累，这也在一定程度上提高了 K^+的浓度(Estañ et al.，2005)。

2. 激素合成

根系是细胞分裂素和 ABA 合成的主要场所，不同砧木根系具有不同的细胞分裂素合成能力。设施黄瓜和西瓜在冬春生产期间经常采用黑籽南瓜作为嫁接砧木，与自根相比，黑籽南瓜的适宜生长温度较低，在较低的温度下能合成更多的细胞分裂素，从而表现出旺盛的植株长势(图 6-6；Zhou et al.，2007)。

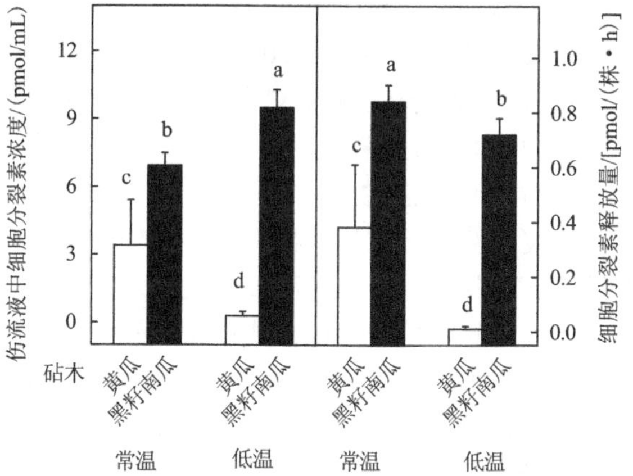

图 6-6　砧木对不同温度下黄瓜植株伤流液中细胞分裂素浓度和释放量的影响(Zhou et al.，2007)

不同字母表示显著性差异($P<0.05$)

3. 生长发育性状

许多嫁接植株在表现出旺盛的生长势的同时，也会发生因嫁接而引起的生长性状的改变，如利用番茄鼠叶类型基因型作为嫁接砧木时会发生叶型的改变(Kim et al.，2001)；黄瓜采用黑籽南瓜作为嫁接砧木时，会发生果实蜡粉的积累和果瘤性状的改变而影响商品性，黄瓜果实蜡粉的积累与 Si 的吸收增加有关(刘青等，2012)。

4. 果实成熟和糖分积累

与非嫁接西瓜相比，嫁接西瓜果实成熟往往推迟，而且有时还发生果实糖度下降现象，这种现象可能与嫁接植株的旺盛生长有关(钱琼秋等，2004)，因此，在生产上要注意选用合适的嫁接砧木来避免果实品质下降，如改黑籽南瓜为白籽南瓜可在一定程度上提高果实品质(刘润秋等，2003)。

(二)嫁接与抗性

不同植物的根系对环境的适应性存在差异，这种差异是我们利用嫁接提高许多蔬菜抗性的基础，利用这种差异开展不同亚种乃至种间的嫁接，不仅可提高对土传病原生物的抗性，而且也能提高对温度、养分、生长抑制物质的抗性。目前，嫁接技术正逐步在我国蔬菜特别是瓜类和茄果类蔬菜生产中得到应用，其主要作用分别如下所述。

1. 提高蔬菜对病原生物的抗性

大多病原菌具有特定的寄主，同时，一些植物含有对特定病原生物的抗性基因。利用这种特性，可以避免病原菌的侵染，从而使蔬菜免受病原生物的危害。例如，侵染黄瓜、甜瓜和西瓜的镰刀菌病原菌(*Fusarium*)一般不侵染黑籽南瓜、南瓜和葫芦，因此黑籽南瓜、南瓜和葫芦可用作黄瓜、甜瓜和西瓜的嫁接砧木，防止这些蔬菜枯萎病的发生(Louws et al.，2010)。在番茄中，存在许多对枯萎病、青枯病和线虫具有一定抗性或免疫能力的基因型，这些基因型同样也可用作番茄的嫁接砧木(贾双双等，2009；乐素菊等，1995)。

2. 提高蔬菜对温度逆境的适应性

不同蔬菜对温度的要求存在一定的差异，瓜类作物中，黑籽南瓜和西葫芦适宜的生长温度相对较低，而丝瓜、苦瓜、西瓜生长要求的温度相对较高，而且不同葫芦科种间嫁接大多具有较好的亲和性。栽培番茄和野生番茄中，不同基因型材料对温度的适应性存在较大的差异，一些基因型对高温具有较强的抗性(任彦，2006)。因此，利用这种不同种间或种内的温度适应性差异可提高地上部对温度的适应性，克服冬春或夏季低温和高温带来的不良影响。

3. 抑制蔬菜对盐分和重金属的吸收及转运

许多砧木对盐分和重金属具有一定的拒抗、分泌和阻隔能力，因此无论是地上部还是地下部都表现出较低的盐分和重金属。一些嫁接砧木虽然具有较高的盐分含量，但并不向地上部运输，这种阻隔作用也在一定程度上减轻了盐分和重金属对蔬菜的不利影响(Savvas et al.，2010)。

4. 抑制蔬菜对自毒物质和污染物的吸收或转运

不同砧木对自毒物质和污染物质具有选择性吸收和代谢的机制，这可能是其长期进化过程中形成的一种机制。肉桂酸是黄瓜根系分泌物中主要的自毒物质，研究发现，黄瓜根系对肉桂酸具有较强的吸收能力和代谢能力，并引起细胞中活性氧的积累和细胞死亡，而黑籽南瓜则几乎不吸收肉桂酸，因此也不发生细胞中活性氧的积累和细胞死亡（孙瑶，2005）。

二、嫁接提高抗性的机制

（一）嫁接提高生物逆境抗性的机制

蔬菜对土传病原生物存在寄主与非寄主之分。瓜类蔬菜中，不同枯萎病镰刀菌（*Fusarium oxysporum*）种或生理小种仅侵染特定瓜类而不侵染其他瓜类，这也是嫁接防治枯萎病的一个重要依据。此外，不同瓜类和茄果类蔬菜中都不同程度地存在一些抗病基因型，如番茄中具有一些抗青枯病、枯萎病、黄萎病和线虫的种质资源，这些也是嫁接砧木的资源。上述抗病资源中许多是单基因显性控制的，如番茄抗枯萎病材料中依次分离鉴定出 I、I-2 和 I-3 三个基因控制枯萎病（*F. oxysporum* f.sp. *lycopersici*）生理小种 0、1 和 2 的抗性（于拴仓和邹艳敏，2008）；番茄种质中具有近十个 *Mi* 基因，它们都不同程度地参与了线虫抗性的形成（彭德良和唐文华，2001）。

有关根部病害抗性机制的研究大大落后于叶部病害的研究。南方根结线虫是目前危害许多蔬菜的重要病害。目前，已经从不同番茄种中分离鉴定出多个抗线虫基因，其中的 *Mi-1* 基因已经成功地应用于番茄抗线虫品种选育中，携带 *Mi-1* 基因的番茄品种不仅对南方根结线虫、花生根结线虫（*Meloidogyne arenaria*）和爪哇根结线虫（*M. javanica*）具有抗性（Dropkin，1969），同时对马铃薯蚜虫某些生理小种和白粉虱的两种生理小种也具有抗性（Rossi et al.，1998）。携带 *Mi-1* 基因的抗性品种能在根结线虫进入根系的取食位点后，引发组织坏死和超敏感反应（HR），从而阻断取食位点的形成和根结线虫的发育。*Mi-1* 基因具有典型的 *R* 基因结构特征（Milligan et al.，1998）。所谓 *R* 基因，就是在植物与病害相互作用的基因-基因模型中，植物的某种抗性基因 *R* 能专一性地识别特定病害生理小种的无毒基因 *Avr*，并诱导植物产生抗病防御反应。*Mi-1* 基因编码一类 CC-NBS-LRR 蛋白（Milligan et al.，1998），该蛋白质不具有信号肽也没有跨膜结构域（TM），因而被认为存在于细胞内部与根结线虫效应物发生作用并启动防御反应（Martin et al.，2003）。业已证明，许多植物对携带有 *Avr* 基因的病毒、细菌、真菌病害的防御反应在遗传上都受 *R* 基因的控制（Flor et al.，1995；Keen，1990）。尽管植物与不同病原的非亲和性互作受高度专一性的 *R* 和 *Avr* 基因控制，但是信号识别完成后，通常启动相似的促分裂原蛋白激酶级联（MAPK）、水杨酸（SA）、活性氧（ROS）和 Ca^{2+} 信号途径诱导植物的抗病防御反应（Hammond-Kosack and Jones，1996）。SA 是植物防御活体营养型病原和系统获得性抗性（SAR）的重要信号，而 JA 主要参与死体营养型病原和咀嚼式昆虫的抗性，两种激素介导的信号通路之间相互拮抗，并参与组成了复杂的信号转导网络，以保证防御反应的平衡(Pieterse et al.，2009；Vlot et al.，2009)。然而，有关 *Mi-1* 基因介导的信号转导还知之甚少，在为数不多的研究中发现，*NahG* 转基因引起的 SA 缺失导致 *Mi-1* 介导的根结线虫抗性的部分丧失，而外源补充 SA 类似物则提高其抗性，证明了 *Mi-1* 介导的根结线虫抗性部分依赖于 SA 途径(Branch et al.，2004)，利用 VIGS 沉默 *WRKY70* 以及 *R* 基因功能所需的 *SGT1* 和 *HSP90* 等基因后则消除 *Mi-1* 所介导的抗性(Bhattarai et al.，2007)；相反，茉莉酸(JA)在根结线虫的抗性反应中不起作用，而完整的 JA 信号通路却是导致番茄根结线虫敏感性的重要原因(Bhattarai et al.，2008)。研究还发现了番茄 *LeMPK1*，*LeMPK2* 和 *LeMPK3* 在 *Mi-1* 介导的抗蚜虫中发挥了重要作用，但对线虫的抗性作用则有待研究(Li et al.，2006)。

有关枯萎病的抗性机制是近年国内外研究的一个重要领域，利用抗病和感病材料的研究发现，植物通过组织结构、内在生理生化防御机制和根系分泌物等多条途径来达到抗病性。在组织结构方面，抗病品种在病原菌侵染下通过多聚糖、胼胝质和纤维素的合成增加木质部组织的厚度，进而增强植株抗病能力(Curie and Briat，2003)。在生理和生化层面，除大多嫁接砧木具有较强大的根系外，还与其具有较高的防御酶活性有关(Schwarz et al.，2010)。一些研究发现，抗性品种受病原菌侵染后会较早地启动内在的防御机制来提高对病原生物的抗性，其中活性氧是一个重要的信号分子。番茄、黄瓜和西瓜上的研究都证明，在枯萎病抗性反应中苯丙氨酸解氨酶(PAL)、过氧化物酶(POD)及同工酶、多酚氧化酶(PPO)及同工酶等与嫁接苗枯萎病抗性具有一定的相关性(徐胜利等，2004)。作者通过系统地比较黄瓜枯萎病抗感品种在病原菌侵染后抗逆相关基因和酶活性的变化，发现抗病品种‘津优 1 号’植株中，SOD、CAT、APX 等酶活性及 *PAL* 和 *PR-1* 等抗病基因的表达上升不仅比感病品种‘津研 4 号’要早，而且幅度也大，说明抗病品种能启动活性氧信号系统和抗病信号系统来防御病原生物(Ye et al.，2006)。此外，根系分泌物也是影响抗病性的重要因子，日本南瓜的根系分泌物能抑制西瓜枯萎病病菌的生长。作者发现，在营养液中接种黄瓜枯萎病病菌(FO)导致感病品种比抗病型植株有较高的根表 FO 数目和较低的营养液 FO 数目。然而，在未接种 FO 的条件下收集的根系分泌物对 FO 的抑制作用二者不具差异，只有在接种的条件下，感病品种的根际分泌物对病原 FO 的生长有促进作用。接种 FO 引起抗病品种植株根表细菌、真菌和放线菌的数目显著上升，PCR-DGGE 的结果表明病原菌使感病型植株的根表微生物群落结构发生了显著的变化，表现为微生物均匀度指数的降低和有机物分解细菌的出现，而抗病型植株缓解了群落结构的变化。这些结果都表明，根系分泌物引起的微生物群落结构的稳定可能是抗病型植株对枯萎病有较高抗性的原因之一。

嫁接减少土传病害的发生还与土壤微生物多样性有关，采用微生物培养的方法和 16S rDNA PCR-RFLP 方法研究了自根西瓜、南瓜和葫芦作为砧木的嫁接西瓜土壤中的微生物种群结构变化，结果表明，嫁接西瓜根际细菌和真菌数量有所提高，而放线菌数量则有所减少(表 6-2；雷娟利等，2011)。

表 6-2　嫁接对西瓜根际主要微生物种群数量的影响(DW)

处理	细菌数量/(cfu/g)	真菌数量/(cfu/g)	放线菌数量/(cfu/g)
自根西瓜	1.71×10^8	2.66×10^6	6.08×10^7
南瓜砧嫁接西瓜	1.99×10^8	3.14×10^6	5.23×10^7
葫芦砧嫁接西瓜	2.23×10^8	3.79×10^6	5.79×10^7

资料来源：雷娟利等，2011。

(二)嫁接提高蔬菜对低温等非生物逆境抗性的机制

如上所述，嫁接可提高植株对温度、盐分、干旱和涝害以及重金属等逆境的抗性，嫁接提高盐分和重金属的抗性主要与砧木对这些离子的选择性吸收和阻隔作用有关，提高干旱抗性则与其发达的根系有关，而提高涝害抗性则主要与砧木本身的耐涝性有关。限于篇幅，本节主要围绕嫁接提高对温度胁迫抗性的机制开展讨论。

低温和高温胁迫引起植物生理代谢的改变，表现为植株光合作用效率下降、细胞膜过氧化、离子吸收减少和植株生长受到抑制。瓜类中，黑籽南瓜生长的适宜温度比黄瓜和西瓜要低，在低温下具有较高的光合作用效率和抗氧化能力(图 6-7)，因此，黑籽南瓜常作为各地黄瓜和西瓜等生产中的嫁接砧木。研究发现，黑籽南瓜适宜生长温度要比其他瓜类低 6~8℃，在亚适温下具有更高的 H^+-ATPase 进而比自根黄瓜吸收更多的养

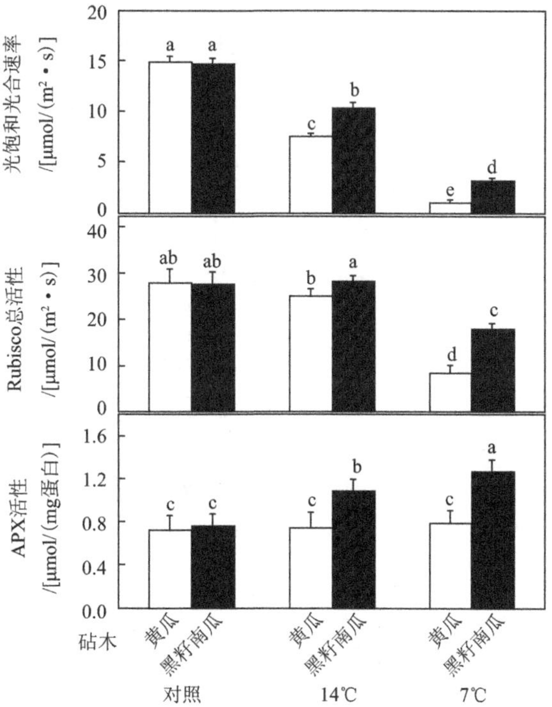

图 6-7　黑籽南瓜嫁接对光合作用和抗氧化酶活性的影响(Zhou et al.，2007)

不同字母表示显著性差异($P<0.05$)

分和水分(Ahn et al.，1999)。在植物光合作用中，磷通过无机磷限制直接参与了光合作用的调控，低温下经常发生磷吸收受到抑制的现象，这不仅引起光合作用效率的下降，还可能降低根系中细胞分裂素的合成和诱导乙烯的合成(潘晓华等，1997)。

根系影响水分和养分吸收的同时，还影响地上部基因的表达、蛋白质和酶的活性，最终影响叶片的氧化还原平衡和光合作用等一系列过程。以温度敏感型黄瓜为接穗，以黄瓜、耐冷型黑籽南瓜和耐热性丝瓜为砧木进行嫁接，结果发现，正常条件下，3 种嫁接植株的生长和光饱和光合速率(A_{sat})没有明显差异。将 3 种嫁接植株进行亚适宜低温(18℃/13℃，昼/夜)处理后，自根嫁接植株和丝瓜嫁接植株的生长速率和 A_{sat} 显著下降，而黑籽南瓜嫁接植株的生长速率和 A_{sat} 基本未减少，而在亚适宜高温(36℃/31℃，昼/夜)下，丝瓜嫁接植株具有最高的 A_{sat}(彩图 30)。与此同时，还发现嫁接砧木显著影响叶片中信号转导相关基因 *MAPK1* 和 *RBOH* 等，转录调控因子 *MYB* 和 *MYC* 等，蛋白保护(*HSP45.9*，*HSP70*)抗氧化(*Cu/Zn-SOD*，*cAPX*，*GR*)和光合作用(*RBCL*，*RBCS*，*RCA*，and *FBPase*)等基因的表达。在 18℃/13℃下，这些基因在以黑籽南瓜作为嫁接砧木的叶片中表达量最高，而在 36℃/31℃以丝瓜作为嫁接砧木的叶片中表达量最高(图 6-8)。低温或高温

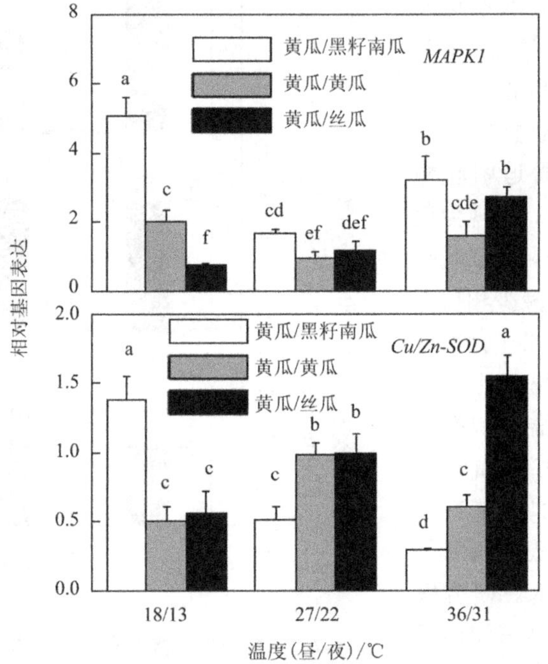

图 6-8　嫁接对不同温度下黄瓜叶片抗逆相关基因表达(Li et al.，2014b)

不同字母表示显著性差异($P<0.05$)

导致细胞膜脂过氧化是经常观察到的现象，作者发现，亚适宜低温或高温条件下，与自根嫁接植株相比，黑籽南瓜或丝瓜嫁接植株具有更高的抗氧化物酶 SOD、APX、GR 活性，从而减少低温或高温造成的黄瓜叶片中超氧阴离子等活性氧的积累，缓解 ROS 造成的氧化胁迫，因此，比自根黄瓜具有更高的 GSH/GSSG 值，从而表现出较高的光合作用相关酶活性。

作为基因表达的结果，蛋白质含量和相关酶活性同样受到抗性砧木的影响。在低温下黑籽南瓜嫁接植株中的 Rubisco 含量和初始活性显著高于自根植株，Rubisco 活化率得到显著提高。热激蛋白是一类伴侣分子，在高温下它可以帮助蛋白质再折叠，保护蛋白质和膜结构的稳定性，进而保证细胞的完整性。与自根嫁接植株相比，亚适宜高温条件下丝瓜嫁接植株无论根系还是叶片中的 HSP70 蛋白含量显著增加，说明 HSP70 在丝瓜砧木诱导的高温抗性中起着至关重要的作用(图 6-9；Li et al.，2014a)。

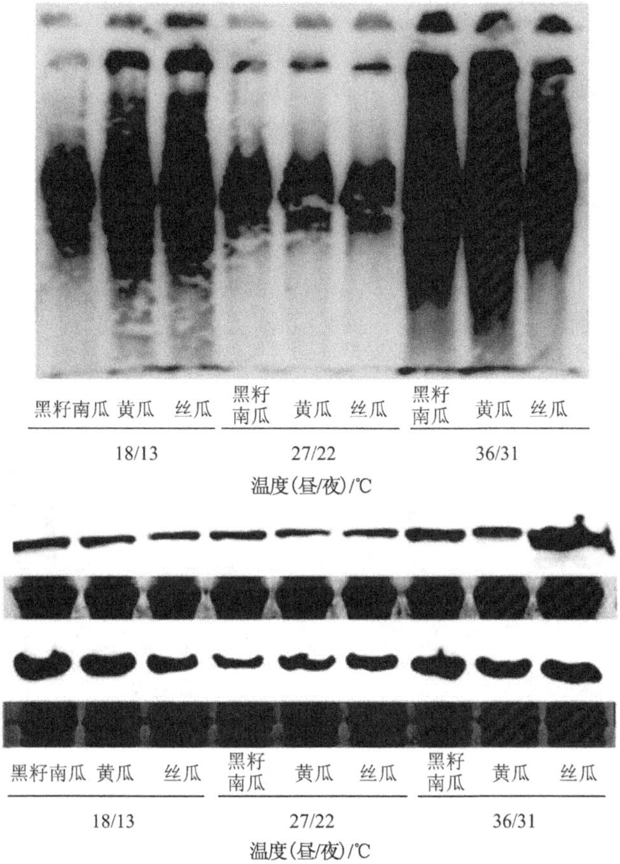

图 6-9　嫁接对不同温度下黄瓜叶片过氧化蛋白(上)与热激蛋白 HSP70(下)积累的影响(Li et al.，2014a)

在嫁接提高地上部抗性中，激素可能在地下部-地上部信号交流中扮演了重要的角色。许多研究发现嫁接可能通过砧木细胞分裂素、ABA、ACC 等的木质部运输改变接穗的内源激素含量，并进而改变其生理特性(Albacete et al.，2009；Dong et al.，2008)。Zhou 等(2007)利用黄瓜/黑籽南瓜嫁接体系研究发现，低温下黑籽南瓜作为嫁接砧木的黄瓜植株的木质液中含有比自根植株木质液中更高含量的细胞分裂素。最近，Ghanem 等(2011)将野生型番茄作为接穗嫁接到根系细胞分裂素合成基因特异性表达的砧木上，发现能提高木质部液的细胞分裂素含量，改善地上部的激素和离子平衡，并促进盐胁迫下地上部和果实的生长发育。因此，黑籽南瓜作为嫁接砧木时观察到的生长促进效果在很大程度上与其合成较多的细胞分裂素有关。

ABA 在植物抵御多种非生物逆境胁迫过程中起着至关重要的作用(Wilkinson and Davies，2002)。对自根嫁接植株和丝瓜嫁接植株分别进行地下部、地上部和整体高温处理，无论哪种高温处理，丝瓜作为砧木的嫁接植株其叶片中 ABA 的含量都显著大于自根嫁接植株中的含量，当只有地上部高温时，丝瓜砧木还能诱导叶片中 ABA 合成相关基因的表达和 ABA 含量的增加，说明除根部产生 ABA 作为长距离运输信号外，还有其他长距离运输信号物质参与了丝瓜砧木诱导的高温抗性。进一步研究发现 ABA 通过激发 *Rboh1* 产生 H_2O_2 诱导保护蛋白 HSP70 的大量合成抵御高温胁迫(图 6-10；Li et al.，2014a)。

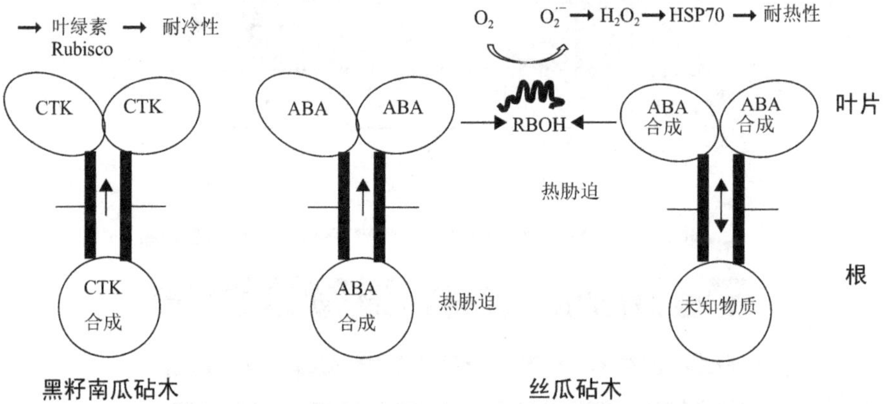

图 6-10　不同砧木提高黄瓜耐冷性和耐热性中 CTK 和 ABA 的作用与来源

miRNA 是一组内源性的非编码 RNA，主要通过与特定 mRNA 结合或调节特定 mRNA 的蛋白质翻译过程来调控基因的表达(Stark et al.，2005)。研究发现 miRNA 在植物对多种非生物(干旱、低温、高温、盐胁迫、机械伤)或生物(细菌)逆境的抗性中起着至关重要的作用(Xin et al.，2010；Sunkar et al.，2008；Zhou et al.，2008，2007）。Li 等(2013a)利用高通量测序技术发现南瓜作为砧木嫁接后，黄瓜接穗大部分 miRNA 及其靶基因发生了变化。作者通过 miRNA 芯片技术分析了高温处理后黄瓜自根嫁接植株和丝瓜嫁接植株叶片中 miRNA 的差异。与自根嫁接植株相比，高抗性丝瓜嫁接植株叶片出现了许多新的 miRNA。经过靶基因预测，这些 miRNA(miR156，miR159，miR395，miR396 等)参与了转录调控、激素信号转导、活性氧清除等调控过程。高温处理以后，这些 miRNA 显著下调(喻景权团队，未发表)，因此，miRNA 是否作为长距离运输信号从根部运输到地上部进行逆境调控值得深入研究。

三、嫁接技术在蔬菜生产中的应用及存在的问题

嫁接技术在果树生产中具有数千年的历史，在蔬菜中的应用自日本 Ashita 在 1927 年报道以来也有近 90 年的历史。日本在 20 世纪 50~60 年代开始大面积推广应用嫁接技术并在西瓜、黄瓜和番茄等蔬菜生产中发挥了重要作用，目前，95%以上的西瓜和 75%以上的黄瓜都采用了嫁接苗。我国从 20 世纪 70 年代开始试验蔬菜嫁接技术，目前在西瓜、黄瓜、番茄、甜瓜和茄子等蔬菜生长中得到广泛应用。近年来，随着溴甲烷土壤消毒剂的淘汰，嫁接技术也逐步引起欧洲国家和美国等发达国家的兴趣，成为这些国家一些研究机构的一个重要研究课题和极力推广应用的技术。

(一)提高果菜类对土传病虫害的抗性

随着各地蔬菜产业的发展和连作现象的日益普遍，土传病虫害问题也日益严重，这些病虫害包括枯萎病、黄萎病、青枯病和线虫等，由此造成的产量损失估计为 20%~50%。一些番茄、黑籽南瓜、南瓜、瓠瓜和茄子等对一些枯萎病和青枯病具有一定的抗性，采用嫁接可有效地解决枯萎病、黄萎病和青枯病的危害(彩图 31)。线虫是近年来一些地区，特别是黄河流域果菜生产中最为严重的土传病害，其中一些番茄砧木或品种含有 *Mi-1* 基因，对线虫具有较强的抗性或免疫能力，但这种抗性在温度高于 28℃下会丧失(赵统敏等，2013)。近年来，作者从番茄的众多材料中获得了 2 份在高温下具有对根结线虫免疫能力的番茄材料，在常温和高温下均具有免疫能力，可望解决番茄生长后期的线虫高发问题(彩图 32)。瓜类蔬菜中，非洲刺黄瓜(*Cucumis metuliferus*)和野生棘瓜(*Cucumis anguria*)对线虫具有一定的抗性，有时果实还会产生苦味或异味，但由于嫁接亲和性和成活率等问题目前还很难能应用于蔬菜生产中，其防治是目前瓜类生产中的一个难点，表 6-3 是目前主要应用的一些种质的抗性情况。

表 6-3　不同瓜类嫁接亲和性及其对主要土传病害抗性

砧木种质	同接穗亲和性			镰刀菌病原菌抗性						根结线虫抗性	
	西瓜	甜瓜	黄瓜	FON	FOC	FORC	FOM	FOLag	FSC	Mi	Mh
Cucurbita moschata 南瓜	+	+++	+++	+++	+++	+++	+++	++	−	−	−
Cucurbita maxima 印度南瓜		+++		+++	+++	+++	+++	++	−	−	−
Cucurbita maxima ×*C. moschata* 杂交种	+++	+++	+++	+++	+++		+++	+++	−	−	−
Cucurbita ficifolia 黑籽南瓜	+	+++	+++	+++			+++			−	−
Lagenaria siceraria 葫芦	+++	+++	+++	++	+++		+++	−	++	−	−
Benincasa hispida 冬瓜	+++	++	+++	+++	++		+++	+++		−	++
Sicyos angulatus 刺果瓜	+++	+++	++	++	+++		+++	−		−	+++
Cucumis metuliferus 刺角瓜	+++	+++	+++	+++	+++		+++	+++		−	++
Citrullus lanatus var. *citroides* HC 野生西瓜	+++			+++	+++		+++			++	
Luffa cylindrical 丝瓜		++	++	+++							

注：FON，西瓜枯萎病；FOC，黄瓜枯萎病；FORC，黄瓜冠腐病；FOM，甜瓜枯萎病；FOLag，葫芦枯萎病；FSC，黄瓜根腐病。Mi，南方根结线虫；Mh，北方根结线虫。+，抗；−，感。

资料来源：Louws et al.，2010，略有补充修改。

(二)促进植株生长，提高产量

大多用于嫁接的砧木因具有较为强大的根系而比自根植株具有更强的吸收养分和水分的能力，同时，还能通过合成更多的诸如细胞分裂素类生长调节物质来促进地上部的生长，因此采用合理的砧木和接穗进行嫁接能起到促进生长和提高产量的效果。

(三)提高植株对逆境的抗性

除具有较为强大的根系外，一些嫁接的砧木还具有比接穗更强的耐低温和耐高温能力，同时，对一些盐分和自毒物质具有一定的排斥或不向地上部转运的功能，此外，一些砧木还通过吸收更多的硅来提高地上部对白粉病等病害的抗性(魏国强，2004)或通过其他长距离信号物质来提高对其他病虫害的抗性。例如，黄瓜嫁接黑籽南瓜在冬春季节其植株生长势和产量要显著高于自根植株，这与嫁接植株在低温下具有较强的吸收养分和水分能力以及能合成较多的细胞分裂素有关（于贤昌和邢禹贤，1997）。一些黄瓜/南瓜嫁接组合能显著减少黄瓜白粉病的发生（翁祖信等，1993）。

（四）减少农药投入和土壤污染

溴甲烷对大气层具有一定的破坏作用，而目前一些地方采用的化学消毒剂不仅成本高，还在一定程度上破坏了土壤的微生物种群结构并引起土壤、地下水和蔬菜产品的污染。嫁接技术是一项绿色环保的农业防治技术，不仅不污染环境和产品，还能提高对土壤养分和水分的利用率。

目前，嫁接技术在发挥重要作用的同时，也存在一定的问题，如增加了种子成本和种子传播病害发生的风险、需要较多的劳力投入、容易发生生长过旺而影响坐果、容易助长一些生理障碍和叶面病害、一些蔬菜容易发生成熟期推迟和果实品质、风味受到影响等问题。同时，随着病原菌生理小种的进化，不仅一些砧木容易发生抗性丧失问题，一些砧木本身病害的产生也造成了新的土传病害发生（如瓠瓜枯萎病）。此外，目前还缺少瓜类抗线虫的资源和嫁接砧木，一些抗番茄线虫的砧木在温度高于28℃下发生抗性丧失问题也值得考虑。因此，需要进一步开展优异种质筛选和砧木/接穗优异组合的系统研究，结合嫁接苗工厂化育苗技术，从而发挥嫁接技术的优势。

主要参考文献

贾双双，高荣广，徐坤. 2009. 番茄砧木对南方根结线虫抗性鉴定. 中国农业科学, 42(12): 4301-4307.

乐素菊，吴定华，梁承愈. 1995. 番茄青枯病的抗性遗传研究. 华南农业大学学报, 16(4): 91-95.

雷娟利，寿伟松，董文其，张成浩，徐志豪，周艳虹，喻景权. 2011. 嫁接对西瓜根际微生物种群数量及群落结构的影响. 中国蔬菜, 2: 62-66.

刘青，魏珉，沈琼，王秀峰，杨凤娟，史庆华. 2012. 不同砧木对嫁接黄瓜蜡粉形成及硅吸收分配的影响. 园艺学报, 39(5): 897-904.

刘润秋，张红梅，徐敬华，黄丹枫，姚方杰. 2003. 砧木对嫁接西瓜生长及品质的影响. 上海交通大学学报(农业科学版), 21(4): 289-294.

潘晓华，石庆华，郭进耀，王永锐. 1997. 无机磷对植物叶片光合作用的影响及其机理的研究进展. 植物营养与肥料学报, 3(3): 201-207.

彭德良，唐文华. 2001. 番茄抗根结线虫 *Mi* 基因研究进展. 沈阳农业大学学报, 32(3): 220-223.

钱琼秋，刘慧英，朱祝军. 2004. 嫁接西瓜果实发育过程中蔗糖代谢及相关酶调控的研究. 浙江大学学报，30(3): 285-289.

任彦. 2006. 番茄不同基因型耐热性生理研究及种质改良相关技术的研究. 浙江大学硕士学位论文.

孙瑶. 2005. 黄瓜，黑籽南瓜根系对自毒物质响应差异的研究. 浙江大学硕士学位论文.

魏国强. 2004. 硅提高黄瓜白粉病抗性和耐盐性的生理机制研究. 浙江大学博士学位论文.

翁祖信，李宝栋，冯东昕. 1993. 嫁接黄瓜防病与增产效果的研究. 中国蔬菜, 3: 11-15.

徐胜利, 陈小青, 陈青云. 2004. 嫁接西瓜植株的生理特性及其抗枯萎病能力. 中国农学通报, 20(2): 149-160.

于拴仓, 邹艳敏. 2008. 由基因序列开发番茄枯萎病抗性基因 I-2 的共显性分子标记. HEREDITAS(Beijing), 30(7): 926-932.

于贤昌, 邢禹贤. 1997. 黄瓜嫁接苗抗冷特性研究. 园艺学报, 24(4): 348-352.

赵统敏, 王银磊, 杨玛丽, 赵丽萍, 余文贵. 2013. 番茄根结线虫病抗性基因的研究进展. 江苏农业学报, 28(6): 1492-1497.

Abe M, Kobayashi Y, Yamamoto S, Daimon Y, Yamaguchi A, Ikeda Y, Ichinoki H, Notaguchi M, Goto K, Araki T. 2005. FD, a bZIP protein mediating signals from the floral pathway integrator FT at the shoot apex. *Science*, **309**: 1052-1056.

Aguilar-Martínez J A, Poza-Carrion C, Cubas P. 2007. *Arabidopsis* BRANCHED1 acts as an integrator of branching signals within axillary buds. *Plant Cell*, **19**: 458-472.

Ahn S J, Im Y J, Chung G C, Cho B H. 1999. Inducible expression of plasma membrane H^+-ATPase in the roots of figleaf gourd plants under chilling root temperature. *Physiologia Plantarum*, **106**: 35-40.

Aksenova N, Konstantinova T, Golyanovskaya S, Sergeeva L, Romanov G. 2012. Hormonal regulation of tuber formation in potato plants. *Russian Journal of Plant Physiology*, **59**: 451-466.

Albacete A, Martinez-Andujar C, Ghanem M E, Acosta M, Sanchez-Bravo J, Asins M J, Cuartero J, Lutts S, Dodd I C, Perez-Alfocea F. 2009. Rootstock-mediated changes in xylem ionic and hormonal status are correlated with delayed leaf senescence, and increased leaf area and crop productivity in salinized tomato. *Plant Cell and Environment*, **32**: 928-938.

Alvarez S, Goodger J Q, Marsh E L, Chen S, Asirvatham V S, Schachtman D P. 2006. Characterization of the maize xylem sap proteome. *Journal of Proteome Research*, **5**: 963-972.

An H, Roussot C, Suárez-López P, Corbesier L, Vincent C, Piñeiro M, Hepworth S, Mouradov A, Justin S, Turnbull C. 2004. CONSTANS acts in the phloem to regulate a systemic signal that induces photoperiodic flowering of Arabidopsis. *Development*, **131**: 3615-3626.

Aoki K, Suzui N, Fujimaki S, Dohmae N, Yonekura-Sakakibara K, Fujiwara T, Hayashi H, Yamaya T, Sakakibara H. 2005. Destination-selective long-distance movement of phloem proteins. *The Plant Cell*, **17**: 1801-1814.

Balachandran S, Xiang Y, Schobert C, Thompson G A, Lucas W J. 1997. Phloem sap proteins from *Cucurbita maxima* and *Ricinus communis* have the capacity to traffic cell to cell through plasmodesmata. *Proceedings of the National Academy of Sciences of the United States of America*, **94**: 14150-14155.

Banerjee A K, Chatterjee M, Yu Y Y, Suh S G, Miller W A, Hannapel D J. 2006. Dynamics of a mobile RNA of potato involved in a long-distance signaling pathway. *Plant Cell*, **18**: 3443-3457.

Barceló A R. 2005. Xylem parenchyma cells deliver the H_2O_2 necessary for lignification in differentiating xylem vessels. *Planta*, **220**: 747-756.

Bennett T, Leyser O. 2006. Something on the side: axillary meristems and plant development. *Plant Molecular Biology*, **60**: 843-854.

Bhattarai K K, Li Q, Liu Y, Dinesh-Kumar S P, Kaloshian I. 2007. The *Mi-1*-mediated pest resistance requires Hsp90 and Sgt1. *Plant Physiology*, **144**: 312-323.

Bhattarai K K, Xie Q G, Mantelin S, Bishnoi U, Girke T, Navarre D A, Kaloshian I. 2008. Tomato susceptibility to root-knot nematodes requires an intact jasmonic acid signaling pathway. *Molecular Plant-Microbe Interactions*, **21**: 1205-1214.

Booker J, Chatfield S, Leyser O. 2003. Auxin acts in xylem-associated or medullary cells to mediate apical dominance. *Plant Cell*, **15**: 495-507.

Bortolotti C, Murillo I, Fontanet P, Coca M, Segundo B S. 2005. Long-distance transport of the maize pathogenesis-related PRms protein through the phloem in transgenic tobacco plants. *Plant Science*, **168**: 813-821.

Branch C, Hwang C F, Navarre D A, Williamson V M. 2004. Salicylic acid is part of the Mi-1-mediated defense response to root-knot nematode in tomato. *Molecular Plant-Microbe Interactions*, **17**: 351-356.

Buhtz A, Kolasa A, Arlt K, Walz C, Kehr J. 2004. Xylem sap protein composition is conserved among different plant species. *Planta*, **219**: 610-618.

Chen X Y, Kim J Y. 2006. Transport of macromolecules through plasmodesmata and the phloem. *Physiologia Plantarum*, **126**: 560-571.

Citovsky V, Zambryski P. 2000. Systemic transport of RNA in plants. *Trends in Plant Science*, **5**: 52-54.

Corbesier L, Vincent C, Jang S H, Fornara F, Fan Q Z, Searle I, Giakountis A, Farrona S, Gissot L, Turnbull C, Coupland G. 2007. FT protein movement contributes to long-distance signaling in floral induction of *Arabidopsis*. *Science*, **316**: 1030-1033.

Coupe S A, Palmer B G, Lake J A, Overy S A, Oxborough K, Woodward F I, Gray J E, Quick W P. 2006. Systemic signalling of environmental cues in *Arabidopsis* leaves. *Journal of Experimental Botany*, **57**: 329-341.

Curie C, Briat J F. 2003. Iron transport and signaling in plants. *Annual Review of Plant Biology*, **54**: 183-206.

Davis A R, Perkins-Veazie P, Sakata Y, López-Galarza S, Maroto J V, Lee S G, Huh Y C, Sun Z, Miguel A, King S R. 2008. Cucurbit grafting. *Critical Reviews in Plant Sciences*, **27**: 50-74.

Domagalska M A, Leyser O. 2011. Signal integration in the control of shoot branching. *Nature Reviews Molecular Cell Biology*, **12**: 211-221.

Dong H H, Niu Y H, Li W J, Zhang D M. 2008. Effects of cotton rootstock on endogenous cytokinins and abscisic acid in xylem sap and leaves in relation to leaf senescence. *Journal of Experimental Botany*, **59**: 1295-1304.

Dropkin V H. 1969. Cellular responses of plants to nematode infections. *Annual Review of Phytopathology*, **7**: 101-122.

Estañ M T, Martinez-Rodriguez M M, Perez-Alfocea F, Flowers T J, Bolarin M C. 2005. Grafting raises the salt tolerance of tomato through limiting the transport of sodium and chloride to the shoot. *Journal of Experimental Botany*, **56**: 703-712.

Ferguson B J, Beveridge C A. 2009. Roles for auxin, cytokinin, and strigolactone in regulating shoot branching. *Plant Physiology*, **149**: 1929-1944.

Finlayson S A, Krishnareddy S R, Kebrom T H, Casal J J. 2010. Phytochrome regulation of branching in *Arabidopsis*. *Plant Physiology*, **152**: 1914-1927.

Flor P J, Lindauer K, Puttner I, Ruegg D, Lukic S, Knopfel T, Kuhn R. 1995. Loning, functional expression and pharmacological characterization of the human metabotropic glutamate-receptor type-2. *European Journal of Neuroscience*, **7**: 622-629.

Gallavotti A. 2013. The role of auxin in shaping shoot architecture. *Journal of Experimental Botany*, **64**: 2593-2608.

Ghanem M E, Albacete A, Smigocki A C, Frebort I, Pospisilova H, Martinez-Andujar C, Acosta M, Sanchez-Bravo J, Lutts S, Dodd I C, Perez-Alfocea F. 2011. Root-synthesized cytokinins improve shoot growth and fruit yield in salinized tomato (*Solanum lycopersicum* L.) plants. *Journal of Experimental Botany*, **62**: 125-140.

Giavalisco P, Kapitza K, Kolasa A, Buhtz A, Kehr J. 2006. Towards the proteome of *Brassica napus* phloem sap. *Proteomics*, **6**: 896-909.

Gocal G F W, Poole A T, Gubler F, Watts R J, Blundell C, King R W. 1999. Long-day up-regulation of a GAMYB gene during *Lolium temulentum* inflorescence formation. *Plant Physiology*, **119**: 1271-1278.

Gocal G F W, Sheldon C C, Gubler F, Moritz T, Bagnall D J, MacMillan C P, Li S F, Parish R W, Dennis E S, Weigel D, King R W. 2001. GAMYB-like genes, flowering, and gibberellin signaling in Arabidopsis. *Plant Physiology*, **127**: 1682-1693.

Gomez-Roldan V, Fermas S, Brewer P B, Puech-Pages V, Dun E A, Pillot J P, Letisse F, Matusova R, Danoun S, Portais J C, Bouwmeester H, Becard G, Beveridge C A, Rameau C, Rochange S F. 2008. Strigolactone inhibition of shoot branching. *Nature*, **455**: 189-U122.

Hammond-Kosack K E, Jones J D G. 1996. Resistance gene-dependent plant defense responses. *Plant Cell*, **8**: 1773-1791.

Harada T. 2010. Grafting and RNA transport via phloem tissue in horticultural plants. *Scientia Horticulturae*, **125**: 545-550.

Haywood V, Yu T S, Huang N C, Lucas W J. 2005. Phloem long-distance trafficking of Gibberellic Acid-Insensitive RNA regulates leaf development. *The Plant Journal*, **42**: 49-68.

Hisamatsu T, King R W. 2008. The nature of floral signals in Arabidopsis. II. Roles for Flowering Locus T（FT）and gibberellin. *Journal of Experimental Botany*, **59**: 3821-3829.

Holbrook N M, Shashidhar V, James R A, Munns R. 2002. Stomatal control in tomato with ABA-deficient roots: response of grafted plants to soil drying. *Journal of Experimental Botany*, **53**: 1503-1514.

Jackson M. 1997. Hormones from roots as signals for the shoots of stressed plants. *Trends in Plant Science*, **2**: 22-28.

Jackson S D. 1999. Multiple signaling pathways control tuber induction in potato. *Plant Physiology*, **119**: 1-8.

Karpinski S, Reynolds H, Karpinska B, Wingsle G, Creissen G, Mullineaux P. 1999. Systemic signaling and acclimation in response to excess excitation energy in Arabidopsis. *Science*, **284**: 654-657.

Kebrom T, Spielmeyer W, Finnegan. 2013. Grasses provide new insights into regulation of shoot branching. *Trends in Plant Science*, **18**: 41-48.

Keen N T. 1990. Gene-for-gene complementarity in plant-pathogen interactions. *Annual Review of Genetics*, **24**: 447-463.

Kim M, Canio W, Kessler S, Sinha N. 2001. Developmental changes due to long-distance movement of a homeobox fusion transcript in tomato. *Science*, **293**: 287-289.

Lee D J, Zeevaart J A D. 2005. Molecular cloning of GA 2-oxidase3 from spinach and its ectopic expression in *Nicotiana sylvestris*. *Plant Physiology*, **138**: 243-254.

Lee D J, Zeevaart J A D. 2007. Regulation of gibberellin 20-oxidase1 expression in spinach by photoperiod. *Planta*, **226**: 35-44.

Lee S C, Luan S. 2012. ABA signal transduction at the crossroad of biotic and abiotic stress responses. *Plant Cell and Environment*, **35**: 53-60.

Li C J, Bangerth F. 1999. Autoinhibition of indoleacetic acid transport in the shoots of two-branched pea（*Pisum sativum*）plants and its relationship to correlative dominance. *Physiologia Plantarum*, **106**: 415-420.

Li C, Li Y, Bai L, Zhang T, He C, Yan Y, Yu X. 2013a. Grafting-responsive miRNAs in cucumber and pumpkin seedlings identified by high-throughput sequencing at whole genome level. *Physiologia Plantarum*, doi: 10. 1111/ppl. 12122.

Li H, Liu S S, Yi C Y, Wang F, Zhou J, Xia X J, Shi K, Zhou Y H, Yu J Q. 2014a. Hydrogen peroxide mediates abscisic acid-induced HSP70 accumulation and heat tolerance in grafted cucumber plants. *Plant, Cell & Environment*, doi: 10. 1111/pce. 12360.

Li H, Wang F, Chen X-J, Shi K, Xia X-J, Considine MJ, Yu J-Q, Zhou Y-H. 2014b. The sub/supra-optimal temperature-induced inhibition of photosynthesis and oxidative damage in cucumber leaves are alleviated by grafting onto figleaf gourd/luffa rootstocks. *Physiologia Plantarum*, DOI: 10. 1111/ppl. 12200.

Li P F, Chen L, Zhou Y H, Xia X J, Shi K, Chen Z X, Yu J Q. 2013b. Brassinosteroids-induced systemic stress tolerance was associated with increased transcripts of several defence-related genes in the phloem in *Cucumis sativus*. *PloS One*, **8**: e66582.

Li Q, Xie Q G, Smith-Becker J, Navarre D A, Kaloshian I. 2006. Mi-1-mediated aphid resistance involves salicylic acid and mitogen-activated protein kinase signaling cascades. *Molecular Plant-Microbe Interactions*, **19**: 655-664.

Lin M K, Belanger H, Lee Y J, Varkonyi-Gasic E, Taoka K I, Miura E, Xoconostle-Cazares B, Gendler K, Jorgensene R A, Phinney B, Lough T J, Lucas W J. 2007. Flowering Locus T protein may act as the long-distance florigenic signal in the cucurbits. *Plant Cell*, **19**: 1488-1506.

Liu Y, Ding Y, Gu D, Li G, Wang Q, Wang S. 2011. The positional effects of auxin and cytokinin on the regulation of rice tiller bud growth. *Crop Science*, **51**: 2749-2758.

Louws F J, Rivard C L, Kubota C. 2010. Grafting fruiting vegetables to manage soilborne pathogens, foliar pathogens, arthropods and weeds. *Scientia Horticulturae*, **127**: 127-146.

Malladi A, Burns J K. 2007. Communication by plant growth regulators in roots and shoots of horticultural crops. *Hortscience*, **42**: 1113-1117.

Malter D, Wolf S. 2011. Melon phloem-sap proteome: developmental control and response to viral infection. *Protoplasma*, **248**: 217-224.

Martin G B, Bogdanove A J, Sessa G. 2003. Understanding the functions of plant disease resistance proteins. *Annual Review of Plant Biology*, **54**: 23-61.

Martínez-García J F, García-Martínez J L, Bou J, Prat S. 2001. The interaction of gibberellins and photoperiod in the control of potato tuberization. *Journal of Plant Growth Regulation*, **20**: 377-386.

Martín-Trillo M, Grandío E G, Serra F, Marcel F, Rodríguez-Buey M L, Schmitz G, Theres K, Bendahmane A, Dopazo H, Cubas P. 2011. Role of tomato BRANCHED1-like genes in the control of shoot branching. *The Plant Journal*, **67**: 701-714.

Mathieu J, Warthmann N, Kuttner F, Schmid M. 2007. Export of FT protein from phloem companion cells is sufficient for floral induction in *Arabidopsis*. *Current Biology*, **17**: 1055-1060.

Mcgarry R C, Kragler F. 2013. Phloem-mobile signals affecting flowers: application for crop breeding. *Trends in Plant Science*, **18**: 198-206.

McSteen P, Leyser O. 2005. Shoot branching. *Annual Review of Plant Biology*, 56: 353-374.

Milligan S B, Bodeau J, Yaghoobi J, Kaloshian I, Zabel P, Williamson V M. 1998. The root knot nematode resistance gene Mi from tomato is a member of the leucine zipper, nucleotide binding, leucine-rich repeat family of plant genes. *Plant Cell*, **10**: 1307-1319.

Minakuchi K, Kameoka H, Yasuno N, Umehara M, Luo L, Kobayashi K, Hanada A, Ueno K, Asami T, Yamaguchi S. 2010. FINE CULM1（FC1）works downstream of strigolactones to inhibit the outgrowth of axillary buds in rice. *Plant and Cell Physiology*, **51**: 1127-1135.

Nahar K, Kyndt T, Hause B, Höfte M, Gheysen G. 2013. Brassinosteroids suppress rice defense against root-knot nematodes through antagonism with the jasmonate pathway. *Molecular Plant-Microbe Interactions*, **26**: 106-115.

Notaguchi M, Abe M, Kimura T, Daimon Y, Kobayashi T, Yamaguchi A, Tomita Y, Dohi K, Mori M, Araki T. 2008. Long-distance, graft-transmissible action of Arabidopsis Flowering Locus T protein to promote flowering. *Plant and Cell Physiology*, **49**: 1645-1658.

Ongaro V, Leyser O. 2008. Hormonal control of shoot branching. *Journal of Experimental Botany*, **59**: 67-74.

Pardo J M, Reddy M P, Yang S, Maggio A, Huh G-H, Matsumoto T, Coca M A, Paino-D'Urzo M, Koiwa H, Yun D-J. 1998. Stress signaling through Ca^{2+}/calmodulin-dependent protein phosphatase calcineurin mediates salt adaptation in plants. *Proceedings of the National Academy of Sciences USA*, **95**: 9681-9686.

Pieterse C M J, Leon-Reyes A, Van der Ent S, Van Wees S C M. 2009. Networking by small-molecule hormones in plant immunity. *Nature Chemical Biology*, **5**: 308-316.

Prasad T, Li X, Abdel-Rahman A, Hosokawa Z, Cloud N, LaMotte C, Cline M. 1993. Does auxin play a role in the release of apical dominance by shoot inversion in Ipomoea nil? *Annals of Botany*, **71**: 223-229.

Rahayu Y S, Walch-Liu P, Neumann G, Römheld V, von Wirén N, Bangerth F. 2005. Root-derived cytokinins as long-distance signals for NO_3^--induced stimulation of leaf growth. *Journal of Experimental Botany*, **56**: 1143-1152.

Rossel J B, Wilson P B, Hussain D, Woo N S, Gordon M J, Mewett O P, Howell K A, Whelan J, Kazan K, Pogson B J. 2007. Systemic and intracellular responses to photooxidative stress in *Arabidopsis*. *Plant Cell*, **19**: 4091-4110.

Rossi M, Goggin F L, Milligan S B, Kaloshian I, Ullman D E, Williamson V M. 1998. The nematode resistance gene *Mi* of tomato confers resistance against the potato aphid. *Proceedings of the National Academy of Sciences USA*, **95**: 9750-9754.

Ruiz J M, Belakbir A, Romero L. 1996. Foliar level of phosphorus and its bioindicators in *Cucumis melo* grafted plants. A possible effect of rootstocks. *Journal of Plant Physiology*, **149**: 400-404.

Ruiz J M, Rivero R M, Cervilla L M, Castellano R, Romero L. 2006. Grafting to improve nitrogen-use efficiency traits in tobacco plants. *Journal of the Science of Food and Agriculture*, **86**: 1014-1021.

Ruiz-Medrano R, Moya J H, Xoconostle-Cazares B, Lucas W J. 2007. Influence of cucumber mosaic virus infection on the mRNA population present in the phloem translocation stream of pumpkin plants. *Functional Plant Biology*, **34**: 292-301.

Sagi M, Davydov O, Orazova S, Yesbergenova Z, Ophir R, Stratmann J W, Fluhr R. 2004. Plant respiratory burst oxidase homologs impinge on wound responsiveness and development in *Lycopersicon esculentum*. *Plant Cell*, **16**: 616-628.

Savvas D, Colla G, Rouphael Y, Schwarz D. 2010. Amelioration of heavy metal and nutrient stress in fruit vegetables by grafting. *Scientia Horticulturae*, **127**: 156-161.

Schwarz D, Rouphael Y, Colla G, Venema J H. 2010. Grafting as a tool to improve tolerance of vegetables to abiotic stresses: thermal stress, water stress and organic pollutants. *Scientia Horticulturae*, **127**: 162-171.

Shinohara N, Taylor C, Leyser O. 2013. Strigolactone can promote or inhibit shoot branching by triggering rapid depletion of the auxin efflux protein PIN1 from the plasma membrane. *PLoS Biology*, **11**: e1001474.

Song Y, Miao Y, Song C P. 2013. Behind the scenes: the roles of reactive oxygen species in guard cells. *New Phytologist*, **201**: 1121-1140.

Stark A, Brennecke J, Bushati N, Russell R B, Cohen S M. 2005. Animal microRNAs confer robustness to gene expression and have a significant impact on 3 ' UTR evolution. *Cell*, **123**: 1133-1146.

Suárez-López P. 2013. A critical appraisal of phloem-mobile signals involved in tuber induction. *Frontiers in Plant Science*, **4**: 1-7.

Sunkar R, Zhou X F, Zheng Y, Zhang W X, Zhu J K. 2008. Identification of novel and candidate miRNAs in rice by high throughput sequencing. *BMC Plant Biology*, **8**: 25.

Takeda T, Suwa Y, Suzuki M, Kitano H, Ueguchi-Tanaka M, Ashikari M, Matsuoka M, Ueguchi C. 2003. The *OsTB1* gene negatively regulates lateral branching in rice. *Plant Journal*, **33**: 513-520.

Tognetti V B, Van Aken O, Morreel K, Vandenbroucke K, van de Cotte B, De Clercq I, Chiwocha S, Fenske R, Prinsen E, Boerjan W, Genty B, Stubbs K A, Inze D, Van Breusegem F. 2010. Perturbation of indole-3-butyric acid homeostasis by the UDP-glucosyltransferase UGT74E2 modulates arabidopsis architecture and water stress tolerance. *Plant Cell*, **22**: 2660-2679.

Turnbull C . 2011. Long-distance regulation of flowering time. *Journal of Experimental Botany*, **62**: 4399-4413.

Valverde F, Mouradov A, Soppe W, Ravenscroft D, Samach A, Coupland G. 2004. Photoreceptor regulation of CONSTANS protein in photoperiodic flowering. *Science*, **303**: 1003-1006.

Vlot A C, Dempsey D A, Klessig D F. 2009. Salicylic acid, a multifaceted hormone to combat disease. *Annual Review of Phytopathology*, **47**: 177-206.

Vlot A C, Klessig D F, Park S W. 2008. Systemic acquired resistance: the elusive signal(s). *Current Opinnion Plant Biology*, **11**: 436-442.

Voesenek L A C, Banga M, Thier R H, Mudde C M, Harren F J, Barendse G W, Blom C W P. 1993. Submergence-induced ethylene synthesis, entrapment, and growth in two plant species with contrasting flooding resistances. *Plant Physiology*, **103**: 783-791.

Walz C, Giavalisco P, Schad M, Juenger M, Klose J, Kehr J. 2004. Proteomics of curcurbit phloem exudate reveals a network of defence proteins. *Phytochemistry*, **65**: 1795-1804.

Walz C, Juenger M, Schad M, Kehr J. 2002. Evidence for the presence and activity of a complete antioxidant defence system in mature sieve tubes. *Plant Journal*, **31**: 189-197.

Wigge P A, Kim M C, Jaeger K E, Busch W, Schmid M, Lohmann J U, Weigel D. 2005. Integration of spatial and temporal information during floral induction in *Arabidopsis*. *Science*, **309**: 1056-1059.

Wilkinson S, Davies W J. 2002. ABA-based chemical signalling: the co-ordination of responses to stress in plants. *Plant Cell and Environment*, **25**: 195-210.

Xia X J, Zhou Y H, Ding J, Shi K, Asami T, Chen Z X, Yu J Q. 2011. Induction of systemic stress tolerance by brassinosteroid in *Cucumis sativus*. *New Phytologist*, **191**: 706-720.

Xin M M, Wang Y, Yao Y Y, Xie C J, Peng H R, Ni Z F, Sun Q X. 2010. Diverse set of microRNAs are responsive to powdery mildew infection and heat stress in wheat (*Triticum aestivum* L.). *BMC Plant Biology*, **10**: 123.

Ye S F, Zhou Y H, Sun Y, Zou L Y, Yu J Q. 2006. Cinnamic acid causes oxidative stress in cucumber roots, and promotes incidence of *Fusarium* wilt. *Environmental and Experimental Botany*, **56**: 255-262.

Yu J Q. 1999. Parthenocarpy induced by *N*-(2-chloro-4-pyridyl)-*N* '-phenylurea (CPPU) prevents flower abortion in Chinese white-flowered gourd (*Lagenaria leucantha*). *Environmental and Experimental Botany*, **42**, 121-128.

Zhao B T, Liang R Q, Ge L F, Li W, Xiao H S, Lin H X, Ruan K C, Jin Y X. 2007. Identification of drought-induced microRNAs in rice. *Biochemical and Biophysical Research Communications*, **354**: 585-590.

Zhou X F, Wang G D, Sutoh K, Zhu J K, Zhang W X. 2008. Identification of cold-inducible microRNAs in plants by transcriptome analysis. *Biochimica Et Biophysica Acta-Gene Regulatory Mechanisms*, **1779**: 780-788.

Zhou Y H, Huang L F, Zhang Y L, Shi K, Yu J Q, Nogues S. 2007. Chill-induced decrease in capacity of RuBP carboxylation and associated H_2O_2 accumulation in cucumber leaves are alleviated by grafting onto figleaf gourd. *Annals of Botany*, **100**: 839-848.

第七章　蔬菜连作障碍形成与防控

蔬菜生产中根据各地区域特点、气候环境和社会发展水平形成了形式多样的栽培种植制度，这些栽培制度包括间作、套种、单作、连作和轮作等。所谓连作是指一年内或连年在同一块田地上连续种植同一种作物的种植方式。连作障碍因栽培的作物种类、栽培制度以及所涉及的原因不同而异，可分为狭义的连作障碍和广义的连作障碍。狭义的连作障碍一般是指忌地现象，指某种作物栽培后连作过程中出现的生长不良、品质和产量下降的现象；而广义且现在通常所指的连作障碍是指在同一土壤中连续栽培同一种或同科等近缘作物时，在正常的栽培管理措施下所发生的生长势变弱、土传病虫害蔓延以及产量和品质下降的现象（喻景权和杜尧舜，2000）。

连作障碍是一种古老的农业现象，也是现代农业中的一种普遍现象。早在公元前 300 年人们就已经认识到连作障碍现象，在传统的农业种植模式下，由于规模小、栽培品种非单一化，加上不同的轮作方式从而避免或减缓了连作障碍的发生，因此连作障碍现象并没有引起人们足够的重视。随着现代农业的发展，农业生产的专业化、集约化和规模化水平日益提高，连作障碍问题也日益严重，成为制约现代农业可持续发展的重要因子之一（Ogweno and Yu，2006；喻景权和杜尧舜，2000）。连作障碍广泛发生于蔬菜、花卉、果树、林木、大豆等大田作物以及中草药的生产中，其发生的严重程度因作物种类不同而异。目前，连作障碍的发生已在多种植物中得到证实，如西瓜、甜瓜、黄瓜、番茄、茄子、大豆、烟草、稻、麦、玉米、草莓、桃、苹果、甘蔗、咖啡、茶、人参、地黄和三七等（彩图 33 和彩图 34）。

第一节　连 作 障 碍

植物与其生长的土壤间存在着一种相互反馈作用（plant-soil feedbacks，Huang et al.，2013；Kulmatiski et al.，2008），土壤在影响植物生长的同时，其理化特性和生物学特性也受植物的影响，这种植物与土壤的相互反馈作用产生许多生态现象，如群落迁移、连作障碍和外来生物入侵等（van de Voorde et al.，2012；Bever et al.，2010；Kardol et al.，2006）。

连作障碍是一种典型的负反馈作用，即引起产量和品质下降以及病虫害高发等问题（Huang et al.，2013）。有关连作障碍问题的研究已有 1000 余年历史，生态学家 Theophrastus 最早提出了土壤消耗学说，我国的农业古书《齐民要术》中也提出了农作物种植制度的重要性。随后，许多古代科学家也开展了大量的研究，但真正意义上的科学研究始于20世纪初(Russell and Petherbridge, 1912; Schreiner, 1909; Schreiner and Sullivan, 1909; Schreiner and Reed, 1907)，并以 20 世纪 50~60 年代和 80~90 年代的工作尤为突出。进入 21 世纪，随着蔬菜产业化和专业化的进展，世界性的连作障碍问题也日益突出，成为影响各地蔬菜等集约化产业可持续发展的瓶颈问题。

连作障碍产生的原因多种多样，大多由土壤微生物区系失衡、土壤病原生物蔓延、土壤板结酸化、土壤养分失衡(陈永智等，2000)、土壤次生盐渍化、土壤中自毒物质积累等引起，其中土壤传染性病虫害、土壤理化性状劣变以及由根系分泌物和残茬分解物等引起的自毒作用(Huang et al., 2013; Ogweno and Yu, 2006; 喻景权和杜尧舜，2000；Komada，1988)是导致连作障碍发生的主要因子。尽管不同作物间连作障碍产生的原因有所差异，但多数情况下土壤传染性病虫害是导致连作障碍的主要因子。作者在 1995~2012 年连续多年对我国一些蔬菜产区的连作障碍区块进行了实地调查并进行了实验室研究，发现有 60%以上是由土壤病虫害引起，有 15%左右是由土壤理化性状劣化引起，而其余的则与作物根系分泌物等所引起的自毒作用以及其他不明因子有关，这与日本在 20 世纪 80 年代的调查结果相似(图 7-1)。在研究工作中还发现，连作障碍往往是不同因子间互作的结果。

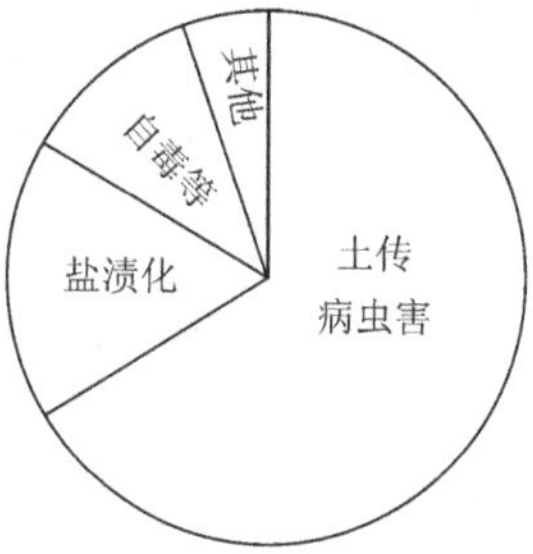

图 7-1　土壤连作障碍产生因素(喻景权团队，未发表)

连作障碍发生于许多农作物中，如水稻、麦类、苹果、桃和一些重要蔬菜，并以蔬菜和中药材生产中尤为明显。蔬菜可分为易发生连作障碍蔬菜和不易发生连作障碍蔬菜两大类。

易发生连作障碍的蔬菜有：番茄、辣椒、马铃薯、茄子、黄瓜、西瓜、甜瓜、苦瓜、豌豆、毛豆、菜豆、生姜、韭菜、草莓和芹菜，对于易发生连作障碍的蔬菜，一般需要有 2~6 年的种植间隔期。

不易发生连作障碍的蔬菜有：丝瓜、南瓜、洋葱、大葱、大蒜、胡萝卜和甜玉米等。

连作障碍之所以成为制约我国现代农业发展的一个重要因素，主要与以下产业发展背景有关。

(1) 专业化生产方式的普及。传统农业主要采用小规模多品种的生产方式。随着城市化和国际化的进展，传统农业生产方式已经难以满足现代人口的不断增加和人民生活水平的提高，农业生产模式变革也应运而生。许多地方都通过实施“一乡一品”甚至“一县(市)一品”的产业发展路线，走农业生产专业化、规模化和集约化的发展道路，发展经济效益相对较高的农作物种类的规模化生产，提高劳动生产效益，其结果导致特定区域有限土壤上特定农作物品种的连年种植和连作障碍的发生。同时，集约化和专业化育苗及发达的流通体系也加速了一些病虫害的传播，助长了连作障碍的发生。

(2)选择育种和病原生物的进化。许多野生种或农家品种在长期进化中形成对不同环境具有较为广泛的适应性，现代育种技术注重特定性状的选择，容易丧失一些与连作障碍抗性相关的性状或者相关性状的选择滞后于连作障碍的进程。此外，随着时间和环境变化，一些病原生物如病原菌和线虫等生理小种也不断进化，使得抗逆育种和防控研究滞后于其进化和发生。

(3)无机化肥替代传统有机肥以及大量的农药投入。有机肥中除含有植物所需要的各种无机营养元素外，还含有其他有机生理活性物质和有益微生物等，能有效地改善土壤物理结构，防止土壤板结，提高植物抗病性。然而，随着有机肥来源的减少和成本的增加，近年来有机肥的投入逐年减少，取而代之的化肥使用量则逐年增加，且为了提高产量，过量施肥的现象也日益明显，由此引起的土壤板结、酸化、养分失衡、盐渍化以及土壤微生物结构改变和植株抗性下降等问题也日益突出。同时，农业生产专业化、规模化和集约化的发展进一步加剧了病虫害的发生，使得农药使用量每亩可达 2 kg 以上(以有效成分计)。这些农药残留不仅影响农作物生长，也对土壤中的微生物种群乃至土壤中的固氮菌、根瘤菌和有机质分解菌等有益微生物产生不利的影响，进而影响土壤环境质量和土壤持续肥力，导致农业生态环境的破坏和农产品的污染。

(4)设施环境助长连作障碍的发生。设施在创造了一年四季适宜蔬菜生长环境的同时，也营造了病原生物一年四季繁衍的条件，加大了一些自毒物质产生的可能，由此创造了连作障碍发生的基本条件。

(5)连作障碍和土传病害的防控难度。与空气传播叶面病害不同，土传病害多为积年流行病害，其病原生物多可在土壤中长期存活，并可经年累月地累积到相当高的数量水平；同时其病因相对较为复杂，除常规的侵染方式外，由多种微生物共同引发的复合侵染、致害但无明显症状的微侵染以及潜伏侵染等现象亦非常普遍。尽管有时可以用肉眼观察到连作障碍的发生，但此时已是障碍发生的后期，从防治的角度而言已为时过晚，而且土壤质地、水分、通气、pH、微生物区系和养分状况等在内的各类土壤理化生物学性状对病情影响很大，目前也缺少类似叶面病害防治那样有效的办法或药剂，药剂防治因效果不佳、施用不便、成本较高或农药残留和环境问题也很难实施。此外，随着病原生物生理小种的进化，迄今对多数(特别是由土壤习居菌引发的)土传病害而言缺乏抗病品种。

第二节　自毒作用与连作障碍

一、植物化感作用与自毒作用

植物化感作用的概念最初由德国科学家 Molish H 在 1937 年提出并定义为所有植物(含微生物)之间生化物质引起的相互作用，但相关研究在随后相当一段时间内并没有取得较大的进展。进入 20 世纪 70 年代，随着化学分析仪器的发展，相关研究才逐步得以开展。目前化感作用的定义大多采用由美国科学家 Rice 在 *Allelopathy* 第二版一书中提出的定义(Rice，1984)，即植物或微生物通过向环境释放代谢产物从而对其他植物或微生物产生有利或有害的作用，引起这种作用的代谢产物被称为化感物质(allelochemical)。植物化感作用涉及许多生态现象，如外来植物入侵、种群变化、种群迁移、杂草引起的农作物生长抑制和连作障碍等。植物释放化感物质的途径主要有 4 种：

(1)通过地上部分挥发；

(2)通过植物死亡残体分泌；

(3)通过根系分泌；

(4)通过茎叶的淋溶。

目前已知的化感作用大多为有害作用，有益作用的例子相对较少。分离鉴定的化感物质按其化学结构可分为水溶性有机酸、简单不饱和内酯、长链脂肪酸和多炔、苯醌、蒽醌和复醌、简单酚、苯甲酸及其衍生物、肉桂酸及其衍生物、香豆素类、类黄酮、单宁、萜类和甾类化合物、氨基酸和多肽、生物碱和氰醇、硫化物和芥子油苷、嘌呤和核苷类化合物。

能否作为化感物质的一个重要判断标准主要为是否在环境中存在且对植物生长产生影响，一些植物代谢产物虽然在植物体内存在并表现出生理活性，但如果不释放至环境，也就不能称之为化感物质，如一些植物激素；而一些化合物尽管向环境释放时不具生理效应，但在环境中在微生物和其他因素的作用下产生了对植物生长具有一定作用的化合物，这类化合物则可被称为化感物质，如胡桃树树冠覆盖范围内其他草本或木本植物几乎无法生长，研究表明这一典型的化感现象的产生归因于胡桃醌(5-羟基-1,4-萘醌，juglone)，在胡桃的叶片、果壳、内树皮以及根系中都含有大量的氢化胡桃醌(hydrojuglone)，其本身对植物生长并不具有抑制效果，但在接触空气和其他氧化物质时易于转化为有毒化合物即胡桃醌，进而对其他植物产生严重的生长抑制效果，因此胡桃醌可被称为化感物质。植物化感作用在一定程度上可以说是植物长期进化形成的一种自身保护和防御机制。

蔬菜生产中的许多现象与化感作用有关，如许多杂草以及土壤中的有害微生物也能通过分泌化感物质而影响蔬菜生长；一些植物则可通过分泌化感物质而促进或抑制其他蔬菜或微生物的生长，如韭菜不仅根系能分泌一些具有抑制土壤病原菌的化合物从而抑制其他作物土传病害的发生，也能通过叶片产生一些挥发性化合物从而抑制香蕉等作物叶面病害的发生。在种植模式安排上，如何利用这些化感机制减少病虫害发生、促进生长和提高养分利用率是蔬菜生产可持续发展中的一个重要课题。

自毒作用(autotoxicity)是指某些植物通过地上部蒸发和淋溶、根系分泌物和植株残茬等途径释放一些物质对同茬或下茬同种植物生长产生的抑制作用，它是一种发生在种内的化感作用的特殊形式(Yu et al.，2000；Singh et al.，1999)。产生这种自毒作用的物质则被称为自毒物质(autotoxin)。证明某一植物是否存在自毒作用主要通过①正向法：通过添加其释放的化合物、植物提取物乃至植物组织从而比较所产生的生长差异；②反向法：通过向栽培环境添加活性炭和吸附性树脂清除植物向环境释放的物质从而比较其生长差异(图 7-2)；③通过敲除某个与自毒物质代谢相关的基因，从而比较随后植物生长差异等方法来证明。目前已经明确了番茄、辣椒、茄子、黄瓜、西瓜、豌豆、菜豆、芦笋、水芹、芋艿等多种蔬菜存在自毒作用。由于土壤是一复杂的生态系统，其中的微生物可在一定程度上增强或削弱自毒作用的发生，因此，有时用土壤栽培系统来论证自毒作用不仅难度大，而且也存在重演性差的问题，特别是对根系分泌物引起的自毒作用更是如此。为此，作者建立了通过培养液中添加活性炭和 Amberlite XAD-4 等对有机物质具有较强吸附能力的吸附剂的水培体系来论证根系分泌物引起的自毒作用(图 7-3)，并证实了番茄、黄瓜、西瓜、甜瓜和豌豆等多种蔬菜根系分泌物引起的自毒作用，一些研究者也用该方法论证了菜豆和叶菜等作物根系分泌物所引起

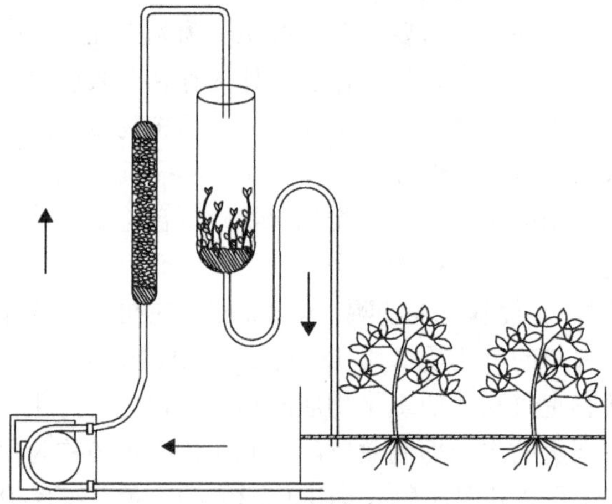

图 7-2　根系分泌物引起的自毒或化感作用证明装置(Xiao et al.，2006)

的自毒作用。已有结果表明，在物理、化学和生物特性方面相对较为惰性的营养液栽培条件下，黄瓜、豌豆和番茄等蔬菜根系分泌物所引起的产量下降可达到20%左右；在一些自毒作用发生严重的作物如芦笋生产中，利用活性炭进行土壤改良则可提高产量20%左右，进一步说明自毒作用在田间条件下的发生及其危害。

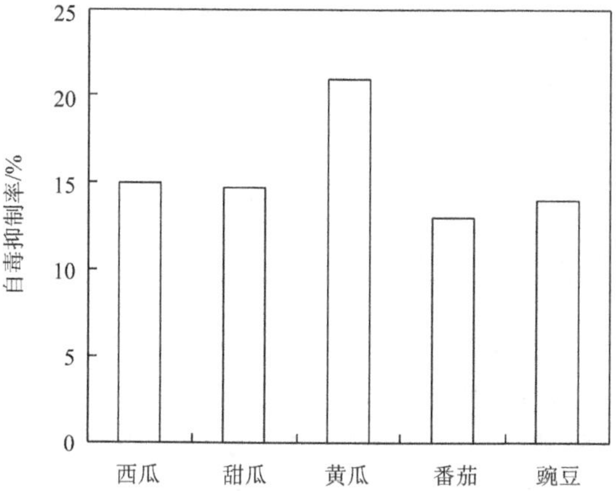

图7-3　不同蔬菜根系分泌物引起的自毒作用(喻景权和杜尧舜，2000)

二、自毒物质的形成、吸收与代谢

与化感物质一样，自毒物质大多是植物次生代谢的产物。近年来，随着仪器设备的完善，越来越多的自毒物质从各种蔬菜作物中得到分离和鉴定，表7-1是目前已经得到分离鉴定的自毒物质。这些自毒物质包括酚酸类化合物、萜类化合物、非蛋白氨基酸类似物、精油、生物碱等不同种类的化合物，且大多为芳香族有机酸。

表7-1　蔬菜中已分离鉴定的自毒物质

蔬菜种类	自毒物质源	自毒物质	分离鉴定者
芦笋	根	阿魏酸、异阿魏酸、苹果酸、柠檬酸、反丁烯二酸、咖啡酸	Hartung et al., 1990; Miller et al., 1991
番茄	根系分泌物	对羟基苯甲酸、香草酸、苯乙酸、阿魏酸、2-羟基-3-苯丙酸咖啡酸	Yu and Matsui, 1993
黄瓜	根系分泌物	苯甲酸、豆蔻酸、肉桂酸、羟基苯甲酸、对羟基肉桂酸、棕榈酸、硬脂酸、4-硫氰基苯酚、羟基苯并噻唑	Yu and Matsui, 1994
西瓜	根系分泌物	香豆酸、香草酸、阿魏酸、肉桂酸、对羟基苯甲酸、丁香酸	Kushima et al., 1998; 杨广超，2004；王倩，2002
豌豆	根系分泌物	苯甲酸、肉桂酸、香草酸、羟基苯甲酸、3,4-二羟基苯甲酸、对香豆酸、芥子酸	喻景权，1999

续表

蔬菜种类	自毒物质源	自毒物质	分离鉴定者
芋艿	根系分泌物	乳酸、苯甲酸、间羟基苯甲酸、对羟基苯甲酸、香草酸、琥珀酸、己二酸	Asao et al.，2003
莴苣	根系分泌物	香草酸	Asao et al.，2004
草莓	根系分泌物	乳酸、苯甲酸、琥珀酸、己二酸、对羟基苯甲酸	Kitazawa et al.，2005
欧洲防风	挥发物	精油	Gog et al.，2005
茄子	根系分泌物	肉桂酸、香兰素	Chen et al.，2011
菜豆	根系分泌物	苯甲酸、水杨酸、丙二酸	Asaduzzaman and Asao，2012
蚕豆	根系分泌物	乳酸、己二酸、琥珀酸、苹果酸、苯甲酸、香草酸、羟基苯甲酸、乙醇酸、对羟基苯甲酸	Asaduzzaman and Asao，2012

化感物质大多为植物次生代谢产物，这些次生代谢途径现在已经基本清楚，但植物如何将这些代谢产物分泌到土壤或根际中即其转运机制则不清楚。初步的研究发现，植物通过两种途径将植物细胞中合成的这些物质释放到环境和根际中，一种是通过小囊泡(vesicles)等把这些物质搬运到细胞膜外的质外体中，而另外一种途径则是通过细胞膜中的一些运输蛋白，如 ABC 转运子(transportor)进行分泌(Weston et al.，2012)，但具体的运输机制还有待进一步通过分子生物学等手段来加以探明。此外，植物残茬分解中的一些物质在微生物的作用下会进一步发生结构变化，从而释放到土壤中。

自毒作用的诸多问题中，一个重要的问题是植物为什么要分泌自毒物质于环境中。植物生长过程中在合成一系列初生代谢产物供其基本生长的同时，也合成了多种多样的次生代谢产物，这些次生代谢产物同样在其生长发育阶段和环境适应性中发挥了重要作用，如上述所列的许多自毒物质大多是莽草酸代谢途径的一些重要物质，当这些化合物在达到一定水平或环境变化导致其过分积累时，为避免这些次生代谢物产生毒害，植物可能会进化出多种不同的解毒机制。例如，仅在胞外合成自毒物质；将有毒次生代谢物如类黄酮积累在液泡中，防止其出现在细胞质中破坏细胞；或将自毒物质向细胞外分泌；以无毒的物质形式贮藏等方式来避免细胞中发生上述物质引起的“中毒”(邱立友等，2010)；另外一种解释则是一些植物通过自毒作用来调节植物群落的生长密度，避免植物因生长过密而造成营养竞争(Canals et al.，2005)。

自毒作用研究中另一需要解释的问题是为什么不同植物对同一化合物具有不同的反应，这也许与植物对不同物质的吸收与代谢能力差异有关。最近，我们用黄瓜根系分泌的自毒物质肉桂酸为模式化合物比较了黄瓜本身和黑籽南瓜对其的不同反应。结果发现，肉桂酸在短时间内就被黄瓜吸收，与其代谢相关的基因表达量得到诱导，同时引起根系细胞中细胞质 Ca^{2+}的变化、活性氧的产生和细胞活力的下降(彩图 35~彩图 37)；与此相反，黑籽南瓜根系则很少或几乎不吸收肉桂酸，并极少形成活性氧，根系生长也并没受到明显的影响(图 7-4，Yu et al.，2009；Ding et al.，2007)。因此，这种不同植物在长期进化过程中形成的对不同代谢物的选择性吸收和代谢能力也许是自毒作用发生与否的一个重要机制。

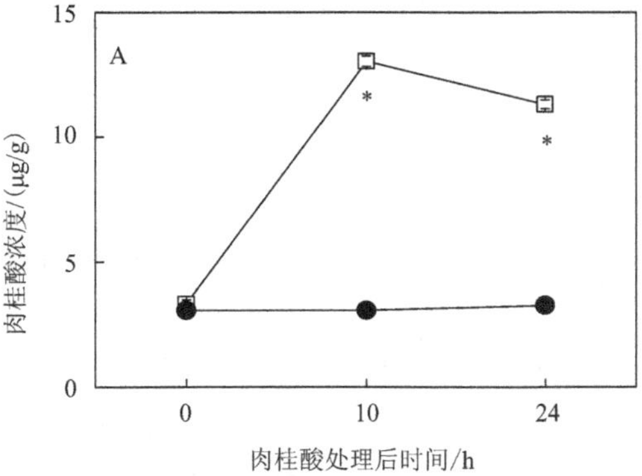

图 7-4　黄瓜和黑籽南瓜对黄瓜自毒物质肉桂酸的吸收积累差异(Yu et al.，2009)

*表示显著性差异($P<0.05$)；□黄瓜；●黑籽南瓜

自毒作用发生的程度和自毒物质的活性受许多因子影响，主要表现在以下几个方面。

(一)不同品种或基因型

根系分泌物的种类和数量与植物生态型和基因型差异有关，植物的遗传特性一定程度上决定了自毒作用的程度。以黄瓜为例，作者曾经对 30 余份材料的自毒作用程度进行了比较，发现约 30%的品种具有较明显的自毒作用，40%的品种发生中等程度的自毒现象，而余下的 30%的品种的自毒作用则较轻或基本没有观察到。

(二)生长时期

植物在生长发育的不同时期，其分泌的自毒物质也有一定的差异。大部分品种的自毒作用随其生长而增加，如黄瓜和番茄在生殖生长阶段分泌的自毒物质比营养生长阶段多(Yu and Matsui，1994；Yu et al.，1992)，而豌豆则是在营养生长转向生殖生长阶段时分泌的自毒物质更多(喻景权，1999)。

(三)土壤质地

根系分泌物的组成成分及数量与土壤状况有很大关系，营养不均衡(营养亏缺)对连作障碍有其直接作用的一面，亦可通过改变根系分泌物种类和数量，从而间接地影响植物生长。土壤的理化性质如有机质含量、pH、土壤酸碱度、土壤颗粒性质、土壤的吸收能力都会影响到自毒物质的产生及其活性。同时，土壤微生物群落也会影响自毒物质在土壤中的持久性。作者曾以我国主要区域的土壤为材料，比较了其对黄瓜自毒物质的降解能力的差异，发现有机质含量高的东北土壤普遍比南方酸性土壤的降解能力强，这也许是南方连作障碍问题更为严重的一个重要原因。

（四）环境因子

在易发生自毒作用的蔬菜作物生长发育过程中，自毒物质的种类和数量易受到诸多生物和非生物因素的影响，而且这些因素在很大程度上影响自毒物质的作用强度。例如，在逆境条件下，自毒物质代谢受到刺激，往往会产生更多的自毒物质，自毒作用变得更加明显。在紫外线和长日照条件下自毒物质形成数量多，而在遮阳情况下形成数量少；水分、低温、高温胁迫也会改变自毒物质对植物的敏感度。养分亏缺时，自毒物质的合成量有明显增加的趋势。此外，根系分泌物的产物及产物活性还会受根际环境的制约，根系不同部位所分泌的化合物在种类和数量上存在着差异，如高子勤和张淑香(1998)认为大分子有机物质是由根尖分泌的，而可溶性小分子物质是由根系伸长区释放的。同时，根际环境的温度、湿度、氧化还原状况、机械阻力等均对根系分泌物的种类和数量有不同程度的影响。值得一提的是，根际微生物也是影响根系分泌物的一个不可忽视的因素，而且占有极为重要的地位。由于植物根际土壤比非根际土壤含有较高浓度的糖类、氨基酸和有机酸类等化合物，而这些物质为根际微生物提供了营养和能源物质，使得根际微生物的种类和数量都远高于原土体中的种类和数量，如黄瓜连作后，其主要自毒物质肉桂酸会促进枯萎病病原菌的繁殖。当根际环境中存在病原微生物时，根系将受到病原菌的侵染，其所释放出的分泌物的数量较未受病原菌侵染的多，而且产生某些特殊的分泌物，有时也会产生一些对其他植物或微生物生长发育有利的物质。

三、自毒物质的作用机制及其影响因素

如表 7-1 所示，目前已从黄瓜、番茄、茄子、辣椒等根系分泌物中分离出许多自毒物质，其中大多为酚酸类化合物。在连续种植条件下，当作物根系释放的自毒物质积累到一定程度时，后茬作物接触和吸收土壤中残留的自毒物质后，会发生种子萌发和生长发育不良，光合作用和水分吸收受到抑制等现象，重者导致细胞坏死等。

(一)细胞分裂与膨大

自毒物质大多存在于土壤中，根系细胞成为最早接触自毒物质的器官，因此，自毒物质对根系的影响最为直接。细胞分裂是根系生长的基础，自毒物质对根系特别是根尖细胞分裂的影响是其影响蔬菜生长的一个重要方面。细胞分裂受植物细胞周期依赖激酶(CDKs)和细胞周期蛋白(cyclins)组成的复合体对植物细胞周期 G_1-S 和 G_2-M 两个关键节点进行调控。研究工作表明，黄瓜根系分泌物、根提取物以及一些根系分泌的自毒物质都不同程度地抑制了黄瓜幼根细胞分裂相关基因的表达，这种抑制作用随浓度的升高而增强，导致细胞分裂受阻并出现核内复制加剧现象(图 7-5)，说明自毒物质在一定程度上通过影响细胞分裂而影响其根系的生长(Zhang et al.，2010a，2009)。

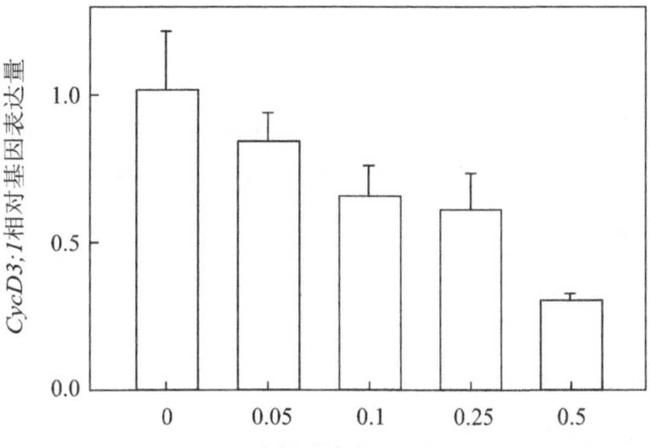

图 7-5 黄瓜自毒物质肉桂酸对黄瓜根尖细胞分裂相关基因表达的影响(Ye et al.，2004)

(二)水分和养分吸收

在黄瓜自毒物质或其根系分泌物存在时，黄瓜根系细胞的 H^+-ATPase 活性下降，植株蒸腾作用减少(Ye et al.，2006，2004)。与此同时，根系对许多离子如 NO_3^-、SO_4^{2-}、K^+、Ca^{2+}、Mg^{2+}和 Fe^{2+}的吸收受到抑制。通过化合物结构-活性的研究表明，不同物质的亲脂性与其对离子的吸收抑制作用显著相关，说明这些物质可能通过影响细胞膜来影响离子吸收(表 7-2；Yu and Matsui，1997)。作者等的研究结果表明，自毒物质在产生活性氧的同时，也抑制了同水分吸收相关的质膜 H^+-ATPase 的活性(Ding et al.，2009a，b；图 7-6)。

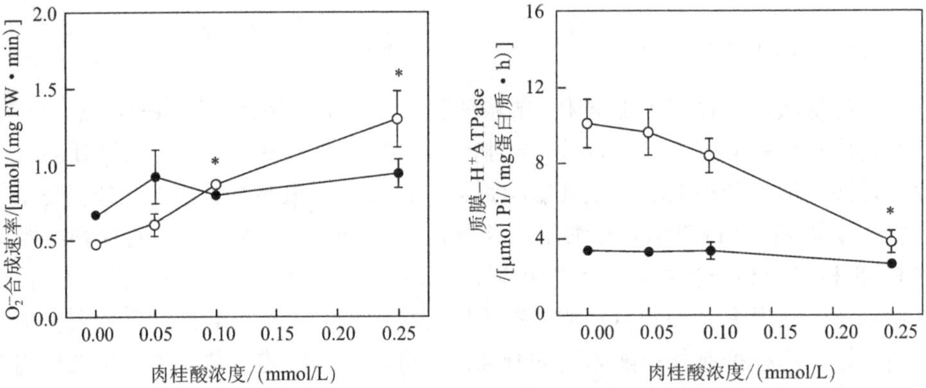

图 7-6　肉桂酸对黄瓜和黑籽南瓜根系活性氧产生与质膜-H^+ATPase 影响(Ding et al.，2009b)

*表示显著性差异($P<0.05$)。○黄瓜；●黑籽南瓜

(三)CO_2吸收和同化

离体条件下，许多自毒物质或化感物质都可抑制光合作用中的许多过程，如电子传递、碳水化合物转化和光合作用相关酶活性。然而，光合作用发生在叶冠，而自毒物质大多积累在土壤，目前还没有证据表明，自毒物质吸收后可运输到叶片细胞。因此，自毒物质存在条件下植物所发生的光合作用效率和光系统Ⅱ活性(Fv/Fm 和 $\Phi_{PS\,II}$)下降在很大程度上可能是由于自毒物质引起的水分胁迫导致气孔关闭。存在于土壤或根际的自毒物质一般不足以引起光系统Ⅱ的光抑制，但可引起光系统Ⅱ光化学效率的下降，这可能是其为了防止过剩光能转化而引起的一种保护机制(Ye et al.，2006；Yu et al.，2003)。

表 7-2　不同浓度肉桂酸对黄瓜植株离子吸收的影响

浓度/(mmol/L)	离子吸收/[μmol/(g•h)]					
	NO_3^-	$H_2PO_4^-$	SO_4^{2-}	K^+	Ca^{2+}	Mg^{2+}
0	4.2a	0.45a	0.28a	1.7a	0.71a	0.53a
0.005	4.0a	0.48a	0.21ab	1.3ab	0.63a	0.35ab
0.010	3.2ab	0.44a	0.15b	1.2ab	0.63a	0.28b
0.100	2.4b	0.34a	0.16b	0.79bc	0.35b	0.21b
0.250	2.0b	0.09b	0.09b	0.12c	0.12b	0.02bc
0.500	–0.42c	–0.51c	–0.24c	–0.18d	–0.38c	–0.21c
1.000	–5.4d	–1.4c	–0.41c	–5.9e	–0.51c	–2.4d

注：每列不同字母标注数字表明在 Duncan's 多范围测试中 0.05 水平上存在显著差异。

资料来源：Yu 和 Matsui，1997。

(四)暗呼吸和 ATP 合成

许多研究表明，发芽中的种子对自毒物质的敏感度显著高于生长期的植株。

Zhang 等(2010b)报道，肉桂酸等自毒物质显著抑制发芽中的黄瓜种子的总呼吸强度，但增强了抗氰呼吸强度，从而避免活性氧积累所引起的伤害(图 7-6)。

(五)氧化胁迫和防御反应

环境胁迫会导致植物体内发生活性氧的积累，同样，自毒物质也可诱导活性氧的产生(图 7-6)。活性氧过多会引起酶、蛋白质、DNA 和脂质等的氧化而引起植物细胞的伤害。越来越多的证据表明，作为一种抗逆反应，植物体内的一些抗氧化代谢相关的基因和酶(如 SOD，APX，CAT，MDAR)会被自毒物质所诱导，但这种提高远不及活性氧的产生速度，最终引起细胞膜的过氧化和细胞死亡。然而，低剂量的活性氧可以起到激活植物的抗氧化反应和抗逆反应的功能，事实上自毒物质在低剂量时有时反而表现出一定的生长促进效果，只有高剂量的自毒物质才能抑制植物生长，这在很大程度上可能与不同条件下产生的活性氧所起的作用相反有关(Ding et al.，2009a，b；Yu et al.，2003)。

第三节　连作中的土壤生物多样性和土壤病原菌变化规律

土壤生物活性包括土壤微生物种群结构及土壤酶活性，是土壤微生态环境中生理活性最强的部分。以往人们强调土壤理化特性作为土壤质量的重要指标，近年来，人们认为土壤生物参数也是衡量土壤环境质量的重要指标之一。土壤中的动物和微生物在土壤环境中起着极其重要的作用，这些作用包括植物残体的分解、土壤地球化学循环、有机物和肥料的转化、污染物的解毒和引起植物病害等。土壤微生物中除有类似菌根菌、促生菌 PGPR(plant growth-promoting rhizobacteria)和病原拮抗菌外，还存在对植物生长有害的土壤微生物如病原菌和产生毒素的微生物(Whipps，2001)。土壤微生物种群结构在很大程度上受土壤种类和环境因子的影响。此外，植物种类和农药、化肥也是重要影响因素。

一、连作中土壤微生物多样性的变化

(一)土壤微生物多样性及其评价

生物多样性是当今国际学术界共同关注的问题。一个良好的土壤包含着植物、动物如蚯蚓和微生物等组成的有机平衡体，其中，土壤微生物是土壤中最活跃的部分，并在农业生态系统中营养元素的循环、有机物质的形成和分解、土壤肥力的保持和提高、生态环境的改善、植物生长发育的调节等方面有着极其重要的作用。微生物多样性一般是指微生物在遗传、种类和生态系统层次上的变化，它代表着微生物群落的稳定性，也反映土壤生态机制和土壤胁迫对群落的影响。土壤微生物多样性还可以定义为微生物生命的丰富性(richness of microorganism)，通常以土壤微生物区系的变化和生物化学过程间的相互关系来反映。微生物多样性包括两部分内容：种类数量及其分布。

微生物的物种多样性是多样性研究中最基本的内容，土壤微生物以细菌数量最多，其次是放线菌，真菌数量居第三位。通常，1 g 农田土壤中含有几百万细菌、数十万真菌孢子以及数万个原生动物和藻类，但由于研究方法和人们认知能力的局限，目前土壤中仍有 80%~99%的微生物还未被认识和鉴别。微生物不仅种数多，且个体数量也非常大。已发现并被初步认知的微生物资源从种数上讲不超过 1%。微生物的多样性在一定程度上还表现为其适应多样性、代谢多样性和遗传多样性。微生物的适应多样性表现为几乎在任何环境条件下均可生活，并可通过互生、共生、共栖、寄生、捕食和拮抗等方式发挥作用，而微生物代谢类型的多样性则表现为光能自养型、光能异养型、化能自养型和化能异养型等多种代谢类型(Kennedy，1999)。微生物遗传多样性，是生物携带遗传信息的总和，体现在遗传物质的碱基排列顺序的多样性和组成核酸分子的碱基数量的巨大性。

传统的土壤微生物群落多样性及结构分析大多是将微生物进行分离培养，这种方式在一定程度上受培养基成分的影响。然而，迄今为止只有 1%的土壤微生物能够被培养，而大多数虽然存在但无法被培养。近年来，BIOLOG 微平板方法、磷脂脂肪酸分析(phospholipid fatty acid analysis，PLFA)法和基于 DGGE 等手段的分子生物学方法正逐步得到采用。BIOLOG 微平板方法是测定微生物对 95 种不同碳源的利用能力及其代谢差异，进而用以表征土壤微生物代谢功能多样性或结构多样性的一种方法，而 PLFA 方法是基于微生物细胞膜磷脂脂肪酸组成和含量水平的一种动态检测方法。近年来，PLFA 图谱分析方法、脂肪酸(fatty acid)和脂肪酸甲酯(fatty acid methyl ester，FAME)图谱分析方法等也逐渐被应用于土壤微生物多样性的研究中，并作为土壤微生物种群变化的监测指标。根据 FAME 的多样性，利用相关的计算机分析软件和相关数据库便可同时得到土壤微生物的群落结构组成多样性、比例以及微生物生物量等方面的信息。

最近，基于微生物总基因组 DNA 杂交和部分基因组 DNA 分析技术在包括蔬菜土壤在内的土壤微生物多样性分析中得到广泛应用。一个样品的 DNA 用同位标记作为模板，然后与目标 DNA 进行杂交，杂交亲和性的程度反映了模板与目标样品间微生物群落结构的相似程度。通过测定总基因组 DNA 变性率和复性率以及总基因组鸟嘌呤和胞嘧啶的物质的量百分率[(G+C)%]分析得到有关总的群落组成的信息(Clegg et al.，2000)。部分基因组 DNA 分析是通过对微生物 PCR 扩增序列的分析。大多数 DNA 多样性研究以核糖体 RNA(rRNA)或其编码基因 rDNA 为对象。在微生物多样性研究中，人们最感兴趣的是小亚基 RNA(SSU rRNA)或其编码基因 SSU rDNA。SSU rDNA 包括保守区和变异区，除 PCR-RFLP 分析方法以外，目前更多的是采用变性梯度凝胶电泳(DGGE)或温度梯度凝胶电泳(TGGE)、扩增的核糖体 DNA 限制性分析(amplified ribosomal DNA restriction analysis，ARDRA)、末端限制性片段长度多态性(terminal-RFLP，T-RFLP)分析、rDNA 间隔区分析(ribosomal intergenic spacer analysis，RISA)、随机扩增多态性(random amplified polymorphic DNA，RAPD)分析等来评价微生物的多样性(Maarit-Niemi et al.，2001；Moeseneder et al.，1999；Muyzer，1999；Borneman and Triplett，1997；Holben and Harris，1995)。

(二)土壤微生物多样性的作用

土壤微生物在蔬菜生长中起正反两方面的作用，一个具有包括土壤微生物在内的生物多样性的土壤生态系统对于一个健康的蔬菜栽培生态系统具有十分重要的意义。土壤微生物多样性在蔬菜栽培生态系统中的主要作用有以下几个方面。

1. 促进蔬菜对矿质元素的代谢和吸收

土壤微生物对于土壤-植物生态系统中养分元素的转化、存储和吸收代谢具有特殊的功能。它们分解有机质和矿物质，释放出有效的营养元素被植物吸收。人们施用的有机肥大多需要经过微生物的转化才能被植物吸收，同样，通常施用的尿素和铵肥也要通过微生物的转化才能被植物吸收。豆科蔬菜的生物固氮能力也是借助固氮菌来实现。此外，许多微生物(如菌根)还具有活化土壤中的一些矿质元素(如磷)的能力，从而来促进植物对这些元素的吸收。

2. 促进蔬菜的生长

近年来许多研究表明，在植物生长发育过程中，根际促生细菌和共生菌产生的植物激素类物质可促进植物生长。例如，80%的根际促生细菌 PGPR 能产生吲哚-3-乙酸(IAA)以达到促生作用(Khare and Arora，2010)。多种微生物都能产生细胞分裂素和乙烯，另外有的微生物产生的核酸类、维生素类等物质对植物的生长均有不同程度的影响(陈秀蓉和南志标，2005)。

3. 提高蔬菜的抗逆能力

植物根际促生菌和共生菌产生的抗生素(脂肽抗生素、多肽抗生素等)、细菌素、几丁质酶、葡聚糖酶、抗菌蛋白、挥发性抗菌物质以及植物激素等具有提高植物对生物与非生物逆境的抵抗能力的作用。许多土壤微生物通过竞争、抗生和诱导系统抗性(ISR)等途径抑制根部病原菌(Sturz and Christie，2003)。一些微生物如菌根不仅具有促进寄主植物吸收养分，而且还能增加植物抗盐碱、抗重金属乃至抗低温等功能。

4. 提高土壤质量

许多微生物的菌丝或微生物产生的胞外多糖也可使土壤粒子结合，从而有助于土壤结构的形成。微生物活动产生的腐殖质所形成的有机质有助于土壤的聚合，使水分很好地渗透且使土壤中具有足够的空气，减少土壤侵蚀。

然而，土壤微生物在发挥正面作用的同时，也给农业生态系统带来一些负面影响，如目前我国连作障碍问题的主要成因之一——土传病害，便是由镰刀菌、青枯假单胞杆菌和线虫等引起。另外，许多微生物的繁衍还会导致亚硝酸、亚硝胺和硝酸、氮氧化物、羧胺和 HCN 等的形成(Khare and Arora，2010)，从而污染农作物与土壤。

(三)连作与土壤微生物多样性

土壤有机质含量和组成是影响微生物生物量、群落组成、生物活性的关键因素。因此，土壤微生物多样性也受土壤种类、种植制度、栽培管理和环境因子等的影响，其中种植制度被认为是影响土壤微生物多样性和功能的最为重要的因素。

1. 耕作

耕作可显著改变土壤理化性质，使土壤异质性降低，同时提高营养元素有效性和改良土壤结构。通过对耕作和非耕作土微生物群落功能多样性的研究发现，免耕比传统耕作排入大气的二氧化碳少，土壤有机质积累较多，从而有利于增加微生物多样性。

2. 种植制度

长期连作还会导致土壤呼吸强度降低，即随连作年限的增加，土壤中 CO_2 的释放量逐年减少，土壤脲酶、蔗糖酶、淀粉酶、过氧化氢酶、碱性磷酸酶等活性发生显著变化。通常，连作降低了根际周围的真菌、细菌等微生物的多样性，导致根系病害发生(Knops et al.，1999)。连作还导致能产生抗菌物质 2,4-二乙酰藤黄酚(2,4-diacetylphloroglucinol，2,4-DAPG)的荧光假单胞菌(*Pseudomonas fluorescence*)比例显著下降(Mazzola，2002；Weller et al.，2002)。在具有作物多样性的栽培条件下，土壤微生物群落结构合理，生物活性较强；而番茄和黄瓜等连作导致微生物多样性的衰退。连作中根系分泌物和植株残体提供了病原菌的营养和赖以生存的寄主以及繁殖场所，特别是设施土壤，一年四季均具有病原菌生长繁殖的适宜温湿度，使得土壤微生物群落结构发生改变、土壤中的病原菌数量不断增加，而一些能产生抗真菌代谢物的有益菌数量则大大降低。例如，从非连作土中分离出的细菌有 60% 属于荧光假单胞菌，这些细菌能促进植物产生抗真菌代谢物，以提高植株对病原菌的抗性；而连作土中有相当比例的细菌为毒性很强的芽孢杆菌，会产生大量的氰化物，降低植物根系的呼吸能力，从而导致植物的生长发育显著受抑(Benizri et al.，2005；Schippers et al.，1987)。因此，连作障碍的发生在一定程度上与这些非致病性的有害根际微生物有关。然而，自然界中也存在多年重茬也不发生土传病害或连作障碍的所谓抑病土(suppressive soil，Garbeva et al.，2004)，这不仅与土壤理化性质有关，更与根围存在的能对病原菌产生拮抗作用的土壤微生物种群有关(Mazzola，2002；崛兼明，1986；Schroth and Hancock，1982)。一些研究表明，抑病土在很大程度上具有其独特的微生物种群结构如荧光性 *Pseudomonas* 有关。土壤这种抑病性还可通过种植特定作物品种诱导产生，期间对病原菌具有抑制作用的荧光假单胞菌种群变得丰富(Gu and Mazzola，2003；Mazzola and Gu，2000)。然而，目前还不知道这些植物的根系分泌物如何诱导荧光性 *Pseudomonas* 种群结构的变化。相比连作，轮作可能更有利于维持土壤微生物的多样性及活性，并可抑制在单一栽培系统中易繁衍的有害微生物及提高农作物产量(van Elsas et al.，2002)。种植大麦和甜玉米后的马铃薯土壤可培养细菌总数和活性显著高于连作土壤，并且还有更高的直链脂肪酸比例(Larkin，2003)。高粱和玉米能通过分泌苯并噁唑嗪酮类化合物(benzoxazinoids)和独脚金内酯，从而刺激 AM 菌的生长和吸引 *Pseudomonas putida* 等有益菌(Besserer et al.，2006；Neal et al.，2012)。作者针对嫁接对土壤中根际抗生素 2,4-二乙酰基藤黄酚(2,4-DAPG)产生菌的影响进行了 PCR-RFLP 分析，结果发现，嫁接明显改变了 2,4-DAPG 产生菌的结构，自根西瓜根际抗生菌主要基因型为基因型 2，基因型频率为 65%；而南瓜砧和葫芦砧嫁接西瓜根际抗生菌的主要基因型均为基因型 9，基因型频率分别为 61%和 82%。自根西瓜与嫁接西瓜共有的抗生菌基因型仅有 2 个，而基因型 2 和基因型 6 这种 2,4-DAPG 产生菌的基因型差异也在一定程度上影响了土壤的健康(图 7-7；雷娟利等，2011)。

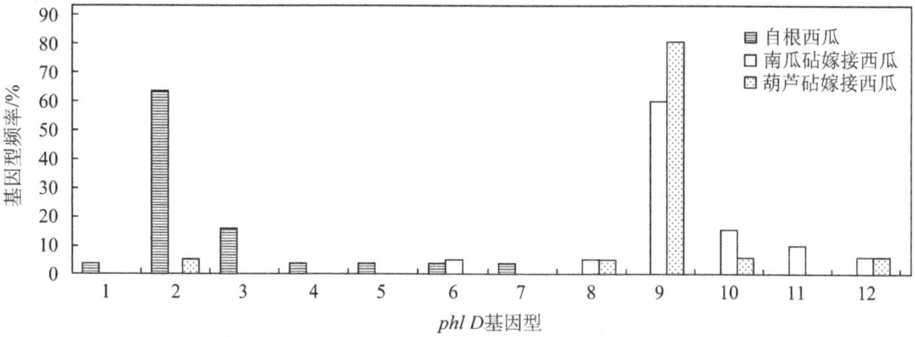

图 7-7　嫁接对西瓜根际土壤中 2,4-DAPG 产生菌多样性的影响(雷娟利等，2011)

3. 肥料种类

有机肥可显著增加微生物多样性，并通过促进特异拮抗菌生长等途径来提高抗性，降低土传病害的发生(崛兼明，1986)。与有机肥相比，长期连用化肥引起土壤盐分积累并导致细菌和放线菌菌数减少，固氮菌、氨化细菌和硝化细菌活性的下降以及荧光假单胞菌(*Pseudomonas fluorescence*)减少，同时也导致真菌种类多样性的降低而有利于土壤病原菌的繁殖、萌发和生长(木村眞人，1990)。此外，过量施用化肥导致土壤酸化，土壤酸化进一步减少了拮抗菌的密度(上田 邦夫，1983)，最后导致土传病害的蔓延。

4. 农药和自毒物质

利用分子标记的研究表明，自毒物质导致土壤微生物种群和遗传多样性显著减少(Wu et al.，2009)，而过量施用农药则导致土壤微生物多样性遭到破坏(Fang et al.，2009)。

二、蔬菜连作中的土传病害

(一)土传病害及病原生物

土传病害是指由生活在土壤中的病原物从作物根部或根、茎交界部侵害作物而引起的病害。这类病害传染性强，当环境条件适宜时便迅速蔓延。病原物主要是细菌、真菌和线虫等。其主要特点是隐蔽性强，不易被识别，一旦发生再防治就很困难，常常引起毁灭或绝收，造成严重的经济损失。另外一特点是病原物在土壤中可以习居存活很多年，很难清除，给防治造成困难。

土传病害侵染病原包括真菌、细菌、放线菌、线虫等，其中真菌引起的为多，并分为非专性寄生与专性寄生两类。非专性寄生是外生的根侵染真菌，如腐霉菌(*Pythium* spp.)引起苗腐和猝倒病、丝核菌引起苗立枯病。专性寄生大多由植物维管束病传染病原性真菌引起，典型的如尖孢镰刀菌(*Fusarium oxysporum*)、黄萎轮枝孢菌(*Verticillium alboatum*)等引起的萎蔫、枯死。以番茄为例，通常 *Phytium* spp.，*Phytophthora* spp. 和 *Rhizoctonia solani* 在作物苗期引起猝倒病、立枯病，而定植后到生殖生长前作物的根腐病主要由 *Phytophthora* spp.，*Sclerotinia sclerotiorum*，*Rhizoctonia solani*，*Pythium* spp.，*Fusarium* spp.引起。在生殖生长阶段，植株黄化和萎蔫主要由 *F. oxysporum* f. sp. *lycopersici* 和 *F. oxysporum* f. sp. *radicis lycopersici* 等引起，*Sclerotinia sclerotiorum*，*Collectotrichum coccodes*，*Pyrenochaeta lycopersici*，*Verticillium dahliae*，*Fusarium moniliforme* var. *subglutianans* 以及 *F. solani* 等病原菌也可以引起作物萎蔫，细菌性病原菌如溃疡病(*Clavibacter michiganense* subsp. *michiganense*)和青枯病(*Ralstonia solanacearum*)等，其中青枯病在南方十分普遍，而在北方则几乎不发生。

土传病害的种类很多，常见的土传病害有：十字花科蔬菜的根肿病(彩图 38)、菌核病、软腐病，茄果类、瓜类等作物的猝倒病、立枯病、疫病、根腐病、枯萎病和黄萎病，番茄、黄瓜和甜(辣)椒的青枯病等(表 7-3)，发病率一般都在 20%~30%，严重地块达 50%左右，甚至绝收。作物被侵染致病表现的症状一般为疫病型、枯萎型和黄萎型，表现为植株枯萎或萎蔫，根和茎维管束阻塞和变褐。

表 7-3　代表性蔬菜主要土传病害及其病原物

蔬菜名称	土传病害	病原物学名
番茄	立枯病	*Rhizoctonia solani*
	枯萎病	*Fusarium oxysporum* f.sp. *lycoersici*
	青枯病	*Ralstonia solanacearum*
	黄萎病	*Verticillium dahliae*
	黑点菌核病	*Colletotrichum* spp.
	南方根结线虫病	*Meloidogyne incognite*
辣椒	猝倒病	*Pythium aphanidermatum*
	枯萎病	*Fusarium oxysporum* f.sp. *vasinfectum*
	疫病	*Phytophthora capsici*
	软腐病	*Erwinia carotovora* subsp.*carotovora*
	根腐病	*Fusarium solani*
茄子	立枯病	*Rhizoctonia solani*
	疫病	*Alternaria solani*
	黄萎病	*Verticillium dahliae*
	枯萎病	*Fusarium oxysporum* f.sp. *melongenae*
	猝倒病	*Pythium aphanidermatum*
黄瓜	枯萎病	*Fusarium oxysporum* f.sp. *cucumebrium*
	蔓枯病	*Mycosphaerella melonis*
	根结线虫病	*Meloidogyne incognite*
	疫病	*Phytophthora melonis*
	菌核病	*Sclerotinia sclerotiorum*
	猝倒病	*Pythium aphanidermatum*
西瓜	枯萎病	*Fusarium oxysporum* f.sp. *niveum*
	根结线虫病	*Meloidogyne incognite*
	立枯丝核菌	*Rhizoctonia solani*
甜瓜	蔓枯病	*Ascochyta citrullina* 或 *Mycosphaerella melonis*
	猝倒病	*Pythium aphanidermatum*
白菜	菌核病	*Sclerotinia sclerotiorum*
	根肿病	*Plasmodiophora brassicae*
	软腐病	*Erwinia carotovora* pv. *carotovora*
	菌核病	*Sclerotinia sclerotiorum*
甘蓝	根肿病	*Plasmodiophora brassicae*
	软腐病	*Erwinia carotovora* pv.*carotovora*

1. 病菌生存方式

土壤病原菌按其生存方式可分为根系寄生型和腐生型，寄生型病原菌的生存高度依赖寄主根系，而不能利用土壤中的有机物生存，如十字花科的根肿病病原菌；腐生型则具有较强的利用土壤中有机物生存能力的病原菌，如疫病和猝倒病病原菌。引起枯萎病的镰刀菌、黄萎病等侵染维管束的病原菌则具有二者兼具的功能。

2. 病菌寄主范围

与上面相关联，不同病原菌存在明显的寄主差异。*Fusarium oxysporum* 是为害数十种蔬菜的病原生物，但分别由不同生理小种或种完成，每种小种的寄主范围十分有限。而引起黄萎病的病原菌 *Verticillium* 可侵染多种作物，具有较广的寄主范围。同样，引起十字花科根肿病的病菌其寄主也局限于部分十字花科蔬菜中。

3. 病菌生存年限

土传病原菌在没有寄主植株存在的情况下大多能形成耐久生存器官如休眠孢子、卵胞和厚壁孢子等，这些器官能在土壤中生存 5~15 年，因此，要避免它们引起的土传病害的发生，一般需要轮作 2~5 年。

(二)土传病害发生规律及影响发病的因素

地上部病害的发生过程中，病菌的感染、繁殖、发病、扩散和侵染过程相对较短，蔓延速度很快，以一种指数式的方式繁殖，在短时间内可以导致病害的暴发。相比而言，土传病害病菌的繁殖相对较慢，以一种累进式的方式繁殖。同地上部病害一样，土传病害的发生遵循所谓的三要素原则，即发病三要素：主因(病原菌)、次因(寄主)和诱因(环境)，三者重合的程度越少，发病的概率也越低。大多土壤病原菌在缺乏寄主的条件下会在寄主残体或土壤中形成耐久性的生存器官，一旦寄主出现便能萌发侵染寄主从而造成危害。不同病原菌在土壤中的生存时间有差异，一般轮作 3~6 年才能有效避免土传病害的发生。影响土传病害发生的主要因素如下。

1. 土壤种类

土壤类型与土传病害的发生关系密切，抑病土即使连作多年也不发生土壤病害。这种抑病效果不仅与其土壤理化性质有关，更与土壤微生物种群有关。一些病害如番茄青枯病和白菜根肿病的发生明显受土壤 pH 的影响，在酸性土壤中番茄青枯病的发生率显著高于中性和碱性土壤中的发病率，这也是番茄青枯病仅在我国南方地区发生而不在我国北方地区发生的原因。

2. 种植制度

不同作物轮作或间作对土传病害的发生影响很大，许多研究表明，轮作禾本科作物如水稻、玉米和高粱可明显抑制蔬菜作物土传病害的发生。

3. 有机肥和化肥种类

合理施用有机肥可抑制土传病害的发生，而施用未腐熟有机肥往往会助长病害的发生。在白菜生产中，施用胺态氮的田块的白菜黄化病的发生率显著高于施用硝态氮的田块，这种差异在很大程度上与其引起的微生物种群和土壤 pH 等变化有关。

4. 环境因子

温室大棚内一般具有相对较适宜的病原菌繁殖条件，设施栽培环境下一般更容易发生土壤传染性病害，但也有例外，如芦笋茎枯病的发生在设施栽培中明显少于露地，这主要与土壤湿度有关。在浙江等地，通过采用大棚和避雨栽培，使芦笋茎枯病得到有效控制，从而形成一个具有特色的产业。土壤水分高低是影响许多土壤病虫害的重要因素，以番茄为例，土壤含水量高有利于青枯病病原菌的扩散，但可抑制线虫的发生。温度也是影响许多病害发生的重要因子，设施内相对较高的温度导致了一些病害的蔓延，如南方根结线虫是南方温暖区域发生的害虫，随着北方设施蔬菜的发展，目前也逐步蔓延到黄河以北，并成为主要土传病害之一。

第四节　蔬菜连作中次生盐渍化的形成

一、我国菜地土壤次生盐渍化的现状与特征

露地土壤和设施土壤在生态环境、栽培作物和管理上存在较大的差异，由此引起的土壤盐分和养分水平也存在很大的差异。土壤盐分一般用土壤以 1∶5 水稀释后测得的电导率(EC)来表示，电导率越高，说明土壤中的盐分也越高。近年来，各地在不同层面开展了土壤盐分积累的调查，这些结果表明，设施土壤的盐分浓度一般随着温室年限或棚龄的增加而增加(图 7-8；喻景权和杜尧舜，2000)。国家大宗蔬菜产业技术体系于 2010~2011 年在全国范围内采取了 1201 个露地、大棚和温室土壤样品进行菜地土壤养分水平和盐渍化程度的调查，结果发现，高盐和超高盐度积累占温室土壤、大棚土壤和露地土壤的比例分别为 16.2%、20.6%和 2.1%；较高以上 NO_3-N 积累土壤占温室土壤、大棚土壤和露地土壤的比例分别为 55.0%、45.4%和 15.2%；较高以上速效磷积累土壤占温室土壤、大棚土壤和露地土壤的比例分别为 77.5%、54.6%和 22.5%；而较高以上速效钾积累土壤占温室土壤、大棚土壤和露地土壤的比例分别为 70.2%、45.7%和 22.5%。总体而言，土壤的盐分积累程度表现为温室>大棚>露地(图 7-9)。

滨海盐渍化土和内陆盐碱土大都由 Na^+和 Cl^-引起，而且它们在土层断面的分布差异较少。与上述初生盐渍化不同，设施菜地次生盐渍化盐分组成则以 NO_3^-、SO_4^{2-}、Ca^{2+}为主，而且土壤盐分集中在地表及耕作层，这些构成了设施土壤次生盐渍化的主要特征。其他主要次生盐渍化离子有阴离子：Cl^-、CO_3^{2-}；阳离子：Mg^{2+}、K^+(Na^+)。以江苏宜兴设施菜地土壤为例，设施菜地次生盐渍化的三大成

盐贡献离子分别为 SO_4^{2-}、NO_3^-、Ca^{2+}(图 7-10)。

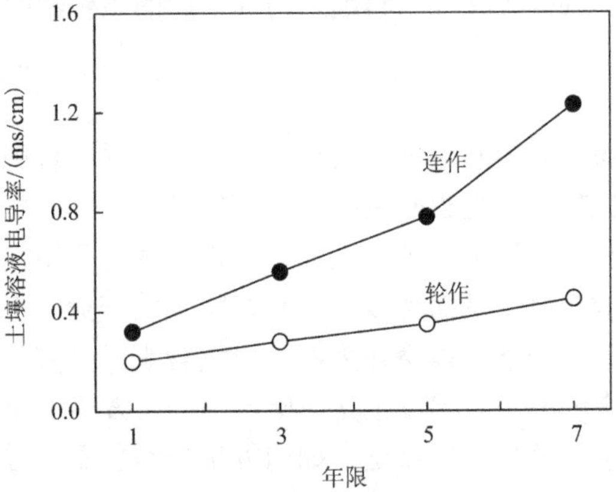

图 7-8　种植制度和棚龄对土壤盐分积累的影响(喻景权团队，未发表)

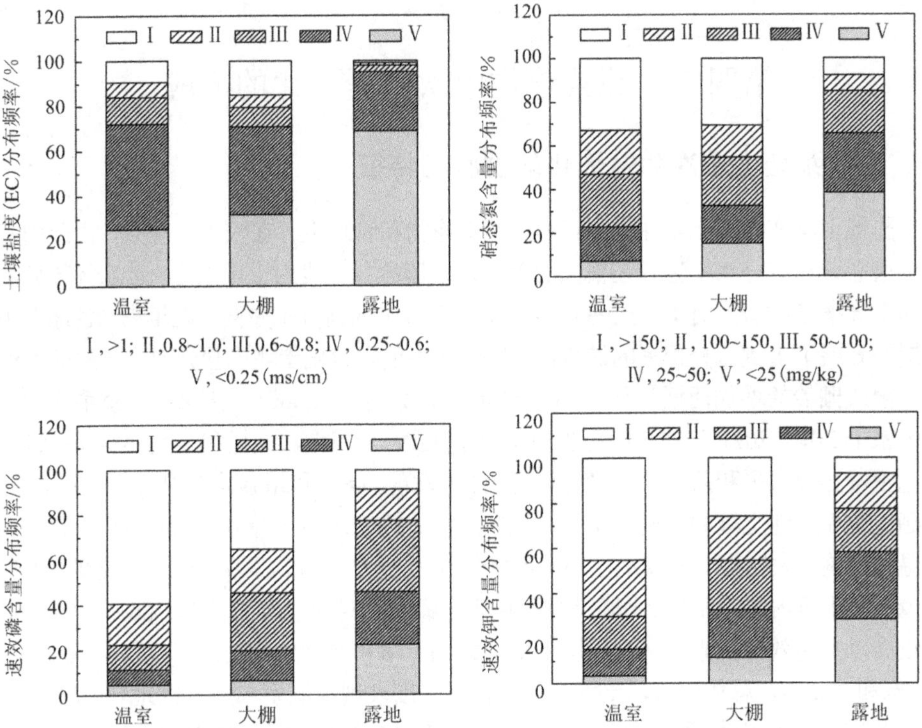

Ⅰ, >1; Ⅱ,0.8~1.0; Ⅲ,0.6~0.8; Ⅳ, 0.25~0.6; Ⅴ, <0.25(ms/cm)

Ⅰ, >150; Ⅱ, 100~150, Ⅲ, 50~100; Ⅳ, 25~50; Ⅴ, <25(mg/kg)

Ⅰ, >150; Ⅱ,100~150; Ⅲ, 50~100; Ⅳ, 25~50, Ⅴ, <25(mg/kg)

Ⅰ, >300; Ⅱ, 200~300; Ⅲ, 150~200; Ⅳ, 100~150; Ⅴ, <100(mg/kg)

图 7-9　我国主要蔬菜产区土壤养分水平和阴阳离子比例情况(数据来源：黄绍文等，2011)

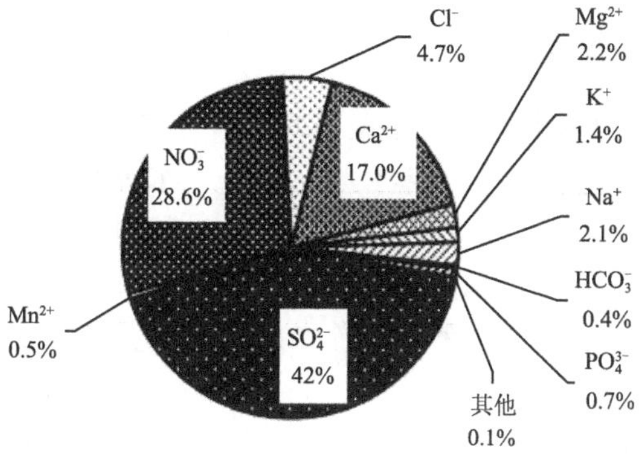

图 7-10　盐渍化土壤组成(张金锦和段增强，2011)

二、设施土壤次生盐渍化产生原因

造成设施土壤盐类积聚的主要原因如下。

(一)盲目大量施肥

设施蔬菜具有产量高和效益好的特点，生产上为了追求效益，农民的施肥量往往比露地菜田多出 1~3 倍，是蔬菜实际吸收量的 3~5 倍或更多。过多的肥料部分残留在耕层导致次生盐渍化的产生，另外一部分则进入地下水又造成水质的污染。近年来，一些主产区普遍存在地下水中硝酸盐浓度逐年上升的问题。过量施用肥料是引起设施土壤盐类积聚的直接原因。

(二)养分投入结构与蔬菜生长需求之间存在一定的差距

许多蔬菜根系分布较浅，根系分布和养分吸收(如硝酸盐)均匀性低。同时，生产上为了方便，肥料结构大多以化肥为主，且施用的肥料结构与蔬菜生长所需要或吸收的养分组成存在一定的差异，导致土壤中一些元素的不足和一些元素的过量，特别是钾、钙、镁、硼的缺乏现象比较普遍。

(三)不适宜环境

冬春低温弱光条件下或低温弱光后，许多蔬菜的养分能力变弱，土壤中需要有一个比适宜温光环境下更高的养分浓度才能让植株生长，这也一定程度上加剧了土壤中养分的积累。以番茄为例，在正常光温条件下，光合效率在磷浓度为 0.15~0.6 mmol/L 时达到最高，而在低温弱光后，磷浓度则需在 0.6~2.4 mmol/L 时光合效率才达到最高(Zhou et al.，2009)。因此，农民习惯采用“低温损失肥料补”的策略来增加肥料投入。

(四)缺少雨水淋溶

设施环境下缺少雨水淋溶，常年覆盖或季节性覆盖改变了自然状态下的土壤水分平衡，加上设施内的温度相对较高、土壤蒸发比露地明显增强，因而下层土壤中的肥料盐分和其他盐分会随着深层土壤水分的蒸发，沿土壤毛细管上升，最终在土壤表面形成一薄层白色盐分即土壤盐类(图 7-11)。同时由于设施内一年四季的土温持续保持在一个比露地更高的水平，土壤的风化作用明显加剧。因此，缺少雨水淋洗和土壤高矿化度是引起盐类积累的另一主要原因。

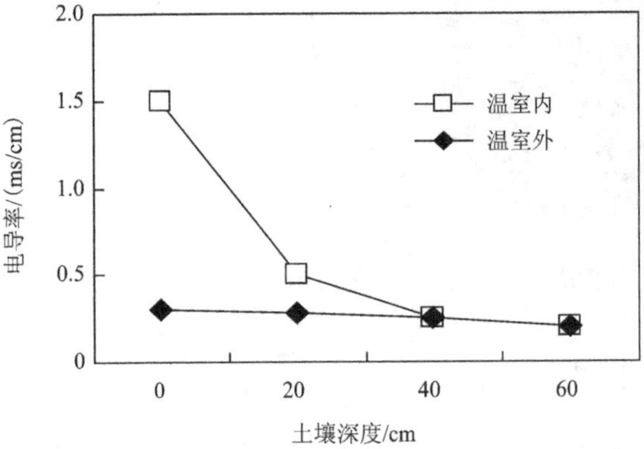

图 7-11 温室与露地土地不同深度土地盐分分布
(喻景权，1998)

三、土壤次生盐渍化对作物的影响

设施土壤过量施肥及次生盐渍化对蔬菜生长和品质、环境、经济及设施蔬菜栽培的持续发展带来许多不利的影响，这些影响主要包括如下几个方面。

(一)导致蔬菜生长势变弱，代谢失衡

盐渍化引起土壤渗透势加大，不仅使作物根系的吸水、吸肥能力减弱，还产生蔬菜生长抑制现象，根系细胞中细胞分裂素合成减少，引起过氧化胁迫。同时，地上部叶片光合作用效率下降，生物量积累减少。

(二)引起土壤酸化，导致作物营养失调

土壤中某些养分的大量累积必然加剧营养元素之间的拮抗作用。过量施用氮肥常导致土壤铵离子浓度升高，而影响根系对 K^{+}、Ca^{2+}、Mg^{2+}的吸收，并伴随土壤酸化即 pH 下降，产生化学逆境(中野明正，2001)。其中，番茄很易因为缺 Ca^{2+} 而发生脐腐果。土壤 pH 的下降可导致南方酸性土壤中 Mn^{2+}、Al^{3+}的有效性增加而使作物遭受锰或铝毒害(薛继澄等，1995)。

(三)抑制土壤微生物活动，降低根际养分活化作用

盐渍化可以对土壤微生物产生多种多样的影响。首先，盐渍化程度越高，土

壤微生物活性越低。作者通过比较不同盐渍化程度的土壤细菌、真菌和放线菌数量后发现，土壤盐分浓度与细菌、真菌和放线菌数量呈负相关关系(未发表)。其次，盐渍化减缓施入土壤中的肥料转化过程，减弱根际养分有效性。同时，还可抑制硝化细菌、氨化细菌等有益微生物活动而影响NH_4^+向NO_3^-的转化(池田順一，1987)，导致因作物被迫吸收NH_4^+而引起植物生长发育不良。此外，土壤酸化还诱导了类似番茄青枯病等土传病害的发生。

(四)降低农产品品质和环境污染

过量施肥已经导致我国许多地区土壤中、蔬菜体内和地下水及饮用水中的硝酸盐和重金属含量超标，同时也加剧水体的富营养化，进而威胁人体健康和生态环境，这在一些设施蔬菜产业带尤需引起重视。

第五节　连作障碍发生与各因子间的交互作用

蔬菜是生长在一个复合的环境中，上述的土壤微生物、自毒物质和盐分也可通过相互作用影响连作障碍的发生及发生程度。

一、根系自毒(化感)物质–土壤微生物(病原菌)互作

植物可通过根系分泌物和残体等释放的化合物对土壤微生物种群结构产生影响(楼兵干等，1998；Cook and Baker，1983)。根系分泌物可以直接影响根际微生物的数量和活性，其含有较高浓度的糖类、氨基酸和维生素等物质，为根际微生物的生存和繁殖提供了所需的营养物质和能源物质，增强了根际微生物的数量和活性。同时，根系分泌物的成分和数量也会影响根际微生物的区系。一些蔬菜，如韭菜，其根系释放的化感物质对青枯病和枯萎病等病原菌具有抑制作用；而黄瓜根系分泌物及其组成成分(如肉桂酸)可使土壤微生物种群趋向简单化，并抑制土壤微生物活性，同时其自毒物质本身也易被土壤中的微生物所分解或转化，从而失去其自毒效果。许多植物分泌的化合物本身不具自毒作用或化感作用，但经过土壤中的微生物转化则可对植物产生生长抑制作用。值得一提的是，自毒物质还可引起细胞膜过氧化，通过降低根系抗性从而助长病原菌的侵染、繁殖和病害的发生(彩图 39 和彩图 40)，这在黄瓜自毒物质和枯萎病发生关系方面得到了系统证明(图 7-12)。

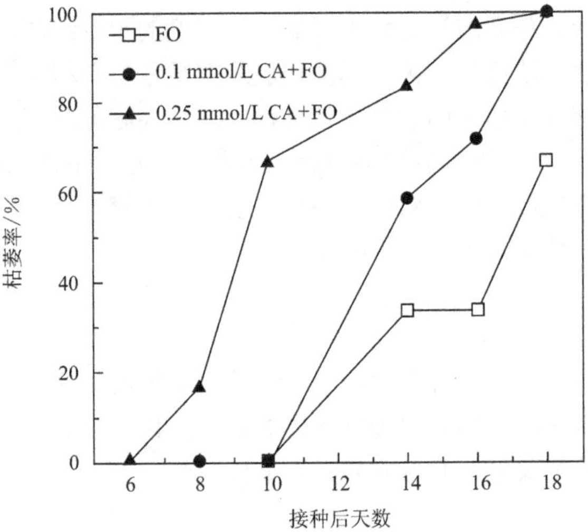

图 7-12 自毒物质肉桂酸(CA)对黄瓜枯萎病发生的助长作用(Ye et al.，2004)

FO，枯萎病病原菌

二、土壤盐分–土壤微生物互作

土壤盐分对土壤微生物结构产生一定影响。研究发现，土壤盐分浓度越高，土壤呼吸作用越低，一些土壤中的酶活性也随之下降。设施土壤中盐分的积累不仅会直接影响土壤微生物的活性，还会导致土壤微生物的种群和数量变化。研究表明，土壤中的盐分含量与微生物活性呈负相关，当土壤 EC 值为 0.5~2.0 ms/cm 时，盐分对土壤微生物活性影响不大，此时葡萄糖分解活跃；当 EC 值增加到 5.0 ms/cm 以上时，土壤微生物活性则会受到强烈抑制，葡萄糖分解速率也显著下降(王龙昌等，1998)。此外，伴随设施土壤次生盐渍化出现的土壤酸化、养分不平衡等现象，同样也改变了设施土壤的微生物状况，从而对整个土壤环境造成不利影响。土壤微生物种群结构的破坏和病原菌的积累也直接影响植物的养分吸收，进一步加剧盐渍化的产生(池田健一郎，1993；木村眞人，1990)。

三、根系自毒(化感)物质–土壤盐分互作

研究发现，自毒物质可通过影响植物根系 H^+-ATPase 等影响水分和养分的吸收，从而导致养分在土壤中的积累。同时，许多植物在盐渍化和缺素等逆境下往往产生更多的次生代谢物和自毒物质(Yu et al.，2000；Singh et al.，1999；Yu，1999)，如缺锌、缺锰、缺铜能诱导植物氨基酸、有机酸、酚酸类化合物分泌量增加(张福锁，1998)。

综上所述，根际是一个复杂的环境，存在着植物、土壤和微生物相互交错的复杂作用。除上述因子外，一些生长有益菌、有害菌和土壤中残留的农药也不同程度地参与连作障碍的形成，图 7-13 是在多年研究的基础上，结合国内外相关研

究提出的连作障碍形成过程的一个总结(Huang et al.，2013)。

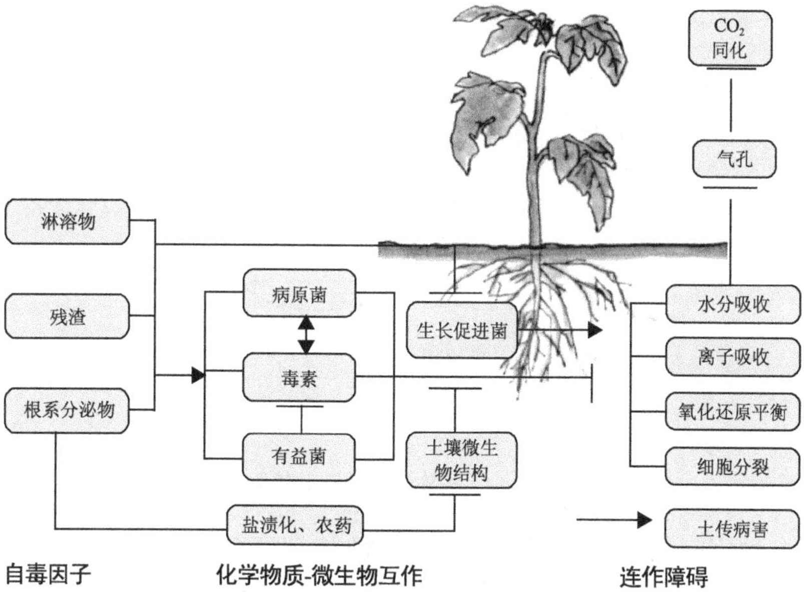

图 7-13　连作障碍形成过程(Huang et al.，2013)

第六节　连作障碍防控策略与技术

一、连作障碍防控策略

地上部生长发育障碍的发生一般均有其早期症状，也可用肉眼观察到，同时，叶面病害尽管发生速度较快，但其发生过程大多可通过农药施用而得以解决。与地上部病害不同，地下部的连作障碍先发生在根部，其发生早期我们很难观察到，一旦在地上部观察到其症状，则已经是发生的晚期，如生长势削退、植株枯萎和植株死亡，而且也缺少有效的解决办法。因此，如果说是地上部病虫害的发生在很大程度上可通过“治”得到解决，发生在地下的连作障碍需要依赖“防”来解决，这也是连作障碍防治的根本和核心指导思想。

如同前面章节所述，连作障碍主要由土传病虫生物因子、自毒和盐渍化引起，3 个因子相互作用导致连作障碍的发生或加剧，这 3 个因子是连作障碍的主因。同时，连作是前提，连作提供了上述因子存在的可能，是副因。此外，连作障碍的发生还与环境有关，如土壤类型、温度、肥料种类等，这些因子是连作障碍发生的诱因，只有上述 3 个因子相互交叉才能发生连作障碍(图 7-14)。由此，要减轻连作障碍的发生，一个重要的原则是如何减少上述 3 个因子的交叉。例如，把主因成分减少，其交叉的部分自然减少，连作障碍的发生也得到减轻或消失。

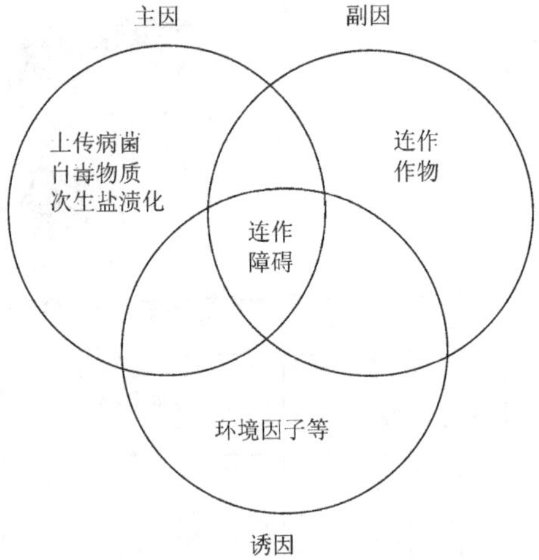

图 7-14　连作障碍的发生条件

减少主因影响的方法主要有：物理方法如高温消毒杀灭土壤中的有害生物；活性炭、竹炭和膨润土等吸附剂去除自毒物质；利用精确施肥技术来提高养分利用率，减少次生盐渍化；利用灌水去除土壤中积累的次生盐，等等。

减弱次因的方法有利用嫁接换根来缓解或消除土传病虫生物因子、自毒和盐渍化对根系的影响，利用诱导抗性技术提高根系对连作障碍 3 个成因的抗性等。

减轻诱因的方法主要通过农业措施合理施用化肥和有机肥来创造良好的土壤微生态条件，通过环境调控减少病虫有害生物的成灾概率等。

二、连作障碍防控技术及运用

连作导致土壤环境恶化，病虫害发生严重，设施作物的产量、质量和效益不稳定，已经影响到许多蔬菜产业的稳定和可持续发展。连作障碍防控及安全生产关键技术的创新与推广应用，对于破解目前设施农业生产上的突出难题，提升我国设施栽培现代化水平，具有十分重要的意义。目前生产上常用的克服连作障碍的技术有物理防治、化学防治、农业生态防治、植株调控防治和生物防治等方法。

（一）物理防治方法

1. 土壤温湿消毒技术

该项技术主要针对土传病原生物。大多病原菌和线虫等有害生物对高温比较敏感，提高温度可以抑制或杀灭土壤病原生物。一些国家采用蒸汽和开水进行高温消毒，这种方法虽然具有较好的效果，但成本较高，难以适用于现阶段我国蔬菜生产水平。近 20 年来，日本等国家形成了利用夏季太阳能进行土壤消毒的技术，并被推广应用到我国。该技术的核心为在夏季进行土壤覆盖薄膜 2~3 周并加以闷棚，使表面土壤温度在白天地表温度可高达 60~70℃，10 cm 处地温达 50℃以上，有利于杀灭土壤病菌。使用该技术时，一般还按一定的比例施入一些秸秆，这些有机物在分解中需要消耗大量的氧气，使病原菌形成一个缺氧状态，提高其消毒效果。该项技术对大多病原生物具有一定的效果，但有时对在土壤中分布较深的病菌如镰刀菌以及青枯病病原菌存在消毒不够彻底的问题，同时存在受气候变化影响和耗时长等缺陷。

针对上述问题，作者研究了温度、水分和石灰氮三者耦合在消毒中的作用。研究发现，温度越高，消毒效果越好，而提高土壤水分含量和施入石灰氮不仅在高温下具有较好的灭菌效果，在低温下同样具有较好的灭菌效果，因此它可以大大缩短消毒的时间(图 7-15)，是一种廉价、安全、简单实用的土壤消毒方法，能有效地减轻连作病害，可有效预防枯萎病、青枯病、软腐病等土传病害。

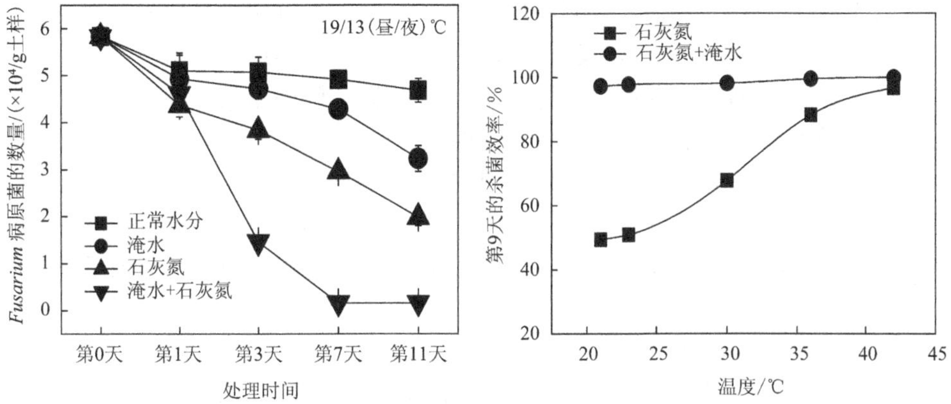

图 7-15　不同温度、湿度和石灰氮组合对 *Fusarium* 病原菌的杀灭效果(喻景权团队，未发表)

2. 自毒物质吸附技术

自毒物质不仅通过根系分泌物释放到土壤中，也通过残茬释放。通过向土壤中混入一些对有机物具有较强吸附功能的吸附剂则可促进蔬菜的生长。除相对价格较高的活性炭外，目前，一些廉价的吸附剂，如竹炭和膨润土，也同样具有较好的效果。

3. 洗盐技术

次生盐渍化造成土壤特别是表面土壤积累，引起下茬作物，特别是直播作物种子发芽受阻和生长不良等一系列不良现象，这在大型设施中尤为明显。为此，在南方一些雨水资源相对较为丰富的地方可采用直接灌水或采用去膜让雨水直接淋入的方法来进行洗盐，时间一般在 3 周左右。

(二)化学防治方法

化学方法是通过施用一些合成的化学药品来进行土壤消毒的技术，其主要对象为土壤有害生物即病原菌、线虫和一些产生有害物质的微生物(Whipps，2001)。化学消毒剂大多采用化学熏蒸的方法，这些化合物大多沸点较低并具强力杀菌效果。其中，溴甲烷自 20 世纪 40 年代开始应用以来，一直是世界上应用最广泛的熏蒸剂，其宽广的防治谱和优良的杀虫杀菌活性，成为一时应用最为广泛并对农业生产影响最深远的一种农用化学药剂。但溴甲烷是一种破坏臭氧层的物质，因此，已经逐步被淘汰。近年来，用于溴甲烷消毒的替代技术有了较大的进展，发现了一些有希望的土壤熏蒸剂，如 1,3-二氯丙烯(1,3-D)、氯化苦(CP)、甲基异硫氰酸盐(MITC)、氰胺类物质等能够用于防治大多数土传病害和地下害虫，其中 CP、1,3-D 等熏蒸剂已经在近 50 个国家进行登记。替代品的应用技术有了进一步的提高，如一些专用机械和新型剂型的出现不仅提高了使用效率和对使用者的安全性，而且提高了药效，减少了农药的施用量。然而，目前获得国家相关部门登记予以使用的土壤消毒剂种类还不多，而且这些制剂的使用安全性方面要求相对较高，因此，生产上大面积积累的技术资料存在一定的不足。

石灰氮又称为氰氨化钙，是目前我国一些地区广泛使用的土壤消毒剂，它兼具消毒和增加肥力的双重功能。石灰氮遇水可生成氰氨，对地下害虫、根结线虫和杂草及青枯病、立枯病、根肿病和线虫等土传病虫害具有广谱性的杀灭作用(图 7-16)，具有无残留、不污染环境等优点。此外，氰氨化钙还能促进有机物腐熟，改良土壤结构，调节土壤酸性，消除土壤板结，增加土壤透气性，降低蔬菜中亚硝酸盐的含量等。一般每亩的施用量为 50~100 kg，并配以一定量的秸秆。在高温下配合浇施一定的水分效果更好。除上述消毒剂外，还有一些非挥发性的消毒剂，但总体而言，许多化学消毒剂对各种病原菌的田间消毒效果尚有待进一步试验。

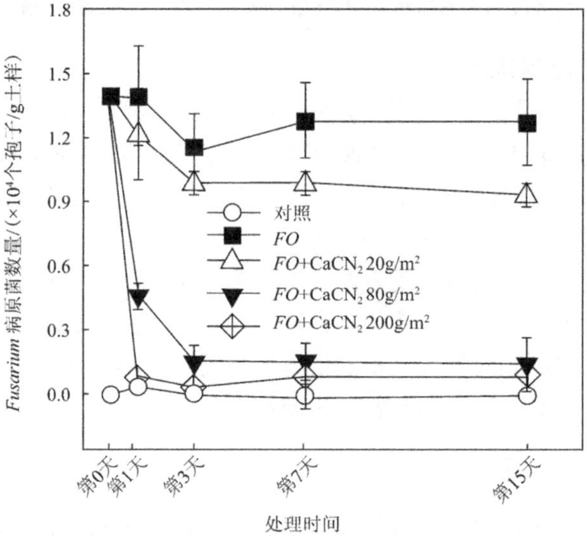

图 7-16 不同剂量石灰氮对土壤中 *Fusarium* 病原菌数量的影响(Shi et al.，2009)

(三)农业生态防治方法

利用农业生态方法，通过营造一个不利于连作障碍发生的时间和空间环境，抑制引起连作障碍一些因子的形成。主要技术如下。

1. 清除连作障碍源头

易发生连作障碍蔬菜不仅其体内含有许多能导致自毒作用的物质，而且也是作物发病和病害流行的重要初次侵染源和再次侵染源，如果不从田间清除，容易引起病菌的蔓延和自毒物质在土壤中的生成或积累。因此，采收结束后应进行合理的清园，清除集中烧毁蔬菜作物残体，减轻连作病害。

2. 轮作和间套作

土壤病菌具有一定的寄主范围，同时其耐久器官的生存也具有一定的时效性，一些自毒物质也随着时间的推移而被降解。因此，轮作可不同程度地减轻连作障碍及土传病虫害的发生；同时，不同作物对养分要求具有一定的差异，轮作也可提高养分利用效率，防治土壤酸化和盐渍化。

需要1~2年轮作的蔬菜有：莴苣、芹菜、苦瓜、菠菜、青花菜、水芹菜、芜菁和茼蒿等；

需要2~3年轮作的蔬菜有：马铃薯、菜豆、黄瓜、苦瓜、韭菜、莴苣、芹菜、草莓和大白菜等；

需要4~5年轮作的蔬菜有：番茄、辣椒、甜瓜、芋艿、花椰菜和生姜等；

需要6~7年轮作的蔬菜有：茄子、豌豆和西瓜等。

如何进行轮作搭配是生产中的一个难题，我国各地在长期的农业实践中，形成了一系列有效的栽培制度，这些耕作制度大多是根据经验所得(表7-4)，其中蕴含的原理或机制有待今后从化感等生态学的角度加以诠释。

表7-4 适宜和不适宜前后作的蔬菜组合

蔬菜	适宜其前后作的蔬菜	不适宜其前后作的蔬菜
番茄	甘蓝、青花菜、大葱	茄子、黄瓜、甜椒、马铃薯、胡萝卜、萝卜
茄子	南瓜、毛豆、玉米、豇豆	番茄、甜椒、马铃薯、辣椒、胡萝卜、萝卜
黄瓜	玉米、洋葱、菠菜	番茄、南瓜、胡萝卜
萝卜	豌豆、毛豆、大葱	胡萝卜、西瓜、黄瓜、番茄
洋葱	番茄、甘蓝、萝卜、西瓜	豌豆、大葱、分葱
胡萝卜	大白菜、洋葱、甘蓝	番茄、黄瓜
玉米	番茄、大白菜、青花菜、豌豆	胡萝卜、萝卜

在轮作体系的选择上，首先考虑通过与病原菌非寄主植物的轮作，同时也可引入一些对抗植物(antagonist plant，具有通过释放抗菌物质来抑制病原菌功能的

植物)和净化植物(clean plant，具有吸收土壤中过剩的盐分功能的植物)等的轮作。一般而言，亲缘关系越远，连作障碍发生的概率越小。作者曾比较了不同作物短期轮作对黄瓜南方根结线虫发生的影响，发现水稻和高粱的轮作效果远远好于蔬菜作物(图 7-17)。近 20 年来，浙江北部普遍推广茄果类和瓜类蔬菜与水稻的轮作，这种较大的水-旱环境反差不仅可以有效地减少土壤中的病原菌数量，也可显著地提高养分的利用率，克服设施土壤盐类积累的问题。

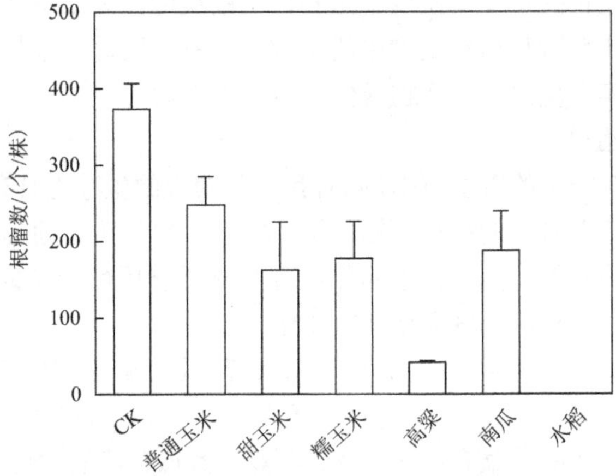

图 7-17　不同前作作物对黄瓜根结线虫发生的影响(喻景权团队，未发表)

许多葱蒜类蔬菜的根系分泌物对多种细菌和真菌具有较强的抑制作用，常被用于间作或套种。研究发现，韭菜具有分泌抗菌物质的作用，轮作或间套作韭菜可减少番茄、西瓜和黄瓜等多种蔬菜的土传病害的发生(图 7-18 和图 7-19)。轮作万寿菊则可减轻上述果菜中根结线虫的发生。种植生长期较长的番茄、辣椒、茄子等蔬

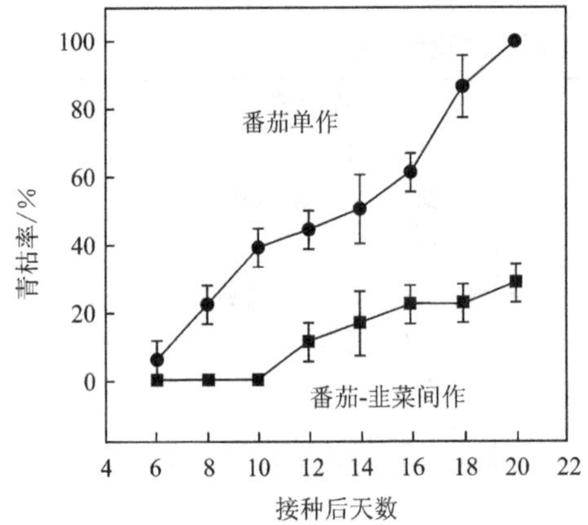

图 7-18　间作韭菜对番茄青枯病发生的影响

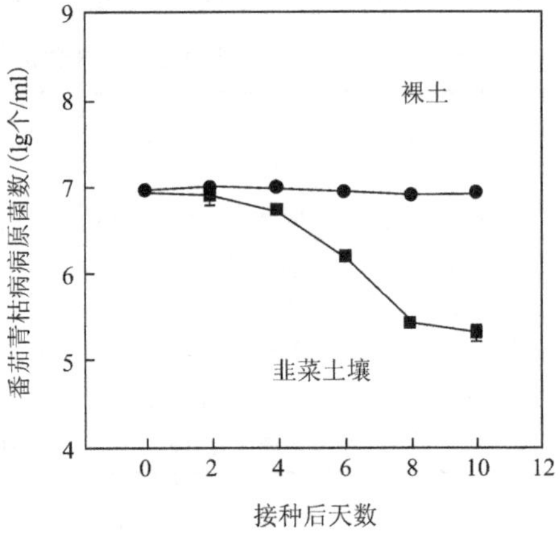

图 7-19　韭菜间作对土壤中番茄青枯病病原菌数量的影响(Yu，1999)

菜的行间可以套种苋菜、茼蒿、萝卜等速生蔬菜，以利用速生蔬菜的生长吸盐和灌溉时的洗盐作用；夏季可以利用大棚骨架种植丝瓜、冬瓜，从而达到遮阳、降温、吸盐效果，既能防止土壤盐分向表土积累，又可增加大棚内产量和产值。

3. 环境调控技术

连作障碍特别是土传病害的发生与环境关系密切，因此，优化蔬菜生长环境是减少连作障碍发生的重要措施。

1) 根域温度调节

许多病害的发生需要一定的温度条件，如黄瓜枯萎病和番茄青枯病的发生一般需要较高的温度，而由 *Fusarium* 生理小种 3 引起的番茄根腐病则在相对较低的温度下发生。生产上可通过加温和降温等措施来创造一个不适宜病害发生的温度条件，如采用银灰色地膜来降低土温，采用黑色地膜来增加土温降低病害的发生。

2) 土壤 pH

大多蔬菜土传病害对土壤酸碱度不敏感，但其中一些病害的发生与土壤 pH 密切相关(上田 邦夫，1983)，如茄果类中的青枯病和十字花科的根肿病一般在酸性土壤中容易发生，而放线菌类病原菌引起的病害一般在中性偏碱性的土壤中容易发生。除土传病害外，一些自毒物质为弱酸，它们在酸性的条件下表现出更高的活性，因此，通过石灰或过磷酸钙等进行土壤酸碱性调整可以减缓或减轻连作障碍的发生。

3) 土壤水分

在许多情况下，病菌通过水分运动进行传播。在南方，我们经常观察到经过一场大雨后，一些土传病害得到蔓延。因此，通过高畦深沟等措施减少积水，是防治病菌传播的一条有效途径。此外，通过避雨栽培可有效减少土传病害的发生。

4) 施肥管理

次生盐渍化的产生与施肥方法密切相关，而有机肥和无机肥的合理搭配是根本。除一定量的有机肥外，采用肥水一体化技术是防治盐渍化的一种有效方法。有机肥多种多样，各种肥料不仅养分含量不一，发酵程度以及微生物组成也存在较大的差异，合理使用有机肥能调节土壤微生态结构从而抑制土壤病原菌和降解自毒物质，而一些未经完全发酵的有机肥不仅会产生烧苗现象，也会引起一些腐生性病菌的增殖。氮素形态也与病害发生有关，如铵态氮肥不仅易引起土壤酸化，也会助长一些病害的发生。

(四) 植株调控防治手段

1. 抗逆嫁接技术

不同种的植物根系对土壤病原菌、自毒物质和次生盐具有不同的抗性，利用这种抗性差异进行嫁接是目前防控茄果类和瓜类蔬菜连作障碍的一条有效途径。

茄果类的嫁接主要选用种内和不同种的野生材料作为抗性砧木进行嫁接，而瓜类的嫁接主要利用异种嫁接，选用的砧木有黑籽南瓜、南瓜和葫芦等(Yu et al.，2000)。选用砧木品种时，不仅考虑其亲和性，还需考虑砧木对温度的适应性及其对蔬菜品质的影响，黑籽南瓜不仅对大多瓜类的土传病菌具有较强的抗性，而且其适宜的生长温度为 15~20℃，是一个使用较为普遍的砧木，但有时会发生影响品质、成熟期和果实商品性等问题，如黄瓜嫁接于黑籽南瓜时往往果实不发生果刺。值得注意的是，砧木在具有对其他种土传病菌一定抗性的同时，有时却会因为自身病原菌而引起毁灭性损失，如近年来发生的葫芦枯萎病便是一个典型的例子。

2. 系统抗性诱导技术

连作障碍最先发生在根部，因此提高根系对土壤病原菌、自毒物质和次生盐的抗性是一条潜在的途径，然而，尽管有大量关于系统抗性机制的研究，真正将其应用于生产的并不多，国外开发的 BTH 等药剂在生产上的应用面积也不大。近年来，作者发现，植物激素油菜素内酯可通过活性氧的激发产生诱导局部抗性，同时，活性氧还可通过韧皮部中的信号不断放大而诱导根系产生对一些土传病原生物如 *Fusarium* 和线虫的抗性，从而减少土传病害的发生。在番茄、黄瓜、西瓜和甜瓜等作物上的试验表明(图 7-20)，叶面喷施油菜素内酯产品“益生源”可以减少根结线虫数目达 50%以上，使黄瓜枯萎病和猝倒病的发生率减少 60%以上，在解决我国目前的连作土传病害问题方面具有广阔的应用前景(彩图 41~彩图 45)。

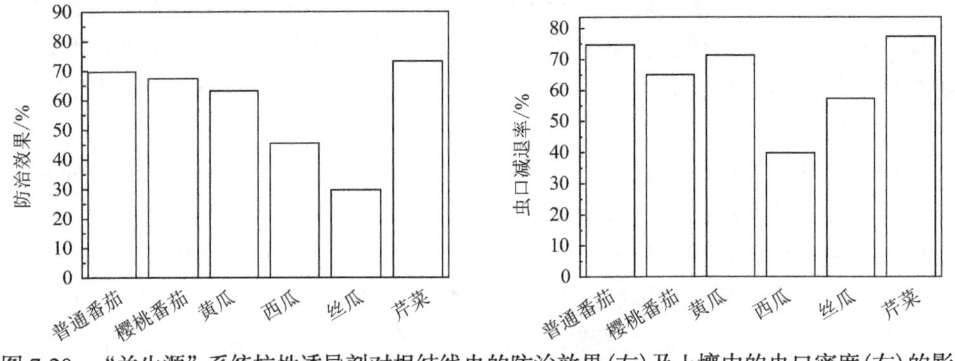

图 7-20　“益生源”系统抗性诱导剂对根结线虫的防治效果(左)及土壤中的虫口密度(右)的影响(喻景权团队山东、河南、浙江等地试验结果)

(五)生物防治方法

生物防治是利用一些微生物和植物来防治连作障碍的方法。连作障碍与土壤微生物种群密切相关，改变土壤的微生物结构可以在一定程度上改变病菌密度、自毒物质消长以及养分循环。在连作障碍防控方面，生物防治主要途径如下。

1. 微生物结构改善技术

该方法主要通过大量投入有机肥，利用有机质分解带来的微生物总体水平的提高来抑制病原生物和降解一些有害物质(崛兼明，1986)。然而，有机物种类不同其效果相差很大，在土壤病菌量相对不多时施用一定量的腐熟有机肥可以抑制连作障碍的发生，但在病菌较多时大量施用有机肥特别是未完全腐熟的有机肥或有机质有时反而会加重土传病害的发生。

2. 生防菌剂

近年来，国内外许多单位都致力于筛选对病菌具有抑制作用和对自毒物质具有降解作用的微生物，并取得了一定的进展。土壤中存在许多对病菌具有颉颃(或称拮抗)作用的颉颃微生物，这些微生物通过分泌抗生素等物质从而降低土壤中病原菌的密度，抑制病原菌的活动，减轻病害的发生。目前分离鉴定的颉颃微生物大多集中在荧光假单胞菌(fluorescent *Pseudomonas*)和 *Fusarium* 属的非致病性真菌。然而，许多研究结果表明，这些微生物在实验室水平或盆栽条件下对许多病菌具有显著的抑制作用，但在田间条件下往往效果不佳。这主要是与土壤中供微生物生长的营养源相对比较匮乏，微生物间的竞争淘汰较为激烈以及外来微生物对新环境的适应性较差等有关。因此，目前在生产中应用成功的例子较为罕见。

3. 有益菌剂

通过接种有益微生物来分解连作土壤中存在的有害物质或与特定的病原菌竞争营养和空间等途径来减少病原菌的数量和根系的感染，从而减少根际病害发生，它包括通过接种一些有益菌根菌或其他有益菌群以便在根际形成生物屏障(Blum，1998；Mallik and Zhu，1995；Trimble and Knowles，1995；Tobar et al.，1994；Vaughan et al.，1993；Zucconi，1990；Perrin，1990)，或接种致病菌弱毒菌株促进幼苗产生免疫机能或使用含有有益微生物种群的生物有机肥抑制土壤致病菌的发展。近年来，我国一些企业也生产了一些有益菌剂，但由于微生物种群结构不明，效果也未经系统实验测定，因此，其应用有效性有待验证。

4. 利用化感作用原理防治土传病害

许多植物可释放一些化学物质来抑制有害病原菌的生长，利用农作物间的化感作用原理进行有益的轮作或间套作组合可减少根部病害的发生。例如，许多葱蒜类蔬菜的根系分泌物对多种细菌、真菌等具有较强的抑制作用，对间作或后作作物(如番茄、西瓜和芦笋等)等的根部病害具有很好的防治效果；而万寿菊与黄瓜间作能减少黄瓜根结线虫为害；一些芥菜类作物残茬富含具有杀菌作用的芥子油苷，利用其残茬覆膜熏蒸能减少许多蔬菜的土传病害的发生。此外，我们还可通过伴生栽培的方式，利用禾本科植物和葱蒜类植物对果菜类蔬菜的根际效应，来改善土壤微生物结构和微生态环境，减少病虫害的方生，减轻连作障碍的方生。

（六）“3+3”的产前和产中连作障碍防治技术体系

需要指出的是，尽管目前可以采用的方法有很多，但基于连作障碍问题的复杂性，目前还很难利用某种单一的方法有效防控连作障碍的发生，因此，生产上必须采用综合防控手段才能取得较好的效果。综合考虑连作障碍的发生特点和上述各种方法的有效性、经济性和可行性等因素，作者提出“3+3”的产前即定植前和产中即定植后连作障碍防治技术体系供各地选择性地采用(图 7-21)。

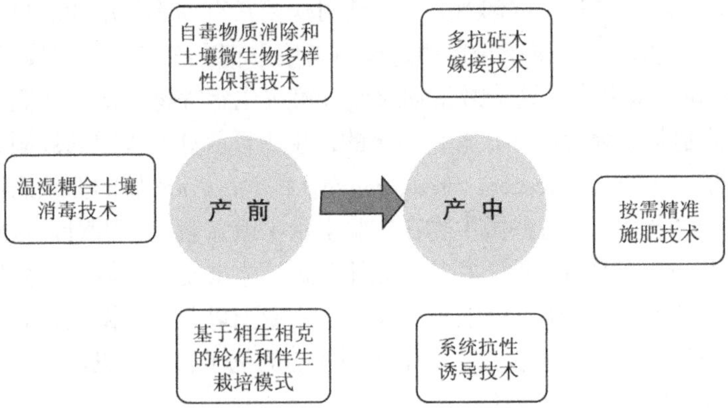

图 7-21　连作障碍防控产前产中“3+3”防治技术体系

1. 产前 3 项技术

1) 土壤温湿消毒技术

采用浸水覆膜厌氧或高温闷棚等方法，结合石灰氮等使用，形成一种快速土壤消毒技术，从而有效地杀灭土壤中的病原生物。

2) 土壤改良技术

利用有机肥添加自毒物质降解菌和膨润土等生物与物理土壤改良技术，消除自毒物质，保持土壤微生物多样性，提高土壤质量。

3) 基于相生相克和病菌寄主差异的栽培制度

通过短期和长期轮作或间套作一些具有相生相克作用并且不具相同病害的作物，如禾本科(水稻、高粱和玉米)和葱蒜类蔬菜，达到改变土壤微生态和减少病原生物的目的。

2. 产中 3 项技术

1) 抗性砧木嫁接技术

通过采用抗枯萎病、青枯病、具有 *Mi-1* 基因(番茄)和对异源植物自毒物质具有排拒作用的嫁接砧木，克服连作障碍。

2) 系统抗性诱导技术

通过使用系统抗性诱导制剂，提高植株对病原菌的抗性，克服瓜类缺乏抗线虫种质资源和番茄抗线虫 *Mi-1* 基因在温度高于 28℃时抗性丧失等问题。

3）按需精准施肥技术

采用按需施肥、缓释肥和土壤隔离相结合方法，可有效满足果菜类肥水要求高的特点，也避免了养分的流失和次生盐渍化。

主要参考文献

陈秀蓉, 南志标. 2005. 细菌多样性及其在农业生态系统中的作用. 草业科学, 19: 34-38.

陈永智, 丁光国, 胡永军. 2000. 寿光大棚蔬菜土壤养分调查. 平衡施肥与可持续优质蔬菜生产. 北京: 中国农业大学出版社: 52-58.

高子勤, 张淑香. 1998. 连作障碍与根际微生态研究. 根系分泌物及其生态效应. 应用生态学报, 9(5): 549-554.

黄绍文, 王玉军, 金继运, 唐继伟. 2011. 我国主要菜区土壤盐分, 酸碱性和肥力状况. 植物营养与肥料学报, 17(4): 906-918.

雷娟利, 寿伟松, 董文其, 张成浩, 徐志豪, 周艳虹, 喻景权. 2011. 嫁接对西瓜根际微生物种群数量及群落结构的影响. 中国蔬菜, 2: 62-66.

楼兵干, 张炳欣, 陆元昶. 1998. 黄瓜品种与其根围主要病原菌的拮抗菌之间关系的研究. 浙江大学学报(农业与生命科学版), 24(S): 41-44.

邱立友, 戚元成, 王明道, 贾新成. 2010 植物次生代谢物的自毒作用及其与连作障碍的关系. 土壤, 42(1): 1-72.

王龙昌, 玉井理, 永田雅辉, 长友由隆. 1998. 水分和盐分对土壤微生物活性的影响. 垦殖与稻作, 3: 40-42

王倩. 2002. 西瓜连作障碍中自毒作用及酚酸类物质作用机理的研究. 中国农业大学博士学位论文.

薛继澄, 李家金, 毕德义, 马爱军, 程平娥. 1995. 保护地栽培土壤硝酸盐积累对辣椒生长和锰含量的影响. 南京农业大学学报, 18: 53-71

杨广超. 2004. 西瓜自毒作用及其机制的研究. 南京农业大学硕士学位论文.

喻景权, 杜尧舜. 2000. 蔬菜设施栽培可持续发展中的连作障碍问题. 沈阳农业大学学报, 31: 124-126.

喻景权. 1999. 豌豆根系分泌物自毒作用的研究. 园艺学报, 26: 175-179.

张福锁. 1998. 根际营养与环境胁迫. 北京: 北京农业大学出版社.

张金锦, 段增强. 2011. 设施菜地土壤次生盐渍化的成因, 危害及其分类与分级标准的研究进展. 土壤(Soils), 43(3): 361-366.

糸川修司. 1997. 施設畑における施肥窒素の挙動と地下水の硝酸態窒素濃度. 日本土壌肥料学会雑誌，68(3): 327-330.

上田 邦夫. 1983. 土壌の pH と通気性および土壌中有機物含量の変化が土壌中フザリウム菌密度に及ぼす影響について. 日本土壌肥料学会雑誌, 54(4): 325-330.

池田健一郎. 1993. 塩類集積土壌における堆肥施用が根圏環境および作物及ぼす影響. 日本土壌肥料学会雑誌, 65(6): 706-709.

池田順一. 1987. 共生窒素固定および土壌中でのアンモニア化成•硝酸化成に及ぼす塩類ストレスの影響. 日本土壌肥料学会雑誌, 58(1): 53-57.

中野明正. 2001. 施設土壌における塩類集積の現状と低硫酸根緩効性肥料による化学的ストレスの改善. 日本土壌肥料学会雑誌, 72(2): 237-244.

木村眞人. 1990. 化学肥料およびきゅう肥連用土壌における *Fusarium oxysporum* f.sp. *raphani* の生育. 日本土壌肥料學会雑誌, 61(6): 586-591.

崛兼明. 1986. 野菜連作障害対策のための土壌微生物相改善に関する研究. 日本土壌肥料學雑誌, 57(3), 231-232.

Asaduzzaman M, Asao T. 2012. Autotoxicity in beans and their allelochemicals. *Scientia Horticulturae*, **134**: 26-31.

Asao T, Hasegawa K, Sueda Y, Tomita K, Taniguchi K, Hosoki T, Pramanik M, Matsui Y. 2003. Autotoxicity of root exudates from taro. *Scientia Horticulturae*, **97**: 389-396.

Asao T, Kitazawa H, Ban T, Pramanik M, Matsui Y, Hosoki T. 2004. Search of autotoxic substances in some leaf vegetables. *Journal of the Japanese Society for Horticultural Science*, **73**: 247-249

Benizri E, Piutti S, Verger S, Pagès L, Vercambre G, Poessel J, Michelot P. 2005. Replant diseases: bacterial community structure and diversity in peach rhizosphere as determined by metabolic and genetic fingerprinting. *Soil Biology and Biochemistry* **37**, 1738-1746.

Besserer A, Puech-Pagès V, Kiefer P, Gomez-Roldan V, Jauneau A, Roy S, Portais J-C, Roux C, Bécard G, Séjalon-Delmas N. 2006. Strigolactones stimulate arbuscular mycorrhizal fungi by activating mitochondria. *PLoS Biology*, **4**: e226.

Bever J D, Dickie I A, Facelli E, Facelli J M, Klironomos J, Moora M, Rillig M C, Stock W D, Tibbett M, Zobel M. 2010. Rooting theories of plant community ecology in microbial interactions. *Trends in Ecology & Evolution*, **25**: 468-478.

Blum U. 1998. Effects of microbial utilization of phenolic acids and their phenolic acid breakdown products on allelopathic interactions. *Journal of Chemical Ecology*, **24**: 685-708.

Borneman J, Triplett E W. 1997. Molecular microbial diversity in soils from eastern Amazonia: evidence for unusual microorganisms and microbial population shifts associated with deforestation. *Applied and Environmental Microbiology*, **63**: 2647-2653.

Canals R, Emeterio L, Peralta J. 2005. Autotoxicity in *Lolium rigidum*: analyzing the role of chemically mediated interactions in annual plant populations. *Journal of Theoretical Biology*, **235**: 402-407.

Chen S, Zhou B, Lin S, Li X, Ye X. 2011. Accumulation of cinnamic acid and vanillin in eggplant root exudates and the relationship with continuous cropping obstacle. *African Journal of Biotechnology*, **10**: 2659-2665.

Clegg C D, Ritz K, Griffiths B S. 2000. G+C profiling and cross hybridisation of microbial DNA reveals great variation in below-ground community structure in UK upland grasslands. *Applied Soil Ecology*, **14**: 125-134.

Ding J, Shi K, Zhou Y H, Yu J Q. 2009a. Effects of root and foliar applications of 24-epibrassinolide on fusarium wilt and antioxidant metabolism in cucumber roots. *Hort Science*, **44**: 1340-1345.

Ding J, Shi K, Zhou Y H, Yu J Q. 2009b. Microbial community responses associated with the development of *Fusarium oxysporum* f. sp. *cucumerinum* after 24-epibrassinolide applications to shoots and roots in cucumber. *European Journal of Plant Pathology*, **124**: 141-150.

Ding J, Sun Y, C L, Shi K, Zhou Y H, Yu J Q. 2007. Physiological basis of different allelopathic reactions of cucumber and figleaf gourd plants to cinnamic acid. *Journal of Experimental Botany*, **58**;3765-3773.

Fang H, Yu Y, Chu X, Wang X, Yang X, Yu J. 2009. Degradation of chlorpyrifos in laboratory soil and its impact on soil microbial functional diversity. *Journal of Environmental Sciences*, **21**: 380-386.

Forlani G, Mangiagalli A, Nielsen E, Suardi C. 1999. Degradation of the phosphonate herbicide glyphosate in soil: evidence for a possible involvement of unculturable microorganisms. *Soil Biology and Biochemistry*, **31**: 991-997.

Frändberg E, Schnürer J. 1994. Chitinolytic properties of *Bacillus pabuli* K1. *Journal of Applied Microbiology*, **76**: 361-367.

Garbeva P, van, Van Veen J, Van Elsas J. 2004. Microbial diversity in soil: selection of microbial populations by plant and soil type and implications for disease suppressiveness. *Annual Review of Phytopathology*, **42**: 243-270.

Gog L, Berenbaum M R, DeLucia E H, Zangerl A R. 2005. Autotoxic effects of essential oils on photosynthesis in parsley, parsnip, and rough lemon. *Chemoecology*, **15**: 115-119.

Gu Y-H, Mazzola M. 2003. Modification of fluorescent pseudomonad community and control of apple replant disease induced in a wheat cultivar-specific manner. *Applied Soil Ecology*, **24**: 57-72.

Hartung A, Nair M, Putnam A. 1990. Isolation and characterization of phytotoxic compounds from asparagus (*Asparagus officinalis* L.) roots. *Journal of Chemical Ecology*, **16**: 1707-1718.

Holben W, Harris D. 1995. DNA-based monitoring of total bacterial community structure in environmental samples. *Molecular Ecology*, **4**: 627-632.

Huang L F, Song L X, Xia X J, Mao W H, Shi K, Zhou Y H, Yu J Q. 2013. Plant-soil feedbacks and soil sickness: from mechanisms to application in agriculture. *Journal of Chemical Ecology*, **39**: 232-242.

Kardol P, Martijn B T, Van Der Putten W H. 2006. Temporal variation in plant-soil feedback controls succession. *Ecology Letters*, **9**: 1080-1088.

Kennedy A. 1999. Bacterial diversity in agroecosystems. *Agriculture, Ecosystems & Environment*, **74**: 65-76.

Khare E, Arora N K. 2010. Effect of indole-3-acetic acid (IAA) produced by *Pseudomonas aeruginosa* in suppression of charcoal rot disease of chickpea. *Current Microbiology*, **61**: 64-68.

Kitazawa H, Asao T, Ban T, Pramanik M, Hosoki T. 2005. Autotoxicity of root exudates from strawberry in hydroponic culture. *Journal of Horticultural Science & Biotechnology* **80**, 677-680.

Knops J M, Tilman D, Haddad D N, Naeem S, Mitchell C, Haarstad J, Ritchie M, Howe K, Reich P, Siemann E. 1999. Effects of plant species richness on invasion dynamics, disease outbreaks, insect abundances and diversity. *Ecology Letters*, **2**: 286-293.

Komada H. 1988. The occurrence, ecology of soil-borne diseases and their control. Kyoto: *Takii Seed Co. Ltd., Japan*: 1-3.

Kulmatiski A, Beard K H, Stevens J R, Cobbold S M. 2008. Plant-soil feedbacks: a meta-analytical review. *Ecology Letters*, **11**: 980-992.

Kushima M, Kakuta H, Kosemura S, Yamamura S, Yamada K, Yokotani-Tomita K, Hasegawa K. 1998. An allelopathic substance exuded from germinating watermelon seeds. *Plant Growth Regulation*, **25**: 1-4.

Larkin R P. 2003. Characterization of soil microbial communities under different potato cropping systems by microbial population dynamics, substrate utilization, and fatty acid profiles. *Soil Biology and Biochemistry*, **35**: 1451-1466.

Maarit Niemi R, Heiskanen I, Wallenius K, Lindström K. 2001. Extraction and purification of DNA in rhizosphere soil samples for PCR-DGGE analysis of bacterial consortia. *Journal of Microbiological Methods*, **45**: 155-165.

Mallik A, Zhu H. 1995. Overcoming allelopathic growth inhibition by micorrhizal inoculation. *ACS Symposium Series*, 582: 39-57.

Mavrodi D, Validov S, Mavrodi O, De La Fuente L, Weller D, Thomashow L. 2006. Antagonistic activity among 2, 4-diacetylphloroglucinol (DAPG) -producing fluorescent *Pseudomonas* spp. *Iobc Wprs Bulletin*, **29**: 97.

Mazzola M, Andrews P K, Reganold J P, Levesque C A. 2002. Frequency, virulence, and metalaxyl sensitivity of *Pythium* spp. isolated from apple roots under conventional and organic production systems. *Plant Disease*, **86**, 669-675.

Mazzola M, Granatstein D M, Elfving D C, Mullinix K. 2001. Suppression of specific apple root pathogens by *Brassica napus* seed meal amendment regardless of glucosinolate content. *Phytopathology*, **91**: 673-679.

Mazzola M, Gu Y. 2000. Phyto-management of microbial community structure to enhance growth of apple in replant soils. *International Symposium on Chemical and Non-Chemical Soil and Substrate Disinfectation,* **532**: 73-78.

Mazzola M. 2002. Mechanisms of natural soil suppressiveness to soilborne diseases. *Antonie van Leeuwenhoek,* **81**: 557-564.

Miller H G, Ikawa M, Peirce L C. 1991. Caffeic acid identified as an inhibitory compound in asparagus root filtrate. *Hort Science*, **26**: 1525-1527.

Moeseneder M M, Arrieta J M, Muyzer G, Winter C, Herndl G J. 1999. Optimization of terminal-restriction fragment length polymorphism analysis for complex marine bacterioplankton communities and comparison with denaturing gradient gel electrophoresis. *Applied and Environmental Microbiology*, **65**: 3518-3525.

Muyzer G. 1999. DGGE/TGGE a method for identifying genes from natural ecosystems. *Current Opinion in Microbiology*, **2**: 317-322.

Neal A L, Ahmad S, Gordon-Weeks R, Ton J. 2012. Benzoxazinoids in root exudates of maize attract *Pseudomonas putida* to the rhizosphere. *PLoS One*, **7**: e35498.

Ogweno J, Yu J. 2006. Autotoxic potential in soil sickness: A re-examination. *Allelopathy Journal*, **18**: 93.

Perrin R. 1990. Interactions between mycorrhizae and diseases caused by soil-borne fungi. *Soil Use and Management*, **6**: 189-194.

Rice EL. 1984. Allelopathy. 2nd edn. Orlando, Florida: Academic Press

Russell E, Petherbridge F. 1912. Investigations on "Sickness" in soil: II. "Sickness" in Glasshouse soils. *The Journal of Agricultural Science*, **5**: 86-111.

Schippers B, Lugtenberg B, Weisbeek P. 1987. Plant growth control by fluorescent *Pseudomonads*. *Innovative Approaches to Plant Disease Control*, **1**: 19-39.

Schreiner O, Reed H S. 1907. The production of deleterious excretions by roots. *Bulletin of the Torrey Botanical Club*: 279-303.

Schreiner O, Sullivan M. 1909. Soil fatigue caused by organic compounds. *Journal of Biological Chemistry*, **6**: 39-50.

Schreiner O, Shorey E C. 1909. The isolation of harmful organic substances from soils. *United States Department of Agriculture Bureau of Soils Bulletin* No. 53

Schroth M N, Hancock J G. 1982. Disease-suppressive soil and root-colonizing bacteria. *Science*, **216**: 1376-1381.

Shi K, Wang L, Zhou Y H, Yu Y L, Yu J Q. 2009. Effects of calcium cyanamide on soil microbial communities and *Fusarium oxysporum* f. sp *cucumberinum*. *Chemosphere*, **75**: 872-877.

Singh H, Batish D R, Kohli R. 1999. Autotoxicity: concept, organisms, and ecological significance. *Critical Reviews in Plant Sciences*, **18**: 757-772.

Sturz A, Christie B. 2003. Beneficial microbial allelopathies in the root zone: the management of soil quality and plant disease with rhizobacteria. *Soil and Tillage Research*, **72**: 107-123.

Tobar R, Azcón R, Barea J. 1994. Improved nitrogen uptake and transport from ^{15}N-labelled nitrate by external hyphae of arbuscular mycorrhiza under water-stressed conditions. *New Phytologist*, **126**: 119-122.

Torsvik V, Goksøyr J, Daae F L. 1990. High diversity in DNA of soil bacteria. *Applied and environmental microbiology*, **56**: 782-787.

Trimble M R, Knowles N R. 1995. Influence of vesicular-arbuscular mycorrhizal fungi and phosphorus on growth, carbohydrate partitioning and mineral nutrition of greenhouse cucumber(*Cucumis sativus* L.) plants during establishment. *Canadian Journal of Plant Science*, **75**: 239-250.

van de Voorde T F, van der Putten W H, Bezemer T M. 2012. Soil inoculation method determines the strength of plant-soil interactions. *Soil Biology and Biochemistry*, **55**: 1-6.

van Elsas J D, Garbeva P, Salles J. 2002. Effects of agronomical measures on the microbial diversity of soils as related to the suppression of soil-borne plant pathogens. *Biodegradation*, **13**: 29-40.

Vaughan D, Jones D, Ord B. 1993. Amelioration by *Voltuella ciliate* of the phytotoxicity of vanillic acid towards the growth of *Pisum sativum* L. *Soil Biology and Biochemistry*, **25**: 11-17.

Weller D M, Raaijmakers J M, Gardener B B M, Thomashow L S. 2002. Microbial populations responsible for specific soil suppressiveness to plant pathogens 1. *Annual Review of Phytopathology*, **40**: 309-348.

Weston L A, Ryan P R, Watt M. 2012. Mechanisms for cellular transport and release of allelochemicals from plant roots into the rhizosphere. *Journal of Experimental Botany*, **63**: 3445-3454.

Whipps J M. 2001. Microbial interactions and biocontrol in the rhizosphere. *Journal of Experimental Botany*, **52**: 487-511.

Whipps J. 1997. Developments in the biological control of soil-borne plant. *Advances in Botanical Research*, **26**: 1.

Wu F, Wang X, Xue C. 2009. Effect of cinnamic acid on soil microbial characteristics in the cucumber rhizosphere. *European Journal of Soil Biology*, **45**: 356-362.

Xiao C L, Zheng J H, Zou L Y, Sun Y, Zhou Y H, Yu J Q. 2006. Autotoxic effects of root exudates of soybean. *Allelopathy Journal*, **18**: 121-127.

Ye S F, Zhou Y H, Sun Y, Zou L Y, Yu J Q. 2006. Cinnamic acid causes oxidative stress in cucumber roots, and promotes incidence of *Fusarium* wilt. *Environmental and Experimental Botany*, **56**: 255-262.

Ye S, Yu J, Peng Y, Zheng J, Zou L. 2004. Incidence of Fusarium wilt in *Cucumis sativus* L. is promoted by cinnamic acid, an autotoxin in root exudates. *Plant and Soil*, **263**: 143-150.

Yu J Q, Matsui Y. 1993. Extraction and identification of phytotoxic substances accumulated in nutrient solution for the hydroponic culture of tomato. *Soil Science and Plant Nutrition*, **39**: 691-700.

Yu J Q, Matsui Y. 1994. Phytotoxic substances in root exudates of cucumber (*Cucumis sativus* L.). *Journal of Chemical Ecology*, **20**: 21-31.

Yu J Q, Matsui Y. 1997. Effects of root exudates of cucumber (*Cucumis sativus*) and allelochemicals on ion uptake by cucumber seedlings. *Journal of Chemical Ecology*, **23**: 817-827.

Yu J Q, Shou S Y, Qian Y R, Zhu Z J, Hu W H. 2000. Autotoxic potential of cucurbit crops. *Plant and Soil*, **223**: 149-153.

Yu J Q, Ye S F, Zhang M F, Hu W H. 2003. Effects of root exudates and aqueous root extracts of cucumber (*Cucumis sativus*) and allelochemicals, on photosynthesis and antioxidant enzymes in cucumber. *Biochemical Systematics and Ecology*, **31**: 129-139.

Yu J Q. 1999. Allelopathic suppression of *Pseudomonas solanacearum* infection of tomato (*Lycopersicon esculentum*) in a tomato-Chinese chive (*Allium tuberosum*) intercropping system. *Journal of Chemical Ecology*, **25**: 2409-2417.

Yu J Q, Lee K S, Matsui Y. 1993. Effect of the addition of activated-charcoal to the nutrient solution on the growth of tomato in hydroponic culture. *Soil Science and Plant Nutrition*, **39**: 13-22.

Yu J Q, Sun Y, Zhang Y, Ding J, Xia X J, Xiao C L, Shi K, Zhou Y H. 2009. Selective trans-cinnamic acid uptake impairs Ca^{2+} (cyt) homeostasis and growth in *Cucumis sativus* L. *Journal of Chemical Ecology*, **35**: 1471-1477.

Zhang Y, Gu M, Shi K, Zhou Y H, Yu J Q. 2010a. Effects of aqueous root extracts and hydrophobic root exudates of cucumber (*Cucumis sativus* L.) on nuclei DNA content and expression of cell cycle-related genes in cucumber radicles. *Plant and Soil*, **327**: 455-463.

Zhang Y, Gu M, Xia X J, Shi K, Zhou Y H, Yu J Q. 2010b. Alleviation of autotoxin-induced growth inhibition and respiration by sucrose in *Cucumis sativus*(L.). *Allelopathy Journal*, **25**: 147-154.

Zhang Y, Gu M, Xia X, Shi K, Zhou Y, Yu J. 2009. Effects of phenylcarboxylic acids on mitosis, endoreduplication and expression of cell cycle-related genes in roots of cucumber(*Cucumis sativus* L.). *Journal of Chemical Ecology*, **35**: 679-688.

Zhou Y H, Wu J X, Zhu L J, Shi K, Yu J Q. 2009. Effects of phosphorus and chilling under low irradiance on photosynthesis and growth of tomato plants. *Biologia Plantarum*, 53: 378-382.

Zucconi F. 1990. Allelopathies and biological degradation in agricultural soils: an introduction to the problem of soil sickness and other soil-born diseases. *Symposium on Soil Sickness and Replant Diseases in Fruit Trees,* **324**: 11-22.

第八章　蔬菜污染物迁移、代谢与调控

随着农业集约化和工业化的发展，农化药品投入逐年增加，由此引起的环境污染问题也日益严重。农业环境污染物主要包括农药、重金属和有机污染物，这些污染物通过土壤、灌溉、肥料和空气等途径进入植物。这些污染物中，大多农药和有机污染物可通过植物自身的代谢进行转化，一些污染物则相对较为稳定，不易被植物转化，如六六六、DDT 和重金属等。近年来，社会各界对农产品污染问题日益关注，解析污染物在环境中的行为特征、吸收运转与代谢不仅十分重要，而且也是解决蔬菜污染问题的基础。

第一节　蔬菜农药污染及其控制

农药是农业生产中十分重要的生产资料，按其来源可分为生物源、矿物源和化学合成三大类；按化合物类型可分为无机、有机和生物农药等；按防治对象分为杀虫剂、杀菌剂、杀螨剂、杀线虫剂、除草剂和植物生长调节剂等。迄今为止，在全世界各国注册的农药品种已有 1500 余种，其中常用的有 500 余种。目前，全世界农药产量超过 300 万 t，其中中国是农药生产与使用大国，也是农药进出口大国。国家统计局和联合国粮食及农业组织的统计数据显示，我国农药产量近 200 万 t，占全球农药总产量近一半。农药的使用给人们带来了巨大的收益，为人类的生存作出了重大贡献。若不施用农药，全世界人均粮食将会因病虫害和草害的影响损失 1/3 以上(Oerke，2006)。但是，因农药品种选择、用量和使用方法不当造成蔬菜等农作物产生药害，高超标的农药残留导致人体中毒事件，以及因农药残留问题而产生国际贸易摩擦等问题。大量使用化学农药也造成了环境污染，危害人类健康和生存环境。与此同时，随着经济的发展和生活水平的提高，人们对食品安全和生存环境问题越来越重视，蔬菜和环境中农药高残留问题受到广泛关注，国外发达国家不断提高农药残留标准作为绿色贸易壁垒，也使我国蔬菜等农产品出口受到很大限制。因此，对蔬菜等农产品中的农药残留进行有效控制，使其降低至安全标准，已成为迫切需要解决的问题。

一、蔬菜农药污染现状、危害和原因

(一)我国蔬菜农药污染现状与潜在威胁

我国是世界蔬菜生产大国，蔬菜产量约占全球总产量的 50%。由于蔬菜生长

周期短，病虫害发生普遍，化学农药是目前各地防治蔬菜病虫害的主要手段，并且农药用量大、种类多、使用频繁。长江流域塑料大棚一般每亩年使用农药 2~3 kg，甚至多达 5kg 以上；北方日光温室蔬菜农药用量更大。多年来由于大量、连续地使用化学农药，蔬菜病虫生物对化学农药普遍产生抗药性，菜农一味加大农药的使用量，导致农药防治效果和用量呈现恶性循环。国家法律法规虽然规定剧毒、高毒化学农药不能用于蔬菜、瓜果、茶叶和中药材等农作物病虫害的防治，但一些高毒、高残留甚至剧毒农药的使用仍时有发生。

近年来，随着农药残留国家监管机制的不断完善，蔬菜产品农药残留合格率也不断提高，根据农业部 2003~2013 年对全国各地蔬菜中农药残留监测结果显示，我国蔬菜质量安全总体合格率持续上升(图 8-1)。然而，我国蔬菜产品农药残留超标时有发生。近年来出现的出口日本菠菜毒死蜱过量和海南“毒豇豆”问题都印证了农药残留问题的严重性。尽管我国开展的三次大规模蔬菜农药残留普查所表现出的农药残留达标率逐步好转，但普查合格率的上升也隐含着一些问题，主要有以下几点。

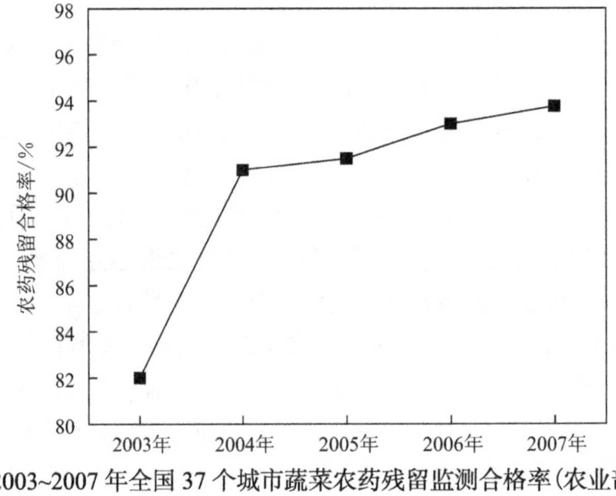

图 8-1　2003~2007 年全国 37 个城市蔬菜农药残留监测合格率(农业部，2007)

(1) 农药种类多，目前的农药残留抽查还不可能涉及所有的农药品种，更不能涉及一些违规使用的农药。

(2) 同样一种农药，其在蔬菜体内的残留因季节不同而异，采用单个季节的结果不能体现其总体情况，如小白菜在冬春季节病虫害发生少，而在夏秋季节发生多，农药残留也严重。

(3) 农药残留不超标并不意味着可以高枕无忧，即使农药不超标，但其潜在的风险不可低估，人体长期摄取低于检测标准的低剂量残留农药也有可能缓慢危害人体健康(Alavanja et al.，2013；Peiris-John and Wickremasinghe，2008；Adam，2000)。

大量的农药投入在防治病虫害的同时，也造成对植物本身生长发育抑制、产品农药残留和环境污染。首先，过量使用或不利环境条件下不当使用农药容易产生药害，即使不表现出症状也会在使用后 1~2 天发生光合作用效率下降的现象，即亚药害现象。作者通过比较不同农药施用后对黄瓜叶片光合作用效率的影响，发现这些农药可导致光合作用效率下降 10%~60%(Xia et al.，2006)。其次是农药对农产品的污染。食品中的农药残留一般可来自施药后对作物的直接污染、作物从污染的环境中对农药的吸收以及食物链与生物富集效应。在人一生中直接或间接接触暴露的外来化合物(xenobiotics)中，农药占首位。农药对人畜的毒性可以分为急性毒性和慢性毒性。急性毒性是一次服用或接触大量药剂而表现出的毒性，以致死中量(LD_{50})或致死中浓度(LC_{50})表示。有的农药急性毒性不高，但通过食物链，在人畜体内有慢性积累性毒性或致畸、致癌、致突变等效应，长期食用带微量农药的食品也有可能引起慢性中毒。20 世纪 80 年代杭州市新生儿脐带血中含有高浓度六六六、DDT 等多种农药，说明农药投入在一定程度上污染了土壤和水体环境，从而间接地影响了生态健康。

(二)蔬菜农药污染产生的原因

我国蔬菜产品农药污染产生的原因是多方面的，除农药本身存在产品结构不合理，高毒、剧毒农药仍被普遍使用外，还存在以下几个原因。

1. 蔬菜病虫害高发带来的大量农药投入

蔬菜幼嫩多汁，营养物质丰富，同时，设施环境下的高湿也进一步加重了病虫害的发生。据作者调查，在黄瓜和甜瓜等生长期中一般每隔 5~7 天就需要使用一次农药，而番茄则每隔 7~10 天施用一次农药才能有效地控制病虫害的发生，而且每次施用农药一般都采用 3~6 种农药混合施用。整个生产周期需要施用 15~20 种农药。

2. 一些病虫害不易防治性带来的大量农药或高毒和剧毒农药的投放

一些蔬菜病原生物隐藏在土壤、花朵或果实内，不易与农药直接接触。例如，危害韭菜的根蛆，危害番茄、黄瓜和芹菜的线虫，危害豇豆的钻心虫，由于其隐蔽性，加上常规农药难以防治，往往违规使用一些高毒、剧毒和高残留农药，近年来出现的豇豆和芹菜农药残留问题便是典型的例子。

3. 未严格控制农药安全生产间隔期

农药安全生产间隔期是指农作物最后一次施药到农产品收获之间的时间。农药在发挥药效的同时，通过这一段时间的自然降解，可保证收获农产品的农药残留量不会超过国家规定，达到安全食用的标准。不同农药的安全期不同，如生物农药为 3~5 天，菊酯类农药 5~7 天。由于多种原因，一些农民或企业未严格按照农药使用说明操作，且随意加大使用量，往往造成上市蔬菜农药超标。因此，在蔬菜生产过程中，前期可选用安全间隔期长的农药，采收期间要注意选用安全间隔期短的农药。

4. 蔬菜种类差异影响农药代谢速率

蔬菜作物种类多，不同类型产品农残差异较大，它们对农药的代谢速率也不相同。例如，同样施用氰戊菊酯，露地栽培的草莓、茄果类和叶菜类上农药降解 50%的天数($t_{0.5}$)分别是 4.3 天、2.2 天和 2.7 天(中国农业科学研究院蔬菜花卉研究所，2010)。

5. 栽培环境因素影响农药降解速率

农药降解速率除受到植物自身状态影响外，还与光照、温度、湿度、气流等环境因素相关。栽培环境和栽培季节的不同能够显著改变农药物化降解速率。在设施栽培条件下，高度连作和不利的环境造成病虫害发生严重，使得农药施用量增加。许多研究结果表明，多种农药的降解速率，在设施环境下明显低于露地条件，造成采收时蔬菜产品农药残留量超标(洪文英等，2009)。例如，对杭州地区白菜毒死蜱的残留动态研究发现，施药 7 天后露地栽培白菜的农药残留量低于国家规定的最高残留限量(0.1 mg/kg)；而在设施大棚栽培条件下，残留量高于国家标准(图 8-2；Fang et al.，2009)。因此，在设施栽培情况下，要根据不同农药种类适当延长安全生产间隔期，或控制一些露地栽培常用农药品种的使用。

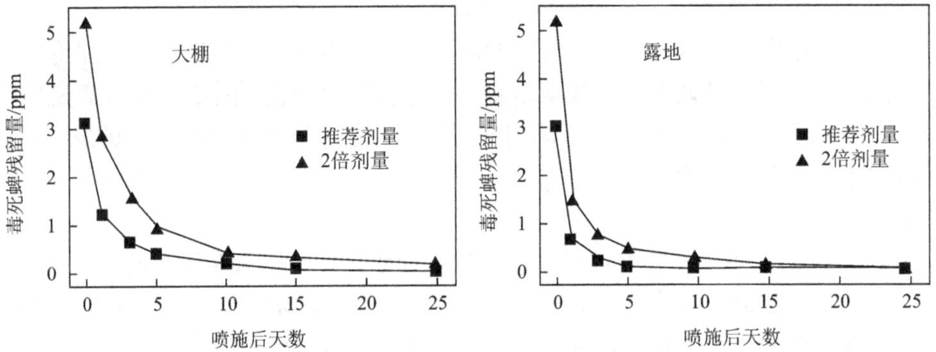

图 8-2 设施和露地条件下小白菜中毒死蜱残留量比较(Fang et al.，2009)

二、农药在植物体中的降解代谢及调控

在病虫害的防治中，投入的农药一般认为仅有 5%的有效率。通过测定黄瓜施用农药后的农药分布情况，结果显示，仅 40%左右的农药黏附在叶面，而且存在着分布不均匀现象，更多的是流落在土壤中。喷施在叶面的农药一部分可通过光氧化和雨水淋溶得到消除，另一部分则被植物降解或继续残留在植株中。

(一)农药降解代谢过程

植物在应对外源化学物质时，进化形成了一套解毒机制，从而转化和分解残留在作物表面或体内的农药等外源化学物质(Hoagland and Zablotowicz，2001)。迄今为止，大多研究集中在植物对除草剂的代谢与抗性关系上，已有研究表明，除草剂等农药在植物体内主要的代谢过程包括 3 或 4 个阶段(Fujisawa et al.，2006；Mitsou et al.，2006；彩图 46)：

Ⅰ相代谢,农药通过包括细胞色素 P450 等酶促反应或非酶过程经氧化、还原、水解等反应使其成为易溶于水、毒性低的产物；而代谢作用的主要生物化学反应是Ⅱ相代谢。

Ⅱ相代谢主要是在谷胱甘肽-*S*-转移酶(GST)与尿苷二磷酸糖基转移酶等作用下的轭合过程，农药代谢产物与糖、氨基酸或谷胱甘肽进行轭合作用，形成高度水溶性、低毒或无毒、移动性低的代谢产物，并贮存于液泡或细胞壁中。

Ⅲ相代谢主要是将Ⅱ相代谢产物进一步转变为次生缀合物并转运到细胞质外，进入下一步的解毒过程即阶段Ⅳ，使其部分或彻底降解并对植物的毒性完全丧失。

1. 细胞色素 P450 在植物体Ⅰ相解毒代谢中的调控作用

细胞色素 P450 是一个大基因家族,广泛存在于动植物及细菌、真菌等细胞内，并与内质网、线粒体、质体和高尔基体等细胞器膜结合，是一类具有多种功能的血红素氧化酶系。P450 催化的反应过程分为两步：电子由 NADPH/NADH 传至黄素蛋白及铁硫蛋白或 NADPH 依赖的细胞色素 P450 还原酶，然后再传递至 P450 氧化酶。它催化植物次生代谢中的大部分氧化还原反应和其他各种复杂的化学转化过程，主要包括烷基的羟基化，烯基的环氧化，烃基的氧化、脱烷基化，脱氨、脱卤、脱氢和氧化性的 C—C 键断裂等反应。

P450 酶对于部分蔬菜的除草剂抗性起着重要的作用(Siminszky，2006)。利用细胞色素 P450 抑制剂胡椒基丁醚的研究表明，P450 酶受抑制后，许多植物对除草剂的抗性显著下降(Cabanne et al.，1987)。近年来，研究发现，许多农药都不同程度地诱导了番茄、黄瓜和白菜叶片一些 *P450* 基因的表达，说明这些基因可能参与到这些农药的降解代谢过程(图 8-3)。

2. 谷胱甘肽的轭合反应在植物体Ⅱ相解毒代谢中的调控作用

谷胱甘肽是一个由谷氨酸、半胱氨酸及甘氨酸组成的富含巯基的低分子多肽，它的合成由 *GSH1* 和 *GSH2* 两个基因调控。谷胱甘肽有硫醇还原型(GSH)和双硫氧化型(GSSG)两种形式，并且主要以还原型的谷胱甘肽形式存在于细胞内。谷胱甘肽可以保护细胞免受活性氧(ROS)和自由基伤害，以及对亲电子化合物进行解毒代谢(Rushmore and Kong，2002)。GSH 是谷胱甘肽过氧化物酶(GPX)和谷胱甘

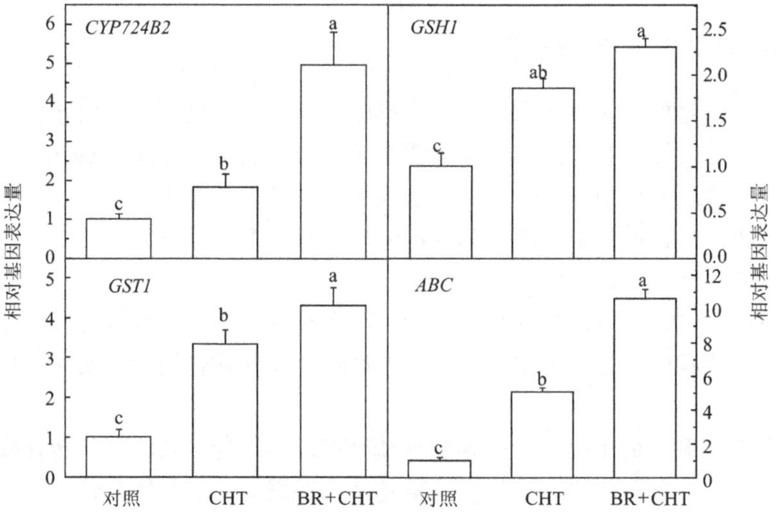

图 8-3　多菌灵(CHT)和油菜素内酯处理对番茄叶片中农药三相代谢相关基因表达的影响
(喻景权团队，未发表)
不同字母表示显著性差异($P<0.05$)

肽-*S*-转移酶(GST)的特有底物。谷胱甘肽的解毒功能主要是通过这两个酶来完成。GPX 主要的解毒功能在于将 H_2O_2 还原为 H_2O，使超氧自由基($O_2^{\cdot-}$)通过中间体 H_2O_2 介导生成水，从而保护细胞免受氧自由基的伤害。GSTs 是一个多基因编码的蛋白大家族，其能够催化 GSH 与细胞内的多种亲电子基团(electrophilic groups)进行轭合反应(Xu et al.，2005)。研究发现，许多农药都不同程度地诱导了番茄、黄瓜和白菜叶片一些谷胱甘肽的合成和代谢基因的表达，说明这些基因可能参与到这些农药的降解代谢过程。沉默番茄中的 *GSH1/2* 和 *GST1-7* 都不同程度地抑制了番茄叶片中多菌灵的降解代谢，增加了番茄体内多菌灵的残留。这表明，GSH-GST 途径是一条重要的农药降解代谢过程(图 8-4；Yu et al.，2013；Wang et al.，2010)。

3. ABC 膜转运蛋白在植物体III相解毒代谢中的调控作用

II 相解毒中，在细胞质中进行的 GSH 轭合反应的产物(GS-X)如果不被及时排除或运输至安全的场所，则对细胞构成潜在危险。过多的轭合物聚集会对细胞质中的 GST 酶形成产物抑制，或轭合物可能遭遇细胞质中其他酶类而被降解成其他有毒物质，危害细胞的生存力(Coleman et al.，1997)。所以将这些轭合产物及时有效地运至安全的场所，对于细胞解毒的有效性是非常必要的。与动物通过肾脏等器官将有毒物质或其代谢物排泄至体外不同，在植物体中，液泡是许多外源或内源有毒物质的“回收站”。而 ABC 转运蛋白(ATP-binding cassette transporter)正是定位于液泡膜，是参与细胞内毒素转运隔离的膜转运蛋白家族成员，并存在于所有原核和真核生物物种中(Muntane，2009)。植物基因组中大约有 120 个基因编码 ABC 转运蛋白，其中 ABC/MRP(multidrug resistance-associated protein)家族被认为在 GSH 轭合物和许多两性大分子跨膜转运中起着重要的作用(Kamimoto et al.，2009；Rea，2007)。Martinoia 等(1993)研究发现 GSH 的轭合产物被转运到植物液泡的过程中，液泡膜上 ABC 转运蛋白得到诱导。事实上，番茄、黄瓜和白菜中的许多 ABC 转运子编码基因都可被多菌灵等农药诱导(图 8-3)。

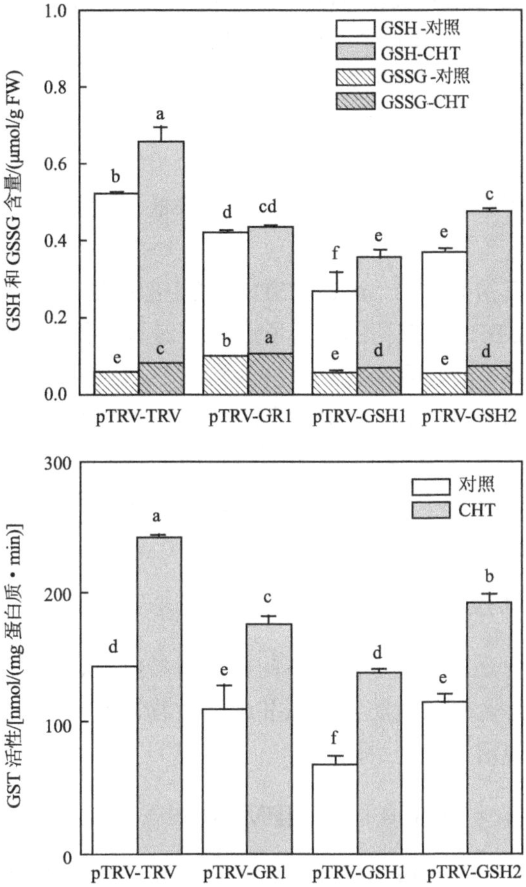

图 8-4　沉默番茄 GR 和 GSH 合成基因对 GSH 合成和 GST 活性的影响(Yu et al.，2013)

左侧为对照植株，右侧为经过 BRs 处理的植株；CHT，多菌灵。不同字母表示显著性差异($P<0.05$)

(二)农药降解代谢调控

哺乳动物中已经分离鉴定出一些调控上述三相代谢的调控因子(Ramel et al.，2012)，但在植物中迄今还没有相关报道。近年来作者研究发现，百菌清和多菌灵等农药可不同程度地诱导参与农药三相代谢的 *P450*、*GSH1*、*GSH2*、*GST1-7* 和 *ABC1-3* 等基因的表达，并提高 GSH 含量和 GST 酶活性(图 8-4)。与上述农药相似，植物激素 BRs 也可不同程度地诱导上述基因的表达，提高 GSH 含量和 GST

酶活性(图 8-4)。通过利用 Affymetrix GeneChip® Tomato Genome Array 技术，作者分析了农药 CHT、EBR 和预处理 EBR 后再处理 CHT 对番茄转录组的影响。多菌灵农药处理后共得到 1545 个有效的差异基因，其中上调 670 个，下调 875 个；单独进行油菜素 EBR 处理则获得 1584 个有效差异基因，其中上调 544 个，下调 1040 个；预处理 EBR 后再处理 CHT，得到 1725 个有效差异基因，其中上调 700 个，下调 1025 个。其中 301 个基因受 BRs 和农药共同调控。经分子注释系统(molecule annotation system)分析发现，这些基因中大部分涉及催化活性功能，包括 *P450*、*Rboh*、*GSH1*、*GSH2*、*GST1-7* 和 *ABC1-3* 等。EBR 预处理诱导了共表达基因中许多涉及解毒功能的基因的高表达。尤为重要的是，番茄植株中的 BRs 水平与体内农药残留密切相关，增加 BRs 含量降低了农药的残留，说明 BRs 参与了农药代谢调控。

作者最近的研究结果表明，沉默 GSH 合成中的关键基因 *GSH1/2* 以及轭合反应中的 *GST1-7* 导致 BRs 对农药的降解所起的促进作用得到削弱，说明 BRs 通过调控 GSH 合成和 GST 活性调控农药降解。在第三章中我们曾对 BRs 提高抗逆的机制作了系统的介绍，BRs 通过 *Rboh1* 编码的 NADPH 氧化酶产生 H_2O_2 从而激发抗逆反应。同样，如果沉默 *Rboh1* 则 BRs 对农药降解的促进作用得以消失，因此，在植物体内存在一条 BRs-Rboh-H_2O_2-GSH-GST 从而促进农药降解的作用途径，其中质膜产生的 H_2O_2 可能是一个重要的信号分子。

三、农药残留控制技术

近年来，随着公众对蔬菜农药残留问题的日益关注，在如何选择高效低毒农药的基础上，利用综合有效的防治体系和外源生物制剂对病虫害进行防御，已成为减少农药施用和残留的重要手段。

(一)利用有害生物综合防治(IPM)技术减少化学合成农药投入

IPM 是 20 世纪 50 年代发展起来的，有别于单一依靠农药防治的有害生物防治体系。它从农业生态系统总体出发，根据有害生物和环境之间的相互关系，充分发挥自然控制因素的作用，因地制宜地协调应用必要的措施，将有害生物控制在经济损害水平以下，以获得最佳的经济、社会和生态效益。IPM 主要防治措施包括不改变环境措施和改变环境措施。其中，不改变环境措施包括害虫隔离、环境清洁、成虫诱杀和天敌利用等；改变环境措施如抗性品种选育、种子消毒、生物农药施用、土壤消毒和水旱轮作等。IPM 防治目的不是追求有害生物的死亡数量，也不是为了有效控制有害生物的发生危害，而是将有害生物控制在一定水平下，减少农药施用，保证作物产量和品质。

(二)科学合理使用农药

大多蔬菜由于多次采收、间隔期短，生产上需选用高效和低残留的农药剂型，严禁施用一些高毒、高残留的农药种类。有关不同蔬菜不同病虫害的适宜农药种类已有较多的参考资料，在此不做具体论述。

(三)农药减量增效技术

蔬菜大多叶片具有蜡质，一些蔬菜叶面还有一定的绒毛。目前使用的农药剂型表面附着性较差，导致施用的农药只有40%左右留在叶片，且水珠颗粒分布不均，容易引起局部农药高残留。解决该问题的一条重要途径是改善剂型或添加一些展渗剂，促进药液在叶片表面的均匀分布，减少向土表的流失。最近作者等研发的有机硅展渗剂，不仅使单位面积农药使用量减少50%~60%，而且由于增加了农药在叶面的均匀性，提高了对病虫害的防治效果(图8-5和图8-6，彩图47和彩图48)。

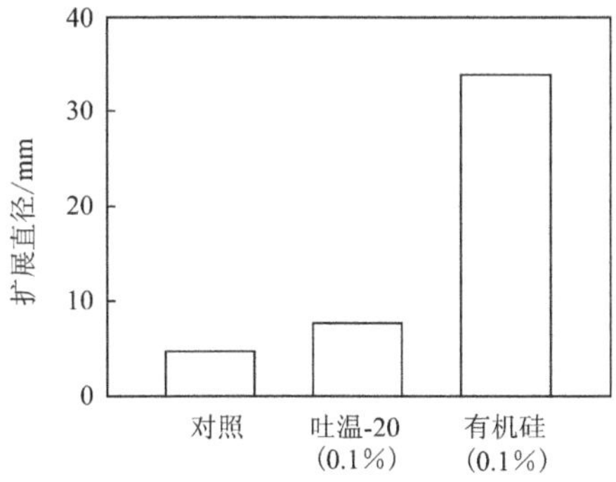

图8-5　有机硅展渗剂的展渗效果(10μl溶液的扩展面积比较；周杰和喻景权，未发表)

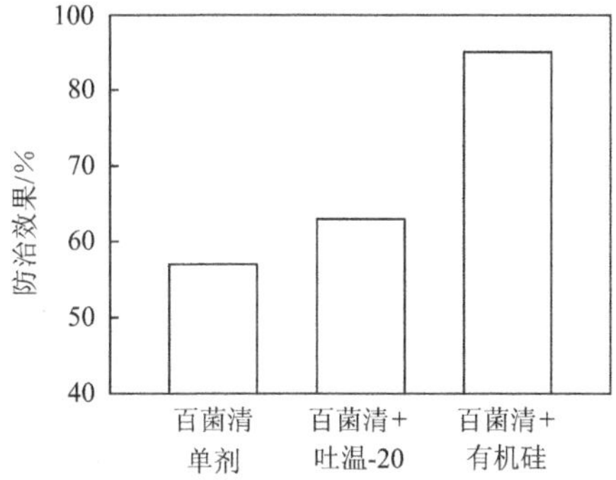

图8-6　有机硅展渗剂添加与否对黄瓜白粉病的防治效果(周杰和喻景权，未发表)

(四)体内农药降解调控技术

前面已经介绍，油菜素内酯BRs具有调控农药降解代谢的功能(图8-7；Xia et al., 2009)，因此，可用于蔬菜生产过程中的农药残留控制，减少产品农药残留。作者围绕这项技术开展了近10年的研究。研究表明，通过在农药施用中、施用前后或产品采收前2~3天喷施BRs，可使产品的农药残留下降30%~70%。图8-8是施用BRs后不同蔬菜中不同农药残留的减少情况，从中可以看出，其效果十分显著，较好地解决了目前生产中的一些农药残留控制难点，如韭菜、芹菜和出口蔬菜的农药残留问题，具有广阔的推广应用前景。

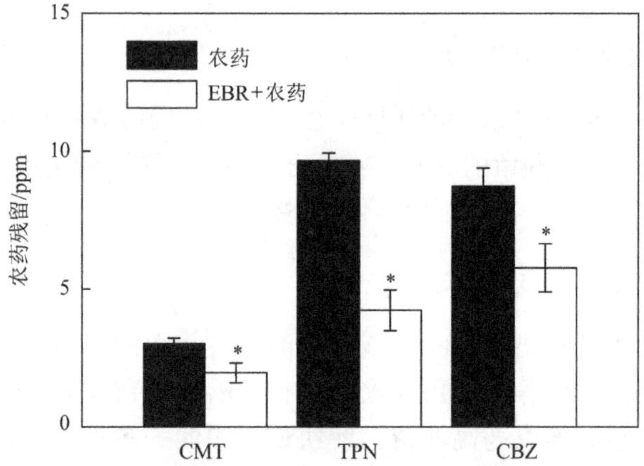

图 8-7　EBR 喷施对黄瓜叶片中氯氰菊酯(CMT)、百菌清(TPN)、多菌灵(CBZ)残留的影响(Xia et al., 2009)

*表示数据显著性差异($P<0.05$)

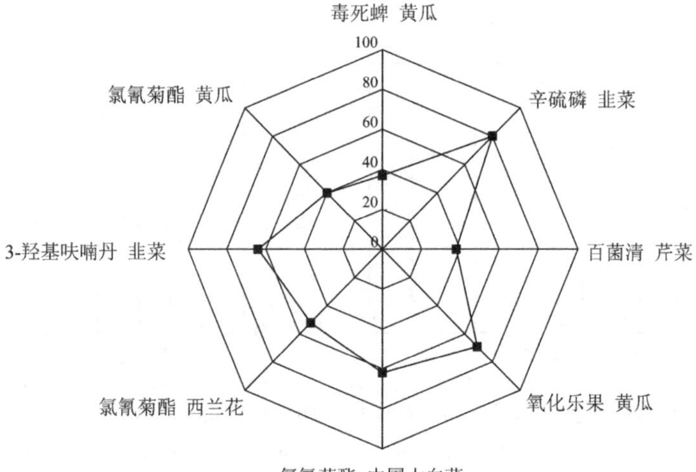

图 8-8　油菜素内酯制剂处理对不同蔬菜中的农药残留的影响(喻景权团队，未发表)

图中数值为对照是 100 时的数值

第二节　蔬菜重金属污染及控制

重金属包括蔬菜生长所需要的微量元素铜(Cu)、锌(Zn)、铁(Fe)、锰(Mn)以及铅(Pb)、钴(Co)、镍(Ni)、镉(Cd)、汞(Hg)、钨(W)、钼(Mo)、铬(Cr)、锑(Sb)等有毒金属，而污染领域所说的重金属是指对生物有明显毒性的金属或类金属(砷，As)元素。蔬菜生产环境中，重金属的来源有很多。火山喷发、矿物质风化等自然现象都会在土壤形成过程中产生重金属，工矿“三废”、城市生活废弃物、交通运输（含铅汽油）、农药以及肥料大量使用等人为活动是目前农田重金属污染的主要原因。与自然因素相比，人类活动产生了大量的重金属元素并长期积累在蔬菜生长的土壤、水、大气当中。重金属不仅会对蔬菜的生长发育产生影响，而且还可通过食物链到达人体内，对人体健康造成威胁。

一、我国蔬菜重金属污染现状及污染源

（一）我国蔬菜产地与产品污染情况

近年来，重金属污染问题得到了科技界的关注，并围绕蔬菜产地和产品开展了大量的调查，如袁思平等（2013）对我国部分大中城市蔬菜中重金属污染状况进行分析，结果显示各城市综合污染指数范围为 1.380~13.590，说明我国许多蔬菜生产区域均受到不同程度的重金属污染（表 8-1）。

表 8-1　各城市蔬菜中重金属污染指数

序号	城市	样本数	蔬菜种类	$P_{综}$	污染程度
1	天津	171	21	13.590	重度
2	拉萨	44	11	8.671	重度
3	西安	50	9	4.337	重度
4	成都	152	9	3.979	重度
5	广州	36	12	3.560	重度
6	沈阳	51	14	3.058	重度
7	上海	35	13	2.949	中度
8	惠州	14	19	2.942	中度
9	长沙	29	13	1.652	轻度
10	洛阳	180	6	1.380	轻度

注：$P_{综}$为综合污染指数，利用污染指数平均值与污染指数最大值采用尼梅罗综合污染指数法计算所得。

资料来源：袁思平等，2013。

东北三省以及环渤海地区是我国主要的重工业生产基地，煤化、石化工业及金属冶炼业的大力发展给当地带来经济发展的同时也产生了严重的重金属污染。罗雪梅等（2003）对沈阳市蔬菜生产基地的土壤重金属 Cu、Zn、Pb、Cd 的含量调查结果显示，大多数基地的综合污染指数都大于 1，达到轻度污染水平，少数地区综合污染指数达到 7 以上的重度污染。

对西安市周边郊区蔬菜重金属现状调查得出结果，东郊 Pb 超过西安土壤背景含量 113.84%以上，南郊菜园重金属 Cd、Pb、Cr 的平均含量超过西安土壤背景值 137.76%、194.20%、65.21%；西郊是 337.06%、77.06%、38.01%；北郊是 382.52%、206.65%、43.02%，总体来说蔬菜污染较为严重（贾锐鱼等，2012）。

东南沿海地区是我国主要的经济发展区，蔬菜重金属污染也较为严重。徐晓

慧等(2010)对寿光蔬菜生产基地12种蔬菜样品中重金属 Cr、As、Pb、Cd、Hg的含量进行分析，发现多种蔬菜存在重金属富集问题，部分蔬菜 Pb 含量超标(食品中污染物限量 GB2762–2012)。Chen 等(2008)在浙江杭州市城乡过渡区菜田采取 72 个表层土壤样本，分析了重金属 Cu、Cd、Cr、Hg、Pb、Zn、As 等的含量，发现大部分重金属的含量超过土壤背景值，在土壤大量积累(表 8-2)。

表 8-2　杭州菜田表层土壤重金属含量统计　(单位：mg/kg)

重金属种类	最小检出值	最大检出值	平均值	土壤背景值
Cu	14.30	77.60	36.57	17.76
Cd	0.10	0.64	0.26	0.17
Cr	51.00	83.90	62.23	54.60
Hg	0.06	5.78	0.69	0.15
Pb	19.60	87.32	46.15	25.61
Zn	59.00	264.50	116.07	69.00
As	2.40	14.8	6.25	9.33

注：土壤背景值来自 1994 年浙江省土壤调查局。

资料来源：Chen 等，2008。

向仲香(2013)对成都市近郊蔬菜基地土壤重金属污染现状进行调查发现，两种不同的蔬菜基地土壤其 Cd、Pb、Cu、Zn、Ni、Cr 的综合污染指数分别为 1.24、1.25，属于轻度污染；镍的污染指数均达到 1.62。张宇燕和陈宏(2012)通过测定重庆市市售蔬菜中 Zn、As、Hg 的含量，发现 15.7%的蔬菜属重度污染，清洁率为 60.8%。所采蔬菜 As 含量均合格，大部分 Zn 含量合格，但 Hg 含量超标率为 36.3%。Zhou 等(2007)测定广东大宝山矿区的菜田土壤中的 Cu、Zn、Cd、Pb 的含量，分别为 202 mg/kg、476 mg/kg、1.11 mg/kg、104 mg/kg。除 Pb 含量以外，Cu、Zn、Cd 的含量也不同程度超出了国家土壤环境质量标准(GB15618–1995)。对东莞市 11 种蔬菜 48 个样品的食用部分进行重金属含量测试发现，叶菜类蔬菜 Pb 含量超标严重，超标率达到 20.9%，最高检出值为标准值的 2.2 倍，Cd、Hg 的超标率分别为 11.6%、2.3%(马瑾等，2006)。由以上数据分析可知，不论是我国的东部沿海城市还是内陆城市，蔬菜的重金属污染问题已经相当普遍。

(二)蔬菜重金属污染对人体健康的影响

重金属 Cd、Hg、Pb、Cr、As、Cu、Zn 等在蔬菜等作物中的大量积累，严重影响蔬菜的正常生长发育。由于蔬菜位于食物链底层，通过动物或人体的摄入，经过食物链的放大作用，在顶层生物体内蓄积，给环境安全及人体健康也带来潜在威胁。

重金属通过“土壤-蔬菜”系统累积和迁移，人类食用被污染的蔬菜从而摄取了过量的重金属。Wang 等(2005)采用靶标危害系数(target hazard quotients，THQs，

THQs>1 说明重金属对人体健康已构成潜在风险；THQs<1 表示对人体健康风险很低）对天津市市民（成人、儿童）食用蔬菜和鱼类引起的重金属潜在危害进行评估。结果显示，儿童食用蔬菜和鱼类中重金属的 THQs 之和接近 1，重金属对儿童健康已构成潜在风险；如果加上谷物，则所有重金属的 THQs 值将大于 1，也就是说存在风险。Zheng 等（2007）采集辽宁省葫芦岛市锌矿附近蔬菜及土壤样本，调查重金属 Hg、Pb、Cd、Zn、Cu 对居民健康风险，数据显示不论是成人还是儿童，其总重金属靶标危害系数（TTHQs）分别达到 5.79~9.90 和 7.6~13.0，认为对附近居民的健康具有较大的影响。Huang 等（2014）调查了浙江省 343 个蔬菜样品中重金属 As、Cd、Hg、Pb 的含量并计算出对应的健康危害指数（health hazard index，HI），当居民对重金属有 97.5%的暴露接触时，Hg 和 Cd 的 HI 分别达到 1.01 和 1.85，表示居民食用蔬菜后会产生一定的健康风险。

重金属通过蔬菜进入人体以后，会对人体健康产生极大的危害。例如，重金属镉被人体吸收后主要分布在肝与肾中，与低分子的蛋白质结合成金属蛋白，损伤肾脏、肺部功能，长时间摄入镉将会导致骨质疏松、脊柱畸形。铅同样会引起神经系统功能障碍，国外有报道称，儿童长时间暴露于低水平的铅中，会导致智力下降。无机砷有毒，大量摄入会导致胃肠道疾病，以及心血管和中枢神经系统紊乱，严重时可导致死亡（Järup，2003）。

（三）蔬菜重金属污染源

1. 土壤

随着经济快速发展和人类活动加剧，各种人为释放的重金属（施用含重金属的化肥、农药，在蔬菜种植区附近堆放工业废渣、废水浇灌蔬菜以及工业、公路废气经大气干湿沉降或者雨水淋溶）通过不同途径进入农田土壤，在局部和区域土壤中大量累积，成为目前我国许多地区土壤重金属污染问题日益突出的一个重要原因。

曾希柏等（2007）对 1989 年以来全国蔬菜土壤重金属研究的相关资料进行了系统分析，结果表明，我国菜地土壤重金属含量与全国土壤背景值相比出现了明显的富集累积现象。与国家土壤质量Ⅱ级标准 GB15618–1995（6.5＜pH＜7.5）相比，Cd 含量超标的问题较为突出，全国约 24.1%菜地样本超标，各种重金属按含量超标率排序为 Cd＞Hg＞As＞Zn＞Cu＞Cr＞Pb。若按地区比较，则东部地区 Cd 含量超标较为严重，其次是 Hg 和 Zn；中部地区以 As 和 Cd 含量超标为主，亦存在少量的 Hg、Zn、Cu 超标；西部地区亦以 As、Cd 超标为主，并伴随有少量的 Cu、Cr 和 Hg 超标。Wei 和 Yang（2010）调查了我国农业用地的重金属污染情况，结果发现，除重金属铬（Cr）、类金属砷（As）以外，其余重金属的含量都超过了我国土壤重金属的背景值，Hg 和 Cd 含量超过土壤背景值的 2~3 倍。因此，土壤重金属污染的问题在我国已经越来越普遍。

2. 肥料

来自矿物质的无机肥料、家畜粪便、有机污泥等有机肥料会携带重金属如 Cd、Pb、As、Cr、Hg、Ni、V 进入土壤，这也是土壤重金属的另外一个重要的来源。生产上所使用的钾肥、磷肥大多数来自于天然的钾矿和磷矿，不同程度含有一定的重金属，生石灰与过磷酸钙肥料不仅含有蔬菜生长发育所需要的各种营养元素，同时含有重金属 Cd，而 Cd 具有较高的毒性以及在土壤、植物、动物中有较高的生物活性，通过食物链最终影响人体健康。王起超和麻壮伟(2004)对我国某些市售化肥的重金属含量水平进行了定量测定，发现绝大多数化肥中 Cu、Pb、Zn、Cd 的含量不超过国家标准，氮肥、钾肥相比重金属元素含量较低，而复合肥与磷肥中重金属元素含量较高，且某些重金属的可溶态水平很高，极易对土壤造成潜在的污染危险。

随着现代畜牧业的发展，饲料添加剂应用越来越普遍，但是添加剂往往会含有一定量的重金属，这些重金属随动物粪便排出，生产上作为有机肥进入土壤当中污染环境。Cang 等(2004)对江苏省 10 个城市多种农业施肥用家禽、家畜饲料以及粪便中多种重金属(Zn、Cu、Pb、Cd、Cr、Ni、Hg、Co、As、Mn、Ba 等)含量进行了测定，与市售有机肥相比，家禽、家畜粪便中的重金属平均水平较高。其中，猪粪中 Zn 和 Cu 的含量显著高于有机肥中二者的含量，鸡粪中 Cd 的含量高达 1.84 mg/kg。

3. 灌溉用水

随着工业化的发展，水系环境中的重金属污染问题也逐步严重。在南方，地下水位较高，这些分布于河流水系中的重金属可通过地下水渗透到菜地土壤中；而在北方，灌溉是主要的供水途径，河流的污染同样也可引起土壤重金属含量的增加，最终被蔬菜吸收。

二、蔬菜对重金属的吸收、运输及积累

(一)蔬菜对重金属的吸收

植物在吸收必需的 Cu 和 Zn 等重金属元素的同时，也会吸收、积累一些非必需重金属元素(As、Au、Cd、Cr、Hg、Pb、Pd、Pt、Sb、Te)。Zn 和 Cu 是蔬菜必需的微量元素，但过量则会对植物产生毒害作用，Cd 和 Pb 等是蔬菜非必需的元素，这些重金属元素在植物体内的积累可引起毒害作用，而且 Cd 的毒害作用大于 Pb。蔬菜对 Cd 元素的吸收为被动吸收和代谢吸收，对 Pb 元素的吸收为被动吸收。重金属在蔬菜体内的吸收、积累和迁移转化过程见图 8-9。

蔬菜对重金属的主动吸收和被动吸收是重金属在土壤-农作物系统中迁移转化的第一步，主要受以下几个因素的影响。

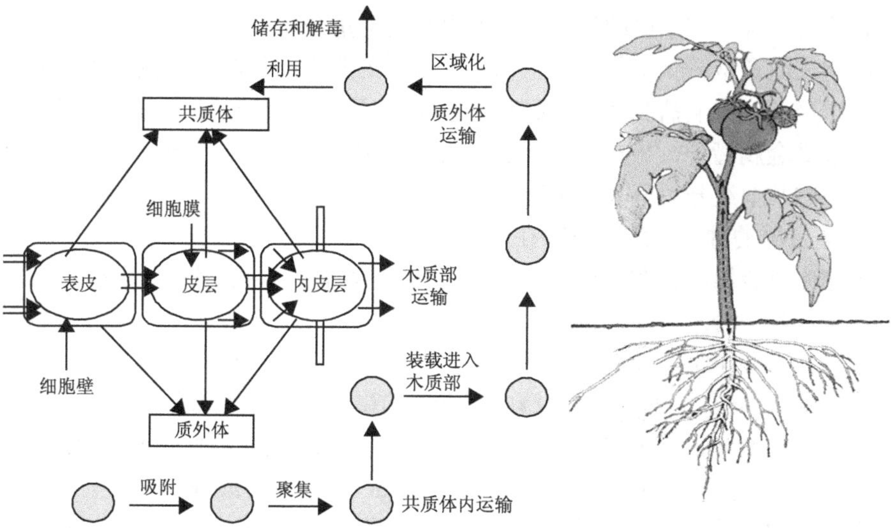

图 8-9　蔬菜吸收积累运输重金属的主要过程(Clemens et al.，2002，略作修改)

1. 土壤 pH

土壤 pH 影响土壤中重金属的存在形态和土壤对重金属的吸附量。土壤胶体一般带负电荷，而重金属在土壤-农作物系统中大都以阳离子的形式存在。因此，土壤 pH 越低，重金属被解吸的越多，其活动性就越强；相应的土壤 pH 升高，则土壤对重金属的吸附量增加。因此，酸性条件下有利于蔬菜对重金属的吸收，但对部分主要以阴离子状态存在的重金属来说，情况正好相反(宋书巧和吴欢，1999)。

2. 氧化还原状态

土壤的氧化还原状态主要通过影响重金属在土壤中的存在状态以及对植物的有效性，从而影响蔬菜对重金属的吸收。氧化还原电位可直接改变重金属的氧化状态，从而影响溶解、吸附、解吸、沉淀以及与土壤中的其他物质相互作用。一般来说，在还原条件下，很多重金属易产生难溶性的硫化物，而在氧化条件下，溶解态和交换态含量增加(黄永东等，2011)。

3. 土壤质地

土壤质地通过影响土壤颗粒对重金属的吸附能力，改变重金属在土壤中的有效性和活动性，从而影响蔬菜对重金属的吸收。一般来说，质地黏重的土壤对重金属的吸附力强，降低了重金属在土壤中的活动性。随着土壤质地从砂变黏，即砂壤-轻壤-中壤-重壤-黏土，蔬菜对重金属的吸收率呈规律性减少。

4. 有机物和微生物

土壤中的有机质含量影响土壤颗粒对重金属的吸附能力和重金属的存在形态，从而影响蔬菜对重金属的吸收。土壤中的有机质能提高土壤颗粒对重金属的吸附能力，并降低蔬菜对重金属的吸收。另外，土壤中的有机质能够和重金属发生螯合作用，降低重金属的活性从而阻碍蔬菜对重金属的吸收。

细胞表面通常带负电荷，微生物可以通过细胞表面的脂类、蛋白质和多聚糖的羧基、羟基、磷酸盐和磺酸盐吸附重金属离子，或者通过摄取必要的营养元素主动吸收重金属离子，将重金属离子富集在细胞表面或内部。同时，微生物也能与土壤中的其他组分竞争吸附重金属离子。

5. 重金属的种类、浓度及存在形态

土壤中重金属的存在形态可分为交换态、碳酸盐结合态、铁锰氧化物结合态、有机结合态和残渣态。交换态和溶解态的重金属具有生物有效性，能直接被蔬菜作物吸收。土壤中重金属的生物有效性主要受重金属的种类、土壤类型、植物种类等影响(Hao et al.，2009)。土壤中重金属的生物有效性可以分为 3 类：高度有效重金属，包括 Cd、Ni、Zn、As、Se、Cu；中度有效重金属，包括 Co、Mn、Fe；轻度有效重金属，包括 Pb、Cr、U(Ali et al.，2013)。此外，有研究表明重金属在土壤中的有效性与植物根际分泌物及微生物有关(Wenzel et al.，2003)。不同种类的重金属，其物理化学行为和生物有效性存在明显的差异，因此蔬菜对不同种类重金属的吸收规律也存在明显的差异。在土壤-农作物系统中，Cd、As 较易被蔬菜吸收，Cu、Mn、Se、Zn 等次之，Co、Pb、Ni、V 难于被吸收，Cr 极难被吸收。土壤中重金属的含量也是造成蔬菜重金属污染的主要因素。一般而言，土壤中重金属元素含量越高，重金属元素进入蔬菜作物的机会越多。

(二)重金属在蔬菜体内的运输

植物根吸收重金属离子之后，重金属离子与各种配体发生螯合作用，然后以络合物的形式装载到木质部中并运输到地上部位。有机酸中特别是柠檬酸，是木质部中 Fe 和 Ni 的主要螯合剂。氨基酸是一种潜在的金属配体，如组氨酸能够和 Ni 发生螯合作用；甲硫氨酸的衍生物——尼克胺(nicotianamine，NA)与 Cu 的运输有关。重金属从植物根运输到地上部位是在一系列转运蛋白的作用下完成的。此外，金属离子也能通过韧皮部从源运输到库中。例如，韧皮汁液中的重金属元素 Fe、Cu、Zn 和 Mn 等是从源组织中运输过来的。韧皮部中只有甲硫氨酸的衍生物 NA 被鉴定为是 Fe、Cu、Zn 和 Mn 的潜在螯合剂。NA 参与木质部和韧皮部中重金属的长距离运输，其他的螯合剂主要是用来装载重金属。参与重金属从根部运输到地上部位的转运蛋白主要有 HMAs 家族蛋白、MATE 家族蛋白和 OPT 家族蛋白。HMAs 除了在细胞质膜上起到一个外流泵的作用，还可以作为一种内部转运蛋白将周围组织中的 Cd 和 Zn 等装载到木质部中。MATE 是定位于膜上的一种外流蛋白，可以将有毒物质排到细胞外。FRD3 是一种 MATE 蛋白，参与 Fe-柠檬酸的外流、根中 Fe^{2+}和柠檬酸运输到液泡组织以及重金属从根部到地上部的运输。Fe 在木质部中需要以 Fe^{3+}-柠檬酸的络合物形态运输到叶片中。OPT 运输体是寡肽转运蛋白的总称，在拟南芥中有8种公认的寡肽转运蛋白亚族YSL（yellow stripe like）转运蛋白，其中 AtYSL1 与螯合铁的运输有关，AtYSL2 在地上部位和根的维管束中表达，主要位于质膜的侧面，与重金属横向运输到叶脉中有关（Manara，2012）。

（三）重金属在细胞质中的螯合及其区域化

植物细胞中进化形成了一系列的分子机制来储存多余的金属元素，从而减轻重金属对植物造成的伤害。植物细胞中的有毒重金属的含量一旦超过一定的阈值，螯合化合物的代谢会相应地增强。植物中特异的多肽，如植物螯合肽 PCs 和金属硫蛋白 MTs 能够在植物细胞中与重金属发生螯合作用，或者是把重金属隔离到特异的亚细胞区域中。植物细胞中还有很多小分子物质能和重金属螯合，如有机酸、氨基酸和碳酸的衍生物等。

当重金属离子在细胞质基质中过量积累时，可以通过外排泵将重金属离子运输到质外体中或者将重金属离子隔离储存在液泡中。参与细胞内重金属分区隔离的转运蛋白主要有 ABC 转运蛋白、CDF 家族蛋白、P1B-ATPases（HMAs）和 NRAMP 转运蛋白等（Manara，2012）。然而，有关转运蛋白的研究大多在模式植物拟南芥中开展，缺少以蔬菜作物为材料的研究。

（四）重金属在蔬菜中的积累及毒害作用

蔬菜经根系和地上部位吸收的重金属运输并积累到蔬菜的可食用部位是重金属对人体产生毒害作用的主要途径。蔬菜对重金属的富集规律受重金属的种类、蔬菜的生长特性、遗传特性等因素的影响。

1. 重金属的种类

不同种类的重金属在蔬菜作物体内的富集规律因其物理化学特性的不同而异。一般而言，同一种蔬菜对不同种类的重金属的富集规律是 Cd>Zn、Cu>Pb、Hg、As、Cr（薛艳等，2005）。同时，重金属元素之间的交互作用也会影响其在蔬菜体内的富集规律。重金属元素之间的相互作用包括协同作用和拮抗作用。协同作用是指某一重金属元素的存在能促进另一重金属元素的吸收。拮抗作用是指某一重金属元素的存在能抑制另一重金属元素的吸收。例如，Cd 和 Zn 之间存在拮抗作用，植物对土壤中 Cd 吸收的减少伴随着 Zn 吸收量的增加。重金属元素之间的交互作用因蔬菜种类以及重金属的浓度不同而异。

2. 蔬菜的种类、品种

叶用蔬菜比谷物、水果等其他作物更容易富集重金属到可食用部位。这是因为重金属可以通过蒸腾作用从木质部运输到地上部位，而植物果实和种子蒸腾速率比较低，并且储存器官是通过筛管装载的，重金属在筛管中的移动性很低，因此叶用蔬菜中重金属的含量高于新鲜水果和种子中的含量（Mapanda et al.，2007）。不同种类的蔬菜因为生长特性及遗传特性的不同，对重金属的富集规律明显不同。大量研究发现，重金属在不同种类蔬菜体中的富集规律为叶菜类>根茎类>瓜果类。叶菜类蔬菜的 Cd 和 Pb 含量较高，根茎类蔬菜的 Zn 含量较高。叶菜类蔬菜中以苋菜、小白菜的富集作用较强，甘蓝较弱(黄永东等，2011)。瓜类蔬菜对重金属 As、Pb、Cd、Hg 富集作用较弱；茄果类蔬菜对 As、Pb 的积累较低，对 Cd 的积累较强；青菜和根茎类蔬菜对 As、Pb 和 Cd 的积累较强(徐明飞等，2008)。可见重金属元素在不同种类蔬菜中的富集规律因重金属元素的差异而不同。此外，同种蔬菜的不同品种对重金属的富集规律也有所不同。

3. 蔬菜的不同器官

蔬菜作物中的重金属元素主要来自于土壤。重金属被植株的根吸收后，首先在根中积累，然后有一部分被转运到植株的其他部位。因而蔬菜不同器官对重金属的积累量不同，通常植株的地下部重金属积累量高于地上部位积累量，重金属在蔬菜不同器官中的积累规律为根>茎>叶。但也有些蔬菜作物叶片中的重金属含量远远大于根中的含量，如 Pb 和 As 在萝卜叶片中具有明显的富集优势；辣椒所吸收的 Cd 主要集中在叶片中(王晓芳和罗立强，2009)。

总体来说，直接吸收重金属的器官，其重金属的积累量相应也最多，离吸收器官越远的器官，其积累量越少。所以，通过蔬菜根系吸收的重金属，如 Cu、Zn、Cd 等，在根中的含量远高于其他器官(图 8-10)。通过蔬菜叶片吸收的重金属，如 Pb、As、Hg 等，在叶片中的积累量通常高于其他器官中的积累量。

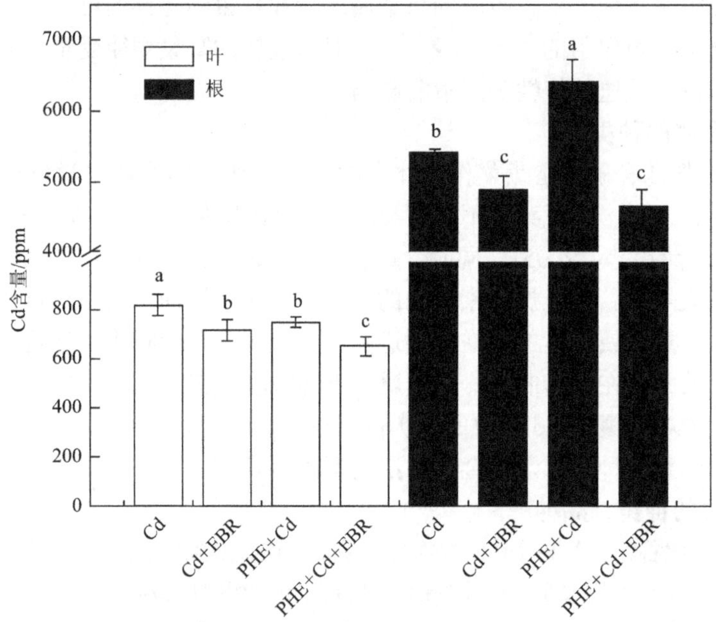

图 8-10 Cd 和菲(PHE)胁迫下 EBR 对番茄不同器官 Cd 积累的影响(Ahammed et al.，2013a)

不同字母表示显著性差异($P<0.05$)

4. 重金属引起的氧化胁迫

目前关于重金属对蔬菜的毒害作用主要针对 Cd 污染开展。蔬菜体内过量累积的 Cd 会影响酶的活性、光合作用、呼吸作用、蒸腾作用和营养的吸收等，从而抑制植物的生长甚至造成植物死亡。重金属 Cd 对蔬菜的毒害症状主要包括根尖褐化、缺绿病、坏死、叶片卷起或干枯和生长抑制作用等。重金属 Cd 对植物的毒害作用主要是通过竞争 Zn 离子的结合位点或取代光合系统Ⅱ反应中心的 Ca^{2+}离子，从而抑制蔬菜的生长以及一系列生理过程。此外，高浓度的 Cd^{2+}胁迫会引起植物体内活性氧的过量产生，从而造成氧化胁迫(图 8-11；Ahammed et al.，2013；Clemens，2006)。

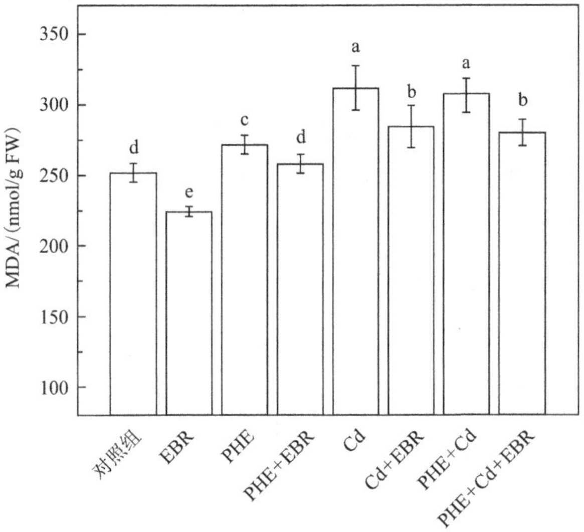

图 8-11　EBR 对番茄植株 Cd 和菲(PHE)引起的氧化胁迫的缓解效果(Ahammed et al.，2013)

不同字母表示显著性差异($P<0.05$)

三、蔬菜重金属污染的防治措施

土壤、灌溉用水和肥料重金属污染是蔬菜重金属污染的主要途径，其中土壤污染尤为严重。一旦土壤受到污染，其防治也变得尤为困难。重金属在土壤中无法分解，因此，其防控迄今仍是一个难点。蔬菜重金属污染应立足于“预防为先”的基本方针，结合多种治理方法，蔬菜重金属污染的防治措施主要有以下几个方面。

(一)合理规划蔬菜生产基地

各地应在土壤重金属污染普查的基础上，明确土壤污染区域，对蔬菜生产基地的选址应进行环境质量调查和评价，选择土壤、水体、大气等主要环境因素中各类重金属含量综合指标较好的地域作为蔬菜生产基地。蔬菜的生产基地应该远离矿区、工业区、生活区、医院、垃圾场、交通主干道等污染区，从源头上控制重金属污染物进入蔬菜生产。

（二）优化蔬菜的生产布局

生产上应该根据蔬菜的特征合理进行蔬菜的生产布局，减少生产的蔬菜从土壤中吸收和累积重金属。重金属积累到蔬菜的可食用部位是重金属进入食物链的主要途径，不同种类、品种的蔬菜对重金属的吸收以及积累量存在很大的差异。在轻度受污染的区域，可以选择种植可食部位低积累重金属的蔬菜品种（低吸收或低转移）。对于污染较为严重的地块，可通过改种其他非食用作物来提高土地利用率。

（三）减少重金属污染投入

灌溉用水和肥料也是重金属污染来源，因此，生产上要避免重金属污染水用于农业灌溉，同时，通过分析不同来源的肥料中重金属含量，选择低重金属污染的有机肥和无机肥。

（四）优化土壤管理措施

传统的重金属物理防治措施如客土与换土、水洗和淋溶、吸附固定法等方法具有一定的效果，但也存在成本高、不易操作、产生二次污染等不足。近来的一些研究表明，通过施用改良剂、钝化剂等降低土壤重金属污染物的水溶性、扩散性和生物有效性，从而降低重金属污染物进入食物链的能力；通过大量投入添加农作物下脚料（如秸秆、木屑），提高土壤的有机质含量，增强土壤对重金属的吸附能力，从而降低蔬菜作物对重金属的吸收与富集量。在南方酸性土壤则可通过向土壤中添加石灰等碱性物质来提高土壤 pH，有效降低重金属的活性，从而降低蔬菜对重金属的吸收与积累。

（五）土壤修复

近年来，世界各地针对日益严重的重金属污染问题研究开发了一系列土壤修复方法，如植物萃取技术、植物过滤技术、植物固化技术、植物挥发技术和菌根修复技术等。植物萃取技术是指植物根系从土壤或水中吸收积累重金属，然后迁移转化到地上部位；植物过滤技术是指植物从受重金属污染的地表水中或者是污水中除去污染物；植物固化技术或植物稳定化技术是利用某些特定的植物将重金属固定在土壤中，减少土壤中重金属移动性和生物有效性，防止重金属迁移到地下水中或者是迁移到蔬菜可食用部位，从而减轻重金属对植物的毒害作用；植物挥发技术是植物从土壤中吸收污染物并在体内将其转化为易挥发态，最后释放到大气中；植物脱盐技术是指利用盐生植物从盐害土壤中去除盐分，保障植物的正常生长。然而，上述技术大多还停留在研究阶段，离实用尚有较大的距离。

（六）植物修复

大多重金属与植物养分的吸收具有相似的机制，因此，减少重金属吸收从调控机制上具有一定的难度。近年来，作者等发现，植物激素油菜素内酯参与一些重金属吸收的调控，如叶面喷施表油菜素内酯可在一定程度上减少重金属的浓度，但这种作用是因其促进植株生长还是因抑制其吸收则还有待于进一步深入研究（图 8-12 和彩图 49）。

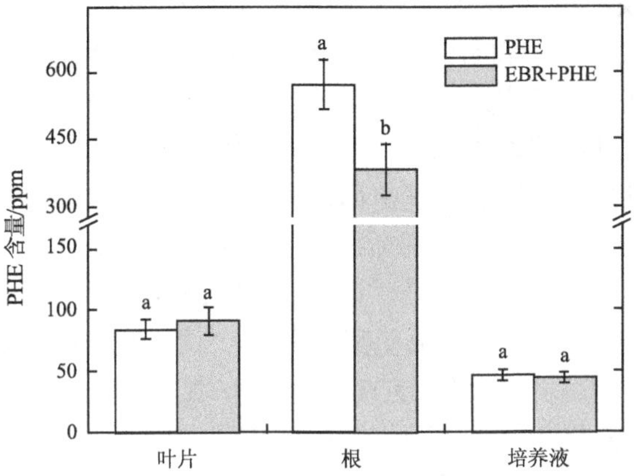

图 8-12　EBR 对番茄菲（PHE）吸收的影响（Ahammed et al.，2012a）

不同字母表示显著性差异（$P<0.05$）

第三节　蔬菜有机污染物污染及控制

一、有机污染物的种类、来源、危害

常见的有机污染物主要有石油烃类污染物、酚类化合物、多氯联苯和二噁英类物质、多环芳烃、硝基芳烃和芳胺、酞酸酯和邻苯二甲酸酯（phthalate esters，PAEs）等。有机物污染源多种多样，但大多为石油化学工业革命的产物。

土壤中的石油烃类污染物主要来源于污水灌溉、溢油事故、油页岩矿渣的堆放、大气污染等。炼油及石油副产品的加工等生产过程会排放大量的烃类气态污染物，经过大气沉降进入土壤。这些污染物包括直链烃、环烷烃、芳香烃和多环芳烃，其中苯、甲基苯、乙基苯和二甲基苯是最常见的石油污染物。

环境中的酚污染主要是指酚类化合物对水体的污染，含酚工业废水是环境中水污染的重要来源。在许多工业领域诸如煤气、焦化、炼油、冶金、机械制造、玻璃、石油化工、木材纤维、化学有机合成工业、塑料、医药、农药、油漆等工业排出的废水中均含有酚。这些废水若不经过处理，直接排放灌溉农田则可污染大气、水、土壤。除此之外，酚的一个重要来源是动植物的体内代谢过程、动植物残体的降解过程以及粪便和含氮有机物的生物分解过程。石油、煤炭燃烧会产生多环芳烃以及硝基芳烃，芳胺是染料、除草剂、杀虫剂、药物等合成的中间体，在农业生产中又是除草剂、杀虫剂的降解产物。酞酸酯以及邻苯二甲酸酯含有多氯联苯(PCBs)，PCBs 是一种稳定的环境污染物，广泛用于变压器、电容器以及塑料、橡胶等工业。二噁英类物质主要来自城市固体垃圾和医疗垃圾焚烧、含氯化学品的杂质、纸浆漂白和汽车尾气的排放。

多氯联苯以及二噁英属于持久性有机污染物(persistent organic pollutants，POPs)。近几年，持久性有机污染物对全球环境和人类健康的巨大危害越来越引起人们的广泛重视，现已成为一个备受关注的全球性环境问题。持久性有机污染物是指一些难以通过物理、化学或生物降解的有机化合物的总称，具有低水溶性、高脂溶性、半挥发性且能够在大气中远距离传输的特点(刘劲松，2008)。

2001 年 5 月 23 日在瑞典首都斯德哥尔摩签署《关于持久性有机污染物的斯德哥尔摩公约》(后简称《公约》)，该公约旨在减少或消除持久性有机污染物的排放，保护人类健康和生态环境免受其危害。《公约》消减和淘汰的第一批持久性有机污染物包括 9 种有机氯农药(DDT、艾氏剂、氯丹、狄氏剂、异狄氏剂、七氯、灭蚁灵、毒杀芬、六氯苯)，多氯联苯以及多氯二苯并二噁英(PCDD)和多氯二苯并呋喃(PCDF)等。然而，由于这些物质长时间在环境中滞留和难于降解的特点使其依旧普遍存在于土壤、地下水、表层水以及生物体内。

与重金属一样，持久性有机污染物一般都有毒性，而且 POPs 具有很强的亲脂性，能够富集在生物体细胞内，从而使大气、水、土壤中低浓度存在的污染物在蔬菜等生物体内大量积累，并通过食物链的放大作用最终对人类的健康造成危害。已有研究表明，低浓度 POPs 会对人类、动物以及水生生物有较高的毒害作用，已被证实是人类以及许多动物、植物疾病与损伤的罪魁祸首。POPs 可造成神经行为失常、内分泌紊乱、生殖系统和免疫系统的破坏、发育异常以及癌症和肿瘤的增加。多氯联苯、多环芳烃、二噁英、有机氯农药等 POPs 被认为具有很高的雌激素活性，能够扰乱生物体内分泌系统进而对人体健康和生态环境产生有害影响。

二、有机污染物的积累及对蔬菜的影响

(一)有机污染物在土壤中的积累及吸收

有机污染物在土壤和植物中的积累和分布受很多因素的影响，包括有机物本

身的理化性质、土壤的理化性质、植物种类和外界环境等。

存在于土壤中的有机污染物，会与土壤中的许多化合物如腐殖质结合。有机污染物与水溶性、低分子质量的腐殖质结合以后会增加其在土壤中的移动性，更易从土壤中淋溶与滤去。当有机质与高分子质量的腐殖质结合以后，移动性降低进而形成残留。后者与前者相比，用超临界甲醇萃取以后，发现其在土壤中生物降解以及生物活性下降，如氯化苯胺会与土壤中腐殖酸前体通过共价键结合，在一定程度上减少了植物对其的吸收量。

蔬菜对有机污染物的吸收、累积是有机污染物通过食物链进入动物和人类体内的关键性一步。农药、除草剂、多氯联苯、二噁英、邻苯二甲酸酯等有机污染物在农业和工业生产方面广泛使用后在环境中普遍存在，以至于在粮食作物、蔬菜等农作物中积累。

有机污染物通过以下几条途径进入蔬菜等农作物体内：①有机污染物通过根系从土壤进入蔬菜体内并经过木质部(通过蒸腾将水分从根系运输到叶片)在蔬菜体内运输；②大气中的气态或颗粒状有机污染物会沉积在蔬菜叶片、果实、茎表皮细胞并进入植物体内，经过韧皮部在体内运输(随韧皮部运输光合产物至植物根系或其他组织)。

许多因素影响有机污染物进入蔬菜体内这一过程，这些因子包括：①有机物的理化性质，如亲脂性、水溶性、蒸汽压(决定有机物从土壤中挥发进入大气，通过气孔进入植物细胞)、分子大小、亨利定律常数(Henry's law constant)以及辛醇-水分配系数(octanol-water partition coefficient，*K*ow)；②环境条件，如环境温度、土壤有机质和水分含量；③蔬菜等农作物的种类。事实上，不同种类的蔬菜对有机物的吸收以及转移能力不同，甚至有很大的差异性，包括根系以及叶片的有效吸收面积和细胞内膜的脂质含量(Simonich and Hites，1995)。一般认为，亲水性有机物可通过根系从土壤中吸收并导致在蔬菜体内积累。这类有机物一旦进入根系内部，可通过木质液分配到蔬菜组织和细胞中。而大多数亲脂性有机污染物(lg*K*ow>2)，如PCDD/F、OPS、PCBs、PAHs会进入根系表皮或附着在土壤有机质上，一般不易直接进入根系内部和木质部中。空气中的有机污染物沉降在蔬菜叶表面，是亲脂性有机物在蔬菜中累积的主要途径。有机物在叶片中积累的程度取决于大气中的气态粒子的浓度、辛醇-空气分配系数、蔬菜种类、叶片脂质含量和表面积。亲脂性有机污染物从叶表面转移到叶内部细胞是个缓慢的过程(Schröder and Collins，2002)。

(二)蔬菜对有机污染物的代谢

包括蔬菜在内的几乎所有植物均具有一整套解毒机制，能够转化、分解残留在土壤或作物表面的有机环境污染物。同第一节介绍的农药代谢降解相似，有机环境污染物在植物体内的代谢主要分为 3 个阶段：第一阶段，进入植物组织内部后首先被 P450 单加氧酶、过氧化物酶等氧化，增强亲水性以利于进一步代谢(Baerson et al.，1987)。第二阶段主要是第一阶段产生的代谢产物与糖、谷胱甘肽等进行轭合反应，形成对植物无毒、高度水溶性、移动性很差的轭合物，此类代谢反应主要由谷胱甘肽-*S*-转移酶(GST)及尿苷二磷酸葡糖转移酶(UGT)催化(Rushmore and Kong，2002)。第三阶段主要是可溶性配合物通过运输载体进入液泡或质外体进行最后的分解代谢(Martinoia et al.，1993)。微生物、动物或植物解毒基因在植物体内的过量表达，就能显著提高植物对污染物的代谢能力(Hoagland and Zablotowicz，2001)。但是，植物响应有机环境污染物的过程中，如何启动信号转导机制以调控植物解毒基因表达还有待深入研究。

(三)有机污染物在蔬菜中的积累及其影响

不同的有机污染物在植物中的积累和分布是不同的，这与有机物种类和蔬菜品种有很大的关系。多环芳烃(PAHs)大多是亲脂性物质，能够强烈地吸附在土壤中。PAHs 能够在植物地上部分积累主要是由于植物的地上部分吸收了大气中的 PAHs(Liste and Alexander，2000)，或者通过根部而被吸收。有研究显示，植物地上部分 22%~95%的菲、32%~96%的芘都是通过根系从土壤中吸收的(Fismes et al.，2002)。根系的脂质含量、比表面积和生物量指标与多环芳烃的含量呈正相关，其中比表面积是关键的影响因素(周立峰等，2010)。

通过对叶类蔬菜不同部分吸收 PCBs 的含量进行比较，发现 PCBs 的含量为根>叶>茎。由此可见植物中的多氯联苯主要来自根部对土壤的吸收，同时发现叶中低氯代物的含量是根的几倍，推测叶中的多氯联苯除了来自根部多氯联苯以外，大气沉降是另一重要来源。

针对有机污染物的污染情况，Zohair 等(2006)调查了英国有机农场中马铃薯、胡萝卜蔬菜的土壤中 PAHs、PCBs、OCPs 的残留含量，分别为 590~2301 μg/kg、3.56~9.61 μg/kg、52.2~478 μg/kg。Chen 等(2005)对广州市蔬菜种植区土壤中多环芳烃(PAHs)以及有机氯农药(OPs)的含量进行调查，结果显示 PAHs 的含量为 42~3077 μg/kg，与其他调查结果和土壤质量相比为中等污染水平。其中 DDTs 的浓度范围为 3.58~831 μg/kg，存在一定的污染。

有机污染物一旦被植物吸收进入植物体内，便会对植物的生长发育产生影响。王海翠等(2013)研究了持久性有机污染物——多环芳烃对蔬菜作物的生长影响。荧蒽(FLU)和苯并[α]芘(B[α]P)两种多环芳烃在白菜叶内的积累量都随土壤中施加浓度的升高而增加。虽然低浓度的 FLU 和 B[α]P 对油菜叶长、叶宽和地上生物量有促进作用，但是 FLU 和 B[α]P 胁迫下，油菜株高、光合作用、叶绿素含量、维生素 C 含量降低。

作者针对有机污染物中多环芳烃(PAHs)中菲(PHE)对多种蔬菜(小白菜、黄瓜、菜花、番茄、生菜)的生物量、光合作用和抗氧化系统的影响进行了详细的研究(Ahammed et al.，2012b)。结果发现，叶片暴露于一定浓度的PHE 14天后，导致蔬菜生长、光合、叶绿素含量下降。同时会诱导蔬菜体内抗氧化酶[超氧化物歧化酶(SOD)、愈创木酚过氧化物酶(GOPD)、过氧化氢酶(CAT)、抗坏血酸过氧化物酶(APX)、谷胱甘肽还原酶(GR)]上调。随着PAH暴露剂量的增加，蔬菜体内丙二醛和H_2O_2含量累积，这表明蔬菜暴露于PHE后，产生氧化胁迫。在一定程度上，这种胁迫导致的蔬菜生长以及抗氧化响应因物种不同而异。这种防御机制的差异表现在蔬菜耐受力和植物毒性上。5种蔬菜对PHE的敏感性依次为小白菜>黄瓜>生菜>番茄>青花菜。

三、有机污染物控制技术

我国对有机污染物的认识相对较晚，关于有机污染物，特别是持久性有机污染物POPs的基础研究和应用研究都比较薄弱，研究的广度和深度都落后于西方发达国家。实现蔬菜污染物的控制是一个系统工程，除上一节介绍的通过合理规划蔬菜生产基地、优化蔬菜的生产布局、减少污染投入和优化土壤管理等措施外，目前正在研发或提出的防控技术还包括以下几个方面。

(一)物理处理技术

物理处理方法通常有吸收法、洗脱法、萃取法、蒸馏法和汽提法等，其中采用一些吸附剂如活性炭、竹炭和膨润土等进行有机物的吸附相对较为经济有效，其他方法则主要适用于工业污染物的处理。

(二)化学处理技术

化学处理技术主要有化学清洗法、超临界萃取法、微波萃取法、高级氧化法、电化学法以及放射性射线法等。相关技术虽有大量的研究，但在菜地中的运用存在一定的难度。

(三)生物修复技术

生物修复技术是目前中国有机污染物研究的热点。它主要是利用植物、微生物或原生动物等的吸收、转化、清除或降解POPs，其中微生物修复利用微生物体内的生物酶把POPs转化为易降解的物质甚至矿化。具有操作简便、易于就地处理等优点，但选择性较高，且耗时较长，并且许多微生物体内缺乏有效的生物降解酶，在我国实际应用比较少见。

(四)蔬菜代谢调控技术

包括蔬菜在内的几乎所有植物对有机污染物均具有不同程度的代谢能力，只是这种能力高低不同而已。近年来，作者发现，植物激素油菜素内酯是上述污染物代谢过程的一个重要调控因子，24-表油菜素内酯(EBR)能够加速有机环境污染物在黄瓜、番茄和白菜体内的代谢从而缓解毒害。三氯苯酚、土霉素(属于抗生素)和菲(PHE)能够明显抑制上述蔬菜地上部、地下部生长量，而不同浓度的EBR处理都显著缓解有机环境污染物对生长量的抑制作用(图8-12和彩图49)。EBR处理显著降低膜质过氧化(MDA)程度(图8-13)，明显提高有机环境污染物处理后SOD、CAT、APX的活性和基因表达量(图8-14)。同时，EBR显著提高GSH+GSSG、GSH的含量以及GST、GR的活性及其编码基因表达量(图8-15)，调节GSH/GSSG氧化还原状态。此外，EBR促进番茄等有机环境污染物的代谢降解能力，提高PAL、PPO、G-POD的活性和基因表达量。这些结果表明，BRs作为环境友好的天然化合物在解决有机环境污染的问题上有一定的应用前景。

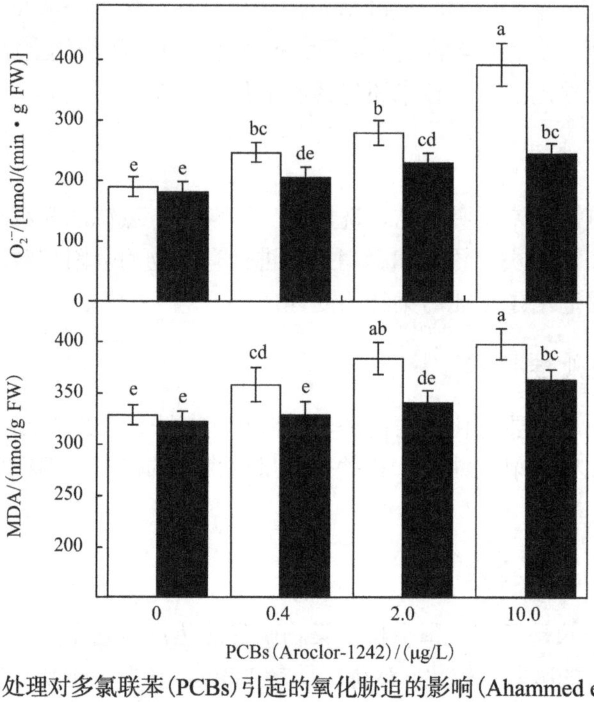

图8-13　EBR处理对多氯联苯(PCBs)引起的氧化胁迫的影响(Ahammed et al., 2013b)

白色柱子为对照，黑色柱子为喷施EBR。不同字母表示显著性差异($P<0.05$)

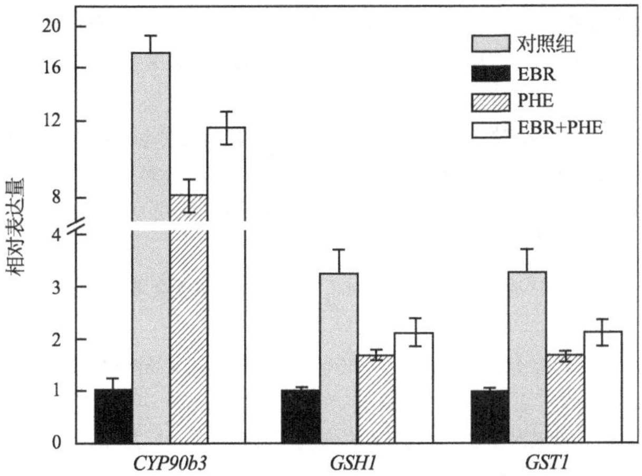

图 8-14　EBR 处理对菲(PHE)胁迫下番茄解毒相关基因表达的影响(Ahammed et al.，2012a)

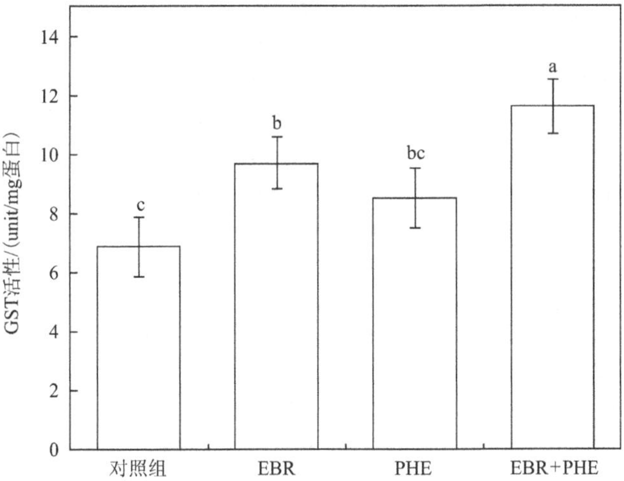

图 8-15　EBR 处理对菲(PHE)胁迫下番茄解毒酶 GST 活性的影响(Ahammed et al.，2012a)

不同字母表示显著性差异($P<0.05$)

主要参考文献

洪文英, 谢国雄, 吴燕君, 陈瑞. 2009. 毒死蜱在白菜中的残留动态研究. 浙江农业学报, 21: 614-617.

黄永东, 黄永川, 于官平, 洪云菊, 邹毓. 2011. 蔬菜对重金属元素的吸收和积累研究进展. 长江蔬菜, 10: 1-6.

贾锐鱼, 林友红, 陈一国, 范晓蕾. 2012. 西安市近郊菜园蔬菜重金属现状调查及评价. 西安科技大学学报, 32: 485-489.

刘劲松. 2008. 浙江省典型地区环境中持久性有机污染物污染现状、分布规律和来源解析. 浙江大学博士学位论文.

罗雪梅, 陈新之, 王侃, 梁成华. 2003. 沈阳市蔬菜生产基地重金属污染及评价. 环境保护科学, 29: 43-45.

马瑾, 万洪富, 杨国义, 夏运生, 罗薇. 2006. 东莞市蔬菜重金属污染状况研究. 生态环境, 15: 319-322.

农业部. 2007. 中国农产品质量安全概况. http: //www. gov. cn/fwxx/sh/2007-07/26/content_697477.

宋书巧, 吴欢. 1999. 重金属在土壤–农作物系统中的迁移转化规律研究. 广西师院学报(自然科学版), 16: 87-92.

王海翠, 胡林林, 李敏, 陈为峰, 王莹, 周佳佳. 2013. 多环芳烃(PAHs)对油菜生长的影响及其积累效应. 植物生态学报, 37: 1123-1131.

王起超, 麻壮伟. 2004. 某些市售化肥的重金属含量水平及环境风险. 农村生态环境, 20: 62-64.

王晓芳, 罗立强. 2009. 铅锌银矿区蔬菜中重金属吸收特征及分布规律. 生态环境学报, 18: 143-148.

向仲香. 2013. 成都市近郊蔬菜基地土壤重金属污染现状评价——以 2 个蔬菜基地为例. 现代农业科技, 16: 212-214.

徐明飞, 郑纪慈, 阮美颖, 王钢军, 张永志, 俞林火. 2008. 不同类型蔬菜重金属(Pb, As, Cd, Hg)积累量的比较. 浙江农业学报, 20: 29-34.

徐晓慧, 高宗军, 庞绪贵, 王敏, 代杰瑞. 2010. 山东寿光地区蔬菜重金属赋存现状研究. 安徽农业科学, 38: 15830-15831.

薛艳, 沈振国, 周东美. 2005. 蔬菜对土壤重金属吸收的差异与机理. 土壤, 37: 32-36.

袁思平, 孙绣华, 纪爱民, 邓晓菲, 周健锋. 2013. 我国部分大中城市蔬菜中重金属污染状况分析. 安徽农业科学, 41: 247-248, 251.

曾希柏, 李莲芳, 梅旭荣. 2007. 中国蔬菜土壤重金属含量及来源分析. 中国农业科学, 40: 2507-2517.

张宇燕, 陈宏. 2012. 重庆市市售蔬菜中锌, 砷, 汞的污染现状评价. 三峡环境与生态, 34: 47-51.

中国农业科学研究院蔬菜花卉研究所. 2010. 中国蔬菜栽培学. 第三版. 北京: 中国农业出版社.

周立峰, 刘小真, 汪月华, 王琳. 2010. 植物 POPs 的污染潜在危害与修复. 安徽农业科学, 35: 156.

Adam D. 2000. Pesticide use linked to Parkinson's disease. *Nature*, **408**: 125-125.

Ahammed G J, Choudhary S P, Chen S C, Xia X J, Shi K, Zhou Y H, Yu J Q. 2013a. Role of brassinosteroids in alleviation of phenanthrene-cadmium co-contamination-induced photosynthetic inhibition and oxidative stress in tomato. *Journal of Experimental Botany*, **64**: 199-213.

Ahammed G J, Gao C J, Ogweno J O, Zhou Y H, Xia X J, Mao W H, Shi K, Yu J Q. 2012a. Brassinosteroids induce plant tolerance against phenanthrene by enhancing degradation and detoxification in *Solanum lycopersicum* L. *Ecotoxicology and Environmental Safety*, **80**: 28-36.

Ahammed G J, Ruan Y P, Zhou J, Xia X J, Shi K, Zhou Y H, Yu J Q. 2013b. Brassinosteroid alleviates polychlorinated biphenyls-induced oxidative stress by enhancing antioxidant enzymes activity in tomato. *Chemosphere*, **90**: 2645-2653.

Ahammed G J, Wang M M, Zhou Y H, Xia X J, Mao W H, Shi K, Yu J Q. 2012b. The growth, photosynthesis and antioxidant defense responses of five vegetable crops to phenanthrene stress. *Ecotoxicology and Environmental Safety*, **80**: 132-139.

Alavanja M C, Ross M K, Bonner M R. 2013. Increased cancer burden among pesticide applicators and others due to pesticide exposure. *CA: A Cancer Journal for Clinicians*, **63**: 120-142.

Ali H, Khan E, Sajad M A. 2013. Phytoremediation of heavy metals—concepts and applications. *Chemosphere*, **91**: 869-881.

Baerson S R, Sánchez-Moreiras A, Pedrol-Bonjoch N, Schulz M, Kagan I A, Agarwal A K, Reigosa M J, Cabanne F, Huby D, Gaillardon P, Scalla R, Durst F. 1987. Effect of the cytochrome P450 inactivator 1-aminobenzotriazole on the metabolism of chlortoluron andisoproturon in wheat. *Pesticide Biochemistry and Physiology*, **28**: 371-380.

Cabanne F, Huby D, Gaillardon P, Scalla R, Durst F. 1987. Effect of the cytochrome P-450 inactivator

1-aminobenzotriazole on the metabolism of chlortoluron and isoproturon in wheat. *Pesticide Biochemistry and Physiology*, **28**: 371-380.

Cang L, Wang Y J, Zhou D M, Dong Y H. 2004. Heavy metals pollution in poultry and livestock feeds and manures under intensive farming in Jiangsu Province, China. *Journal of Environmental Sciences*, **16**: 371-374.

Chen L, Ran Y, Xing B, Mai B, He J, Wei X, Fu J, Sheng G. 2005. Contents and sources of polycyclic aromatic hydrocarbons and organochlorine pesticides in vegetable soils of Guangzhou, China. *Chemosphere*, **60**: 879-890.

Chen T, Liu X, Zhu M, Zhao K, Wu J, Xu J, Huang P. 2008. Identification of trace element sources and associated risk assessment in vegetable soils of the urban-rural transitional area of Hangzhou, China. *Environmental Pollution*, **151**: 67-78.

Clemens S. 2006. Toxic metal accumulation, responses to exposure and mechanisms of tolerance in plants. *Biochimie*, **88**: 1707-1719.

Coleman J O D, Blake-Kalff M M A, Davies T G E. 1997. Detoxification of xenobiotics by plants: chemical modification and vacuolar compartmentation. *Trends in Plant Science*, **2**: 144-151.

Fang H, Yu Y L, Chu X Q, Wang X G, Yang X E, Yu J Q. 2009. Degradation of chlorpyrifos in laboratory soil and its impact on soil microbial functional diversity. *Journal of Environmental Sciences*, **2**: 380-386.

Fismes J, Perrin-Ganier C, Empereur-Bissonnet P, Morel J L. 2002. Soil-to-root transfer and translocation of polycyclic aromatic hydrocarbons by vegetables grown on industrial contaminated soils. *Journal of Environmental Quality*, **31**: 1649-1656.

Fujisawa T, Kurosawa M, Katagi T. 2006. Uptake and transformation of pesticide metabolites by duckweed (*Lemna gibba*). *Journal of Agricultural and Food Chemistry*, **54**: 6286-6293.

Hao X Z, Zhou D M, Huang D Q, Cang L, Zhang H L, Wang H. 2009. Heavy metal transfer from soil to vegetable in southern Jiangsu Province, China. *Pedosphere*, **19**: 305-311.

Hoagland R E, Zablotowicz R M. 2001. The role of plant and microbial hydrolytic enzymes in pesticide metabolism. Chapter 4. *In*: Hall J C, Hoagland R E, Zablotowicz R M, Eds. Pesticide Biotransformation in Plants and Microorganisms: Similarities and Divergences. *ACS Symposium Series* 777: 58-88.

Huang Z, Pan X D, Wu P G, Han J L, Chen Q. 2014. Heavy metals in vegetables and the health risk to population in Zhejiang, China. *Food Control*, **36**: 248-252.

Järup L. 2003. Hazards of heavy metal contamination. *British Medical Bulletin,* **68**: 167-182.

Kamimoto Y, Hamamoto M, Shitan N, Yazaki K. 2009. Unusual expression of an Arabidopsis ATP-binding cassette transporter ABCC11. *Plant Biotechnology*, **26**: 261-265.

Liste H H, Alexander M. 2000. Accumulation of phenanthrene and pyrene in rhizosphere soil. *Chemosphere*, **40**: 11-14.

Manara A. 2012. Plant responses to heavy metal toxicity. *Plants and Heavy Metals*. Heidelberg, Germany: Springe-Verlag GmbH: 27-53.

Mapanda F, Mangwayana E, Nyamangara J, Giller K. 2007. Uptake of heavy metals by vegetables irrigated using wastewater and the subsequent risks in Harare, Zimbabwe. *Physics and Chemistry of the Earth, Parts A/B/C*, **32**: 1399-1405.

Martinoia E, Grill E, Tommasini R, Kreuz K, Amrhein N. 1993. ATP-dependent glutathione s-conjugate export pump in the vacuolar membrane of plants. *Nature,* **364**: 247-249.

Mitsou K, Koulianou A, Lambropoulou D, Pappas P, Albanis T, Lekka M. 2006. Growth rate effects, responses of antioxidant enzymes and metabolic fate of the herbicide Propanil in the aquatic plant *Lemna minor*. *Chemosphere*, **62**: 275-284.

Muntane J. 2009. Regulation of drug metabolism and transporters. *Current Drug Metabolism*, **10**: 932-945.

Oerke E C. 2006. Crop losses to pests. *The Journal of Agricultural Science*, **144**: 31-43.

Peiris-John R J, Wickremasinghe R. 2008. Impact of low-level exposure to organophosphates on human reproduction and survival. *Transactions of the Royal Society of Tropical Medicine and Hygiene*, **102**: 239-245.

Ramel F, Sulmon C, Serra A A, Gouesbet G, Couée I. 2012. Xenobiotic sensing and signalling in higher plants. *Journal of Experimental Botany*, **63**: 3999-4014.

Rea P A. 2007. Plant ATP-binding cassette transporters. *Annual Review of Plant Biology*, **58**: 347-375.

Rushmore T H, Kong A N. 2002. Pharmacogenomics, regulation and signaling pathways of phase I and II drug metabolizing enzymes. *Current Drug Metabolism*, **3**: 481-490.

Schröder P, Collins C. 2002. Conjugating enzymes involved in xenobiotic metabolism of organic xenobiotics in plants. *International Journal of Phytoremediation*, **4**: 247-265.

Siminszky B. 2006. Plant cytochrome P450-mediated herbicide metabolism. *Phytochemistry Reviews*, **5**: 445-458.

Simonich S L, Hites R A. 1995. Organic pollutant accumulation in vegetation. *Environmental Science & Technology*, **29**: 2905-2914.

Wang J, Jiang Y, Chen S, Xia X, Shi K, Zhou Y, Yu Y, Yu J. 2010. The different responses of glutathione-dependent detoxification pathway to fungicide chlorothalonil and carbendazim in tomato leaves. *Chemosphere*, **79**: 958-965.

Wang X, Sato T, Xing B, Tao S. 2005. Health risks of heavy metals to the general public in Tianjin, China via consumption of vegetables and fish. *Science of the Total Environment*, **350**: 28-37.

Wei B, Yang L. 2010. A review of heavy metal contaminations in urban soils, urban road dusts and agricultural soils from China. *Microchemical Journal*, **94**: 99-107.

Wenzel W, Bunkowski M, Puschenreiter M, Horak O. 2003. Rhizosphere characteristics of indigenously growing nickel hyperaccumulator and excluder plants on serpentine soil. *Environmental Pollution*, **123**: 131-138.

Xia X J, Huang Y Y, Wang L, Huang L F, Yu Y L, Zhou Y H, Yu J Q. 2006. Pesticides-induced depression of photosynthesis was alleviated by 24-epibrassinolide pretreatment in *Cucumis sativus* L. *Pesticide Biochemistry and Physiology*, **86**: 42-48.

Xia X J, Zhang Y, Wu J X, Wang J T, Zhou Y H, Shi K, Yu Y L, Yu J Q. 2009. Brassinosteroids promote metabolism of pesticides in cucumber. *Journal of Agricultural and Food Chemistry*, **57**: 8406-8413.

Xu C, Li C Y T, Kong A N T. 2005. Induction of phase I, II and III drug metabolism/transport by xenobiotics. *Archives of Pharmacal Research*, **28**: 249-268.

Yu G B, Zhang Y, Ahammed G J, Xia X J, Mao W-H, Shi K, Zhou Y H, Yu J Q. 2013. Glutathione biosynthesis and regeneration play an important role in the metabolism of chlorothalonil in tomato. *Chemosphere*, **90**: 2563-2570.

Zheng N, Wang Q, Zheng D. 2007. Health risk of Hg, Pb, Cd, Zn, and Cu to the inhabitants around Huludao Zinc Plant in China via consumption of vegetables. *Science of the Total Environment*, **383**: 81-89.

Zhou J M, Dang Z, Cai M F, Liu C Q. 2007. Soil heavy metal pollution around the Dabaoshan mine, Guangdong province, China. *Pedosphere*, **17**: 588-594.

Zohair A, Salim A B, Soyibo A A, Beck A J. 2006. Residues of polycyclic aromatic hydrocarbons (PAHs), polychlorinated biphenyls (PCBs) and organochlorine pesticides in organically-farmed vegetables. *Chemosphere*, **63**: 541-553.

附表　本书中的缩写、英文全名和中文名称

缩写	英文全名	中文名称
1,3-D	1,3-dichloropropene	1,3 二氯丙烯
2,4-DAPG	2,4-diacetylphloroglucinol	2,4-二乙酰基藤黄酚
2-CP	2-cys peroxiredoxin	2-硫氧还蛋白还原酶
ABA	abscisic acid	脱落酸
AM	arbuscular mycorrhizal fungi	菌根(丛枝菌根菌)
AOC	allene oxide cyclase	丙二烯氧化物环化酶
AOS	allene oxide synthase	丙二烯氧化物合成酶
APX	ascorbate peroxidase	抗坏血酸过氧化物酶
ARDRA	amplified ribosomal DNA restriction analysis	核糖体 DNA 限制性片段长度多态性
ARE	auxin response element	生长素响应元件
ARF	auxin response factor	生长素响应基因
AsA	ascorbic acid	抗坏血酸
A_{sat}	light saturated CO_2 assimilation rate	CO_2 光饱和同化速率
Aux	auxin	生长素
Avr	avirulence gene	无毒基因
B[α]P	benzo[α] pyrene	苯并[α]芘
BIR	brassinosteroids-induced resistance	油菜素内酯诱导的抗性
BRs	brassinosteroids	油菜素内酯
BTH	benzothiadiazole	苯并噻二唑
CA	cinnamic acid	肉桂酸
CA	cold acclimation	冷驯化
CaM	calmodulin	钙调素
CAT	catalase	过氧化氢酶
CBF	C-repeat binding factor	C-重复基序结合因子
CC	companion cell	伴随细胞
CCDs	carotenoid cleavage dioxygenases	类胡萝卜素裂解双加氧酶
CDKs	cyclin dependent protein kinases	细胞周期依赖激酶

续表

缩写	英文全名	中文名称
CDPK	calcium dependent protein kinase	钙依赖蛋白激酶
Ci	intracellular CO_2 concentration	胞间 CO_2 浓度
CIPP	2-chlorophenoxyacetic acid	邻氯苯氧乙酸
CMV	cucumber mosaic virus	黄瓜花叶病毒
CO	constans	光周期调节基因
CP	chloropicrin	氯化苦
CPPU	*N*-(2-chloro-4-pyridyl)-*N'*-phenylurea	氯吡苯脲
CTK	cytokinins	细胞分裂素
Cyc D	D-type cyclin	D 型细胞周期蛋白
DAA	days after anthesis	花后天数
DFT	deep flow technique	深层水培技术
DGGE	denatured gradient gel electrophoresis	变性梯度凝胶电泳
DHA	dehydroascorbic acid	脱氢抗坏血酸
DHAR	dehydroascorbate reductase	脱氢抗坏血酸还原酶
DPPH	1,1-diphenyl-2-picrylhydrazyl	1,1-二苯基-2-苦基苯肼
DTT	dichloro diphenyl trichloroethane	二氯二苯三氯乙烷
EBR	24-epibrassinosteroid	24-表油菜素内酯
EC	electrical conductivity	电导率
EGases	endo-β-1,4-glucanases	内切-1,4-β-葡聚糖酶
ET	ethylene	乙烯
ETI	effector-triggered immunity	效应物激发免疫反应
Exp	expansin	扩张蛋白
FAME	fatty acid methyl ester	脂肪酸甲酯
FBPA	fructose-1,6-bisphosphate aldolase	果糖-1,6-二磷酸醛缩酶
FBPase	fructose 1, 6-phosphatase	果糖-1,6-二磷酸酶
FLC	flowering locus C	开花调控基因 C
FLU	fluoranthene	荧蒽
FO	*Fusararium oxysporum* f.sp. *cucumebrium*	黄瓜枯萎病病菌
FRAP	fluorescence recovery after photobleaching	荧光漂白恢复
Fv/Fm	maximum quantum yield of PS II	光系统 II 最大光化学效率
GAs	gibberellins	赤霉素
G-POD	guaiacol-dependent peroxide	愈创木酚过氧化物酶

续表

缩写	英文全名	中文名称
GPX	glutathione peroxidase	谷胱甘肽过氧化物酶
GR	glutathione reductase	谷胱甘肽还原酶
GSH	glutathione	还原态谷胱甘肽
GSSG	oxidized glutathione	氧化态谷胱甘肽
GST	glutathione *S*-transferase	谷胱甘肽 *S*-转移酶
HGA	homogentisic acid	尿黑酸
HI	health hazard index	健康危害指数
HPP	4-hydroxyphenylpyruvic acid	4-羟苯丙酮酸
HPPD	4-hydroxyphenylpyruvate dioxygenase	4-羟苯丙酮酸二加氧酶
HR	hypersensitive response	超敏反应
HRGP	hydroxyproline-rich glycoprotein	富羟脯氨酸糖蛋白
HSP	heat-shock protein	热激蛋白
IAA	indoleacetic acid	吲哚乙酸
IBA	3-indolebutyric acid	吲哚丁酸
IPM	integrated pest management	有害生物综合防治
ISR	induced systemic resistance	诱导系统抗性
ITCs	isothiocyanates	异硫氰酸盐类
JA	jasmonic acid	茉莉酸
*J*a (O_2-dependent)	O_2-dependent alternative electron flux	依赖于氧的交替电子流量
*J*a (O_2-independent)	O_2-independent alternative electron flux	不依赖于氧的交替电子流量
J_C	electron flux for the photosynthetic carbon reduction	用于光合碳还原电子流
$J_{f,D}$	light-independent thermal processes and fluorescence	构成性热耗散和荧光电子流
J_{max}	maximum potential rate of electron transport contributed to RuBP regeneration	RuBP 最大再生速率
J_{NPQ}	light-dependent thermal processes	依赖于光热耗散的电子流
J_O	electron flux for the photorespiratory carbon oxidation	用于光呼吸碳氧化电子流
J_{PCO}	electron flux for the photorespiratory carbon oxidation	用于光呼吸碳氧化的电子流量
J_{PCR}	electron flux for the photosynthetic carbon reduction	用于光合碳还原的电子流量
$J_{PS\,II}$	electron flux in PS II	PS II 电子流量
*K*ow	octanol-water partition coefficient	辛醇-水分配系数

续表

缩写	英文全名	中文名称
LC50	lethal concentration of 50%	致死中浓度
LD50	lethal dose of 50%	致死中量
LED	light emitting diode	发光二极管
LOX	lipoxygenase	脂氧合酶
MAMPs	microbe-associated molecular patterns	微生物相关分子模式
MAPK	mitogen-activated protein kinase	分裂源激活蛋白激酶
MDA	malondialdehyde	丙二醛
MDHAR	monodehydroascorbate reductase	单脱氢抗坏血酸还原酶
MeJA	methyl jasmonate	茉莉酸甲酯
MENA	methyl naphthacetate	萘乙酸甲酯
MeSA	methyl salicylate	水杨酸甲酯
MH	maleic hydrazide	马来酰肼
MITC	methyl isothiocyanate	甲基异硫氰酸盐
NA	nicotianamine	尼克胺
NFT	nutrient film technique	营养液膜技术
NOS	nitric oxide synthase	一氧化氮合酶
NPQ	nonphotochemical quenching	非光化学猝灭系数
NR	nitrate reductase	硝酸还原酶
OCPs	organochlorine pesticides	有机氯农药
OGAs	oligosaccharin	寡聚糖
P700	the primary electron donor of photosystem Ⅰ	光系统Ⅰ原初电子供体
PAEs	phthalate esters	邻苯二甲酸酯
PAHs	polycyclic aromatic hydrocarbons	多环芳烃
PAMPs	pathogen-associated molecular patterns	病原相关分子模式
PCBs	polychlorinated biphenyls	多氯联苯
PCDD	polychlorinated dibenzo-p-dioxins	多氯二苯并二噁英
PCDF	polychlorinated dibenzofuran	多氯二苯并呋喃
PEPCase	phosphoenolpyruvate carboxylase	磷酸烯醇式丙酮酸羧化酶
PGPR	plant growth-promoting rhizobacteria	促生菌
PHE	phenanthrene	菲
PI	proteinase inhibitor	蛋白酶抑制子
PLFA	phospholipid fatty acid analysis	磷脂脂肪酸分析

续表

缩写	英文全名	中文名称
POPs	persistent organic pollutants	持续性有机污染物
PR	pathogenesis-related protein	病原相关蛋白
PRR	pattern recognition receptor	模式识别受体
PS I	photosystem I	光系统 I
PS II	photosystem II	光系统 II
PTI	PAMP-triggered immunity	PAMP 触发的免疫反应
pTRV	tobacco rattle virus-RNA	烟草脆裂病毒 RNA
qP	photochemical quenching	光化学猝灭系数
R gene	resistance gene	抗病基因
Rboh	respiratory burst oxidase homolog	呼吸爆发氧化酶同系物
RCA	ribulose-1,5-bisphosphate carboxylase/ oxygenase activase	1,5-二磷酸核酮糖羧化/加氧活化酶
ROS	reactive oxygen species	活性氧
RPK	ribulose-5-Phosphate Kinase	核酮糖-5-磷酸激酶
Rubisco oxygenase	ribulose-1,5-bisphosphate carboxylase/ 1,5-二磷酸核酮糖羧化/加氧酶	
RuBP	ribulose-1,5-bisphosphate	1,5-二磷酸核酮糖
RuPE	ribulose-5-phosphate epimerase	核酮糖-5-磷酸表构酶
SA	salicylic acid	水杨酸
SAA	systemic acquired acclimation	系统获得性适应性
SAR	systemic acquired resistance	系统获得性抗性
SBPase	sedoheptulose-1,7-bisphosphatase	景天庚酮糖-1,7-二磷酸酶
SE	sieve cell	筛胞
SF	sulforaphene	萝卜硫素
SL	strigolactones	独脚金内酯
SOD	superoxide dismutase	超氧化物歧化酶
SSH	suppression subtractive hybridization	消减抑制杂交
TGGE	temperature gradient gel electrophoresis	温度梯度凝胶电泳
THQs	target hazard quotients	靶标危害系数
TMV	tobacco mosaic virus	烟草花叶病毒
TRX	thioredoxin	硫氧还蛋白
UGT	uridine-diphosphate glucuronosyl transferase	尿苷二磷酸葡糖转移酶

续表

缩写	英文全名	中文名称
V_{cmax}	maximum velocity of RuBP carboxylation by Rubisco	Rubisco 最大羧化效率
VIGS	virus induced gene silence	病毒诱导的基因沉默
WIPK	wounding-induced protein kinase	机械伤诱导的蛋白激酶
XTHs	xyloglucan transglycosylases/hydrolases	木葡聚糖内糖基转移/水解酶
ZEP	zeaxanthin epoxidase	玉米黄质环氧化酶
Φ_{PSII}	quantum yield of PS II	光系统 II 光化学效率

索　引

其他